深入理解网络三部曲

深入理解物联网

吴功宜 吴英 编著

IN-DEPTH
UNDERSTANDING
OF THE
INTERNET OF THINGS

机械工业出版社
CHINA MACHINE PRESS

图书在版编目（CIP）数据

深入理解物联网 / 吴功宜，吴英编著 . —北京：机械工业出版社，2023.9
ISBN 978-7-111-73786-5

I. ①深⋯　II. ①吴⋯ ②吴⋯　III. ①物联网　IV. ①TP393.4 ②TP18

中国国家版本馆 CIP 数据核字（2023）第 163769 号

机械工业出版社（北京市百万庄大街 22 号　邮政编码 100037）
策划编辑：朱　劼　　　　　　　责任编辑：朱　劼
责任校对：龚思文　　王　延　　责任印制：李　昂
河北宝昌佳彩印刷有限公司印刷
2024 年 1 月第 1 版第 1 次印刷
186mm × 240mm · 25 印张 · 526 千字
标准书号：ISBN 978-7-111-73786-5
定价：99.00 元

电话服务　　　　　　　网络服务
客服电话：010-88361066　机 工 官 网：www.cmpbook.com
　　　　　010-88379833　机 工 官 博：weibo.com/cmp1952
　　　　　010-68326294　金 书 网：www.golden-book.com
封底无防伪标均为盗版　机工教育服务网：www.cmpedu.com

2019 年对我来说是很有纪念意义的一年，这个"意义"来自两个维度。

第一个维度是我的教学与研究方向——计算机网络。2019 年是互联网诞生 50 周年和我国全功能接入互联网 25 周年。回顾计算机网络的发展历程，计算机网络是沿着"互联网—移动互联网—物联网"的轨迹，由小到大地成长为覆盖全世界的互联网络，由表及里地渗透到各行各业与社会的各个角落，潜移默化地改变着我们的生活方式、工作方式与社会发展模式的。根据中国互联网络信息中心（CNNIC）第 44 次《中国互联网络发展状况统计报告》提供的数据，截至 2019 年 6 月，我国的网民规模已经达到 8.54 亿，互联网普及率达到 61.2%；手机网民规模已达到 8.47 亿，网民中使用手机访问互联网的比例上升到 99.1%。我国互联网与移动互联网的网民数量稳居世界第一，各种网络应用方兴未艾，互联网与移动互联网产业风生水起；物联网在政府的大力推动下，已经在很多方面走到了世界的前列。我国在"网络强国"的建设上向前迈进了一大步。

第二个维度是我读书和工作了 50 多年的南开大学。2019 年，南开大学喜迎百年华诞。计算机学院安排我作为计算机专业的老教师代表，在南开大学津南校区与返校的学生见面。我从 20 世纪 80 年代开始教授计算机网络课程，持续教授了近 30 年。和不同时期的学生见面的场景颇有喜剧色彩。20 世纪 80 年代上过我的课程的学生，见面时会异口同声地说"七层协议"；20 世纪 90 年代上过我的课程的学生，会不约而同地提到"TCP/IP"；2000 年前后上过我的课程的研究生，见面时的共同话题是"网络编程"。有一个学生告诉我："我到工作单位接到的第一个任务就是上课时编程训练中做过的习题。"那段学习经历已经成为学生们的共同回忆。作为一名教师，看到学生们事业有成，觉得付出任何艰辛都是值得的。

通过与学生们交流，我回忆起这 30 年教学的历程，感慨良多。记得 20 世纪 80 年代初，我在南开大学计算机系第一次开设计算机网络课程时，计算机系近百名学生中只有 7 名学生选修了这门课程。当时，没有人能预见计算机网络技术将在未来如此蓬勃地发展，并深刻地影响社会发展。在之后 30 多年的教学与科研工作中，我一直跟踪计算机网络技术的研究与发展，见证了计算机网络从互联网、移动互联网到物联网的发展过程。

1995 年，我参与研究、起草了《天津市信息港工程规划纲要》《天津市信息化建设"九五"规划》，对互联网技术产生了极大的兴趣。于是，在 1996 年到 1997 年，我以访问学者的身份，用将近一年的时间，在美国认真考察、研究、学习互联网技术与应用。1997 年，我在美国度过 50 岁生日，当夫人问到许下的愿望时，我的回答是：回国之后要为学生写一本好的网络教材——因为我在美国的大学了解网络课程的教学与实验后大受"刺激"。当时 Tanenbaum 的 *Computer Networks*（第 3 版）刚刚发行，美国学生抱着装订讲究的大部头教材坐在教室，听教授侃侃而谈，下课后要读五六篇文献，还要完成网络编程作业。而且，网络编程作业的难度与编程量都不小。那时国内大学的计算机网络课程教学水平与美国的差距之大是不言而喻的，作为一名网络课程的任课教师，我深感不安。"知耻而后勇"，这就是我后来规划本科计算机网络课程体系并编写《计算机网络》教材的初衷和动力。我编写的《计算机网络》教材在 2008 年被评为精品教材，现在已经出版到第 5 版。之后，我又规划了研究生的计算机网络课程体系，将科研成果转化为近似实战的网络教材与实践训练内容，编写出版了《计算机网络高级教程》《计算机网络高级软件编程技术》与《网络安全高级软件编程技术》系列教材。其中的网络编程教材共给出了 34 个不同难度级的编程训练题目，编程训练内容覆盖了计算机网络的各层与网络安全的不同方面。

我在参与天津市城市信息化建设"十五""十一五"规划的研究与制定时，也将"互联网思维"融入我国城市信息化建设实践中。作为相关科技奖项的评审专家与信息技术项目立项、结题评审专家，我不断与同行交流，向同行学习，理解不同行业和领域对互联网的应用需求，体会计算机网络与互联网这一领域的学术积淀，这也开阔了我的学术视野。我参与或主持了多项市级大型网络应用系统的规划、设计、实施，均取得了成功，这些系统目前还在稳定地运行，我从中获得了很多宝贵的实践经验。我还与南开大学网络实验室的科研教学团队一起开展了无线传感器网、无线车载网、移动互联网与网络安全课题的研究。

我曾担任南开大学信息技术科学学院院长多年，经常与学院的计算机、自动化、通信工程、电子科学、光学工程、信息安全等多个一级学科的教师们交流，聆听国内外相关领域专家的报告，参加各个学科科研开题与结题会议，这些工作使我学到了很多相关领域的知识，也使我对交叉学科发展产生了浓厚的兴趣。这些经历使我跳出了"纯粹"的计算机专业教学和科研工作的局限，逐渐掌握将技术、教育、产业与社会发展相结合的思考方法。

2010 年，物联网异军突起。面对这一新生事物，有人兴奋，有人怀疑，更多的人则想深入了解物联网是什么，它来自哪里，将会向哪个方向发展。基于在计算机网络与信息技术领域多年的知识与经验积累，我编写了《智慧的物联网——感知中国和世界的技术》一书，阐述了自己对物联网的理解和认识。书中的很多观点得到了同行和读者的认同，这些观点也在物联网的后续发展中得到了印证。

同年，教育部批准成立了第一批物联网工程专业。作为面向战略新兴产业的新专业，物联网工程专业在教学与学科建设方面没有成熟的经验可借鉴，更没有适应专业培养目标的配套教材。当时，教育部高等学校计算机类专业教学指导委员会邀请我参与相关的专业建设研讨，并邀请我编写一本物联网导论教材，为物联网工程专业的学生和教师介绍物联网技术。基于教育工作者的使命感，我接受了这个任务，并基于多年的知识积累和对物联网的认识，与吴英合作完成了《物联网工程导论》的编写任务。之后，根据高校教师和学生的授课、学习需求，我们又编写了《物联网技术与应用》与《解读物联网》两本书。这四本书形成了关于物联网的综述性质的系列著作，我们也在编写过程中不断深化对物联网技术的理解。现在，《物联网工程导论》和《物联网技术与应用》已出版到第 2 版，并且入选"'十二五'国家重点图书"项目；《物联网工程导论》还入选了教育部"'十二五'国家级规划教材"。

计算机网络技术的快速发展，必然会对高校教育产生重大的影响，广大教师都在思考高校计算机专业的课程如何适应网络时代的要求。从 2011 年开始，我应邀参与教育部高等学校计算机类专业教学指导委员会"计算机类专业系统能力培养"专家研究组活动，之后又参与了"智能时代计算机教育研究"专家研究组的活动，并负责"计算机网络"相关课程改革的研究。研究组以培养系统能力为核心构建计算机类专业课程体系的想法与我多年来的探索不谋而合。在与参与改革的试点校、示范校沟通的过程中，我认真研究了各个学校的成功经验，进一步找出计算机网络课程存在的问题，明晰智能时代以系统能力培养为核心的计算机网络课程的改革方向。

基于作者与教学、科研团队开展的前期研究，我们确定了计算机网络课程的改革思路：

第一，贴近计算机发展与计算模式演变，从"系统观"的视角分析网络技术发展过程。

第二，在云计算、大数据、人工智能与 5G 发展的大趋势下分析网络技术的演变。

第三，关注 SDN 与 NFV、云计算与移动云计算、边缘计算与移动边缘计算、QoS 与 QoE、区块链等新技术的发展与应用。

第四，坚持以网络软件编程为切入点的能力培养方法。

计算机网络是一个交叉学科，覆盖面广，技术发展迅速，形成适应智能时代的新的网络课程知识体系绝非易事。因此，作者决定首先将前期研究与思考总结出来，形成《深入理解互联网》《深入理解移动互联网》与《深入理解物联网》三部著作呈现给读者。通过规划和构思这三部著作，我们希望能研究计算机网络技术发展中"变"与"不变"的关系，并根据互联网、移动互联网与物联网的不同特点，规划了三部著作的重点与知识结构。

计算机网络技术发展过程中的"变"与"不变"可以归纳为：

- **变**："网络应用""系统功能""实现技术"与"协议体系"发生了很大的变化。
- **不变**："层次结构模型""端－端分析原则"与"进程通信研究方法"没有发生本质性的变化。

如果用"开放、互联、共享"来描述互联网的特点，用"移动、社交、群智"来描述移动互联网的特点，那么物联网的特点可以用"泛在、融合、智慧"来描述。"开放"的体系结构、协议与应用成就了互联网，促进了全世界计算机的"互联"，成为全球范围信息"共享"的基础设施。"移动"使互联网与人如影随形，移动互联网应用基本上都具有"社交"功能，这也使大规模、复杂社会的"群智"感知成为可能。物联网使世界上万事万物的"泛在"互联成为可能，推动了大数据、智能技术与各行各业的深度"融合"，使人类在处理物理世界问题时具有更高的"智慧"。

在《深入理解互联网》《深入理解移动互联网》与《深入理解物联网》三部著作中，作者力求用"继承"的观点描述网络发展中"不变"的研究方法，以"发展"的观点阐述网络发展中"变"的技术，勾画计算机网络技术体系的演变，描绘计算机网络技术发展的路线图。

《深入理解互联网》系统地介绍互联网发展的历程，讨论层次结构模型和网络体系结构抽象方法的演变过程；结合网络类型与特点，深入剖析 Ethernet 工作原理；以网卡硬件设计为切入点，从计算机组成原理的角度来剖析计算机如何接入网络；以操作系统为切入点，从软件的角度来剖析网络中计算机之间如何实现分布式协同工作；通过对比 IPv4 与 IPv6，介绍网络层协议设计方法的演变与发展；通过分析 TCP/UDP 与 RTP/RTCP 的设计方法与协议内容，回答网络环境中分布式进程通信实现方法的发展；归纳和剖析主要的应用层协议设计思想与协议内容，以常用的 Web 应用为例对计算机网络工作原理进行总结和描述；系统地讨论云计算、虚拟化技术，重点介绍云计算与 IDC 网络系统设计方法；介绍 SDN/NFV 技术的研究与发展，对 SDN/NFV 的体系结构、工作原理与应用领域进行系统的讨论；从网络安全中的五大关系出发，总结网络空间安全体系与网络安全技术研究的基本内容，讨论云安全、SDN 安全、NFV 网络安全、软件定义安全等新的网络安全技术问题。最终，诠释互联网"开放、互联、共享"的特点。

《深入理解移动互联网》系统地介绍移动互联网的发展历程；以 Wi-Fi 与 5G 为切入点，深入剖析无线网络的工作原理与组网方法；讨论移动通信网的发展与演变、5G 技术特征与指标、应用场景，以及 6G 技术的发展愿景；介绍移动 IPv4 与移动 IPv6，以及移动 IP 的关键技术；分析无线 TCP 传输机制、传输层 QUIC 协议的设计方法与协议内容，以及容迟网技术的体系结构与应用；以云计算到移动云计算再到移动边缘计算为路径，讨论计算迁移的基本概念、原理和系统功能结构；以移动云存储、移动流媒体、移动社交网络、移动电子商务，以及基于移动云计算的移动位置服务、基于移动边缘计算的增强现实与 CDN 应用为例，讨论移动互联网的应用系统设计方法与实现技术；在介绍 QoS 的概念与发展的基础上，系统地讨论 QoE 的基本概念、定义、影响因素、评价方法与标准化问题；在分析移动互联网面临的安全威胁的基础上，系统地讨论移动终端硬件、软件、应用软件安全和 5G 通信系统的安全与挑战，以及移动云计算与移动边缘计算的安全。最终，诠释移动互联网"移动、社交、群智"的特点。

《深入理解物联网》在分析和比较国际知名学术机构与主要厂商提出的物联网定义、层次结构模型与体系结构的基础上，根据物联网技术与应用发展的现状，阐述物联网的定义、技术特征、层次结构模型与体系结构；系统地讨论感知技术的研究与发展，分析传感器与执行器接入技术，以及无线传感器网络的发展与演变；介绍物联网核心传输网络的设计方法，5G 与物联网的关系和 SDN/NFV 技术的应用；讨论大数据、智能技术在物联网中的应用；探讨云计算与移动云计算、边缘计算与移动边缘计算、QoS/QoE、区块链等新技术在物联网中的应用；以工业物联网、移动群智感知、智能网联汽车等为例，讨论物联网应用的发展；在分析物联网面临的安全威胁的基础上，讨论物联网终端硬件、软件、应用软件和应用系统的安全性与挑战。最终，诠释物联网"泛在、融合、智慧"的特点。

这三部著作的内容各有侧重，互不重叠，相互补充，旨在形成一个能够全面描述计算机网络技术发展的知识体系。

作者希望这三部著作能够对以下读者有所帮助：

- 计算机相关专业的本科生/研究生：这三部著作可以作为本科生/研究生计算机网络教材的补充读物。现有的计算机网络教材大多关注网络原理和协议，对计算机网络的一些新技术则只做了解性介绍。读者可以通过阅读这三部著作，体会计算机网络为什么会发展成今天的样子，未来又会往什么方向发展，理解计算机网络发展中的"变"与"不变"，掌握计算机网络技术发展的脉络。

- 从事计算机网络技术的研究者：这三部著作梳理了互联网、移动互联网和物联网的热点研究领域与问题，从事计算机网络技术研究的读者可以了解当前热点问题研究的现状与趋势，从中发现自己感兴趣的问题，找到进一步开展研究的课题和方向。

- 从事计算机网络课程授课的教师：在多年的教学中，我深深体会到"要给学生一勺水，自己就要准备一桶水"。因此，希望这三部著作能够帮助从事计算机网络课程教学的老师梳理网络知识体系，为教学准备更多的素材，做好知识储备，进一步提高计算机网络课程的教学水平。

- 从事计算机网络研发工作的技术人员：知识的更新、迭代速度越来越快，涉及的知识面越来越广，终身学习已成为一种常态。很多技术人员困惑于技术发展太快，不知道如何跟上技术发展的步伐。在跟踪计算机网络技术发展的几十年中，面对错综复杂的网络技术，我的经验是只要自己的研究思路清晰，就可以梳理出新技术发展的传承关系，找到技术的发展规律。我希望通过这三部著作，将自己对网络技术发展的理解分享给技术人员，帮助大家把握技术发展方向，更好地适应技术的飞速发展。

在习近平总书记关于网络强国重要思想的指引下，我国正从网络大国向网络强国阔步迈进。要实现网络强国的目标，必须培养大批优秀的网络人才，让我们为实现这个伟大的目标共同努力！

祝各位阅读愉快！

吴功宜
2023 年 3 月

前　言 ●─○─●─○─●

　　我们正处在物联网创新发展与新工业革命的历史交汇期，5G、云计算、大数据、人工智能、边缘计算、区块链与各行各业在物联网（IoT）平台上的深度"融合"，推动了智能物联网（AIoT）的发展。新技术、新应用、新业态层出不穷，围绕着核心技术、标准与平台的竞争日趋激烈。我国物联网产业发展势头强劲，技术发展日新月异。

　　在写完《深入理解互联网》与《深入理解移动互联网》两本书后，面对物联网技术发展演变迅速的局面，我们都对是否能够继续完成《深入理解物联网》产生过犹豫，原因很简单：技术发展太快，涉及的知识面太广，写作难度太大。但出于教育工作者的责任心，我们决定还是要为推动物联网技术研究与学科建设尽自己绵薄之力。

　　在 2007 年着手构思与写作第一部有关物联网的著作《智慧的物联网——感知中国和世界的技术》时，我们就意识到计算机网络的概念与技术将发生颠覆性的变化。基于这个判断，萌生了写一本深入理解计算机网络的书的念头，从那时开始思考知识体系，准备资料。大纲的第一稿列出了 30 多章，在征求相关老师的意见时，大家认为不可行。之后受"ITU Internet Report"的启示，决定将这本深入理解计算机网络的书拆分成由《深入理解互联网》《深入理解移动互联网》与《深入理解物联网》组成的"深入理解网络三部曲"。这三本著作中力求用"继承"的观点描述网络发展三个阶段中"不变"的研究方法与沉淀下来的技术，用"发展"的观点阐述网络"变"的概念与技术。因此，对这三本著作的规划、准备、讨论和写作前后历经近 15 年之久。

　　依据 AIoT 的技术架构与层次结构模型的思路，本书按照从低层到高层的顺序，由浅入深、循序渐进地剖析物联网概念、技术、应用的发展与演变，力求构建脉络清晰的 AIoT 知识体系。

　　本书共分为 9 章。

　　第 1 章介绍从 IoT 向 AIoT 发展的过程，从"物""网""智"的不同角度分析 AIoT 的特点；讨论 AIoT 技术架构与体系结构的研究方法，提出 AIoT"端－边－网－云－用"的层次结构模型；从计算机硬件、软件与网络技术的角度，以"系统观"的方法分析和阐述 AIoT 规划、设计与实现技术。

　　第 2 章在介绍感知层、传感器、RFID 与 EPC、位置感知与北斗卫星定位系统概念的基础上，系统地讨论了 AIoT 智能硬件、芯片、操作系统与嵌入式系统开发平台，AIoT 智能人机交互的特点，以及可穿戴计算设备、智能机器人在 AIoT 中的应用。

　　第 3 章在介绍接入层概念的基础上，系统地讨论了 AIoT 的各种接入技术与接入网，以及工业物联网的现场总线、工业以太网与工业无线网接入技术。

　　第 4 章在介绍边缘计算基本概念的基础上，系统地讨论了移动边缘计算（MEC）的概念、部署方案，微云、雾计算等实现技术，以及边缘计算在 AIoT 中的应用实例。

第 5 章在分析 AIoT 对 5G 需求的基础上，讨论 5G 技术特点、性能指标与应用场景，5G 的十大典型物联网应用范例，5G 接入网与 5G 移动边缘计算，以及 6G 技术发展愿景及其在未来 AIoT 中的应用前景。

第 6 章在分析基于 TCP/IP 的核心交换网特点的基础上，介绍了 AIoT 网络结构特点与核心交换网的结构，以及传统 IP 网络在 AIoT 应用中的局限性，最后讨论了 SDN/NFV 的基本概念与实现方法。

第 7 章在介绍 AIoT 应用服务层基本概念与支撑不同行业应用的共性技术的基础上，介绍了云计算、大数据、机器学习、智能控制与数字孪生，以及区块链的概念、技术与应用。

第 8 章在介绍 AIoT 应用层概念的基础上，选择几种典型的 AIoT 应用，如智能工业、智能电网、智能交通、智能医疗与智慧城市，系统地讨论了 AIoT 应用系统架构设计与开发方法，以及人工智能、大数据、边缘计算、数字孪生、区块链在不同领域应用的范例。

第 9 章在介绍 AIoT 安全的概念、特点与 AIoT 生态系统安全研究的基础上，系统地讨论了 AIoT 隐私保护以及区块链在 AIoT 安全中的应用。

本书的知识点设计遵循"层层递进、环环相扣"的思路，力求将多学科的知识点梳理成相对完整、有机的知识体系；书中采用大量插图与表格，文字通俗易懂，力求形成"图文并茂、易读易懂"的风格。

书中第 1、2、6、8 章由吴功宜执笔完成，第 3、4、5、7、9 章由吴英执笔完成，全书由吴功宜统稿。

需要说明的是，推动深入理解物联网的初衷非常美好，但是物联网应用涉及的知识面太广，很多新技术与研究工作正处于起步或快速发展阶段，受知识与阅历的限制，作者在写作过程中有时感到力不从心。以正在发展的 5G 与数字孪生技术为例，电信业界与以华为公司为代表的产业界专家已经对 5G 技术做过大量的研究，出版了一系列的著作，作者是站在物联网应用的角度学习这些新技术，从完善物联网技术架构的角度引用了专家们的研究成果。同时学习和引用了以陈根为代表的数字孪生领域专家的著作、论文中有关的应用实例。在准备和写作过程中，作者阅读了大量文献，请教过多位不同领域的一线技术专家。书中的很多内容吸取了学者们的创新性思维，作者试图将自己能够理解的部分整理出来，供读者学习和研究，同时也希望帮助读者了解当前研究工作的方向、进展以及下一步亟待解决的问题，以便从中找出自己感兴趣的研究方向和课题。作者尽可能地在相关章节注明某些研究工作总结与论文的出处，以及相关的参考文献、文档与标准，但难免会出现遗漏的情况。书中插图都来自互联网，作者希望能以图文并茂和更直观的方式帮助读者理解知识。在选择图片时，作者考虑了图片的新闻性、正面引用与不涉及个人肖像权等问题。

感谢教育部计算机教指委的傅育熙教授、王志英教授、李晓明教授、蒋宗礼教授，感谢物联网工程专业教学研究专家组的王东教授、李士宁教授、秦磊华教授、胡成全教授、方粮教授、桂小林教授、黄传河教授、朱敏教授，在与诸位教授的交流、讨论过程中，作者学到很多知识，受到很多启发。

感谢南开大学计算机学院、网络空间安全学院的徐敬东教授、张建忠教授、张健教授、张玉副教授，武汉大学计算机学院的牛晓光教授，天津理工大学的王劲松教授，东南大学网络空间安全学院的许昱玮副教授，他们在 AIoT 网络与安全技术研究方面给了作者很多启发与帮助。

感谢机械工业出版社编辑多年的支持与帮助，她们在本书的写作过程中提出了很多宝贵意见与建议。

感谢华为公司陈亚新与李晶晶，在与他们的交流中作者得到了很多的启发与帮助。

面对日新月异的 AIoT 技术，作者无法预料，更无法"把控"这样一个复杂的局面。作者多年的教学与研究专注于计算机网络、互联网、移动互联网、物联网与网络安全等专业领域，对其他学科与领域的很多知识仅了解一些"皮毛"。书中对某些技术的理解可能存在不准确之处，恳请读者批评指正。

本书可供物联网技术研究与产品研发人员、技术管理人员阅读，也可作为物联网工程专业、计算机与信息技术相关专业的教材或参考书。

吴功宜

wgy@nankai.edu.cn

吴英

wuying@nankai.edu.cn

于南开大学

2023 年 6 月

目　录

序

前言

第1章　AIoT 概论 / 1

1.1　IoT 的形成 / 1

1.1.1　IoT 形成的社会背景 / 1

1.1.2　IoT 形成的技术背景 / 3

1.1.3　IoT 与 Internet 的主要区别 / 9

1.1.4　我国 IoT 技术与产业发展 / 14

1.2　AIoT 的发展 / 15

1.2.1　AIoT 发展的社会背景 / 15

1.2.2　AIoT 发展的技术背景 / 16

1.3　AIoT 技术特征 / 22

1.3.1　AIoT "物" 的特征 / 22

1.3.2　AIoT "网" 的特征 / 24

1.3.3　AIoT "智" 的特征 / 29

1.4　AIoT 体系结构研究 / 31

1.4.1　AIoT 体系结构研究的重要性 / 31

1.4.2　AIoT 技术架构 / 32

1.4.3　AIoT 层次结构模型 / 36

1.4.4　术语 "网" 与 "管" 的辨析 / 36

1.5　用计算机系统观去分析 AIoT 体系结构 / 38

1.5.1　从计算机体系结构角度认识 AIoT 硬件组成与结构 / 38

1.5.2　从计算机操作系统角度认识 AIoT 软件组成与结构 / 41

1.5.3　从计算机网络角度认识 AIoT 网络体系结构 / 42

参考文献 / 46

第2章　AIoT 感知层 / 48

2.1　AIoT 感知层的基本概念 / 48

2.1.1　感知、传感器与感知层 / 48

2.1.2　AIoT 终端设备的基本概念 / 50

2.1.3　AIoT 接入设备数量与类型的发展趋势 / 53

2.2　传感器的分类与特点 / 53

2.2.1　常用传感器 / 53

2.2.2　传感器的主要技术指标 / 55

2.2.3　传感器在 AIoT 中的应用 / 55

2.2.4　传感器技术的发展趋势 / 57

2.2.5　智能传感器的研究与发展 / 58

2.3　RFID 与自动识别技术 / 61

2.3.1　自动识别技术的发展过程 / 61

2.3.2　RFID 标签的基本概念 / 63

2.3.3　RFID 标签编码标准 / 67

2.3.4　EPC 信息网络系统 / 70

2.3.5　ONS 服务器体系 / 72

2.3.6　RFID 标签读写器 / 74

2.4　位置感知技术 / 76

2.4.1　位置信息与位置感知的基本概念 / 76

2.4.2　北斗卫星定位系统 / 78

2.4.3　蜂窝移动通信定位技术 / 85

2.4.4　Wi-Fi 位置指纹定位技术 / 87

2.4.5　高精度地图的研究与应用 / 90

2.5　AIoT 智能硬件 / 91

2.5.1　AIoT 智能硬件的基本概念 / 91

2.5.2　嵌入式技术的基本概念 / 92

2.5.3　AIoT 操作系统 / 96

2.5.4　AIoT 智能人机交互技术 / 98

2.5.5　可穿戴计算设备及其在 AIoT 中的应用 / 104

2.5.6 智能机器人及其在 AIoT 中的
应用 / 106
参考文献 / 110

第 3 章 AIoT 接入层 / 112

3.1 AIoT 接入层的基本概念 / 112
3.1.1 AIoT 设备接入方式 / 112
3.1.2 受限节点与受限网络 / 114
3.1.3 接入技术与接入网的分类 / 116
3.1.4 接入层结构特点 / 117
3.2 有线接入技术 / 118
3.2.1 局域网接入 / 118
3.2.2 电话交换网与 ADSL 接入 / 119
3.2.3 有线电视网与 HFC 接入 / 120
3.2.4 电力线接入 / 121
3.2.5 光纤与光纤传感网接入 / 122
3.3 近距离无线接入技术 / 124
3.3.1 蓝牙技术与标准 / 124
3.3.2 ZigBee 技术与标准 / 126
3.3.3 6LoWPAN 与 IEEE 802.15.4 标准 / 127
3.3.4 WBAN 与 IEEE 802.15.6 标准 / 129
3.3.5 NFC 技术与标准 / 131
3.3.6 UWB 技术与标准 / 133
3.4 Wi-Fi 接入技术 / 135
3.4.1 Wi-Fi 研究的背景 / 135
3.4.2 IEEE 802.11 协议标准 / 136
3.4.3 空中 Wi-Fi 与无人机网 / 138
3.5 NB-IoT 接入技术 / 140
3.5.1 NB-IoT 的发展过程 / 140
3.5.2 NB-IoT 的技术特点 / 140
3.5.3 NB-IoT 的应用领域 / 141
3.6 无线传感网接入技术 / 143
3.6.1 无线传感网的基本概念 / 143
3.6.2 无线传感网的研究与发展 / 146
3.7 现场总线、工业以太网与工业无线网
接入技术 / 157

3.7.1 工业物联网接入技术的基本概念 / 157
3.7.2 现场总线技术 / 158
3.7.3 工业以太网技术 / 160
3.7.4 工业无线网技术 / 165
参考文献 / 168

第 4 章 AIoT 边缘计算层 / 169

4.1 边缘计算的基本概念 / 169
4.1.1 从云计算到移动云计算 / 169
4.1.2 从移动云计算到移动边缘计算 / 172
4.1.3 移动边缘计算的基本概念 / 176
4.1.4 移动边缘计算的特征 / 177
4.1.5 边缘云与核心云的关系 / 178
4.1.6 移动边缘计算的实现方法 / 180
4.2 5G 与移动边缘计算 / 182
4.2.1 AIoT 实时性应用的需求 / 182
4.2.2 5G 移动边缘计算的基本概念 / 183
4.2.3 5G 移动边缘计算的优点 / 184
4.2.4 移动边缘计算的研究与标准化 / 185
4.3 移动边缘计算架构 / 185
4.3.1 ETSI MEC 参考模型 / 185
4.3.2 MEC 平台逻辑结构 / 186
4.4 移动边缘计算在 AIoT 中的应用 / 188
4.4.1 基于移动边缘计算的 CDN / 188
4.4.2 基于移动边缘计算的增强现实
服务 / 189
4.4.3 基于移动边缘计算的实时人物
目标跟踪 / 193
参考文献 / 197

第 5 章 5G 在 AIoT 中的应用 / 199

5.1 5G 主要特征与技术指标 / 199
5.1.1 AIoT 对 5G 技术的需求 / 199
5.1.2 5G 的基本概念 / 200
5.1.3 5G 的技术指标 / 200
5.2 5G 的应用场景 / 202
5.3 5G 无线云接入技术 / 204

5.3.1 5G 无线云接入技术的基本概念 / 204

5.3.2 云无线接入网 / 205

5.3.3 异构云无线接入网 / 207

5.3.4 雾无线接入网 / 208

5.4 在 5G 网络中部署移动边缘计算 / 210

　5.4.1 5G MEC 部署策略 / 210

　5.4.2 5G MEC 网络延时的估算方法 / 211

　5.4.3 不同场景的 MEC 部署方案 / 214

5.5 5G 在 AIoT 中的典型应用示例 / 216

　5.5.1 云 VR/AR / 216

　5.5.2 车联网 / 217

　5.5.3 智能制造 / 218

　5.5.4 智慧能源 / 220

　5.5.5 无线医疗 / 220

　5.5.6 智慧城市 / 221

5.6 6G 在 AIoT 中的应用 / 222

　5.6.1 推动 6G 发展的动力 / 222

　5.6.2 6G 发展愿景 / 225

　5.6.3 6G 预期的关键性能指标 / 228

　5.6.4 6G 未来潜在的应用场景 / 229

参考文献 / 231

第 6 章　AIoT 核心交换层 / 232

6.1 核心交换网与网际协议 / 232

　6.1.1 IP 的基本概念 / 232

　6.1.2 IPv4 发展与演变的过程 / 234

　6.1.3 IPv6 的特点 / 235

6.2 AIoT 核心交换网的组网方法 / 236

　6.2.1 计算机网络的分类 / 236

　6.2.2 AIoT 核心交换网的基本设计
　　　方法 / 237

　6.2.3 AIoT 核心交换网与虚拟专网
　　　技术 / 238

6.3 SDN/NFV 研究的背景 / 241

　6.3.1 传统网络技术存在的问题 / 241

　6.3.2 "重塑互联网"研究的提出 / 242

　6.3.3 网络可编程概念的提出 / 243

6.4 SDN/NFV 的基本概念 / 244

　6.4.1 SDN 设计的基本思路 / 244

　6.4.2 SDN 体系结构 / 246

　6.4.3 NFV 的基本概念 / 250

　6.4.4 5G 网络切片的基本概念 / 252

参考文献 / 254

第 7 章　AIoT 应用服务层 / 256

7.1 云计算在 AIoT 中的应用 / 256

　7.1.1 云计算的基本概念 / 256

　7.1.2 云计算的服务模型 / 258

　7.1.3 云计算的部署模型 / 260

7.2 AIoT 大数据应用 / 261

　7.2.1 AIoT 对推动大数据研究发展的
　　　贡献 / 261

　7.2.2 AIoT 大数据的主要技术特征 / 262

　7.2.3 AIoT 数据分析的基本概念 / 265

　7.2.4 雾分析与云分析 / 268

　7.2.5 AIoT 数据处理的最佳位置 / 271

　7.2.6 机器学习在雾分析与云分析中的
　　　应用 / 271

　7.2.7 AIoT 数据分析中的机器学习
　　　算法 / 273

　7.2.8 AIoT 大数据应用示例 / 278

7.3 AIoT 智能控制 / 281

　7.3.1 AIoT 智能控制与数字孪生 / 281

　7.3.2 数字孪生的基本概念 / 282

　7.3.3 数字孪生的定义 / 284

　7.3.4 数字孪生与 AIoT / 285

　7.3.5 数字孪生概念体系结构 / 287

　7.3.6 数字孪生技术体系 / 288

　7.3.7 数字孪生核心技术 / 291

7.4 区块链技术与 AIoT / 293

　7.4.1 区块链的基本概念 / 293

　7.4.2 区块链的基本工作原理 / 294

　7.4.3 区块链的特点 / 296

　7.4.4 区块链的类型 / 296

7.4.5　区块链的安全优势 / 297

7.4.6　区块链在 AIoT 中的应用示例 / 298

参考文献 / 301

第 8 章　AIoT 应用层 / 302

8.1　AIoT 应用层的基本概念 / 302

8.1.1　设置 AIoT 应用层的必要性 / 302

8.1.2　应用层与应用服务层的关系 / 303

8.1.3　AIoT 应用系统设计的基本方法 / 304

8.2　AIoT 在智能工业中的应用 / 310

8.2.1　工业 4.0 与《中国制造 2025》/ 310

8.2.2　工业 4.0 涵盖的基本内容 / 311

8.2.3　《中国制造 2025》的特点 / 313

8.2.4　智能工业与数字孪生 / 315

8.3　AIoT 在智能电网中的应用 / 323

8.3.1　智能电网的基本概念 / 323

8.3.2　数字孪生技术在发电厂智能管控系统中的应用 / 325

8.3.3　数字孪生技术在风力发电机组故障预测中的应用 / 327

8.4　AIoT 在智能交通中的应用 / 328

8.4.1　智能交通的基本概念 / 328

8.4.2　智能网联汽车的研究与发展 / 330

8.4.3　智慧公路的研究与发展 / 331

8.4.4　数字孪生技术在车辆抗毁伤性能评估中的应用 / 333

8.5　AIoT 在智能医疗中的应用 / 334

8.5.1　智能医疗的基本概念 / 334

8.5.2　AI 与医疗服务全流程的关系 / 335

8.5.3　AIoT 远程医疗系统与医疗机器人 / 337

8.5.4　医疗大数据与机器学习算法的应用 / 339

8.5.5　数字孪生技术在智能医疗中的应用 / 344

8.6　AIoT 在智慧城市中的应用 / 346

8.6.1　智慧城市的基本概念 / 346

8.6.2　数字孪生城市的基本内涵 / 346

8.6.3　数字孪生城市研究的基本内容 / 347

8.6.4　数字孪生城市研究的发展与面临的挑战 / 348

参考文献 / 350

第 9 章　AIoT 安全技术 / 352

9.1　AIoT 安全的基本概念 / 352

9.1.1　从 AIoT 的角度认识网络安全概念的演变 / 352

9.1.2　AIoT 安全的特点 / 354

9.1.3　AIoT 潜在的被攻击目标 / 359

9.1.4　AIoT 安全产业的发展趋势 / 360

9.2　AIoT 生态系统的安全研究 / 361

9.2.1　AIoT 生态系统的安全威胁与对策研究 / 361

9.2.2　AIoT 设备安全 / 363

9.2.3　AIoT 接入安全 / 365

9.2.4　AIoT 边缘计算安全 / 367

9.2.5　AIoT 核心交换网安全 / 369

9.2.6　AIoT 云计算安全 / 372

9.2.7　AIoT 应用安全 / 373

9.3　AIoT 隐私保护 / 374

9.3.1　AIoT 面临的隐私泄露挑战 / 374

9.3.2　隐私保护技术研究 / 375

9.4　区块链在 AIoT 安全中的应用 / 381

9.4.1　区块链的机密性、完整性与可用性 / 382

9.4.2　区块链在用户身份认证中的应用 / 382

9.4.3　区块链与隐私保护 / 384

参考文献 / 385

第 1 章

AIoT 概论

物联网（IoT）技术与人工智能（AI）技术的交叉融合推动了人工智能物联网（Artificial Intelligence & Internet of Things，AIoT）的发展。AIoT 的问世受到产业界与学术界的高度重视。AIoT 向我们展示了"世界万事万物，凡存在皆联网，凡联网皆计算，凡计算皆智能"的发展趋势。

本章从分析 IoT 的形成与 AIoT 的发展的角度，系统地分析 AIoT 的技术特征、支撑 AIoT 发展的核心技术，深入探讨了 AIoT 技术架构与层次结构模型。

1.1　IoT 的形成

计算机网络技术最成功的应用是互联网。互联网正沿着"移动互联网 – 物联网 – 智能物联网"的轨迹快速发展，潜移默化地融入各行各业与社会的各个方面，改变着人们的生活方式、工作方式与思维方式，深刻地影响着各国政治、经济、科学、教育与产业发展模式。研究 IoT 的形成与发展，首先需要了解物联网发展的社会背景与技术背景。

1.1.1　IoT 形成的社会背景

比尔·盖茨在 1995 年出版的《未来之路》（*The Road Ahead*）中描述了他对 IoT 朦胧的设想与初步的尝试，1998 年 MIT 的科学家向我们描述了一个基于射频识别（Radio Frequency Identification，RFID）和产品电子代码（Electronic Product Code，EPC）的研究，阐述了 IoT 的基本概念，展示了一个 IoT 原型系统。

电信行业最有影响的国际组织是国际电信联盟（ITU）。20 世纪 90 年代，当 Internet 应用进入快速发展阶段时，ITU 的研究人员就前瞻性地认识到 Internet 的广泛应用必将影响电信业今后的发展。他们将 Internet 应用对电信业发展的影响作为一个重要的课题开展研究，并从 1997 年到 2005 年发表了七份"ITU Internet Reports"系列的研究报告（如图 1-1 所示）。2005 年，ITU 在世界 Internet 发展年度会议上发表了题为 *The Internet of Things*

的研究报告。报告向我们描绘了世界上的万事万物，小到钥匙、手表、手机，大到汽车、楼房，只要被嵌入一个微型的传感器芯片或 RFID 芯片，就可以通过 Internet 实现物与物之间的信息交互，从而形成一个无所不在的 IoT 构想。

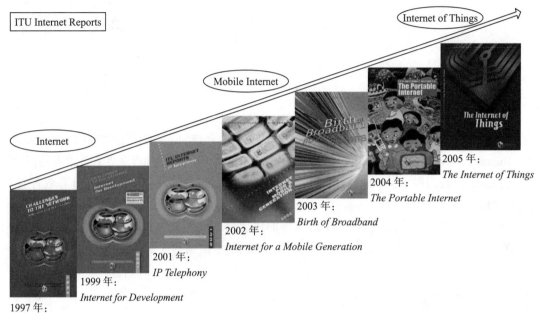

图 1-1 ITU 提出 IoT 概念的过程

2009 年，在国际金融危机大背景之下，IBM 公司向美国政府提出 "智慧地球"（Smarter Planet）科学研究与产业发展咨询报告。IBM 学者认为：智慧地球＝互联网＋物联网。智慧地球将传感器嵌入和装备到电网、铁路、桥梁、隧道、公路、建筑、供水系统、大坝、油气管道等各种物体中，并与超级计算机、云数据中心组成 IoT，实现人与物的融合。智慧地球的概念是希望通过在基础设施和制造业中大量嵌入传感器，捕捉运行过程中的各种信息，然后通过无线网络接入 Internet，通过计算机分析、处理和发出指令并反馈给控制器，控制器远程执行指令。控制的对象小到一个开关、一个可编程控制器、一台发电机，大到一个行业。通过智慧地球技术的实施，人类可以以更加精细和动态的方式管理生产与生活，提高资源利用率和生产能力，改善人与自然的关系。

将比尔·盖茨在《未来之路》中所说的 "我的房子用木材、玻璃、水泥、石头建成" 和 "我的房子也是用芯片和软件建成的"，与 "智慧地球" 报告中描述的 "将传感器嵌入和装备到电网、铁路、桥梁、隧道、公路、建筑、供水系统、大坝、油气管道等各种物体中" 联系起来，我们就会体会到：在 IoT 的概念出现之前，小到人居住的房屋，大到高速公路、铁路、机场，用钢筋混凝土修建的基础设施建筑都与高科技的传感器、芯片、通信、软件技术似乎没有任何必然的联系。在 IoT 中，冷冰冰的基础设施建筑中嵌入了传感器、执行器、芯片、通信、软件技术，"人 – 机 – 物"融为了一体，使没有生命的钢筋混凝土建筑有了"智慧"。IoT 将应用到各行各业与社会的各个方面，开启一个新的时代。

"智慧地球"报告让 IoT 的概念与产业发展规划浮出水面，各国政府都认识到发展 IoT 产业的重要性，在 2010 年前后纷纷从国家科技发展战略的高度，制定了 IoT 技术研究与产业发展规划。

1.1.2　IoT 形成的技术背景

任何一项重大科学技术发展的背后，都必然有前期科学研究的基础。在讨论 IoT 发展的技术背景时，必然要联系前期的两项重要的研究工作：普适计算（Pervasive Computing）与信息物理系统（Cyber Physical System，CPS）。

1. 普适计算

普适计算也叫作"泛在计算"（Ubiquitous Computing）或"无处不在的计算"，同时出现了与之对应的术语"泛在网"（Ubiquitous Network）。

1991 年，美国 Xerox PAPC 实验室的 Mark Weiser 在"The Computer for the 21st Century"文章中正式提出了普适计算的概念。1999 年欧洲研究团体 ISTAG 提出了环境智能（Ambient Intelligence）的概念。环境智能与普适计算的概念类似，研究的方向也比较一致。普适计算的最终目标是实现物理空间与信息空间的完全融合，通过将"人 – 机器 – 环境"融为一体，实现"环境智能"的目标。

仅从字面上读者很难理解普适计算概念的深刻内涵，我们可以用图 1-2 所示的"3D 试衣镜"应用实例，来形象地理解普适计算的概念，总结普适计算的主要技术特征。

一种被称为"魔镜"的"3D 试衣镜"已经在很多商场服装销售中得到了使用。一位希望购买衣服的女士可以在 3D 试衣镜前不断地摆出各种姿态，用手势或语音指令去更换不同款式与颜色的衣服，选择她心仪的品牌、颜色、款式的衣服。后台的 3D 试衣镜系统将自动根据试衣区摄像头传过来的女士形体数据，分析这位女士的指令与对服饰选择的嗜好，从数据库中挑出合适的服装，结合女士的形体数据将她穿上不同服饰后的效果图，以三维的形式通过试衣镜展示给女士，供她挑选。在挑选衣服的整个过程中，她不需要操作计算机，她也不知道计算机在哪里，以及计算机是如何工作的，她要做的事就是比较不同服饰的穿着效果，享受购物的乐趣。顾客试衣和购买的过程可以在愉悦的气氛中自动完成。

理解普适计算的概念需要注意以下几个问题。

第一，普适计算的重要特征是"无处不在"与"不可见"。"无处不在"是指随时随地访问信息的能力；"不可见"是指在物理环境中提供多个传感器、嵌入式设备、移动设备，以及其他任何一种有计算能力的设备，可以在用户不觉察的情况下进行感知、通信、计算，提供各种信息服务，以最大限度地减少用户的介入。

图 1-2 "3D 试衣镜"应用实例

第二，普适计算体现了信息空间与物理空间的融合。普适计算是一种建立在分布式计算、通信网络、移动计算、嵌入式系统、传感器等技术基础上的新型计算模式。它反映了人类对于信息服务需求的提高，具有随时、随地分享计算资源、信息资源与信息服务的能力，以实现人类生活的物理空间与计算机提供的信息空间的融合，借助于大量部署的传感器节点，可以实时地感知与传输人们周边的环境信息，从而将虚拟的信息世界与真实的物理世界融为一体，深刻地改变了人与自然的交互方式。

第三，普适计算的核心是"以人为本"。我们平常在办公室处理公文都需要坐在办公桌的计算机前，即使是使用笔记本计算机也需要随身带着它。细想之后我们会发现：在桌面计算模式中，人是围着计算机转的，是"以计算机为本"的。普适计算研究的目标就是尝试着突破桌面计算的模式，摆脱计算设备对人类活动的约束，将计算与网络技术结合起来，将计算机嵌入环境与日常工具中去，让计算机本身从人们的视线中"消失"，从而让人们的注意力回归到要完成的任务本身。

第四，普适计算的重点在于提供面向用户的、统一的、自适应的网络服务。普适计算的网络环境包括互联网、移动通信网、电话网、电视网和各种无线网络；普适计算设备包括计算机、智能手机、传感器、汽车、家电等能够联网的设备；普适计算服务内容包括计算、管理、控制与信息浏览。

普适计算的思想就是使计算机从用户的意识中彻底"消失"。在物理世界中结合计算处理能力与控制能力，将人与人、人与机器、机器与机器的交互最终统一为人与自然的交互，达到"环境智能"的境界。

因此，普适计算的主要技术特征可以总结为：

- 计算能力的"无处不在"与计算设备的"不可见"；
- "信息空间"与"物理空间"的融合；
- "以人为本"与"自适应"的智能服务；
- 实现普适计算的关键是"智能"。

普适计算与 IoT 的关系可以总结为：

- 普适计算与 IoT 从研究目标到技术特征、工作模式都有很多相似之处；
- 普适计算研究方法与研究成果对于 IoT 有着重要的借鉴与启示作用；
- IoT 的出现使得我们在实现普适计算的道路上前进了一大步。

2. CPS

随着新型传感器、无线通信、嵌入式与智能技术的快速发展，CPS 研究引起了学术界的广泛重视。理解 CPS 概念的内涵需要注意以下几点。

第一，CPS 是一个综合计算、网络与物理世界的复杂系统，是将感知、通信、计算、智能与控制技术交叉融合的产物，通过计算技术、通信技术与智能技术的协作，实现信息世界与物理世界的紧密融合。

第二，CPS 研究的对象小到纳米级生物机器人，大到涉及全球能源协调与管理的复杂大系统。CPS 的研究成果可以用于智能机器人、无人驾驶汽车、无人机，也可以用于智能医疗领域的远程手术系统、人体植入式传感器系统。

第三，CPS 是将计算和通信能力嵌入传统的物理系统中，形成集计算、通信与控制于一体的下一代智能系统。

CPS 技术研究的内容很丰富，我们选择了大家感兴趣的"自动泊车"系统设计所涉及的问题，来直观地解释 CPS 的基本概念、研究的基本内容与技术特征。

对于很多生活在城市中的人们，寻找一个合适的车位，并且能够将汽车安全、快速、准确地泊入车位是一件困难的事。在这样的背景下，自动泊车系统应运而生。自动泊车也是无人驾驶汽车的基本功能之一。图 1-3 给出了自动泊车的示意图。

图 1-3　自动泊车示意图

汽车的自动泊车过程由车位识别、轨迹生成与轨迹控制三个阶段组成（如图 1-4 所示）。

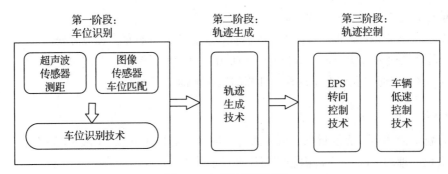

图 1-4　自动泊车的过程

自动泊车系统是一种安全、快速地将车辆自动驶入车位的智能泊车辅助系统，它通过超声波传感器和图像传感器去感知车辆周边的环境信息，识别泊车的车位。

第一阶段：车位识别。自动泊车的第一阶段是车位识别阶段，需要通过两步来完成。

第一步，利用超声波传感器实现车位识别功能（如图 1-5 所示）。

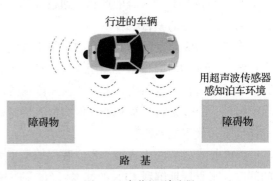

图 1-5　车位识别过程

行进中的车辆用超声波传感器感知泊车环境。利用超声波传感器对车辆到泊车环境中障碍物的精确测距，可以为自动泊车系统提供确定泊车环境模型的准确数据。

当驾驶员选择"自动泊车"功能且按下"泊车"键时，超声波传感器就周期性地向周边发送超声波信号，同时接收反射回的信号。用计数器统计发送到接收超声波的时间差，计算出车辆与障碍物的距离。

一般情况下，能够提供自动泊车功能的汽车要在车的前端、后端和两侧安装 8 个以上的超声波传感器，以便提供与车辆周边不同方位障碍物的精确距离信息，确定空闲车位是否能够满足泊车条件，实现车位识别功能。

第二步，利用图像传感器实现车位调节功能（如图 1-6 所示）。

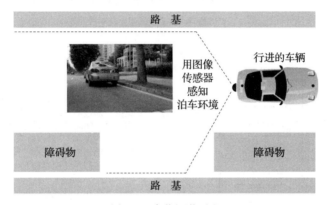

图 1-6　车位调节过程

行进中的车辆用图像传感器感知泊车环境。利用在车尾安装的广角摄像头，采集车位环境图像信息，并将环境图像信息传送到车载计算机的图像处理系统中。图像处理系统根据采集的环境图像信息进行图像测距，并且在图像中建立一个与实际车位大小相同的虚拟车位，通过在图像中调节虚拟车位，可以实现虚拟车位与实际车位之间的匹配，进一步完善车位信息。

第二阶段：轨迹生成。轨迹生成是通过建立车辆运动学模型，分析车辆转弯过程中车辆运动半径与方向盘转向角的关系，计算出车辆在泊车过程中可能会遇到的碰撞区域。

在对泊车过程建模分析的基础上，构造泊车模型，根据几何学原理计算出车辆在泊车过程中的轨迹。当生成的车辆移动轨迹与根据图像分析的车位数据匹配后，将控制车辆实时运动轨迹的转向角、速度指令发送给执行机构。轨迹生成过程如图 1-7 所示。

第三阶段：轨迹控制。在自动泊车过程中，通过执行实时运动轨迹的转向角、速度指令，车辆机械传动系统控制方向盘的转向角与车辆速度，进而控制车辆的泊车过程。

总结以上分析的自动泊车过程，我们可以看出：设计一个自动泊车系统需要用到感知技术、智能技术、计算技术、通信技术与控制技术（如图 1-8 所示）。

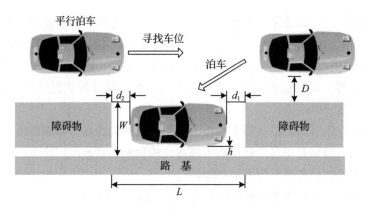

图 1-7 轨迹生成过程

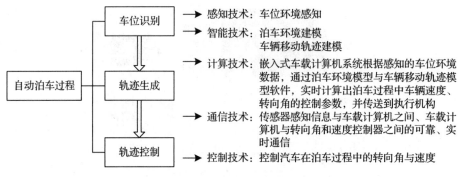

图 1-8 设计一个自动泊车系统需要用到的技术

自动泊车技术是汽车无人驾驶技术的一个重要研究方向。它是将感知、计算、通信、智能与控制技术交叉融合的产物，是一种典型的信息物理融合的 CPS 系统，也是 IoT 智能交通领域中无人驾驶汽车研究的重要组成部分。

从"自动泊车"这个实例中，我们可以清楚地认识到：CPS 是在环境感知的基础上，形成可控、可信与可扩展的网络化智能系统，扩展新的功能，使系统更加智能。

CPS 系统的主要技术特征可以总结为"感、联、知、控"四个字：

- "感"是指多种传感器协同感知物理世界的状态信息；
- "联"是指连接物理世界与信息世界的各种对象，实现信息交互；
- "知"是指通过对感知信息的智能处理，正确、全面地认识物理世界；
- "控"是指根据正确的认知，确定控制策略，发出指令，指挥执行器处理物理世界的问题。

从以上分析中，我们可以清晰地看出 CPS 与 IoT 的关系：

- CPS 研究的目标与 IoT 发展方向是一致的；
- CPS 与 IoT 都会催生大量的智能设备与智能系统；

• CPS 的理论、技术研究的成果对 IoT 有着重要的启示与指导作用。

在讨论了普适计算、CPS 研究之后,我们会得到一种启示:普适计算与 CPS 作为一种全新的计算模式,跨越计算机、软件、网络与移动计算、嵌入式系统、人工智能等多个研究领域。它向我们展示了"世界万事万物,凡存在皆联网,凡联网皆计算,凡计算皆智能"的发展趋势,这也正是 IoT 要实现的目标。因此,我们在研究 IoT 应用时,必须认真学习、借鉴 CPS 技术的研究成果,使得 IoT 与 CPS 之间能够形成一种自然的衔接与良性的互动关系。

参与 IoT 研究的技术人员头脑中都会呈现一个美好的愿景:将传感器或 RFID 芯片嵌入电网、建筑物、桥梁、公路、铁路,以及我们周围的环境和各种物体之中,并且将这些物体互联成网,形成 IoT,实现信息世界与物理世界的融合,使人类对客观世界具有更加全面的感知能力、更加透彻的认知能力和更加优秀的处理能力。如果说互联网、移动互联网的应用主要关注人与信息世界的融合,那么 IoT 将实现物理世界与信息世界的深度融合。

综上所述,我们可以用图 1-9 描述 IoT 形成与发展过程。

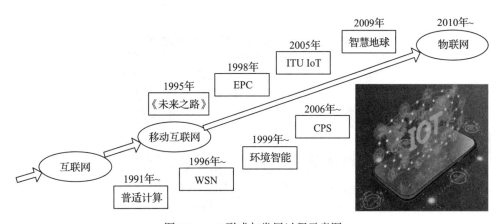

图 1-9　IoT 形成与发展过程示意图

1.1.3　IoT 与 Internet 的主要区别

深入理解 IoT 基本概念与技术特征,就需要对 IoT 与 Internet 的技术特点进行比较和分析。IoT 与 Internet 的不同之处主要表现在以下几个方面。

1. IoT 提供行业性、专业性与区域性的服务

历数 Internet 所提供的服务,从传统的 E-mail、FTP、Web,到搜索引擎、即时通信、网络音乐、网络视频以及基于位置的服务,Internet 应用的设计者采取开放式的设计思想,试图建立全球公共信息服务系统。为了推广 Web 服务,设计者制定了创建网页(Web

Page）的超文本标记语言（HTML）协议，制定了定位网页的统一资源定位符（URL），制定了链接网页的超链接（Hyperlink）协议，制定了 Web 客户端与 Web 服务器通信的超文本传输协议（HTTP）。只要网站开发者按照这个协议体系开发网站，编写应用程序，就可以方便地链接到全球的 Web 服务体系之中（如图 1-10a 所示）。

IoT 设计目标与 Internet 不同，IoT 应用系统是面向行业、专业和区域的。如图 1-10b 所示，我国在第十二个五年计划中重点发展智能工业、智能农业、智能电网、智能交通、智能医疗、智能物流等九大行业的应用。对于关乎国民经济发展的重要应用领域，一定是由政府责成相关的行业与产业主管部门来组织规划、设计、建设的。例如，我国智能电网的建设由国家电网规划、设计、组建、运行和管理。智能交通目标是解决一个城市、一个地区内的交通问题，并且由城市交通主管部门规划、组建与管理。因此，IoT 应用系统具有行业性、专业性与区域性的特征。

a）Internet 提供全球性公共信息服务

智能工业　　　　智能交通　　　　智能电网

智能医疗　　　　智能农业　　　　智能物流

b）IoT 提供行业性、专业性、区域性应用

图 1-10　IoT 提供行业性、专业性与区域性的服务

2. IoT 数据主要通过自动感知方式获取

纵观 Internet 应用的发展，我们可以清晰地看出：Internet 主要提供的是人与人之间的信息共享与信息服务，Internet 上传输的文本、视频、语音数据主要是通过计算机、智能

手机、照相机、摄像机，以人工方式产生的。Internet 构成了人与人之间信息交互与信息共享的网络空间，Internet 数据主要是以人工方式生成的（如图 1-11a 所示）。

IoT 的大量信息是通过 RFID 标签、传感器自动产生的。例如，在智能交通应用中，不同的交通路口通过视频摄像探头、地埋感应线圈、智能网联汽车、智能无人机等 IoT 接入设备，实时感知城市交通信息，通过智能交通专用网络传送到城市交通指挥中心；城市交通指挥中心通过云计算平台与超级计算机对智能交通的大数据进行处理，形成适应当前城市交通状况的交通疏导方案；城市交通指挥中心根据交通疏导方案，通过智能交通专网将不同路口红绿灯的开启时间指令传送到指定路口的红绿灯控制器。同时，通过车联网向运行的车辆发布路况与疏导信息，帮助驾驶员与智能网联汽车了解当前交通状态，选择正确的行驶路线，以达到快速、安全出行的目的。因此，IoT 通过"泛在感知、互联互通、智慧处理"最终实现信息世界与物理世界的"人－机－物"融合。IoT 数据主要通过感知方式获取（如图 1-11b 所示）。

a）Internet 数据主要以人工方式生成

b）IoT 数据主要由传感器、RFID 等设备以自动方式生成

图 1-11　IoT 数据主要通过自动感知方式获取

3. IoT 是可反馈、可控制的"闭环"系统

Internet 采用的是"开放式"设计思想，为人类构建了一个人与人信息交互和共享的网络虚拟世界；而 IoT 通过感知、传输与智能信息处理，生成智慧处理策略，再通过执行器实现对物理世界中对象的控制。因此，Internet 与 IoT 一个重要的区别是：Internet 是开环的信息服务系统，而 IoT 是闭环控制系统。我们可以以智能交通应用为例来说明这个问题。

我们每个人对于 Internet 应用都特别熟悉。我们可以使用 E-mail 系统发邮件，用 FTP 系统下载软件，用 Web 系统看新闻，用搜索引擎查询"大数据"方面的论文，需要注意的是：Internet 对于我们来说是人与人之间信息交互、信息共享的平台。人是"有智慧"的，人们不希望有任何外部力量或意识能够通过 Internet 控制自己的思维。即使是通过搜索引擎去查询一件事，我们也只希望计算机将相关的资料按照重要性排序后提交给我们，最终是通过自己的判断，有选择地决定看什么或不看什么。IoT 则不一样。以智能交通应用为例，我们把交通路口埋设的感应线圈、安装的摄像头，以及车联网实时感知的交通数据，通过智能交通网络传送到城市交通控制中心。交通控制中心通过对采集到的实时交通数据进行融合处理，形成交通控制指令，再将控制指令反馈到路口信号灯控制器、道路路口引导指示牌、行进的车辆、执勤的交警，通过调节不同道路上车辆的数量、时间、速度，达到优化道路通行状态的目的。智能交通的闭环控制机制如图 1-12 所示。

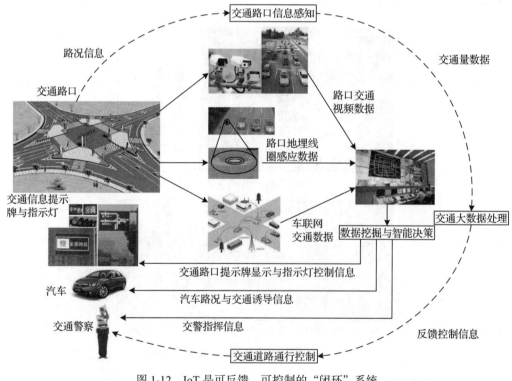

图 1-12　IoT 是可反馈、可控制的"闭环"系统

同样，智能工业、智能电网、智能医疗、智能交通等系统都需要采用闭环控制机制。根据 IoT 应用系统的规模，以及对控制的实时性、可靠性要求的不同，有的只需要采用传统的智能控制理论与方法，有些复杂大系统需要研究新的控制方法。智能工业追求的目标是智能工厂、智能制造与智能物流，支撑智能工业技术的主要特征是：高度互联，实时系

统，柔性化、敏捷化、智能化。智能工业的控制对象是复杂大系统，传统的控制理论与方法已经不适用，必须找到新的控制理论与方法，那就是数字孪生。

IoT 闭环控制追求的最高境界应该是数字孪生。目前研究人员正在尝试将数字孪生用于智慧城市、智能医疗、智能交通等更为广泛的领域，实现"虚实结合，以虚控实"的目的，以提高 IoT 的智能控制能力与应用效果。因此从这个角度看，IoT 是可反馈、可控制的"闭环"系统。

4. IoT 是虚拟世界与现实世界的结合

Internet 上流传着一句话：在 Internet 上没有人知道它是一只"狗"，而在 IoT 上"狗"也是有身份的"网民"。这句话看上去是一句戏言，其实有一定道理。Internet 从设计之初就强调它的开放性，Internet 虚拟世界不归世界上任何一个部门或公司所有，它是由用户遵守一个标准的 TCP/IP 体系，以网际互联的方式不断扩展形成的。一个用户可以在不同的电子邮件服务网站注册多个邮箱，使用多个用户名。写过 TCP/IP 程序的人都知道，IP 地址是一种"软件"地址，它由网络管理员来分配并且是可以改变的，也可以在应用软件中由程序员"写"进去。其实伪造 IP 地址是一件非常容易的事，在 Internet 上截取一个"用户名"与对应的"密码"也是一件容易的事。因此，Internet 用户身份的可信度并不高。图 1-13 描述了 IoT 与 Internet 对接入对象身份真实性要求的区别。

在 Internet 上没人知道它是一条"狗"

a）Internet 构造了网络虚拟世界

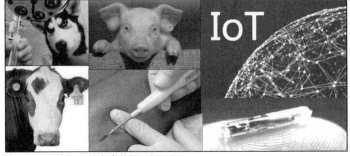

在 IoT 上"狗"也是有身份的"网民"

b）IoT 是虚拟与现实的结合

图 1-13　IoT 是虚拟世界与现实世界的结合

IoT 中"实体"与"设备"是对人与物的一种抽象。智能电网、智能安防、智能物流等 IoT 应用系统必须给接入的"实体"（如智能电表、智能水表、商品）或"设备"分配一个身份标识，并且这个标识在全世界是唯一的。RFID 其实就是给接入 IoT 中的商品、人或者动物配置一个可识别和唯一的标识，IoT 应用系统必须通过身份识别和认证机制，来保证接入的传感器、执行器、设备与用户"身份"的真实性、可信性和合法性。这也是 IoT 与Internet 的一个基本的差别。Internet 创造的是网络虚拟世界，而 IoT 是虚拟与现实的结合。

5. IoT 面临着更为严峻的网络安全问题

网络安全是一种伴生技术。网络上出现一种新的应用，就会随之出现新的网络安全问题。愈演愈烈的 Internet 网络安全威胁一直困扰着我们，而 IoT 面临着更加严峻的网络安全局面。

接入 IoT 的设备与系统的复杂度差异很大。例如，接入 IoT 的很多种低端传感器与执行设备数量大、分布广、造价低、结构简单，不可能具备较强的安全防范能力，易于被黑客利用，形成了易攻难防的局面。而一个大型 IoT 应用系统一定是由多个子系统组成的，属于"系统级的系统"。不同功能的子系统分布在不同的层次和不同的地理位置，由网络互联起来，构成一个复杂的分布式协同工作系统。

在智能交通的研究中，实现最低端的汽车控制功能至少需要几十个微处理器，而高端的智能网联汽车要用到几百个传感器、执行器以及微处理器。车载操作系统用于自动驾驶、复杂的态势感知、车载信息服务，嵌入式软件代码一般超过数百万行。Steve McConnell 在《代码大全》中给出一个统计数据：软件中平均每 1000 行代码中大约存在 30 个漏洞；即使是被公认为漏洞较少的 Linux 内核，每 10 000 行代码中也有 1～5 个漏洞。这也就是说，不管软件工程师多么细心，软件测试多么严格，软件存在着漏洞都是不争的事实。IoT 协议与软件庞大复杂，数据交互如此之繁多，存在漏洞和被攻击的可能性一定会比较高。

IoT 的智能工业、智能农业、智能交通、智能医疗、智能家居、智能安防、智能物流等应用中接入的智能硬件设备，小到病患者的心脏起搏器、植入式传感器、居民的电子门锁、婴幼儿监控设备，大到城市供水、供电、供热、供气系统与照明系统，以及智能工厂制造设备、智能网联汽车、飞机控制系统，针对 IoT 的网络攻击都有可能造成危及生命与财产安全的重大事故，严重时会造成突发事件，引发社会动乱。

同时，由于 IoT 接入设备的数量庞大、类型多样、分布极广，并且大量的 IoT 终端设备处于移动状态，因此传统 Internet 网络安全防护体系已经不能满足 IoT 网络安全的要求，研究人员必须另辟蹊径，去研究 IoT 安全防护体系、策略、技术与产品。

1.1.4 我国 IoT 技术与产业发展

我国政府高度重视 IoT 技术与产业的发展。2010 年 10 月，在国务院发布的《国务院关于加快培育和发展战略性新兴产业的决定》中，明确将 IoT 列为我国重点发展的战略性新兴产业之一，大力发展 IoT 产业成为国家具有战略意义的重要决策。之后在 2011 年发布的《"十二五"规划纲要》、2015 年发布的《"十三五"规划纲要》，以及 2013 年发布的《国家重大科技基础设施建设中长期规划（2012—2030 年）》、2016 年发布的《国家中长期科学和技术发展规划纲要（2006—2020 年）》、2016 年发布的《国家创新驱动发展战略纲要》、2017 年发布的《物联网发展规划（2016—2020 年)》中，都对 IoT 技术研究与产业发展做出了规划，明确了 IoT 研究的关键技术、重点发展的应用领域，以及服务保障体系的建设。我国政府为 IoT 技术研究与产业发展创造了良好的社会环境。2018 年世界物联网大会（WIOTC）发布的《世界物联网排行榜 TOP250》中，我国华为公司排名第一。

截至 2020 年年底，我国 IoT 产业规模已经突破 1.7 万亿元，"十三五"期间 IoT 总体产业规模保持 20% 的年均增长率。这些数据说明，全球 IoT 产业保持着高速发展态势，我国 IoT 产业有着巨大的发展空间。

1.2　AIoT 的发展

1.2.1　AIoT 发展的社会背景

"十二五"期间，我国 IoT 发展与发达国家保持同步，成为全球 IoT 研究与应用最为活跃的地区之一。"十三五"期间，在"创新是引领发展的第一动力"方针的指导下，IoT 进入了跨界融合、集成创新和规模化发展的新阶段。"十四五"期间，新技术、新应用、新业态层出不穷，AIoT 快速发展；国际上围绕着 AIoT 核心技术与标准的竞争日趋激烈。

2016 年 5 月，在《国家创新驱动发展战略纲要》中将"推动宽带移动互联网、云计算、物联网、大数据、高性能计算、移动智能终端等技术研发和综合应用，加大集成电路、工业控制等自主软硬件产品和网络安全技术攻关和推广力度，为我国经济转型升级和维护国家网络安全提供保障"作为"战略任务"之一。

2016 年 8 月，《"十三五"国家科技创新规划》"新一代信息技术"的"物联网"专题提出"开展物联网系统架构、信息物理系统感知和控制等基础理论研究，攻克智能硬件（硬件嵌入式智能）、物联网低功耗可信泛在接入等关键技术，构建物联网共性技术创新基础支撑平台，实现智能感知芯片、软件以及终端的产品化"的任务。在"重点研究"中提出了"基于物联网的智能工厂""健康物联网"等研究内容，并将"显著提升智能终端和物联网系统芯片产品市场占有率"作为发展目标之一。

2016 年 12 月，《"十三五"国家战略性新兴产业发展规划》提出实施网络强国战略，加快"数字中国"建设，推动物联网、云计算和人工智能等技术向各行业全面融合渗透，构建万物互联、融合创新、智能协同、安全可控的新一代信息技术产业体系。

2017 年 4 月，《物联网的十三五规划（2016—2020 年）》指出：物联网进入跨界融合、集成创新和规模化发展的新阶段。IoT 将进入万物互联发展的新阶段，智能可穿戴设备、智能家电、智能网联汽车、智能机器人等数以万亿计的新设备将接入网络。物联网智能信息技术将在制造业智能化、网络化、服务化等转型升级方面发挥重要作用。车联网、健康、家居、智能硬件、可穿戴设备等消费市场需求更加活跃，驱动物联网和其他前沿技术不断融合，人工智能、虚拟现实、自动驾驶、智能机器人等技术不断取得新突破。

2020 年 7 月，国家标准化管理委员会、工业与信息化部等五部门联合发布《国家新一代人工智能标准体系建设指南》明确指出，新一代人工智能标准体系建设的支撑技术与产品标准主要包括：大数据、物联网、云计算、边缘计算、智能传感器、数据存储及传输设备。关键领域技术标准主要包括：自然语言处理、智能语音、计算机视觉、生物特征识别、虚拟现实 / 增强现实、人机交互等。物联网标准建设主要包括：规范人工智能研发和应用过程中涉及的感知和执行关键技术要素，为人工智能各类感知信息的采集交互和互联互通提供支撑。新一代人工智能标准体系的建设将进一步加速 AI 技术与 IoT 的融合，推动 AIoT 技术的发展。

2021 年 3 月，《中华人民共和国国民经济和社会发展第十四个五年规划和 2035 年远景目标纲要》的第十一章第一节"加快建设新型基础设施"中指出推动物联网全面发展，打造支持固移融合、宽窄结合的物联接入能力。加快构建全国一体化大数据中心体系，强化算力统筹智能调度，建设若干国家枢纽节点和大数据中心集群，建设 E 级和 10E 级超级计算中心。积极稳妥发展工业互联网和车联网。加快交通、能源、市政等传统基础设施数字化改造，加强泛在感知、终端联网、智能调度体系建设。同时，提出构建基于 5G 的应用场景和产业生态，在智能交通、智慧物流、智慧能源、智慧医疗等重点领域开展试点示范。纲要明确了 AIoT 在"十四五"期间的建设任务，规划了到 2035 年的发展远景目标。

1.2.2 AIoT 发展的技术背景

2018 年出现的 AIoT 就是云计算、边缘计算、大数据、5G、人工智能、数字孪生、区块链等技术，在 IoT 应用中交叉融合、集成创新的产物。

1. 云计算与 AIoT

云计算（Cloud Computing）并不是一个全新的概念。早在 1961 年，计算机科学家就预言："未来的计算资源能像公共设施（如水、电）一样被使用"。为了实现这个目标，在之后的几十年里，学术界和产业界陆续提出了集群计算、网格计算、服务计算等技术，而云计算正是在这些技术的基础上发展而来。

云计算是一种基于互联网的计算方式，通过这种方式，共享的软硬件资源和信息可以按需提供给计算机和其他设备，它具有的主要的技术特征包括：按需服务、资源池化、泛在接入、高可靠性、低成本、快速部署。

有了云计算服务的支持，AIoT 开发者可以将系统构建、软件开发、网络管理任务，部分或全部交给云计算服务提供商去负责，自己专心于规划和构思 AIoT 应用系统的功能、结构与业务系统的运行。AIoT 客户端的各种智能终端设备，包括智能感知与控制设备、个人计算机、笔记本计算机、智能手机、智能机器人、可穿戴计算设备都可以作为云终端，在云计算环境中使用。

云计算平台可以为 AIoT 应用系统提供灵活、可控与可扩展的计算、存储与网络服务，成为 AIoT 集成创新的重要信息基础设施。

2. 边缘计算与 AIoT

随着智能工业、智能交通、智能医疗、智慧城市应用的发展，数以千亿计的感知与控制设备、智能机器人、可穿戴计算设备、智能网联汽车、无人机接入了 AIoT，AIoT 对网络带宽、延时、可靠性的要求越来越高。传统的"端－云"架构已经不能满足 AIoT 应用对网络高带宽、高可靠性、超低延时的要求，基于边缘计算与移动边缘计算的"端－边－云"架构应运而生。

边缘计算（Edge Computing）概念的出现可以追溯到 2000 年。边缘计算的发展与面向数据的计算模式发展分不开。随着数据规模的增大和人们对数据处理实时性要求的提高，研究人员必然希望在靠近数据的网络边缘增加数据处理能力，将计算任务从计算中心迁移到网络边缘。1998 年出现的内容分发网络（Content Delivery Network，CDN）采用的是基于 Internet 的缓冲网络，通过在 Internet 边缘节点部署 CDN 缓冲服务器，来降低用户远程访问 Web 网站的数据下载延时，加速内容提交。早期的边缘计算中，"边缘"仅限于分布在世界各地的 CDN 缓冲服务器。随着边缘计算研究的发展，"边缘"资源的概念已经从最初的边缘节点设备，扩展到从数据源到核心云路径中的任何可利用的计算、存储与网络资源。

2013 年，5G 的研究催生了移动边缘计算（Mobile Edge Computing，MEC）的发展。移动边缘计算在接近移动用户的无线接入网的位置，部署能够提供计算、存储与网络资源的边缘云（或微云），避免端节点只有直接通过主干网与云计算中心的通信，才能突破云计算服务的限制。移动节点只需要访问边缘云缓存的内容，接受边缘计算的服务。

随着 5G 应用的发展，移动边缘计算正在形成一种新的生态系统与价值链，成为一种标准化、规范化的技术。2014 年 9 月 ETSI 正式成立了 MEC 工作组，针对 MEC 技术的应用场景、技术要求、体系结构开展研究。移动边缘计算研究之初只适用于电信移动通信网。2017 年 3 月 ETSI 将移动边缘计算行业规范工作组正式更名为"多接入边缘计算"（Multiple-access Edge Computing，MEC）工作组，将移动边缘计算从电信移动通信网扩展到其他无线接入网（如 Wi-Fi），以满足 AIoT 对移动边缘计算的应用需求。

随着 5G 应用的发展，移动边缘计算 MEC 作为支撑 5G 应用的关键技术受到进一步的重视。电信运营商看到了移动边缘计算发展的重要性，于是投入大量资金，大规模部署移动边缘云的建设。基于移动边缘计算的 AIoT"端－边－云"的网络结构，能够为需要提供超高带宽与可靠性、超低延时的 AIoT 应用提供技术支持。

3. 大数据与 AIoT

在对商业、金融、银行、医疗、环保与制造业领域进行大数据分析的基础上，获取的重要知识衍生出很多有价值的新产品与新服务，人们逐渐认识到"大数据"的重要性。2008 年之前我们一般将这种大数据量的数据集称为"海量数据"。2008 年 *Nature* 杂志上出版了一期专刊，专门讨论未来大数据处理面临的挑战问题，提出了"大数据"（Big Data）的概念。产业界将 2013 年称为大数据元年。

随着 AIoT 的发展，新的数据将不断产生、汇聚、融合，这种数据量增长已经超出人类的预想。无论是对数据的收集、存储、维护，还是管理、分析和共享，对人类都是一种挑战。

大数据并不是一个确切的概念。到底多大的数据是大数据，不同的学科领域、不同的行业会有不同的理解。目前对于大数据大致可以看到三种定义。第一种是大到不能用传统方法进行处理的数据。第二种是那些大小超过标准数据库工具软件收集、存储、管理与分析能力的数据集。第三种是维基百科给出的定义：大数据是指无法使用传统和常用的软件技术与工具在一定的时间内完成获取、管理和处理的数据集。

数据量的大小不是判断一个数据是否是"大数据"的唯一标准，判断这个数据是不是"大数据"，要看它是不是具备以下"5V"的特征：大体量（Volume）、多样性（Variety）、时效性（Velocity）、准确性（Veracity）、大价值（Value）。

AIoT 中智能交通、智能工业、智能医疗中的大量传感器、RFID 芯片、视频监控探头、工业控制系统是造成数据"爆炸"的重要原因之一。AIoT 为大数据技术的发展提出了重大的应用需求，成为大数据技术发展的重要推动力之一。通过不同的感知手段获取大量的数据不是 AIoT 的目的，如何通过对大数据的智能处理，提取正确的知识与准确的反馈控制信息，这才是 AIoT 对大数据研究提出的真正需求。

4. 5G 与 AIoT

AIoT 规模的超常规发展，导致大量的 AIoT 应用系统将部署在山区、森林、水域等偏僻地区。很多的 AIoT 感知与控制节点，密集部署在大楼内部、地下室、地铁与隧道中，4G 网络与技术已难以适应，只能寄希望于 5G 网络与技术。

AIoT 涵盖智能工业、智能农业、智能交通、智能医疗与智能电网等各个行业，业务类型多、业务需求差异性大。在智能工业的工业机器人与工业控制系统中，节点之间的感知数据与控制指令传输必须保证是正确的，延时必须在 ms 量级，否则就会造成工业生产事故。无人驾驶汽车与智能交通控制中心之间的感知数据与控制指令传输尤其要求准确性，延时必须控制在 ms 量级，否则就会造成车毁人亡的重大交通事故。AIoT 中对反馈控制的实时性、可靠性要求高的应用对 5G 的需求格外强烈。

ITU-R 明确了 5G 的三大应用场景：增强移动宽带通信、大规模机器类通信与超可靠低延时通信。其中，大规模机器类通信面向以人为中心的通信和以机器为中心的通信，面向智慧城市、环境监测、智慧农业等应用，为海量、小数据包、低成本、低功耗的设备提供有效的连接方式。例如，有安全要求的车辆间的通信、工业设备的无线控制、远程手术，以及智能电网中的分布式自动化。超可靠低延时通信主要是满足车联网、工业控制、移动医疗等行业的特殊应用对超高可靠、超低延时通信场景的需求。5G 作为 AIoT 集成创新的通信平台，有力地推动着 AIoT 应用的发展。

5. 人工智能与 AIoT

人工智能（Artificial Intelligence，AI）是计算机科学、控制论、信息论、神经生理学、心理学、语言学等多种学科高度发展、紧密结合、互相渗透而发展起来的一门交叉学科，但是它至今仍然没有一个被大家公认的定义。不同领域的研究者从不同的角度给出了各自不同的定义。最早人工智能定义是"使一部机器的反应方式就像是一个人在行动时所依据的智能"。有的科学家认为"人工智能是关于知识的科学，即怎样表示知识、获取知识和使用知识的科学"。一种通俗的解释是，人工智能大致可以分为两类，一类是弱人工智能，一类是强人工智能。弱人工智能是能够完成某种特定任务的人工智能；强人工智能是具有与人类等同的智慧，能表现人类所具有的所有智能行为，或超越人类的人工智能。

人工智能诞生的时间可追溯到 20 世纪 40 年代，经历了三次发展热潮。第一次热潮出现在 1956 年至 60 年代，第二次热潮出现在 1975 年至 1991 年，第三次热潮出现在 2006 年至今。

2006 年，以深度学习为代表的人工智能进入了第三次热潮。"学习"是人类智能的主要标志与获取知识的基本手段。"机器学习"研究计算机如何模拟或实现人类的学习行为，以获取新的知识与技能，不断提高自身能力。自动知识获取成为机器学习应用研究的目标。一提到"学习"，我们首先会联想到读书、上课、做作业、考试。上课时，我们跟着老师一步步地学习属于"有监督"的学习；课后做作业，需要自己完成，属于"无监督"的学习。平时做的课后练习题属于学习系统的"训练数据集"，而考试题属于"测试数据集"。学习好的同学平时"训练"好，所以考试成绩好。学习差的同学平时"训练"不够，考试成绩自然会差。如果将学习的过程抽象表述，那就是：学习是一个不断发现自身错误并改正错误的迭代过程。机器学习也是如此。为了让机器自动学习，同样要准备三份数据：训练集、验证集与测试集。

- 训练集是机器学习的样例。
- 验证集用来评估机器学习阶段的效果。
- 测试集用来在学习结束后评估实战的效果。

2006 年，"深度学习（deep learning）"研究的发展，开启了人工智能的第三次热潮。第三次人工智能热潮的研究热点主要是机器学习、神经网络、计算机视觉。在过去的几年中，图像识别、语音识别、机器人、人机交互、无人机、无人驾驶汽车、智能眼镜越来越多地使用了深度学习技术。

机器学习系统的主要组成部分是数据。AIoT 的数据来自不同的行业、不同的应用、不同的感知手段，有人与人、人与物、物与物、机器与人、机器与物、机器与机器等各种数据，这些数据可以进一步分为：环境数据、状态数据、位置数据、个性化数据、行为数据与控制数据，这些数据具有明显的异构性与多样性。因此，AIoT 数据是机器学习的"金矿"。AIoT 智能数据分析广泛应用了有监督与无监督的机器学习方法。机器学习越来越依赖于大规模的数据集和强大的计算能力；云计算、大数据、边缘计算、5G 技术的发展，为 AI 与 AIoT 的融合提供了巨大的推动力。

6. 数字孪生与 AIoT

工业 4.0 促进了数字孪生的发展。2002 年，"数字孪生"（Digital Twin）术语出现。传统控制理论与方法已经不能够满足 AIoT 复杂大系统的智能控制需求。2019 年，随着"智能＋"概念的兴起，数字孪生成为了产业界与学术界研究的热点。

数字孪生基于人工智能与机器学习技术，将数据、算法和分析决策结合在一起，通过仿真技术将物理对象映射到虚拟世界，在数字世界建立一个与物理实体一模一样的数字孪生体，通过人工智能的多维数据复杂处理与异常分析，合理地规划、实现对系统与设备的精准维护，预测潜在的风险。数字孪生的概念涵盖着以下的基本内容：

- 驱动数字孪生发展的五大要素是感知、数据、集成、分析、执行，这些与 AIoT 是完全一致的；
- 数字孪生的核心技术包括多领域、多尺度仿真建模，数字驱动与物理模型融合的状态评估，生命周期数据管理，虚拟现实呈现，高性能计算；
- 在 5G 应用的推动上，数字孪生表现出"精准映射、虚实交互、软件定义与智能控制"的特征。

数字孪生是在 AIoT、云计算、大数据与智能技术的支撑之上，通过对产品全生命周期实施"迭代优化"和"以虚控实"方法，彻底改变了传统的产品设计、制造、运行与维护技术，将极大地丰富智能技术与 AIoT 技术融合的理论体系，数字孪生为 AIoT 大系统智能控制提供了新的设计理念与方法。目前数字孪生正从工业应用向智慧城市等综合应用方向发展，将进一步提升 AIoT 的应用效果与价值。

7. 区块链与 AIoT

区块链与机器学习被评价为未来十年可能提高人类生产力的两大创新技术。区块链（Blockchain）技术始于 2009 年，起源于虚拟货币，如今区块链正在渗入各行各业与社会的各个方面。

　　人类的文明起源于交易，交易的维护和提升需要有信任关系。一个交易社会需要有稳定的信任体系，这个体系有三个要素：交易工具、交易记录与交易权威。Internet 金融打破了传统的交易体系，我们依赖了几百年的信任体系正在受到严峻的挑战。

　　由于区块链作为"去中心化"协作、分布式数据存储、"点 – 点"传输、共识机制、加密算法和智能合约等技术在网络信任管理领域的集成，能剔除网络应用中最薄弱环节与最根本缺陷——人为的因素，因此研究人员认为区块链将成为重新构造社会信任体系的基础。

　　AIoT 存在着与 Internet 类似的问题。AIoT 应用系统要为每一个接入的节点（如传感器、执行器、网关、边缘计算设备与移动终端设备）配置一个节点名、分配一个地址、关联一个账户。账户要记录对传感器、执行器、网关、边缘计算设备、移动终端设备的感知、执行、处理之间的数据交互，以及高层用户查询与共享节点数据的行为数据。AIoT 系统管理软件要随时对节点账户进行审计，检查对节点账户进行查询、更新的用户的身份与权限是否合法，发现异常情况需要立即报警和处置。同时，AIoT 中物流与供应链、云存储与个人隐私保护、智能医疗中个人健康数据合法利用和保护、通信与社交网络中用户网络关系的维护、无线频段资源共享与保护，都会用到区块链技术。"物联网 + 区块链"（BIoT）将成为建立 AIoT 系统"可信、可用、可靠"的信任体系的理论基础。目前，区块链技术已经开始应用到 AIoT 的智慧城市、智能制造、供应链管理、数字资产交易、可信云计算与边缘计算、网络标识管理等诸多领域，并将逐步与实体经济深度融合。AIoT、区块链与智能技术的融合应用，将引发新一轮的技术创新和产业变革。

　　综上所述，AIoT 的形成与发展的过程如图 1-14 所示。

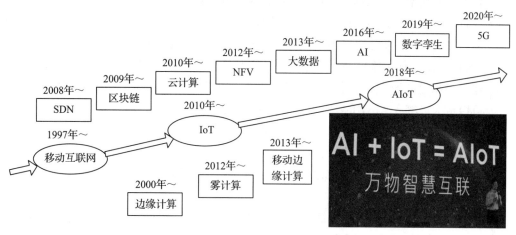

图 1-14　AIoT 形成与发展过程示意图

通过以上的讨论，我们对 AIoT 概念的内涵有以下几点新的认识。

- AIoT 并不是一种新的 IoT，它是 IoT 技术与 AI 技术交叉融合的必然产物。它的出现标志着 IoT 技术、应用与产业进入了一个新的发展阶段。
- AIoT 推进了"IoT+ 云计算 + 边缘计算 + 大数据 +5G+ 智能决策 + 智能控制 + 区块链"等新技术与各行各业、社会的各个层面的深度融合和集成创新。
- AIoT 的核心是 AI 技术的应用，研究的目标是使 IoT 最终达到"感知智能、认知智能与控制智能"的境界。

1.3 AIoT 技术特征

1.3.1 AIoT"物"的特征

接入 AIoT 中的"物"有很多种不同的类型。ITU-T Y.2060 将接入 AIoT 的"物"(things)用"实体"(entity)、"端节点"(end-point)、"对象"(object)、"设备"(device)与"CPS 设备"(CPS device)表述。本书中统一用"实体"或"设备"来表述。

理解"实体"与"设备"定义的内涵，需要注意以下几个问题。

- 很多自然界中的实体，如动物、植物、岩石、衣服、建筑物，它们并不具备通信与计算能力。可以通过往这些实体中嵌入 RFID 芯片、传感器芯片，或者以配戴可穿戴计算设备的方式接入 AIoT 系统中。
- 传统的传感器，如温度、湿度、压力传感器并不具备通信与计算能力，它们可以通过嵌入式技术，集成到嵌入式设备中，通过嵌入式设备接入 AIoT。
- 在日常生活中，人们所说的"物""实体"一般是指物理世界中看得见、摸得着的物体。由于 AIoT 系统中应用了大量的虚拟化技术，因此 ITU-T Y.2060 将 AIoT 中的"实体"从物理实体扩展到虚拟实体。虚拟实体包括虚拟机、虚拟网络、虚拟存储器、虚拟服务器、虚拟路由器、虚拟集群，以及智能控制中的数字孪生体，它们都可以成为可接入 AIoT 的"物"，成为可识别、可寻址、可控制的 AIoT 节点。

在不同应用场景应用的 AIoT 节点的共同特征是：

- 具有唯一的、可识别的身份标识；
- 具备一定的通信、计算与存储能力。

图 1-15 描述了 AIoT 中"物"的特征。

因此，认识 AIoT"物"的特征，不能将眼光局限在某个具体的物体、某一项技术与服务上。AIoT 中的"物"差异很大。

- 可以是固定的，也可以是移动的。
- 可以是物理的，也可以是虚拟的。

可以大到智能电网中的高压铁塔、智能交通系统中的无人驾驶汽车与道路基础设施，或者飞机、坦克与军舰

什么是AIoT中的"物"

AIoT中的"物"被抽象为"实体"或"设备"

实体/设备

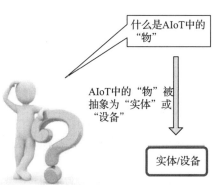

可以小到智能手表、智能手环、智能眼镜、RFID标签，甚至纳米传感器

可以复杂到一个智能工厂生产线上的工业机器人，也可能简单到一把智能钥匙或一个智能插头、智能灯泡

可以是有生命的老人、小孩与战士，或者戴耳钉的牛，也可以是无生命的植物、山体岩石、公路或桥梁

可以是智能传感器、纳米传感器、无线传感器网络节点、RFID标签、GPS终端，也可以是到处可见的视频摄像头

可以是服务机器人、工业或农业机器人、水下机器人、无人机、无人驾驶汽车、家用电器、智能医疗设备，或可穿戴计算装置

如果患者通过穿着的智能背心，老人通过智能拐杖接入了智能医疗系统中，那他们不也就成为AIoT中的"物"了吗

图 1-15 AIoT 中"物"的特征

- 可以是硬件，也可以是软件或数据。
- 可以是有生命的，也可以是无生命的。
- 可以是空间的，也可以是地面或水下的。

● 可以是微粒，也可以是一个大型的建筑物。

接入 AIoT 的"物"的类型之多、数量之庞大，以及程度之复杂，将远远超出我们的预期，这是 AIoT 的一大特点。

1.3.2 AIoT "网"的特征

1. AIoT 网络技术可以借鉴的成功范例

没有网络安全就没有 AIoT 存在的必要。有经验的网络安全研究人员的共识是：如果一个网络应用系统的规模和影响较小，或者经济价值与社会价值低，那么黑客一般是不会关注的。但是，如果网络应用系统的经济价值与社会价值高，网络系统中传输与存储的数据较为重要，例如有很多涉及个人隐私或商业秘密的信息，就一定会成为黑客"关注"的重点。部署在 Internet 中的网络入侵防御系统（IPS）经常会检测到黑客用各种方法扫描网络设备，破译用户口令，窥探或企图渗透到网络内部，网络攻击随时都有可能发生。严峻的网络安全现实告诉我们，网络安全是 AIoT 发展的前提。没有网络安全就没有 AIoT，因此我们必须站在安全的角度去研究 AIoT 中"网"的特征。

实际上在 Internet 中已经有很多对系统安全性要求很高的网络应用系统，如电子政务、网络银行、智能电网等能够安全、可靠地运行的系统，它们为 AIoT 应用系统研发提供了成功的范例。图 1-16 给出了电子政务与智能电网两种应用中，系统开发人员利用 IP 专网或虚拟专网（Virtual Private Network，VPN），在电子政务、智能电网的内网与 Internet 之间实现"物理隔离、逻辑连接"，安全地运行各种电子政务、智能电网应用的案例。

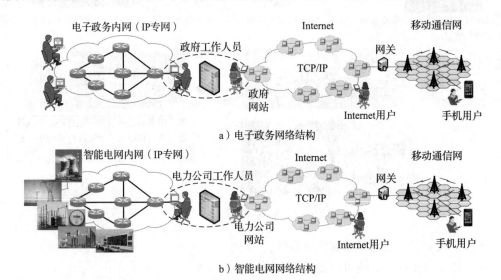

a）电子政务网络结构

b）智能电网网络结构

图 1-16 IP 专网与网络安全

AIoT 应用正在从单一设备、单一场景的局部小系统，不断向大系统、复杂大系统方向演变。无论研究人员将复杂系统划分成多层结构，还是划分为多个功能模块或功能域，多个层次或多个功能模块（或功能域）之间必然要通过网络技术互联起来，传输数据与指令，实现 AIoT 的各种服务功能。例如，ISO/IEC 的 IoT 参考模型将 IoT 系统划分为五大功能域：感知与控制域、操作与控制域、应用服务域、资源与交换域，以及 IoT 用户域。但是这五大功能域都运行在大型的互联网络平台之上，构成一个有机的整体。网络作为支撑 AIoT 应用系统的信息基础设施，担负着在不同功能域之间实现数据通信，以及与外部其他系统和用户实现资源共享和信息交互的功能。Internet 成熟的网络系统架构设计方法，为 AIoT 网络系统的设计提供了可以借鉴的成功经验。

2. 支撑 AIoT 应用系统的网络结构的共性特征

对于智能工业、智能交通、智能医疗、智能物流、智能电网这些应用系统，无论网络覆盖的是一个行业、一个地区，还是一个国家或全球，都可以通过分析、对比与总结，找出它们存在的共性特征。我们可以选择如图 1-17 所示的覆盖全球的一个大型连锁零售企业网络系统的网络结构为例，来分析支撑 AIoT 应用系统的网络结构的共性特征。

智能物流网络系统的结构具有一定的代表性。例如在智能工业中，工厂的企业网络也都是按内网与外网的结构来组建的。企业内网存储、传送与运行着两类信息，一类是企业管理信息，一类是产品制造的数据与过程控制信息。企业管理信息包含企业产品设计、产品制造、企业运行数据等涉及产品知识产权与商业机密的信息；产品制造过程控制系统设计生产过程中指令与反馈信息。分析 AIoT 应用系统网络结构的共性特征需要注意以下几个问题。

第一，企业内网与外网的两级结构。由于 AIoT 具有行业性服务的特点，因此从企业运营模式与网络安全的需要出发，一个大型连锁零售企业的网络系统必然要分成企业内网与企业外网两大部分。

第二，企业内网的结构特点。企业内网由三级网络组成：连锁店与超市网络系统，地区分公司、存储与配送中心网络系统，总公司网络系统。连锁店与超市将每天的销售、库存数据传送到地区分公司，分公司汇总传送到总公司，总公司管理了整体的销售信息统计与分析、监督计划执行，决定采购、配送、销售策略的制定与运行。作为大型连锁零售企业，它必然要在总公司主干网中设置一个数据中心。数据中心用来存储与企业经营相关的数据。根据企业计算与存储的需要，连接在数据中心网络的服务器可以是一台或几台企业级服务器、服务器集群，也可能是私有云。企业内网上传送着大量涉及商业机密与用户资料隐私的信息，这些数据需要绝对保密，不允许泄露，因此企业内网不能与 Internet 或其他网络直接连接，也不允许任何企业之外的用户直接访问内网资源。

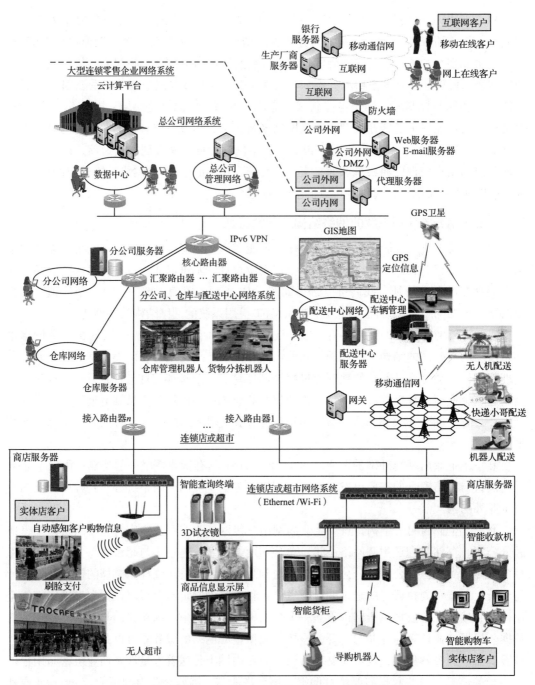

图 1-17　大型连锁零售企业的网络系统的网络结构示意图

　　第三，企业外网的结构特点。企业外网担负着与客户、供货商以及银行的信息交互功能，同时承担着宣传本公司商品与销售信息，接受与处理顾客的查询、订购、售后和投诉信息的功能，因此外网需要连接在 Internet 上，通过 Web 服务器、E-mail 服务器与用户或相关企业网互联。出于网络安全的考虑，企业外网与企业内网之间需要设置安全管理区"DMZ"（也称为"非军事区"），采用具有防火墙功能的代理服务器（Proxy Server）连接，以保护企业内网。任何外部客户或合作企业的用户不能以任何形式直接访问企业内网，所有外部用户的信息交互必须由专人或网关软件选择、处理与转换之后，才能够通过代理服务器发送给企业内网。代理服务器要起到严格的外部网络与内部网络的安全隔离作用。

很显然，企业内网必须是专用网络，或者是采用虚拟专网 VPN 技术构建的专用网络，不能与 Internet 或其他任何外部网络直接连接。VPN 概念的核心是"虚拟"和"专用"。"虚拟"表示在公共传输网中，通过建立"隧道"或"虚电路"方式建立的一种"逻辑网络"；"专用"是指 VPN 可以为接入的网络与主机，提供安全与保证服务质量的传输服务。外部人员不允许通过任何途径直接访问企业内网。工业企业也必须通过外网与合作企业、供货商、销售商、银行和客户交换信息。因此支持智能工业应用的网络系统具有与大型连锁零售企业的网络系统共性的特点。同样，我们也可以分析出智能交通、智能医疗、智能农业、智能安防、智能家居等应用的共性特征。图 1-18 给出了描述 AIoT 中"网"的共性特征的网络结构示意图。

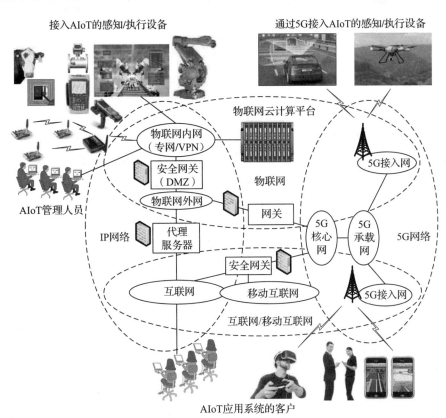

图 1-18　AIoT"网"的共性特征

理解 AIoT"网"的共性特征，需要注意以下几个主要的问题。

第一，IP 网络与 5G 网络。AIoT 网络主要由 IP 网络与 5G 网络组成。IP 技术的成熟与广泛应用，使得 AIoT 的网络系统在组建时必然要采用 IP，这类网络也称作 IP 网络。

另一类是 5G 网络。5G 网络由接入网、承载网与核心网组成。移动用户终端与感知 / 执行设备可以通过 5G 基站连接到接入网，一个区域中大量的接入网由承载网汇聚起来，再通过核心网、网关接入 AIoT 应用系统中。

第二，网关的作用。网关（gateway）的作用如图 1-19 所示。网关的作用主要有两个，一是协议转换，二是网络安全。

图 1-19 网关的作用

AIoT 应用系统经常需要将两种或多种不同网络协议的异构网络互联起来。图 1-19a 给出由网关互联 5G 网络与 IP 网络的结构示意图。5G 网络与 IP 网络的通信协议不同，它们之间的数据交互就像一个说中文的人与一个说英语的人交谈时，现场需要有一位翻译，网关可以实现不同通信协议之间的转换，起到"翻译"的作用。

起网络安全作用的网关如图 1-19b 所示。如果外网有合作企业要向企业内网的工作人员发出一封协商信函，外网用户是不能够直接访问内网的，这时外网向内网发出的信息首先由网关接收，网关检查接收的数据包有没有病毒，如果属于正常的企业间管理人员的信息交互，那么网关就重新产生一个可以在内网传输的数据包，将外网用户信息转换成安全的数据包转发给内网的用户，内网用户回复给外网用户的信函也由网关转发。这样，实现"物理隔离"的内网与外网，通过网关实现了"逻辑连接"。这种网关称为"安全网关"或"代理服务器"。安全网关也相当于一个防火墙，有时安全网关也会与防火墙产品配合使用。当然，实际的 AIoT 网络系统不会只依靠防火墙与代理服务器来保护内部网络，而是要采用将采取更加严格的安全保护措施。

第三，内网与外网。在现实应用中，电子政务网、银行业务网、智能电网、智能工业网、智能医疗网、智能物流网、智能安防网等行业性物联网应用系统都是将自己的网络分为内网与外网两个部分。例如，智能工厂的高层管理网络、制造车间生产管理网络到底层的过程控制网络，银行业务网与各分支机构的资金流通网络，电力控制中心网络与连接各输变电站的控制网络，医院医疗诊断、远程手术支持网络都属于内网。这里有几个原则必须遵守。

- 凡是需要保密的业务数据、控制指令只能在内网上传输。
- 内部网络用户不能以任何方式私自将内网的设备连接到 Internet，或在内网计算机上接入没有被授权的外设（包括插入未经授权的个人 U 盘）。
- Internet 上的外部用户不允许用任何方法渗透到内网，非法访问内网的数据与服务。AIoT 应用系统的内网必须与 Internet 实现物理隔离。
- 外部用户如果需要访问内网，可以通过 Internet 发送服务请求，然后通过外网与内网连接的安全网关、代理服务器等网络安全设备，将用户请求转发到内网。
- 内网将外部用户访问请求的处理结果发送到外网代理服务器，再由代理服务器通过 Internet 转发给外部用户，实现外网与内网的逻辑连接。

从以上讨论中可以看出，任何一位有电子政务网、电子商务网、智能交通网、企业网实践研发经验的 AIoT 系统架构师，都不会以任何形式将对数据安全性要求很高的内网直接连接到 Internet，因为任何一次来自 Internet 的网络攻击都有可能给 AIoT 应用系统造成灾难性的后果；将企业内网与 Internet 直接连接也不符合国家对信息系统安全等级评测的基本要求。

1.3.3　AIoT"智"的特征

AIoT"智"的特征主要表现在以下几个方面。

1. 感知智能

传感器、控制器与移动终端设备正在向智能化、微型化方向发展。智能传感器是传感器技术与智能技术相结合，应用机器学习方法，形成的具有自动感知、计算、检测、校正、诊断功能的新一代传感器。智能传感器与传统传感器比较具有以下几个显著的特点。

第一，自学习、自诊断与自补偿能力。智能传感器采用智能技术与软件，通过自学习，能够根据所处的实际感知环境调整传感器的工作模式，提高测量精度与可信度；能够对采集的数据进行预处理，剔除错误或重复数据，进行数据的归并与融合；能够采用自补偿算法，调整传感器对温度漂移的非线性补偿方法；能够根据自诊断算法，发现外部环境与内部电路引起的不稳定因素，采用自修复方法改进传感器工作可靠性，实施设备非正常断电时的数据保护，在故障出现之前报警。

第二，复合感知能力。通过集成多种传感器，智能传感器具有了对物体与外部环境的物理量、化学量或生物量的复合感知能力，可以综合感知压力、温度、湿度、声强等参数，帮助人类全面地感知和研究环境的变化规律。

第三，灵活的通信与组网能力。智能传感器具有灵活的通信能力，能够提供适合于有线与无线通信网络的标准接口，具有自主接入无线自组网的能力。

2. 交互智能

智能人机交互研究的是 AIoT 用户与 AIoT 系统之间交互的智能化问题，是 AIoT 一个重要的研究领域。人机交互的研究不可能只靠计算机与软件去解决，它涉及人工智能、心理学与行为学等诸多复杂的问题，属于交叉学科研究的范畴。AIoT 智能硬件的设计必须摒弃传统的人机交互方式，研究新的智能人机交互技术与装置。

AIoT 智能硬件的研发建立在机器学习技术之上。智能硬件的人机交互方式需要用到文字交互、语音交互、视觉交互、虚拟交互、人脸识别，以及虚拟现实与增强现实等新技术；接入物联网的可穿戴计算设备、智能机器人、无人车、无人机等智能设备，在设计、研发、运行中，无处不体现出机器学习与深度学习的应用效果（如图 1-20 所示）。

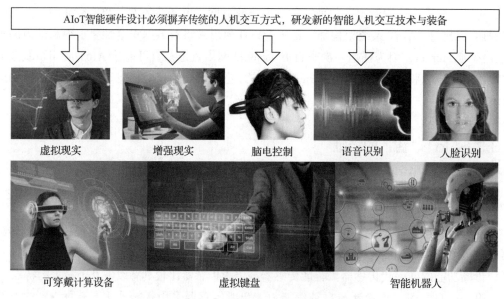

图 1-20　AIoT 智能人机交互的研究

3. 通信智能

AIoT 接入中采用了多种无线通信技术。"频率匮乏"与"频段拥挤"是无线接入必须面对的一个难题。认知无线电具有环境频谱感知和自主学习能力，能够动态、自适应地改变无线发射参数，实现动态频谱分配和频谱共享，是智能技术与无线通信技术融合的产物。

5G 边缘计算部署开始进入工程应用阶段，但是物联网边缘分析（IoT Edge Analytics）、边缘计算智能中间件与边缘人工智能（Edge AI）研究仍处于初始阶段。

继 5G 之后，6G 将广泛应用于更高性能的 AIoT 的应用需求。6G 设计的关键是在设计的开始就考虑将无线通信技术与 AI 技术融合在一起，让 AI 无处不在。6G 将在通信网络设计时就考虑如何应用 AI 技术，使 6G 网络架构具备原生支持 AI 的能力。

4. 处理智能

AI 是知识和智力的总和，在数字世界中可以表现为"数据 + 算法 + 计算能力"，简称为"算力"。其中海量数据来自各行各业、多种维度，算法需要通过科学研究来积累，而数据的处理和算法的实现都需要大量计算能力。计算能力是 AI 的基础，"人 – 机 – 物 – 智"之间的成功协作的关键是计算能力。大数据分析的理论核心是数据挖掘算法，各种数据挖掘算法基于不同的数据类型和格式，才能更加科学地呈现数据自身具备的特点，挖掘有价值的知识。预测分析是利用各种统计、建模、数据挖掘工具对最近的数据和历史数据进行研究，从而对未来进行预测。

AIoT 智能工业、智能医疗、智能家庭、智慧城市等应用系统中大量使用语音识别、图像识别、自然语言理解、计算机视觉等技术，AIoT 数据聚类、分析、挖掘与智能决策成为机器学习 / 深度学习应用最为成熟的领域之一。

5. 控制智能

传统的智能控制已经不适应大规模、复杂的"系统级系统"的 AIoT 应用需求。数字孪生引入虚拟空间，建立虚拟空间与物理空间的关联与信息交互，通过数字仿真、基于状态的监控、机器学习，将"数据"转变成"知识"，准确地预见未来，实现"虚实融合、以虚控实"的目标。

物联网智能控制技术已经取得了重大的进展，在计算机仿真技术基础上发展起来的数字孪生技术为智能工业、智慧城市的应用研究，为物联网复杂大系统的智能控制实现技术的研究提供了新的思路。

6. 原生支持智能

传统的设计方法是在 IoT 系统设计完成之后，再去考虑如何应用智能技术。未来的 AIoT 系统设计必然要改变传统的设计思路，在系统设计的开始就考虑如何将物联网技术与智能技术有机地融合在一起，使智能无处不在。原生支持智能是 AIoT 的发展愿景，也是 AIoT 重要的研究课题。

1.4　AIoT 体系结构研究

1.4.1　AIoT 体系结构研究的重要性

在谈到体系结构时，人们马上会想到：计算机体系结构与冯·诺依曼、计算机网络体系结构与 OSI 参考模型，以及 Internet 体系结构。这说明了以下两点：

- 对于一个复杂的计算机体系结构、计算机网络体系结构，我们需要抽象出能够体现出不同类型计算机、不同类型计算机网络最基本的、共性特征的体系结构模型；
- 体系结构的研究水平是评价一项技术成熟度的重要标志之一。

在深入研究 AIoT 时，人们自然会想到应该用一个什么样的体系结构来描述 AIoT 的问题。在讨论 AIoT 体系结构时，我们需要回忆一下计算机网络体系结构的概念产生与体系结构形成的过程，它会给我们很多重要的启示。

20 世纪 70 年代后期，人们逐步认识到计算机网络层次结构模型与协议标准的不统一，将会导致形成多种异构的计算机网络系统，给今后大规模的网络互联造成很大的困难，会限制计算机网络自身的发展。

20 世纪 80 年代初，国际标准化组织（ISO）研究并正式公布了开放系统互连参考模型（OSI RM），也就是我们常说的"七层模型"，作为研发计算机网络的参考模型和体系结构标准。按照 OSI RM 的定义：网络层次结构模型与网络协议构成了网络体系结构（Network Architecture）。

但是任何一种技术标准都必须最终接受市场的选择。在市场竞争中，Internet 中广泛应用的 TCP/IP 体系最终取代了 OSI RM，成为事实上的产业标准。无论是网络体系结构、网络层次结构（或网络参考模型），其实质都是对网络结构共性特征的抽象表述，指导系统开发者把握网络应用系统总体结构的设计，选择实现网络服务功能最合适的技术。

AIoT 行业应用系统的功能、结构差异大，协议标准复杂，这就给我们研究 AIoT 应用系统规划与设计方法带来很大的困难。但是，无论 AIoT 应用系统多复杂，它们必然会存在着一些内在的共性特征，重要的是我们能不能准确地认识和总结出这些基本的共性特征，找出最合理的层次结构模型。从计算机网络层次结构模型与体系结构发展演变过程中，可以得出两点启示：

- 研究 AIoT 技术必须要研究 AIoT 的层次结构参考模型与体系结构；
- 任何一种 AIoT 层次结构模型与体系结构最终都要接受工程实践的检验。

1.4.2 AIoT 技术架构

2018 年，AIoT（AIoT）的概念问世。AIoT 推进了"IoT+ 云计算 +5G+ 边缘计算 + 大数据 + 智能 + 控制"技术的融合创新，将 IoT 技术、应用与产业推向了一个新的发展阶段。了解 AIoT 技术架构与层次结构参考模型，对于理解 AIoT 基本工作原理、系统结构、关键技术，指导 AIoT 应用系统的规划、设计、开发与运维，具有重要的意义。

研究 AIoT 层次结构模型最有效的方法是分析实现 AIoT 应用系统的技术架构。从工程实践的角度，技术架构直接概括了实现 AIoT 系统功能的各项具体的技术，以及各种技术之间的逻辑关系；在技术架构的基础上可以进一步总结、抽象出层次结构模型。

随着各行各业 AIoT 应用研究的深入，我们会发现不同行业、不同应用场景的 AIoT 应用系统的特点有很大的差异性，例如工业物联网应用与消费类物联网应用，它们之间的差异是非常明显的，必须是在掌握大量 AIoT 应用系统成功案例的基础上，进行深入地分析与总结，才有可能总结出它们之间的共性特征，得出非常有价值的结论，这需要经过一定的经验与知识的积累过程才能完成。目前产业界与学术界比较通行的方法主要有两种，第一种方法是集中精力研究某个产业的某一类应用系统的共性特征，提出这一类应用系统的 AIoT 技术架构与层次结构参考模型；第二种方法是从更为宏观的角度，从分析支撑 AIoT 的关键技术出发，研究 AIoT 技术架构，进而提出 AIoT 层次结构参考模型，用来指导 AIoT 应用系统规划、架构设计与工程实现。

从 AIoT 基础理论研究的角度看，更适合采用第二种方法，通过分析 AIoT 技术架构，进一步提炼 AIoT 层次结构参考模型。参考各个国际标准化组织与研究机构发表的物联网层次结构模型，结合对 AIoT 特点以及对支撑 AIoT 发展的关键技术的理解，我们可以将 AIoT 应用系统的总体功能分解到不同的层次，明确各层实现不同功能所需要采用的技术和协议标准，进而提出 AIoT 技术架构与层次结构参考模型。

1. AIoT 的技术架构

AIoT 的技术架构如图 1-21 所示。

AIoT 技术架构由感知层、接入层、边缘计算层、核心交换层、应用服务层与应用层这六层组成。

（1）感知层

感知层是 AIoT 的最底层。感知层实现系统感知、控制用户与系统交互的功能。感知层涵盖传感器与执行器、RFID 标签与读写设备、智能手机、GPS、智能家电与智能测控设备、可穿戴计算设备与智能机器人、智能网联汽车、智能无人机等移动终端设备等，涉及嵌入式计算、可穿戴计算、智能硬件、物联网芯片、物联网操作系统、智能人机交互、深度学习和可视化技术。

（2）接入层

感知层之上是接入层。接入层担负着将海量、多种类型、分布广泛的 AIoT 设备接入应用系统的功能。接入层采用的接入技术与接入网包括有线与无线通信技术两类。有线接入网包括 Ethernet、ADSL、HFC、现场总线网、光纤、电力线接入网等；无线接入网包括近场通信 NFC，BLE 蓝牙、ZigBee、6LoWPAN、NB-IoT、Wi-Fi 接入网，5G 云无线接入网 C-RAN、异构云无线接入网 H-CRAN 技术，以及无线传感器网络与光纤传感器网络接入技术。

（3）边缘计算层

边缘计算层经常被简称为边缘层，它将计算与存储资源（如微云 Cloudlet、微型数据中心、雾计算节点）部署在更贴近于移动终端设备或传感器网络的边缘，将很多对实时性、带宽与可靠性有很高需求的计算任务迁移至边缘云中处理，以减小响应延时、满足实时性应用需求，优化与改善终端用户体验。边缘云与远端核心云协助，形成"端－边－云"的三级结构模式。

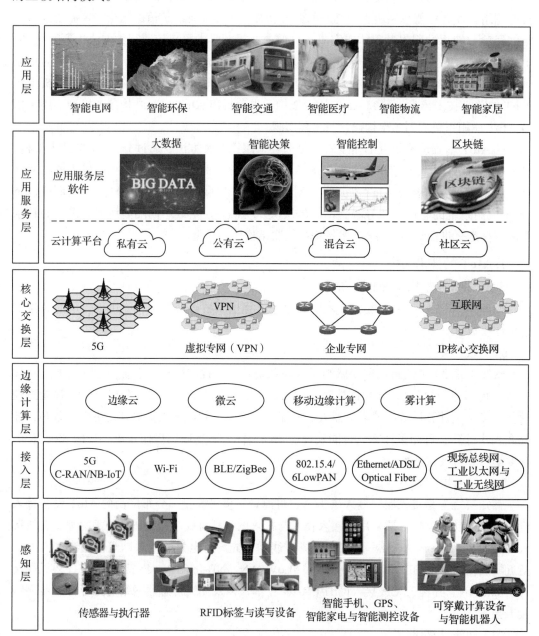

图 1-21　AIoT 技术架构示意图

（4）核心交换层

核心交换层提供广域主干网的网络功能。对网络安全要求高的核心交换网需要分为内网与外网两大部分，内网与外网通过安全网关或代理服务器实现"物理隔离、逻辑连接"的功能。构建核心交换网内网可以采用 IP 专网、VPN 或 5G 核心网技术。

（5）应用服务层

应用服务层为应用层实现的具有 AIoT 功能共性的服务功能。应用服务层软件运行在云计算平台之上，提供的共性服务主要包括：从 AIoT 感知数据中挖掘知识的大数据技术；根据大数据分析结论，向高层用户提供可视化服务的辅助决策技术；通过反馈控制指令，实现闭环的智能控制技术。数字孪生将大大提升 AIoT 应用系统控制的智能化水平，区块链将为构建 AIoT 应用系统的信任体系提供重要的技术保证。

（6）应用层

应用层是实现某一类行业应用的功能、运行模式与协议的集合。应用层涉及智能工业、智能农业、智能物流、智能交通、智能电网、智能环保、智能安防、智能医疗与智能家居等行业应用。无论是哪一类应用，从系统实现的角度，都是要将代表系统预期目标的核心功能分解为一个个简单和易于实现的功能。每一个功能的实现需要经历复杂的信息交互过程，对于信息交互过程需要制定一系列的通信协议。软件研发人员将依据通信协议，根据任务需要来调用应用服务层的不同服务功能模块，以实现对物联网应用系统的总体服务功能。

应用层软件尽管同样是运行在云计算平台上，但是从功能分层的原则以及逻辑关系角度看，还是应该将应用层与应用服务层分开。应用服务层侧重于为行业应用提供共性的服务与软件工具，应用层侧重于提供实现行业应用功能的方法与技术。应用层与应用服务层需要协作，才能够实现物联网应用系统的总体服务功能。

2. 四项跨层的共性服务

在讨论物联网技术架构的同时，必须注意到与各个功能层都有交集的跨层、共性的服务，主要包括：网络安全、网络管理、名字服务与 QoS/QoE 保证体系。

（1）网络安全

网络安全涉及物联网从感知层到应用层的任何一种网络，小到接入传感器、执行器的接入网中近场网络、局域网 BLE 蓝牙、ZigBee 与 Wi-Fi、5G/NB-IoT，大到核心交换网、云计算网络，都存在网络安全问题，并且各层之间相互关联、相互影响。

（2）网络管理

从接入网、核心交换网到后端网络都使用了大量网络设备，接入了各种感知、执行、计算节点，它们相互连接构成了物联网网络体系。各层之间都需要交换数据与控制指令，因此网络管理同样是涉及各层，并且是各层之间相互关联与相互影响的共性问题。

（3）名字服务

在计算机网络中，"名字"标识一个对象，"地址"标识对象所在的位置，"路由"寻址到对象的数据传输路径。整个网络活动就是建立在"名字－地址－路由"的基础之上。很显然，每个连接到物联网的"物"都需要有一个全网唯一的"名字"与"地址"。AIoT的"名字服务"（或"对象名字服务 ONS"）包括命名规则与"名字／地址解析"服务。

AIoT 的 ONS 功能与 Internet 的 DNS 功能类似。在 Internet 中，我们在访问一个 Web 网站之前，需要首先通过 DNS 查询网站的 IP 地址。以射频标签 RFID 为例，在 AIoT 中要查询 RFID 标签对应的物品详细信息，必须借助于 ONS 服务器、数据库与服务器体系。与 Internet 的 DNS 体系一样，要提高系统运行效率，就必须在 AIoT 中建立本地 ONS 服务器、高层 ONS 服务器，以及根 ONS 服务器，形成覆盖整个 AIoT，能够随时、随地、便捷地提供对象名字解析服务的 ONS 服务体系。

（4）QoS/QoE

在 Internet 发展过程中人们用了很大精力去解决服务质量（Quality of Service，QoS）问题。AIoT 传输的信息既包括海量感知信息，又包括反馈的控制信息；既包括对安全性、可靠传输要求很高的数字信息，以及对实时性要求很高的视频信息，又包括对安全性、可靠性与实时性要求都高的控制信息。在 AIoT 应用中，用户直接关心的不仅仅是客观的网络服务质量指标 QoS，而是在 QoS 基础上，加上人为主观因素的用户体验质量（Quality of Experience，QoE）。因此，AIoT 对数据传输的"服务质量／用户体验质量（QoS/QoE）"要求将比 Internet 更复杂，必须在整个物联网网络体系的各层，通过协同工作的方式予以保证。AIoT 的 QoS/QoE 保证体系的建立是一个富有挑战性的研究课题。

1.4.3 AIoT 层次结构模型

综合 AIoT 技术架构与跨层共性服务的讨论，我们可以给出如图 1-22 所示的，由"六个层次"与"四项跨层共性服务"组成的 AIoT 层次结构模型。

AIoT 系统架构师一般习惯于用更为简洁和容易记忆的术语来表述。由于感知层的传感器、执行器与用户终端设备通过接入层接入物联网之后，就成为了物联网的"端节点"，系统架构师一般将感知层与接入层统称为"端"，因此我们可以将 AIoT 层次结构参考模型用简单的"端－边－网－云－用"来表述。

用	应用层	网络安全 网络管理 名字服务 QoS/QoE
云	应用服务层	
网	核心交换层	
边	边缘计算层	
端	接入层	
	感知层	

图 1-22　AIoT 层次结构模型

1.4.4 术语"网"与"管"的辨析

同时，我们也常见到用"端－边－管－云－用"来表述，两者主要的区别在对"核心交换层"（或核心层）技术特点的理解上。

1. 传统网络中术语"管"的概念

实际上，网络中术语"管"出现在 2000 年前后。因为传统的电信网络是按"以网络为中心"的思路来组建的，所以随着网络用户与流量的快速增长，电信网络只能通过不停地扩容来满足需求的增长。按照这种思路来发展，网络会变得越来越臃肿，运行和维护成本会越来越高。同时，由于网络协议不容易改变，无法快速进行业务创新，这就必然造成用户体验越来越差的局面。电信运营商感受到电信网络已经受到"管道化"与"边缘化"的威胁，陷入了"增量不增收"的怪圈之中。因此，"管"（"管道化"的缩影）一直困扰着电信运营商。正是在这样的背景下，电信运营商积极推动 SDN/NFV 技术来"重塑网络"。

2. 5G 应用中的"管"

AIoT 系统架构师在看到 5G 能够将传输延时控制在 1ms 之内时非常兴奋，但是细想起来又会产生疑惑：难道使用 5G 技术后就能保证 AIoT 中任何"端－端"设备之间的数据传输延时都控制在 1ms 之内吗？要回答这个问题，首先要区分 5G 的"空口延时"与"端－端延时"的概念。

5G 网络的"空口延时"是指信号从移动用户终端（例如手机）通过无线信道传送到基站的空间传播延时。

5G 网络的"端－端延时"是指"终端设备－终端设备（C-C）"和"终端设备－服务器（C-S）"的延时。"端－端延时"由"空口延时"与核心传输网的"传播延时"、网络设备的"转发延时"，以及业务的"处理延时"组成。"空口延时"只是其中的一个组成部分。

云数据中心的"端－端延时"一般要求控制在 20 ～ 100ms。按照"端－端延时"的大小，研究人员将边缘计算分为近场边缘计算与现场边缘计算两类。近场边缘计算主要用于以视频为主的应用，如视频直播、云游戏、VR/AR，以及 AI 推理、视频渲染编码计算，"端－端延时"一般控制在 5 ～ 20ms。现场边缘计算的计算节点比近场计算节点更靠近接入设备。现场边缘计算主要用于实时性强的物联网应用，如智慧园区、工业互联网、自动驾驶等，现场"端－端延时"一般控制在 1 ～ 5ms。

5G 要满足物联网实时应用的毫秒级传输的"端－端延时"需求，仅依靠 5G 网络"空口延时"优势是远远不够的，必须在边缘计算、核心传输网与"端－边－云"协同机制，以及网络功能虚拟化（NFV）技术上，进一步挖掘潜能才能够实现。网络切片成为 5G 网络超低延时实现的关键技术之一。网络切片是采用虚拟化技术，在物理网络基础设施上实现资源重组，建立适合各类业务的"端－端"逻辑子网。每个网络切片由无线接入网、承载网和核心网的子切片组成；每一个切片都可获得虚拟的网络资源，并且各切片之间可相互隔离。5G 研究人员结合不同场景研究了移动边缘计算（MEC）部署方案，如超可靠低延时通信 uRLLC、大规模机器类通信 mMTC 等部署方案，以满足不同应用场景下的超低

"端 – 端延时"的需求。在这些部署方案中，网络切片像是在 5G 网络的"端 – 端"节点之间建立了一个"虚拟管道"，网络切片的资源为实现超低延时提供服务。

从这一点出发，我们可以认识到：计算机网络研究人员认为 AIoT"端 – 端"数据传输可以通过"网"来实现，而电信技术研究人员把它理解为需要采用管道（即"管"）技术来实现，这是不同技术领域的研究人员对同一个问题的解决思路不同所导致的，二者没有本质的差异。因此，AIoT 层次结构参考模型用"端 – 边 – 网 – 云 – 用"或"端 – 边 – 管 – 云 – 用"来表述都是合理的。

1.5　用计算机系统观去分析 AIoT 体系结构

本节试图从计算机硬件、软件与网络三个角度入手，用计算机系统观去进一步诠释 AIoT 的核心概念和技术。

1.5.1　从计算机体系结构角度认识 AIoT 硬件组成与结构

我们可以通过分析基于 RFID 的 AIoT 应用系统，来进一步加深对应用系统的结构特点的理解。

根据图 1-23，可以从计算机体系结构的角度认识基于 RFID 的 AIoT 应用系统的结构。从图中可以看出，基于 RFID 的 AIoT 应用系统需要通过接入计算机主机 I/O 总线的通信适配器与 RFID 读写器通信，再由 RFID 读写器的无线通信接口去读写 RFID 数据。对于主机来说，RFID 读写器就和网卡、键盘、显示器、磁盘一样，属于计算机的一种外部设备。

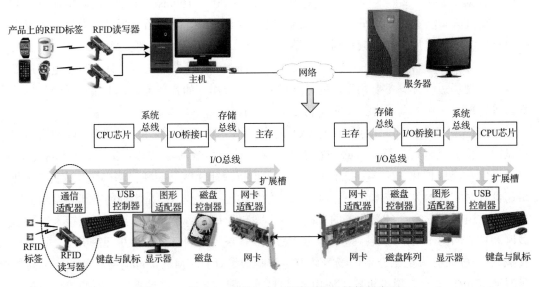

图 1-23　基于 RFID 的 AIoT 应用系统的结构示意图

根据图 1-24，可从计算机网络的角度认识基于 RFID 的 AIoT 应用系统结构。图 1-24a 是没有接入 RFID 系统的计算机网络层次结构，图 1-24b 是接入 RFID 系统的计算机网络层次结构。通过比较两者，我们会发现：接入 RFID 系统之后，网络结构并没有发生实质性的变化。

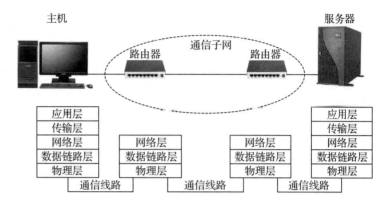

a）计算机网络层次结构模型

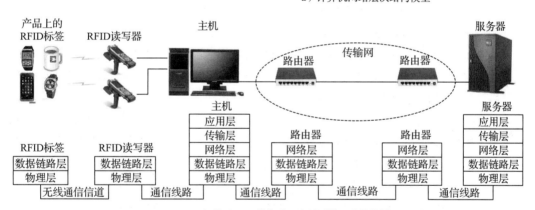

b）基于RFID的物联网应用系统层次结构模型

图 1-24　计算机网络与基于 RFID 的 AIoT 应用系统层次结构模型的比较

从网络系统设计与软件编程角度看，比较详细的基于 RFID 的 AIoT 应用系统网络层次结构如图 1-25 所示。

在讨论 AIoT 应用系统层次结构时，我们需要注意以下几个问题。

（1）从层次结构角度看 AIoT 与计算机网络的区别与联系

从图 1-25 所示的基于 RFID 的 AIoT 应用系统层次结构模型中我们可以看出，从主机经过传输网到服务器这个部分，AIoT 与 Internet 应该没有实质性的区别，这也正说明了 AIoT 是在 Internet 的基础上发展起来的。区别主要表现在自动感知 RFID 标签与采集标签数据的 RFID 读写器上，图中用虚线标出了这部分。

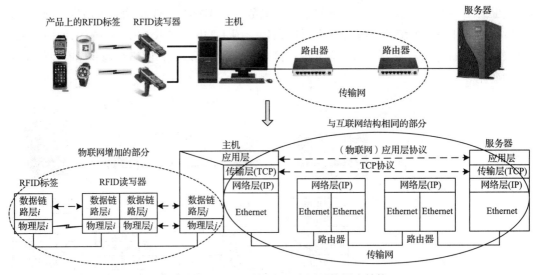

图 1-25 基于 RFID 的 AIoT 应用系统层次结构

（2）从网络层次结构角度看 RFID 读写器内部结构

读写器承担着读取 RFID 标签存储的数据，并将数据传送到 RFID 应用系统的功能；也可能要将接收的主机指令或数据，写入 RFID 标签。因此，RFID 读写器有两个接口，其中一个接口通过物理层协议 i 的无线通信信道与 RFID 标签通信。物理层协议 i、数据链路层协议 i 由 RFID 芯片制造商与 RFID 读写器开发者确定。

RFID 读写器与主机的通信采用物理层协议 j 与数据链路层协议 j，由 RFID 读写器研发者与主机软件研发者确定。首先需要明确的是：物理层协议 j、数据链路层协议 j 与物理层协议 i、数据链路层协议 i 肯定是不同的。物理层协议 i 解决的是 RFID 读写器与标签之间的近场无线通信问题，它可能采用 802.15.4 协议，也可能采用 ZigBee、蓝牙或其他近场通信协议。数据链路层协议 i 重点解决的是 RFID 读写器对多 RFID 标签读取时可能出现"冲突"的问题。

RFID 读写器与主机的通信一般采用的 Ethernet 网的 IEEE 802.3 协议的物理层与数据链路层协议，也可以采用 RS-232 异步串行接口标准，或其他可行的通信标准，如 IEEE 802.11 协议。只要 RFID 读写器选用的物理层协议 j 和数据链路层协议 j，与主机选用的物理层协议 j 和数据链路层协议 j 是相同的，就能够保证 RFID 读写器顺利接入主机，正确地传输采集到的 RFID 标签数据。对于主机来说，它将 RFID 读写器发送的标签数据作为应用层数据直接传送到应用层，按照 RFID 应用系统根据 RFID 数据处理要求制定的应用层协议处理。

（3）主机与服务器之间的应用层协议

主机与服务器之间的应用层协议是根据用户对 RFID 数据的处理要求专门制定的，它需要考虑 EPC 网络体系的具体需求。

（4）主机与服务器传输层的作用

在基于 RFID 的 AIoT 应用系统中，主机与服务器的传输层一般采用面向连接的、可靠的 TCP 协议。传输层实现了主机与服务器跨传输网的"端 – 端"TCP 连接，完成主机客户端进程与服务器进程通信的任务。

（5）传输网的作用

由于基于 RFID 的 AIoT 应用系统的数据属于具有商业价值的物流数据，不允许泄露出去，因此由多个路由器和连接路由器的通信线路组成的传输网可以是 IP 专网，或者虚拟专网 VPN。尽管基于 RFID 的 AIoT 应用系统的传输网采用与普通 Internet 同样的 TCP/IP，但是出于系统安全的原因，AIoT 应用系统的传输网不允许外部非授权用户访问。

1.5.2　从计算机操作系统角度认识 AIoT 软件组成与结构

我们可以选择 AIoT 服务器作为例子，分析 AIoT 应用软件与服务器操作系统之间的关系，加深对 AIoT 应用系统软件结构与工作原理的理解。

在计算机网络中客户端程序与服务器程序运行在不同的计算机系统中，它们各自在本地主机的操作系统管理下，通过网络互联与协同工作方式，实现分布式进程通信。如果一台服务器通过 Ethernet 接入 AIoT 应用系统，那么必须在这台服务器外设扩展槽中插上一块 Ethernet 网卡，可以选择符合 10BASE-T 协议标准的 RJ-45 网卡接口与非屏蔽双绞线接入 Ethernet 交换机，接入网络中。同时，需要在服务器操作系统中配置 Ethernet 网卡驱动程序；分配本机 IP 地址，增加可执行网络层 IP 的程序；增加可执行传输层 TCP/UDP 协议的程序，这样服务器就具有了网络通信功能。图 1-26 给出了 AIoT 服务器网络协议分层与软件结构的示意图。

从网络层次结构、硬件结构与操作系统的角度看，理解 AIoT 服务器软件结构需要注意以下几个问题。

第一，在传统操作系统的基础上增加的执行传输层 TCP/UDP 与网络层 IP 的网络协议软件，它们都属于操作系统内部的系统软件。

第二，应用层的 AIoT 网络应用软件不属于操作系统的系统软件，它是运行在操作系统之上的应用软件。AIoT 应用软件是在计算机操作系统的管理下，有条不紊地实现联网的不同计算机应用进程之间的协同工作，实现各种 AIoT 应用功能。

第三，以上分析的 AIoT 服务器网络协议分层与软件结构同样适用于核心云、边缘云与 AIoT 端计算机。当从现场 WSN 接入 AIoT 接入网的端计算机有数据要与边缘云或核心云中的计算机，以及与 AIoT 服务器进行数据和信息交互时，都要采用 Client/Server 方式进行进程通信。如果 Client 端与 Server 端在传输层采用 TCP 协议，那么端计算机作为

Client 端与 Server 端（边缘云、核心云或 AIoT 服务器）建立 TCP 连接，连接建立后才可以进行数据与指令交互的会话，会话结束之后必须释放 TCP 连接。从这个角度看，AIoT 和 Internet 在软件系统结构、工作原理上没有本质的区别，只是 AIoT 的很多实时性应用对网络带宽、数据传输延时、延时抖动，以及可靠性与安全性提出了很高的要求，需要在保证满足 QoS 的基础上，进一步考虑如何保证 QoE 的问题。

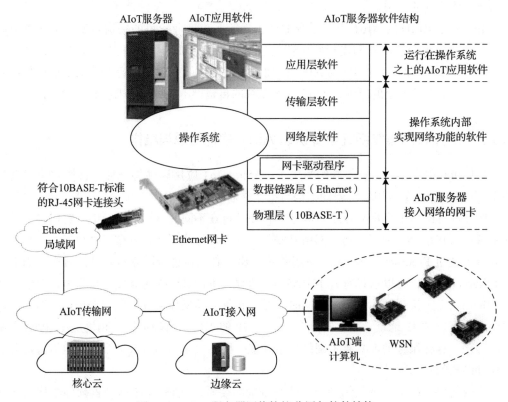

图 1-26　AIoT 服务器网络协议分层与软件结构

1.5.3　从计算机网络角度认识 AIoT 网络体系结构

1. AIoT 应用系统架构设计示例

图 1-27 给出了一个由 WSN、近场通信网、接入网、核心交换网、5G 通信网与企业用户网，以及边缘计算节点、云计算平台组成的 AIoT 应用系统架构的例子。

理解 AIoT 应用系统的基本架构，需要注意以下几个问题。

第一，AIoT 应用系统的基本架构一般由近场通信网、接入网、核心交换网与用户网组成。近场通信网用于连接大量的传感器、执行器与用户终端设备，可以采用 IEEE

802.15.4、NFC、蓝牙、ZigBee 协议，本示例中采用的是 IEEE 802.15.4 协议。接入网将传感器、执行器与用户终端设备接入核心交换网，可以采用 Wi-Fi、5G/NB-IoT 等技术，本示例选择的是 Wi-Fi。核心交换网实现接入网与后端的用户网的互联，可以是 TCP/IP 专网、虚拟专网 VPN，也可以是 5G 核心网，5G 核心网需要通过网关与 TCP/IP 专网互联。

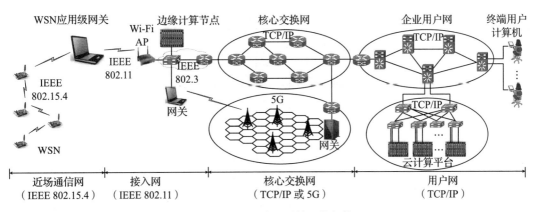

图 1-27　AIoT 应用系统网络架构

第二，边缘计算设备接入靠近感知数据源的接入网中，用于处理对数据处理实时性要求高的数据。云计算（或称为核心云）平台可以是私有云、公有云或社区云，公有云与社区云一般是连接在 Internet 上，因此大型 AIoT 应用系统一般会采用私有云或数据中心 IDC，连接在用户网上；核心云主要用于大型的智能预测、数字孪生等计算量大的运算。应用层软件可以集中在核心云中运行，也可以分成协作的两个部分，一部分在核心云中运行，另一部分在边缘云甚至终端用户计算机中运行。

第三，构成由近场通信网、接入网、核心交换网与用户网组成的 AIoT 网络系统一定会涉及异构网络的互联，在设计异构网络时一定会使用网关，通过网关来完成不同网络协议的转换。AIoT 中比较复杂的网关主要位于近场通信网与接入网连接的部分，因为近场通信网与接入网能够选择的通信技术与协议种类很多，所以网关也会有多种设计方法。在基于 6LoWPAN 的 WSN 系统结构中，我们采用了"路由级网关"，本例中我们采用"应用级网关"。"路由级网关"仅完成物理层、数据链路层与网络层的协议转换，而"应用级网关"能够完成从物理层到应用层的协议转换。

2. AIoT 应用系统层次结构分析

图 1-28 给出了 AIoT 应用系统层次结构，并且给出了 AIoT 应用系统层次结构与 AIoT "端 – 边 – 网 – 云 – 用"体系架构相对应的关系。

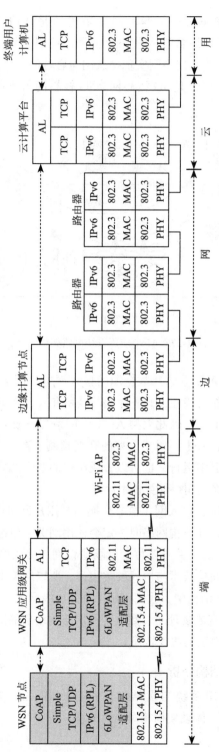

图 1-28　AIoT 层次结构与 AIoT 体系架构关系

理解 AIoT 层次结构与 AIoT 体系架构关系，需要注意以下几个问题。

第一，图中 AIoT 的感知数据源是 WSN 节点。典型的 6LoWPAN 节点的应用层使用专用的受限应用协议 CoAP、传输层使用 Simple TCP /UDP 协议、网络层使用 IPv6 协议（有损网络的 IPv6 路由 RPL 协议），此外还包括 6LoWPAN 适配层、MAC 层（使用 802.15.4 MAC 协议）与物理层（使用 802.15.4 PHY 协议）。那么 WSN 应用级网关与 WSN 节点连接的部分一定要从应用层到物理层采取相同的协议标准，即应用层使用专用的受限应用协议 CoAP、传输层使用 Simple TCP /UDP 协议、网络层使用 IPv6 协议（有损网络的 IPv6 路由 RPL 协议）、包括 6LoWPAN 适配层、MAC 层使用 802.15.4 MAC 协议，以及物理层使用 802.15.4 PHY 协议。

由于 WSN 应用级网关底层与 Wi-Fi 连接，应用层要与边缘计算节点通信，因此 WSN 应用级网关底层与 Wi-Fi 连接时，数据链路层要保持与 Wi-Fi 的数据链路层协议一致，即采用 802.11 MAC 层协议，而物理层采用 802.11 PHY 协议。网络层要与边缘计算节点保持一致，使用 IPv6；传输层也要与边缘计算节点保持一致，使用 TCP 协议；应用级网关的应用层要与边缘计算节点的应用层采用相同的通信协议。

第二，WSN 节点应用层将感知数据作为 CoAP 协议的数据单元的内容封装成应用层数据单元，按照传输层 Simple TCP /UDP 协议、网络层 IPv6 路由 RPL 协议、6LoWPAN 适配层与 MAC 层的 802.15.4 MAC 协议封装之后，通过物理层 802.15.4 PHY 协议的无线信道传送到 WSN 应用级网关。应用级网关将接收到的数据帧传送给 802.15.4 MAC 层后拆帧，将数据单元向高层传送，并通过逐层解析之后，WSN 节点传送的感知信息再被传递给 WSN 应用级网关靠近接入网的一侧的应用层。应用层再通过接入网，将感知数据转发到边缘计算节点的应用层。按照事先规定的数据处理策略，对于属于有实时性处理要求的数据，立即由边缘计算节点应用层处理，处理结果产生的控制指令快速通过接入网反馈到 WSN 节点执行；对于需要传送到核心云的数据，以及边缘计算节点处理后需要传送到核心云的数据，可以进一步通过核心交换网向核心云发送。

第三，核心交换网实现接入网到用户网之间数据传输的功能，由于 AIoT 对数据安全性的要求，一般核心交换网采用 IP 专网，或在公共数据传输网 PDN 上采用虚拟专网 VPN 的方式组建。这一点与目前大量运行的电子政务专网、电子商务专网没有很大的区别。当然，今后会有大量对实时性、可靠性与安全性要求高的 AIoT 应用系统会利用 5G 网络去构建。但是随着电信传输网的 IP 化，除了 5G 空间接口部分之外，一般的企业核心网仍然采用基于 IP 与"路由器 + 光纤"的方式组建。

第四，大型 AIoT 应用系统一般是组建自己管理的数据中心 IDC 或私有云。数据中心的服务器与存储器的位置相对集中，基本的构建方法是采用高速 Ethernet、物理层 LAN PHY 接口标准、背板 Ethernet 技术、混合使用铜缆和光纤的结构化布线，以及刀片服务器。刀片服务器是一种在一块背板上安装多个服务器模块的服务器系统，每个背板称为一个"刀片"(blade)。每个刀片服务器有自己的CPU、内存与硬盘。每个机架一般堆放20～40个刀片。刀片服务器体系结构的优点是节省服务器集群空间,改善系统管理。为了提高数据中心网络的可靠性,提高服务器之间、服务器与外部用户的数据传输带宽,交换机、路由器之间实现全连接,为交换机、路由器提供冗余链路;同时,这样做也有利于均衡整个网络中的负荷。

第五,AIoT的应用服务层的数据融合、大数据分析与决策、智能控制,以及数字孪生软件需要在云计算平台上运行。AIoT应用层软件执行各种AIoT系统特定的应用功能,如智能电网应用中智能电力生产状态的监控与分析、智能配电网络管理系统的监控、智能输电网络的遥测与运行状态的监控、智能电网安全预测系统的监控等,这些应用软件可以在边缘云、核心云平台上运行,部分对延时要求极高的数据也可以在用户端计算机上实时进行处理。AIoT应用层软件运行时需要调用智能电网前端的大量感知与执行状态数据,利用应用服务层的数据融合、大数据分析与决策、智能控制、数字孪生软件提供的服务,完成智能电网的各种管理功能。

从以上讨论中,我们可以得出以下两点结论。

第一,从互联网、移动互联网、物联网到智能物联网的发展过程中,网络应用系统的服务功能、技术架构与协议体系在不断变化,而不变的是计算机网络的层次结构模型、端–端通信的分析思路、分布式进程通信编程方法。

第二,用网络层次结构的方法剖析AIoT体系架构,可以帮助AIoT系统架构师规划和设计应用系统架构,细化系统内部结构与组成,确定哪些部分可以通过选择成熟的技术解决,哪些部分需要系统集成工程师进一步细化内部结构与集成方法,哪些软件需要安排软件开发工程师开发以及软件开发工作量的大小及难度,哪些算法需要大数据工程师、人工智能工程师与专业技术人员配合开展研究。这样,系统架构师就可以将一个大型AIoT应用系统的规划、设计、开发、验收、运行与维护等不同阶段的任务,安排得井井有条,顺利地推进AIoT应用系统的组建任务。

参考文献

[1] 刘云浩.物联网导论[M].3版.北京:科学出版社,2017.

[2] 黄建波.一本书读懂物联网[M].2版.北京:清华大学出版社,2017.

[3] 杨鹏,张普宁,吴大鹏,等.物联网:感知、传输与应用[M].北京:电子工业出版社,2020.

[4] 解运洲.物联网系统架构[M].北京:科学出版社,2019.

[5] 吴功宜,吴英.智能物联网导论[M].北京:机械工业出版社,2022.

[6] 吴功宜,吴英.物联网工程导论[M].2版.北京:机械工业出版社,2018.

[7] 吴功宜,吴英.深入理解互联网[M].北京:机械工业出版社,2019.

[8]　KAMAL R. 物联网导论 [M]. 李涛，卢冶，董前琨，译 . 北京：机械工业出版社，2019.

[9]　STALLINGS W. 现代网络技术：SDN、NFV、QoE、物联网和云计算 [M]. 胡超，邢长友，陈鸣，译 . 北京：机械工业出版社，2018.

[10]　DATA N. 图解物联网 [M]. 丁灵，译 . 北京：人民邮电出版社，2017.

[11]　MARWEDEL P. 嵌入式系统设计：CPS 与物联网应用：第 3 版 [M]. 张凯龙，译 . 北京：机械工业出版社，2020.

[12]　KUROSE J F，ROSS K W. 计算机网络：自顶向下方法：第 7 版 [M]. 陈鸣，译 . 北京：机械工业出版社，2018.

第2章 ●─○─●─○─●

AIoT 感知层

感知层是 AIoT 层次结构模型中的最低层，它由传感器、执行器与用户终端设备等基本单元组成。本章从感知层基本概念出发，深入讨论传感器、RFID 与 EPC 体系、位置信息与位置感知，北斗卫星定位系统与定位技术、AIoT 智能硬件、嵌入式计算系统、智能人机交互的基本概念，以及可穿戴计算设备与智能机器人在 AIoT 中的应用。

2.1 AIoT 感知层的基本概念

2.1.1 感知、传感器与感知层

1. 人类的感知能力

眼、耳、鼻、舌、皮肤是人类感知外部物理世界的重要感官。我们可以用手接触物体感知物体是热还是凉，用手提起一个物体判断它大概有多重，用眼睛看一个物体的形状与颜色，用舌头尝出食物的酸甜苦辣，用鼻子闻出各种气味。人类是通过视觉、味觉、听觉、嗅觉、触觉来感知周围环境的，这是人类认识世界的基本途径。与人类五大感觉器官相比拟的传感器主要有：

- 视觉——光敏传感器。
- 听觉——声敏传感器。
- 嗅觉——气敏传感器。
- 味觉——化学传感器。
- 触觉——压敏、温敏、流体传感器。

人类具有非常智慧的感知能力。我们可以综合用视觉、味觉、听觉、嗅觉、触觉的多种手段感知的信息，来判断我们周边的环境是否正常，是否发生了火灾、污染或交通堵塞。然而，仅依靠人的基本感知能力是远远不够的。我国四大发明之一的指南针出现于战国时期，它标志着我国古代人早就懂得将磁感效应用于定向。

人类的感观也是有局限性的，例如人类没有能力感知紫外线或红外线辐射，感觉不到电磁场与无色无味的气体。随着人类对外部世界的改造，对未知领域与空间的拓展，人类需要的感知信息来源、种类、数量、精度不断增加，对感知信息的获取手段也提出了更高的要求，而传感器是能够满足人类对各种信息感知需求的主要工具。

2. 感知层的主要功能

传感器是构成 AIoT 感知层的基本组成单元之一，是 AIoT 及时、准确、全面获取外部物理世界信息的重要手段。从 AIoT 对感知需求的角度看，传感器的基本功能有以下几个。

- 对象感知：用于对象身份的识别与认证。
- 环境感知：用于获取监测区域的环境参数与变化量。
- 位置感知：用于确定对象所在的地理位置。
- 过程感知：用于监控对象的行为、事件发生与发展的过程。

需要注意的是，一种传感器可以用于不同的场景，一个应用场景可能要用到多种传感器。

3. 传感器基本工作原理

传感器（sensor）是一种能够将物理量或化学量转变成可以利用的电信号的器件。传感器是实现信息感知、自动检测与自动控制的首要环节，是人类五官的延伸。

传感器是由敏感元件和转换元件组成的一种检测装置。传感器能感知到被测量的物体，并能将检测到的信息按一定规律转换，输出用电压、电流、频率或相位表示的电信号，满足感知信息的获取、传输、处理、存储、显示、记录与控制需求。图 2-1 给出了以声传感器为例的传感器结构示意图。

当声敏感元件接收到声波时，它将声音信号转换成电信号，输入到转换电路。转换电路将微弱的电信号放大、整形，输出与被测量的声波频率与强度相对应的感知数据。我们手机中的麦克风就是典型的声传感器。

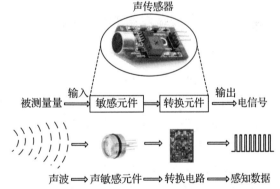

图 2-1　声传感器结构示意图

1883 年出现的第一台恒温器被视为第一个应用传感器的控制设备。目前传感器已经广泛应用于工业、农业、交通、医疗、环境监测等领域，被测的参数包括温度、湿度、振动、位置、速度、加速度、方向、转矩、重量、压力、压强、声强、光强，以及流量、流速、张力、气体化学成分、土壤成分等。

20 世纪 80 年代开始，产业界对传感器的重要性有了一个新的认识，将 20 世纪 80 年代看作"传感器时代"，并将传感器技术列为 20 世纪 90 年代 22 项关键技术之一。

4. 传感器接入 AIoT 的基本方法

我们以声传感器接入 AIoT 为例来说明这个问题。传统的声传感器能够感知周边声音的频率与强弱，但是声传感器自身并不具备通信能力，不能够将感知信号主动发送出去。要想将声传感器感知的数据传送到 AIoT，就必须要采用嵌入式技术将声传感器集成到电子设备中，构成一个既能感知声音信号的强弱，又具有一定的通信与计算、存储能力的 AIoT 终端设备，其结构如图 2-2 所示。

AIoT 终端设备是一种典型的嵌入式计算设备，它在微控制单元（Micro Control Unit，MCU）的控制下有条不紊地工作。MCU 接收、处理声传感器感知的信息，将感知的数字数据通过通信接口传送到 AIoT 高层。高层反馈的控制指令，通过通信接口与 MCU 传送到执行器。这样，传统的传感器就具有了一定的通信与计算能力，可以接入 AIoT。

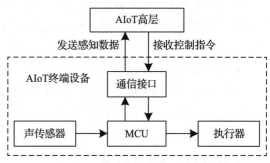

图 2-2 AIoT 终端设备结构示意图

由于 AIoT 终端设备通常不仅需要简单地接入传感器或接入执行器，还需要同时接入多种传感器与执行器，构成各种不同类型的嵌入式计算设备，因此我们也常将感知层称为设备层。

2.1.2 AIoT 终端设备的基本概念

1. AIoT 终端设备的类型

AIoT 终端设备无论是从结构、功能还是从应用场景的角度去分类，种类都是非常多的。理解 AIoT 终端设备的基本概念，需要注意它们的一些共性的特征。ITU-T IoT 参考模型将 AIoT 终端设备分为三类：数据捕获设备、传感 / 执行设备与通用设备（如图 2-3 所示）。

（1）数据捕获设备

数据捕获设备可以分为两类。第一类是与感知设备（包括传感器与 RFID 芯片等）进行数据交互的数据捕获设备。例如感知设备是 RFID 芯片，物理对象是一头扎有 RFID 耳钉的牛，数据捕获设备是 RFID 读写器。RFID 读写器可以通过无线信道读取 RFID 芯片内置的 EPC 编码，再通过接入网将 EPC 编码传送到 AIoT 应用系统之中，系统可以根据 EPC 编码进一步查询物理对象更详细的信息（如图 2-3 中①所示）。

第二类又可以进一步分为两种情况。一种情况的数据携带设备是可穿戴计算设备类的智能手表、智能头盔等，它将传感器或执行器嵌入智能终端设备中。当用户戴上智能手表之后，用户的人体生理参数、移动速度、位置轨迹等数据就会通过无线信道，传送到数据捕获设备。数据捕获设备通过接入网将数据转发到 AIoT 应用系统中（如图 2-3 中②所示）。

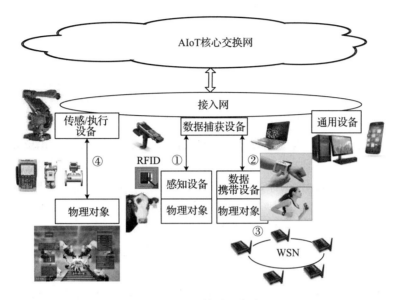

图 2-3　AIoT 终端设备类型

另一种情况是分布在一个区域的多个数据携带设备作为无线自组网（Ad hoc）的节点，以对等、多跳的形式互连成无线传感器网络（Wireless Senser Network，WSN）。WSN 通过汇聚节点与数据捕获设备交换数据（如图 2-3 中③所示）。

（2）传感/执行设备

传感/执行设备与物理环境中的物理对象实现信息交互，并能够执行高层反馈的控制指令（如图 2-3 中④所示）。典型的传感/执行设备，如工业生产过程控制中的传感器、执行器、检测仪器仪表等，以及工业机器人、智能医疗设备、智能网联汽车、无人机等。

机器人等智能设备一般需要配备多种传感器与执行装置。例如一个仿人机器人可能需要配备 2 个摄像头、1 个惯性导航仪、4 个麦克风、1 套声呐测距仪、多个触觉传感器与压力传感器，以及 20 多个控制各个关节的电机（用以执行高层的控制指令）。

（3）通用设备

通用设备一般是指用户个人设备，它可以是智能手机、PDA、计算机、可穿戴计算设备、智能机器人，也可以是为某一种 AIoT 应用系统专门设计的用户智能终端设备。这些专用设备的计算与存储资源，一般可以承担部分实时数据的边缘计算任务。

2. AIoT 节点的分类

接入 AIoT 应用系统的数据捕获设备、传感/执行设备与通用设备成为了 AIoT 节点。

接入 AIoT 的传感 / 执行设备、用户终端设备种类非常多，差别也很大。有的接入设备（如服务器、笔记本计算机等功能强大的智能终端）的资源不受限制，有的设备（如简单的传感器、开关、门警、灯泡等）的资源受到限制。由于受限节点的计算、存储与网络资源有限必然会影响它的性能、功能与可以接入的网络类型，因此按资源受限与不受限，需要将 AIoT 的节点分为受限节点与不受限节点两类。在 AIoT 应用系统设计中，首先要确定接入设备哪些受限，哪些不受限。

准确地区分受限与不受限节点是困难的。Internet 工程任务组（IETF）在 RFC7228 给出的受限节点分类与定义，提供了一个比较清晰的判断标准。RFC7228 将节点分为 3 类。

- 类型 0：内存不足 10kB，闪存处理与存储能力不足 100kB，一般由电池供电，不具备能直接实现 IP 与相关安全机制的资源，这类节点如远程控制开关。
- 类型 1：内存有 10kB，闪存处理与存储能力能够有 100kB，但是低于直接运行 IP 的要求，无法很好地与使用完整 IP 的节点通信，不能支持相关的安全功能，这类节点如智能农业应用中的环境湿度传感器。
- 类型 2：内存超过 50kB、闪存处理与存储能力超过 250kB 的嵌入式设备，能够完整地运行 IP，接入 IP 网络，这类节点如智能电表。

接入设备的资源是否受限，决定了 AIoT 应用系统结构在设计中选择的接入网类型，以及高层采用的协议类型。类型 0/ 类型 1 设备通常不可能运行完整的 IP，一般只需要采用通信协议相对简单的受限接入网。类型 2 设备能够接入 IP 网络，但是高层协议需要进行优化。

3. 传感器、执行器与高层控制器的关系

传感器、执行器与高层控制器之间的关系如图 2-4 所示。

理解传感器、执行器与控制器的关系，需要注意以下 3 个问题。

第一，传感器将测量到的外部对象或环境的参数转变成电信号，可以主动地按照一定的时间间隔，或当测量值达到某个阈值时，通过传感器接口将感知数据传送到高层控制器的监测单元，也可以被动地由监测单元调用测量的数据。

第二，控制器将收集到的外部感知数据传送到分析单元，分析单元将对感知数据

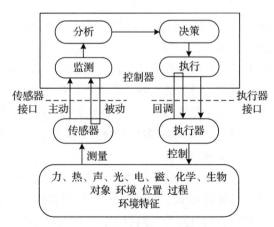

图 2-4　传感器、执行器与控制器的关系

的分析结果传送到决策单元，决策单元在做出处理决定之后将执行指令回送到执行单元。

第三，执行单元通过接口发送执行指令，执行器接收高层控制指令，对被监控的环境或对象执行控制操作。执行器也可以通过回调方式，向执行单元发送请求执行报文，由执行单元返回执行指令。

2.1.3　AIoT 接入设备数量与类型的发展趋势

随着全球 AIoT 的高速发展，AIoT 接入设备的数量与类型出现了 3 个发展趋势。

第一，AIoT 的设备接入数量出现了"物超人"的局面。根据市场研究机构 IoT Analytics 最新的报告显示，在过去的 10 年全球接入网络的设备数量复合增长率达到 10%，其中 AIoT 的贡献最大。2010 年全球接入 AIoT 的设备数量为 8 亿，非 AIoT 接入的设备数量为 80 亿；到 2020 年，AIoT 接入的设备数量达到 117 亿，非 AIoT 设备接入数量保持在 100 亿左右，AIoT 的设备接入数量首次超过非 AIoT 的设备接入数量，形成了"物超人"的局面。

第二，产业 AIoT 设备接入的数量将超过消费 AIoT。从 AIoT 接入设备类型的角度看，由于消费 AIoT 具有群体基数大、用户需求简单、支撑技术成熟、产品种类多样等特点，因此取得了先发优势。其中，大部分是智能门警、智能音箱、智能手环，以及各种可穿戴设备。随着 AIoT 加速向各行业渗透，产业 AIoT 设备接入的数量将大幅度增加。根据 GSMA Intelligence 的预测，2024 年产业 AIoT 设备的接入数量将超过消费 AIoT；2025 年产业 AIoT 的设备接入数量将占接入设备总量的 61.2%。其中，智慧工业、智慧交通、智慧健康、智慧能源等领域最可能成为产业 AIoT 设备接入数量增长最快的领域。

第三，我国 AIoT 设备接入数量将大幅度增加。根据 GSMA 发布的《2020 年移动经济》报告显示，预计到 2025 年全球 AIoT 设备接入总数将达 246 亿，年复合增长率高达 13%。到 2025 年，我国 AIoT 设备接入数量全球占比将高达 30%，接入总数达到 80.1 亿，年复合增长率达到 14.1%。

2.2　传感器的分类与特点

2.2.1　常用传感器

传感器分类有多种方法：根据传感器功能分类、根据传感器工作原理分类、根据传感器感知的对象分类，以及根据传感器的应用领域分类等。

根据传感器工作原理，可分为物理传感器、化学传感器两大类，生物传感器属于一类特殊的化学传感器。表 2-1 给出了常用传感器分类。

表 2-1 常用传感器的分类

物理传感器	力传感器	压力传感器、力矩传感器、速度传感器、加速度传感器、流量传感器、位移传感器、位置传感器、密度传感器、硬度传感器、黏度传感器
	热传感器	温度传感器、热流传感器、热导率传感器
	声传感器	声压传感器、噪声传感器、超声波传感器、声表面波传感器
	光传感器	可见光传感器、红外线传感器、紫外线传感器、图像传感器、光纤传感器、分布式光纤传感系统
	电传感器	电流传感器、电压传感器、电场强度传感器
	磁传感器	磁场强度传感器、磁通量传感器
	射线传感器	X 射线传感器、γ 射线传感器、β 射线传感器、辐射剂量传感器
化学传感器		离子传感器、气体传感器、湿度传感器、生物传感器

常用类型传感器的外形示例如图 2-5 所示。

图 2-5 常用类型传感器的外形示例

（1）物理传感器

物理传感器的原理是利用力、热、声、光、电、磁、射线等物理效应，将被测信号量的微小变化转换成电信号。根据传感器检测的物理参数类型的不同，物理传感器可以进一步分为：力传感器、热传感器、声传感器、光传感器、电传感器、磁传感器与射线传感器7类。

（2）化学传感器

化学传感器是可以将化学吸附、电化学反应过程中被测信号的微小变化转换成电信号的一类传感器。按传感方式的不同，化学传感器可分为：接触式与非接触式传感器。按结构形式的不同，化学传感器可以分为：分离型与组装一体化传感器。按检测对象的不同，化学传感器可以分为三类：气体传感器、湿度传感器、离子传感器。

（3）生物传感器

生物传感器是一类特殊的化学传感器。实际上目前生物传感器的研究类型，已经超出我们对传统传感器的认知程度。生物传感器由生物敏感元件和信号传导器组成。生物敏感元件可以是生物体、组织、细胞、酶、核酸或有机物分子。不同的生物元件对于光强度、热量、声强度、压力有不同的感应特性。例如，光敏感生物元件能够将它感受到的光强度转换成相应的电信号，热敏感生物元件能够将它感受到的热量转换成相应的电信号，声敏感生物元件能够将感受到的声强度转换成相应的电信号。

2.2.2 传感器的主要技术指标

从测量学的角度看，衡量传感器优劣的技术指标主要有：准确度、精确度、分辨力、灵敏度、重复性、稳定性。其中，最基本的指标是准确度和精确度。准确度是指在一定的实验条件下，传感器多次测量值的平均值与被测量真实值之间的一致程度；精确度是指传感器对同一个被测量物体，用同一种方法，在相对短的时间内，多次测量的测量值的离散程度。图 2-6 描述了精确度、准确度与传感器性能的关系。

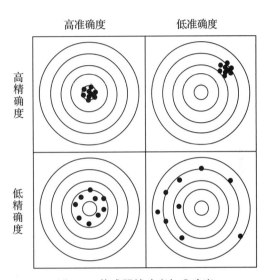

图 2-6 传感器精确度与准确度

传感器采集数据的环境与外部对象的数据的正确性直接影响到物联网应用系统的可用性与可靠性，但是准确度与精确度高的传感器一般价格较高，对安装环境要求较严格。因此，从物联网应用系统设计的角度，应该根据应用需求，权衡传感器的性能、性价比，以及部署环境等几个方面的因素，去选择合适的传感器。

传统的传感器的性能受到使用的材料、制作工艺的限制，要进一步提高传感器的精确度、准确度与分辨力，就必须研究智能传感器与纳米传感器。

2.2.3 传感器在 AIoT 中的应用

传感器作为 AIoT 对外部环境感知的主要手段，已经广泛应用于智能工业、智能农业、智能医疗等领域。为了更直观地帮助读者了解传感器在 AIoT 中的具体应用，我们可以用大家感兴趣的智能机器人为例来说明这个问题。

1. 智能机器人使用的传感器类型

作为 AIoT 最理想的融合感知与执行功能的智能节点，智能机器人需要采用多种类型的传感器使得它具有"拟人"的视觉、听觉、触觉，以及在不同环境中自主移动和处理问题的"智慧"。智能机器人使用到的传感器种类如图 2-7 所示。

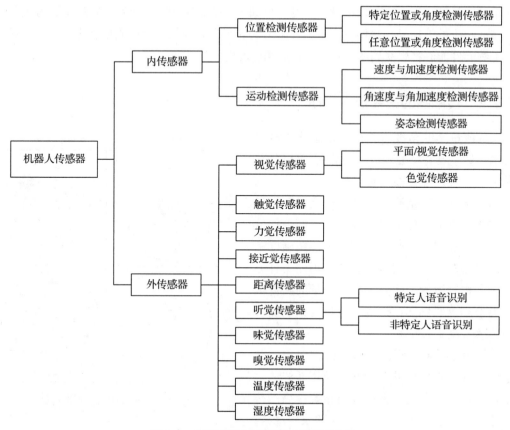

图 2-7　智能机器人使用到的传感器种类

需要指出的是，在实际应用中人们经常按照传感器应用的角度，将传感器分为位置传感器、运动传感器、视觉传感器、触觉传感器、听觉传感器、接近觉传感器等。

2. 传感器的功能

智能机器人使用的传感器可以分为内传感器与外传感器两大类。内传感器用于感知机器人内部状态，是机器人自身控制的重要组成部分。外传感器是用于感知外部环境与状态的传感器，支持机器人去执行各种任务。外部传感器按照执行任务的要求，分别安装在机器人的头部、肩部、腕部、臂部、脚部或足部。

（1）视觉传感器

视觉传感器是机器人中最重要的传感器之一。视觉传感器在 20 世纪 50 年代后期出现，20 世纪 70 年代以后实用型的视觉系统开始出现，并且发展十分迅速。视觉一般包括：图像获取、图像处理和图像理解。机器学习与深度学习取得的突破性进展，推动了图像处理技术的快速发展，并开始进入了实用阶段。机器视觉帮助机器人、无人机、无人车识别外部环境，实现各种机器人运动、操作、避障、报警。机器视觉大致可以分为识别环境与理解人的意图两类。目前机器视觉研究重点放在识别人的手势、动作、表情、语言以及智能人工交互方法上。

（2）触觉传感器

触觉是人与外界环境直接接触时重要的感觉功能，感知目标物体的表面性能和物理特性（如柔软性、硬度、弹性、粗糙度和导热性等），研制满足实际应用要求的触觉传感器是智能机器人发展中的关键技术之一。触觉研究从 20 世纪 80 年代初开始，到 20 世纪 90 年代初已取得了大量的成果。触觉传感器按功能大致可分为接触觉传感器、力 – 力矩觉传感器、压觉传感器、位移传感器等。接触觉传感器用以判断机器人的四肢是否接触到外界物体，有微动开关、导电橡胶、含碳海绵、碳素纤维、气动复位式装置等多种类型。力 – 力矩觉传感器用于测量机器人自身或与外界相互作用而产生的力或力矩，它通常装在机器人各关节处。压觉传感器测量接触外界物体时所受压力和压力的分布，它有助于机器人对接触对象的几何形状和硬度的识别。位移传感器用来判断机器人的位置变化。

（3）接近觉传感器

接近觉传感器研究机器人在移动或操作过程中，与目标或障碍物的接近程度，能感知对象物和障碍物的位置、姿势、运动等信息。接近觉传感器的作用是：在接触对象物前得到必要的信息，以便准备后续动作；发现前方障碍物时限制行程，避免碰撞；获取对象物表面各点间距离的信息，从而测出对象物表面形状。接近觉传感器可以分为光电式、电磁式、气压式、电容式和超声波式等多种类型。

（4）力觉传感器

机器人力觉传感器用于感知夹持物体的状态，校正由于手臂变形引起的运动误差，以及保护机器人及零件不会损坏，控制手腕移动、伺服控制与完成作业任务。机器人根据力传感器安装的部位可以分为：关节力传感器、腕力传感器、指力传感器和机座传感器等。

（5）听觉传感器

机器人听觉传感器分为特定人的语音识别与非特定人的语音识别。特定人的语音识别方法是将事先指定的人的声音中的每一个字音的特征矩阵存储起来，形成一个模板，然后将听到的语音与模板进行匹配。非特定人的语音识别可以分为语言识别、单词识别与数字（0～9）音识别。通过机器学习的训练，可以提高语音识别的能力。

AIoT 应用的发展对传感器技术与应用提出了很多新的课题，引发了传感器产业"不断创新"与"快速发展"的局面。

2.2.4　传感器技术的发展趋势

当前传感器技术的发展趋势可以总结为以下几点：集成化与智能化、微型化与系统化、无线化与网络化。

（1）集成化与智能化

在 AIoT 中，智能机器人是集感知与执行功能于一体的节点。在研究感知与执行功能一体化的节点实现技术中，必须解决在复杂环境下迅速、准确、全面地获取信息，以及快速分析、判断和做出决策的难题，就必然要涉及多种传感器信息的获取、融合与模式识别问题。感知仿生研究要构造与生物相似的功能与结构，它必须解决传感器的系列化、集成化与智能问题。在这样的应用需求推动下，目前出现了多种包括光电阵列、信号处理、存储与记忆、计算与驱动的智能视觉传感器芯片、智能触觉传感器芯片、智能听觉传感器芯片。仿人感觉不可以只用一种传感器就实现，它必须将多种类型的传感器结合起来才能达到目的。因此，集成化与智能化是传感器发展的必然趋势之一。

（2）微型化与系统化

微机电系统 MEMS 技术、纳米与微米制造技术的应用推动了传感器微型化与系统化的发展。例如，美国康奈尔大学将原先需要摆满一桌子的扫描隧道显微镜系统，用 MEMS 技术缩微成一个螨虫大小的系统；图像胶囊可以在人的肠胃中进行检测；3 个陀螺、3 个加速器组成的微型捷联式惯性导航系统尺寸仅有 $2\text{mm} \times 2\text{mm} \times 0.5\text{mm}$，重量只有 5g。目前，智能眼镜中要装备多个视觉传感器、位置传感器、骨传导声传感器，这些传感器必须是小巧的。可穿戴计算设备，如可穿戴手环、可穿戴手表、可穿戴手套、可穿戴头盔的出现也需要功能很强，并且体积微小与节能的传感器。因此，微型化与系统化是当前传感器技术发展的必然趋势之二。

（3）无线化与网络化

无线传感器网络是支撑 AIoT 发展的关键技术之一，它已经在环境感知、智能医疗、智能交通、智能家居以及军事方面展现出广阔的应用前景。无线传感器网络、无线传感器与执行器网络的节点，都需要将各种传感器、执行器、微处理器、无线通信电路集成起来，达到集感知、传输、处理为一体的目的。因此，无线化与网络化是当前传感器技术发展的必然趋势之三。

2.2.5 智能传感器的研究与发展

1. 智能传感器的特点

从茫茫的太空到浩瀚的海洋，从复杂的工程系统到每一个家庭，从宇宙飞船到我们手中的智能手机，传感器无处不在。强烈的社会需求促进了智能传感器（Intelligent Sensor）技术研究的快速发展。

智能传感器是用嵌入式技术将传感器与微处理器集成为一体，使其成为具有环境感知、数据处理、智能控制与数据通信功能的智能数据终端设备。智能传感器与传统传感器比较具有以下几个显著的能力。

（1）自学习、自诊断与自补偿能力

智能传感器具有较强的计算能力，能够对采集的数据进行预处理，剔除错误或重复数据，进行数据的归并与融合；采用智能技术与软件，通过自学习，能够调整传感器的工作模式，重新标定传感器的线性度，以适应所处的实际感知环境，提高测量精确度与可信度；能够采用自补偿算法，调整针对传感器温度漂移的非线性补偿方法；能够根据自诊断算法，发现外部环境与内部电路引起的不稳定因素，采用自修复方法改进传感器工作可靠性，实施设备非正常断电时的数据保护，或在故障出现之前报警。

（2）复合感知能力

通过集成多种传感器，使得智能传感器具有对物体与外部环境的物理量、化学量或生物量的复合感知能力，可以综合感知压力、温度、湿度、声强等参数，帮助人类全面地感知和研究环境的变化规律。

（3）灵活的通信与组网能力

网络化是传感器发展的必然趋势，这就要求智能传感器具有灵活的通信能力，能够提供适应 Internet、无线个人区域网、移动通信网、无线局域网通信的标准接口，能够具有接入无线自组网通信环境的能力。

2. MEMS/NEMS 技术对智能传感器发展的贡献

智能传感器的发展直接受到微机电系统（Micro-Elector-Mechanical System，MEMS）与纳机电系统（Nano-Electro-Mechanical System，NEMS）制作工艺水平的影响。

MEMS 是指集微型机构、微型传感器、微型执行器以及信号处理和控制电路，直至接口、通信和电源等于一体的微型器件或系统。MEMS 为传感器微型化、智能化与网络化的实现提供了技术支持，也为智能传感器应用与产业发展拓展了新的空间。NEMS 是继MEMS 之后，在系统特征尺寸和效应上具有纳米特征的超小型机电一体化的器件与系统。

MEMS/NEMS 技术是目前最受产业界瞩目的研究领域之一。MEMS/NEMS 是在微电子技术基础上发展起来的多学科交叉的新兴学科，它以微电子及机械加工技术为依托，研究涉及微电子学、机械学、力学、自动控制科学、材料科学等多个学科。早在 20 世纪 60年代，科学家就开始了对 MEMS 技术的研究，20 世纪 80 年代微型硅加速度计、微型硅陀螺仪、微型硅静电马达相继问世。20 世纪 90 年代科学家开展了对 NEMS 技术与纳米传感器器件制造的研究。

MEMS 是通过半导体微细加工技术及微机械加工技术在硅等半导体基板上制作的一种微型电子机械装置。在微电子学中衡量集成电路设计和制造水平的重要尺度是特征尺寸，特征尺寸通常是指集成电路中半导体器件的最小尺寸。特征尺寸越小，芯片的集成度越高，速度越快、性能越好。MEMS 器件正在加速向能够完成独立功能的“片上系统”

（System on a Chip，SoC）或"芯片实验室"（LAB on a Chip）方向发展。

微机电系统中的特征尺寸分为几个等级。MEMS 的特征尺寸在 1～10mm，NEMS 的特征尺寸在 1～100nm。目前应用 MEMS 技术已经成功地研制出很多纳米级电子元器件和新型的传感器，如压力传感器、加速度传感器、红外传感器、气体传感器、流量传感器、离子传感器、辐射传感器、化学传感器、谐振传感器等，面积仅为 9mm^2 的正方形硅片上也可以做几百个纳米器件。汽车中压力传感器、陀螺仪、加速度传感器和流量传感器，笔记本计算机、智能手机、游戏机、卫星定位系统、数码相机中也大量使用 MEMS 传感器。

2010 年，美国密歇根大学宣布成功开发出了一款体积仅有 9mm³ 的太阳能驱动传感器系统，它可以从周围环境中获得电能。该传感器的尺寸仅为目前市场上同类设备体积的 1/1000，内部包含了一套完整的传感器、微处理器、太阳能电池板与薄膜储电电池。传感器休眠状态的功耗仅为同类产品的 1/2000，整个工作过程中的平均功耗仅有 1nW（1×10^{-9}W）。研究人员表示，这套系统在室内光线下也几乎可以永无休止地工作下去，唯一的限制是内置电池的使用寿命。除了光驱动外，它还可以由热量驱动，因此微型传感器适用于医疗器械，甚至是大型建筑物或桥梁监控系统。NEMS 技术一出现，就研发出了纳米传感器、纳机械振荡器、纳机电谐振器等器件原型。2018 年，澳大利亚国立大学（ANU）纳米技术研究实验室开发出了微型光学结构的纳米传感器，其厚度只有人头发丝直径的 1/50。

产业界习惯将用 MEMS 工艺制造的微型传感器叫作 MEMS 传感器。AIoT 产业的广泛，推动了 MEMS 传感器的发展。可穿戴计算设备的基本功能就是通过 MEMS 传感器实现对穿戴者运动状态的追踪。AR/VR 设备需要采用 MEMS 加速度计、陀螺仪和磁力计来对头部的转速、角度和距离进行精确的测定。无人机控制需要采用 MEMS 速度计和陀螺仪计算角度、位置、速度的变化，来达到控制飞行姿态的目的。智能网联汽车需要采用 MEMS 陀螺仪、加速度传感器和角速度传感器来测量车辆移动的速度、方向与位置，控制车辆的运行。

MEMS/NEMS 技术成为支撑微型传感器与智能传感器发展的关键技术。图 2-8 给出几种典型的微型传感器与微型执行器的照片。

当前 MEMS/NEMS 正向多功能化方向发展，即集微型机械、微型传感器、微型执行器、信号处理与控制电路、接口、电源和通信等单元于一体，成为一个完整的微机电系统。未来人类可以利用 MEMS 技术制造全光交换机、基因芯片、

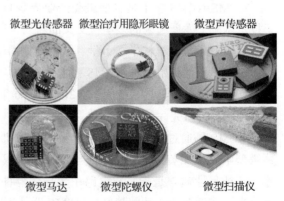

图 2-8 微型传感器与微型执行器

纳米芯片、微型飞行器、微型卫星、微型机器人、微型动力系统。MEMS 的技术创新将有力地推动 AIoT 应用的发展。

2.3　RFID 与自动识别技术

2.3.1　自动识别技术的发展过程

在早期的信息系统中，相当大的一部分数据通过人工方式输入计算机系统之中。数据量庞大，数据输入的劳动强度大，人工输入的误差率高，这些严重地影响到生产与管理的效率。

在生产、销售全球化的背景下，数据的快速采集与自动识别成为了销售、仓库、物流、交通、防伪、票据与身份识别应用发展的瓶颈。基于条码、磁卡、IC 卡、RFID 的数据采集与自动识别技术的研究就是在这样的背景下产生和发展的。图 2-9 给出了数据自动识别技术的发展过程示意图。

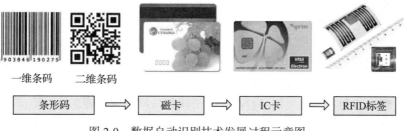

一维条码　　二维条码

条形码　⇒　磁卡　⇒　IC卡　⇒　RFID标签

图 2-9　数据自动识别技术发展过程示意图

下面先来介绍条码。

对于条码读者一定很熟悉，因为几乎所有的商品都贴有条码。目前条码已经出现了几十种不同的码制，即不同的码型、编码方法与应用标准。

（1）一维条码的特点

一维条码一般只在水平方向表达信息，在垂直方向则不表达任何信息。条码用不同宽度的条（bar）与空（space）组成的符号形式来表示数字或字母。读取条码时，条码阅读器发射的光线被黑色的"条"所吸收，没有反射回来，白色的"空"将阅读器发射的光线反射回来。阅读器将接收到的光线转化成电信号，并将电信号解码还原出条码所表示的字符或数据传送给计算机。

一维条码的优点是编码规则简单、造价低。它的缺点是：数据容量较小，一般只能包含字母和数字；条码尺寸相对较大、空间利用率较低；条码一旦出现损坏、涂改或覆盖将被拒读；条码阅读器扫描条码时对条码的距离与角度也有一定的要求。

（2）二维条码的特点

二维条码是用按一定规律分布在平面上的黑白相间的几何图形记录数字与字符信息。二维条码一般简称为二维码。

二维码的特点主要表现为以下几点。

- 信息容量大：典型的 QR Code 标准的二维码用相当于信用卡的 2/3（76mm×25mm）面积，可以表示多达 4296 个字母或 7089 个数字字符，比一维条码的信息容量高出很多倍。其中，"QR"表示"快速反应"的意思。
- 编码范围广：二维码可以用来表示数字、文字、照片、声音、签字、指纹、掌纹等信息，还可以表示多种语言文字，以及图像信息。
- 容错能力强：二维码因破损、折叠、污染等引起局部损坏，破损面积不超过 50% 时，软件可以根据容错算法正确地恢复出丢失的信息。
- 纠错能力强：由于二维码使用了纠错算法，因此读码的误码率低于千万分之一。
- 保密性好：二维码具有多重防伪特性，可以采用密码防伪、软件加密，以及利用所包含的指纹、照片等信息进行防伪，因此具有极强的保密和防伪性能。
- 成本低：二维码标签易打印和黏贴，造价低廉，持久耐用。

移动互联网中手机电子商务的应用，使得二维码线下与线上应用都得到了快速的发展，已广泛应用于购物、电子门票、电子名片、产品防伪、身份认证、网上支付等领域。目前，一次性消费的票据，如电影票、音乐会门票、旅游景区门票，90% 以上使用了二维码。手机二维码扫码支付已经广泛用于地铁、公交车、出租车、餐馆、学校食堂、无人超市、网购、税务、银行，以及网站登录、身份认证与网上支付等场合，甚至连菜市场卖菜的大妈也都用上了二维码扫码支付。扫码支付与刷脸支付为广大用户的生活带来了很大的方便，已经成为网上支付一道靓丽的风景线。

食品与药品安全应用已经成为广大群众关注的焦点问题，手机二维码技术在这方面能够提供一个很好的解决方案。如图 2-10 所示，当奶粉出厂时，奶粉罐上有生产厂家打印的防伪二维码标识。同时，这个防伪二维码标识也通过 Internet 传送到防伪查询中心。客户在买奶粉时，可以用手机拍码软件拍下二维码图形，二维码的图形就被传送到防伪查询中心。防伪查询中心可以快速将比对的结果通过手机回送给客户。客户就可以迅速地辨别出奶粉的真伪，并且可以知道奶粉生产日期、保质期等信息，使得可以放心购买合格的产品。将二维码标识用于名烟、名酒商品的防伪，也可以取得很好的效果。

尽管条码已经广泛应用于人们生活的各个方面，但是二维条码的应用也受到一定的限制的，那就是：条码扫描器、手机的镜头必须能够"看到""清晰"的条码图形。这里"看到"是指扫描器、手机的镜头与条码之间不能有物体的遮挡，必须是直接可视的；"清晰"是指条码图形没有被污渍遮挡，条码图形完整，也没有折叠或破损，必须可以准确分辨。显然，这两个条件限制了条码的应用范围。因此，在有遮挡的不可见或黑暗环境中也能够自动读出数据的射频标签 RFID 技术应运而生。

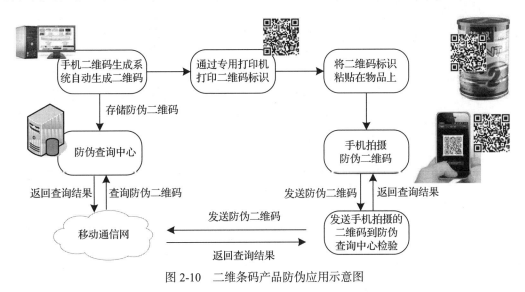

图 2-10　二维条码产品防伪应用示意图

2.3.2　RFID 标签的基本概念

1. RFID 的应用领域

随着经济全球化、生产自动化的高速发展，在现代物流、货运集散地、智能仓库、大型港口集装箱码头、海关与保税区自动通关等应用场景中，如果我们仍然使用条码技术，那么当从远洋船舶、列车上卸下来的大批集装箱通过海关时，无论增加多少条通关检查通道，增加多少个海关工作人员，也无法实现进出口货物的快速通关，必然造成货物的堆积和延误。解决大批货物快速通关的关键是实现对通关货物信息的快速数据采集、自动识别与处理。当一辆装载着集装箱的货物通过关口的时候，RFID 读写器可以自动地"读出"贴在每一个集装箱、每一件物品上 RFID 标签的信息，海关工作人员面前的计算机能够立即获得准确的进出口货物的名称、数量、放出地、目的地、货主等报关信息，海关人员就能够根据这些信息来决定是否放行或检查。

目前 RFID 已广泛应用于智能制造、智能物流、智能交通、智能医疗、智能安防与军事等领域，可以实行全球范围的各种产品、物资流动过程中的动态、快速、准确的识别与管理，因此已经引起了世界各国政府与产业界的广泛关注。表 2-2 给出了部分 RFID 的应用领域与项目。

表 2-2　部分 RFID 的应用领域与项目

应用领域	具体应用项目
物流供应	信息采集、货物跟踪、仓储管理、运输调度、集装箱管理、航空与铁路行李管理

（续）

应用领域	具体应用项目
商品零售	商品进货、快速结账、销售统计、库存管理、商品调度
工业生产	供应链管理、生产过程控制、质量跟踪、库存管理、危险品管理、固定资产管理、矿工井下定位
医疗健康	病人身份识别、手术器材管理、药品管理、病历管理、住院病人位置识别
身份识别	身份证等各种证件、门禁管理、酒店门锁、图书管理、涉密文件管理、体育与文艺演出入场券、大型会议代表证
食品管理	水果、蔬菜、食品保鲜管理
动物识别	农场与畜牧场牛、马、猪及宠物识别与管理
防伪保护	贵重物品防伪、烟酒防伪、药品防伪、票据防伪
交通管理	城市交通一卡通收费、高速不停车收费、停车位管理、车辆防盗、停车收费、遥控开门、危险品运输、自动加油、机动车电子牌照自动识别、列车监控、航空电子机票、机场导航、旅客跟踪、旅客行李管理
军事应用	弹药、枪支、物资、人员、运输与军事物流
社会应用	气水电收费、球赛与音乐会门票管理、危险区域监控、机场旅客位置跟踪
校园应用	图书馆藏书籍管理、图书借书管理、图书排序检查、图书快速盘点、学生身份管理、学生宿舍管理

2. RFID 标签的基本结构

RFID 利用无线射频信号空间耦合技术，实现无接触的标签信息自动传输与识别。RFID 标签（tag）又称为"射频标签"或"电子标签"。RFID 最早出现于 20 世纪 80 年代，首先由欧洲一些行业和公司将这项技术用于库存产品统计与跟踪、目标定位与身份认证。集成电路设计与制造技术的不断发展，使得 RFID 芯片向着小型化、高性能、低价格的方向发展，并逐步为产业界所认知。2011 年生产的全世界最小的 RFID 芯片面积仅有 $0.0026mm^2$，看上去就像微粒一样，可以嵌入一张纸中。图 2-11a 给出了体积可以与普通米粒相比拟、玻璃管封装的动物或人体植入式 RFID 标签，图 2-11b 给出了很薄的透明塑料封装的黏贴式 RFID 标签，图 2-11c 给出了纸介质封装的黏贴式 RFID 标签照片。

a）玻璃管封装的植入式 RFID b）透明塑料封装的黏贴式 RFID　　c）纸介质封装的黏贴式 RFID

图 2-11　不同外形的 RFID 标签

图 2-12a 给出了 RFID 标签内部结构示意图，图 2-12b 是 RFID 标签结构组成单元示意图。从图中可以看出，RFID 标签由存储数据的 RFID 芯片、天线与电路组成。

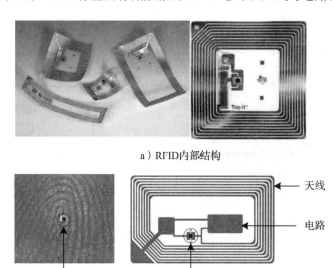

a）RFID 内部结构

b）RFID 结构组成单元示意图

图 2-12　RFID 标签结构示意图

3. RFID 基本工作原理

我们在高中物理课上学习过法拉第电磁感应定律。法拉第电磁感应定律指出：交变的电场产生交变的磁场，交变的磁场又能产生交变的电场。在电磁感应中存在着近场效应。当导体与电磁场的辐射源的距离在一个波长之内时，导体会受到近场电磁感应的作用。在近场范围内，导体由于电磁耦合的作用，电流沿着磁场方向流动，电磁场辐射源的近场能量被转移到导体。如果辐射源的频率为 915MHz，那么对应的波长大约为 33cm。导体与辐射源的距离超过一个波长时，近场效应就失效了。在一个波长之外的自由空间中，无线电波向外传播，能量的衰减与距离的平方呈反比。

根据无源 RFID 标签与有源 RFID 标签工作方式的不同，对 RFID 标签工作原理分三种情况进行讨论。

（1）被动式 RFID 标签工作原理

被动式 RFID 标签也叫作"无源 RFID 标签"。无源标签工作原理如图 2-13 所示。对于无源 RFID 标签，当 RFID 标签接近读写器时，标签处于读写器天线辐射形成的近场范围内。RFID 标签天线通过电磁感应产生感应电流，感应电流驱动 RFID 芯片电路。芯片电路通过 RFID 标签天线将存储在标签中的标识信息发送给读写器，读写器天线再将接收到的标识信息发送给主机。无源标签工作过程就是读写器向标签传递能量，标签向读写器发送标签信息的过程。读写器与标签之间能够双向通信的距离称为"可读范围"或"作用范围"。

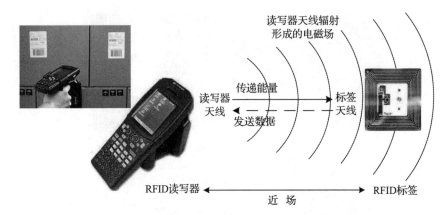

图 2-13 无源 RFID 工作原理示意图

（2）主动式 RFID 标签工作原理

主动式 RFID 标签也叫作"有源 RFID 标签"。处于远场的有源 RFID 标签由内部配置的电池供电。从节约能源、延长标签工作寿命的角度看，有源 RFID 标签可以不主动发送信息。当有源标签接收到读写器发送的读写指令时，标签才向读写器发送存储的标识信息。有源标签工作过程就是读写器向标签发送读写指令，标签向读写器发送标识信息的过程。有源 RFID 标签工作原理如图 2-14 所示。

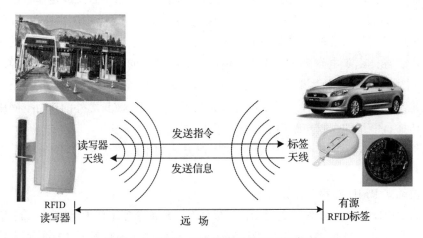

图 2-14 有源 RFID 标签工作原理示意图

（3）半主动式 RFID 标签工作原理

无源 RFID 标签体积小、重量轻、价格低、使用寿命长，但是读写距离短、存储数据较少，工作过程中容易受到周围电磁场的干扰，一般用于商场货物、身份识别卡等运行环境比较好的应用。有源 RFID 标签需要内置电池，标签的读写距离较远、存储数据较多、受到周围电磁场的干扰相对较小，但是标签的体积比较大、比较重、价格较高、维护成本较高，一般用于高价值物品的跟踪上。在比较两种基本的 RFID 标签优缺点的基础上，人们自然会想到是不是能够将两者的优点结合起来，设计一种半主动式 RFID 标签。

半主动式 RFID 标签继承了无源标签体积小、重量轻、价格低、使用寿命长的优点，内置的电池在没有读写器访问的时候，只为芯片内很少的电路提供电源。只有在读写器访问时，内置电池向 RFID 芯片供电，以增加标签的读写距离，提高通信的可靠性。半主动式 RFID 标签一般用在可重复使用的集装箱和物品的跟踪上。

2.3.3　RFID 标签编码标准

1. EPC Global RFID 标准的基本概念

要通过 RFID 标签技术唯一地标识出在任何一个国家生产的产品，正确地记录产品在世界范围流通、库存与销售的数据，就必须形成全球统一的产品电子编码标准。尽管 RFID 标签已经用于制造业、物流与动物身份认证中，但是并没有形成全球统一的标准。目前比较有影响的标准主要有 EPC 标准、UID RFID 标准与 ISO/IEC RFID 标准。

EPC 标准是由美国 MIT Auto-ID 实验室研究开发的，该标准研究的核心思想是：

1）为每一个产品而不是一类产品分配一个唯一的 EPC 编码；

2）EPC 编码能够存储在 RFID 标签的芯片中；

3）通过无线通信技术，RFID 读写器可以通过非接触方式自动读取 EPC 编码；

4）通过连接在 Internet 的服务器，可以查询 EPC 编码所对应物品的详细信息。

为了推广 EPC 技术，2003 年 11 月，欧洲物品编码协会（EAN）与美国统一商品编码委员会（UCC）在 EPC 研究成果的基础上，决定成立一个全球性的非营利组织——产品电子代码中心 EPCglobal，并在美国、英国、日本、韩国、中国、澳大利亚、瑞士建立了 7 个实验室，以便统一管理和实施 EPC 标准的推广工作。2004 年 1 月，我国 EPC 管理机构 EPCglobal China 正式成立。

需要注意的是，MIT Auto-ID 实验室研究的 EPC 体系结构不只是一种物品编码标准，而是包含了 EPC 编码体系、EPC 射频识别系统，以及完整的 EPC 信息网络体系（如图 2-15 所示）。EPC 体系结构研究成果为我们展示了一种典型的 AIoT 应用系统设计和实现方法，诠释了 AIoT 的丰富内涵。

2. EPC 编码体系

（1）EPC 编码体系设计的原则

EPC 编码体系研究的是产品电子代码的全球标准。2004 年 6 月，EPCglobal 公布了第一个全球产品电子代码 EPC 标准，并在部分应用领域进行了测试。目前正在研究和推广第二代（GEN2）EPC 标准。EPC 编码的特点之一是编码空间大，可以实现对单品的标识。通俗来说，条码一般只能表示"A 公司的 B 类产品"，而 EPC 码可以表示"A 公司于 B 时间在 C 生产线生产的 D 型号的第 E 件产品"。以抗生素"头孢地尼"为例，它们可能由不同厂家在不同批次下生产，有不同的生产时间，而不同时间生产的不同批次抗生素的有效期是不同的，简单地用一种条码去标识不同批次的药品是不合适的，如果出现医疗事故也无法溯源。EPC 编码空间足够大，因此能够为全球每一种抗生素的每一件产品提供唯一的EPC 码。

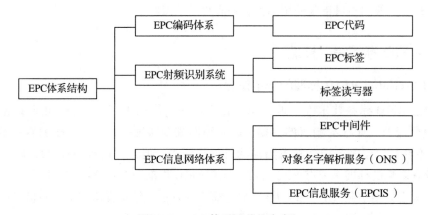

图 2-15 EPC 体系涵盖的内容

（2）EPC 码的结构

EPC 码由 4 个数字字段组成。

- 第一个字段：版本号。版本号字段值表示产品编码采用的 EPC 版本，从版本号可以知道编码的长度与结构。
- 第二个字段：域名管理。域名管理字段值用来标识生产厂商。根据域名管理字段值可以查询生产厂商服务器在 Internet 上的域名信息。
- 第三个字段：对象分类。对象分类字段值用来标识产品类型。
- 第四个字段：序列号。序列号字段值用来标识每一件产品。

按照编码的长度，EPC 编码分为 3 种：64 位、96 位与 256 位，即 EPC-64、EPC-96与 EPC-256。目前已经公布的编码标准有 EPC-64 I、EPC-64 II、EPC-64 III，EPC-96 I 与EPC-256 I、EPC-256 II 与 EPC-256 III等。

图 2-16 给出了符合 EPC-96 I 编码标准的各字段结构与意义的示意图。

EPC-96 I 编码总长度用二进制数表示是 96 位。版本号长度为 8 位。版本号字段的值规定为十六进制数 21（对应的二进制数为 0010 0001）。域名管理字段用二进制数表示为 28 位，通常用 7 个十六进制数表示。对象分类字段用二进制数表示为 24 位，通常用 6 个十六进制数表示。序列号字段用二进制数表示为 36 位，通常用 9 个十六进制数表示。

EPC-96 I 码结构	版本号（8位）	域名管理（28位）	对象分类（24位）	序列号（36位）
EPC-96 I 码示例	21	1 22 23 50	12 12 12	0 00 00 61 51

图 2-16　EPC-96 I 编码标准字段结构与意义

　　表 2-3 给出了 EPC-96 I 编码可以标识的产品总数。根据 EPC-96 I 编码各个字段的长度可以看出，EPC-96 I 编码可以分配给 2.68 亿个不同的厂商，每一个厂商可以标识出 1680 万类产品，每一类可以标识出 687 亿件产品。显然，EPC 编码在 AIoT 智能物流中有着广阔的应用前景。

表 2-3　EPC-96 I 编码可以标识的产品总数

	位数	允许存在的最大数
版本号	8	
域名管理	28	268 435 455
对象分类	24	16 777 215
序列号	36	68 719 476 735
最多允许存在的商品数		309 484 990 217 175 959 785 701 375

　　在智能物流应用系统中，为了使商品在世界范围内流通，需要给世界上每个工厂生产的每一个（件）商品分配唯一的 EPC 编码。例如，我们往在天津一家服装厂生产的某一款式的每一件衬衫中嵌入一个 RFID 标签，RFID 标签的芯片记录着分配给这件衬衫的一个 EPC-96 I 编码。编码的第一个 8 位是版本号字段，值为"21"。第 2 个字段是域名管理字段（28 位），表示物品生产厂商提供 EPC 信息服务（EPC Information Server，EPCIS）的服务器信息，假设天津这家服装厂在 EPC 编码管理机构注册的企业编码是"1 22 23 50"。第三个字段对象分类表示这款衬衫的产品分类号，如数值为"12 12 12"。第四个字段序列号表示每一件衬衫的序列号，如分配给这件衬衫的编码为"0 00 00 61 51"。这样，按照 EPC-96 I 编码规则，这件衬衫的编码为"21-1222350-121212-000006151"。生产厂商将这个 EPC-96 I 编码存储在 RFID 标签中并嵌入到这件衬衫。

　　需要注意的是，RFID 标签中只存储了这件衬衫的 EPC-96 I 编码，零售商可以用 RFID 读写器读出这个编码，但是无法知道这件衬衫的其他信息。生产厂家同时要将对应这个 EPC-96 I 编码的衬衫的原材料、尺码、颜色、款式、生产工艺、生产日期（如衬衫的布料是全棉的，尺寸是 175/92，颜色是白色，款式是便装紧身长袖衬衫，生产日期是 2021 年 1 月 16 日）等数据存储在工厂的 EPCIS 服务器中。如果这台 EPCIS 服务器在 Internet 上的统一资源标识符（Uniform Resource Identifier，URI）对应的域名为 http://epcis.xyz.tj.cn，那么客户知道服务器域名之后，就可以利用 Internet 域名解析服务（DNS）功能，查找到这台服务器。因此，生产厂家（如工厂）要在产品中使用 RFID 标签标识产品时，需要做好以下几项准备工作：

- 在 EPC 编码管理中心注册工厂的"域名管理"字段的编码；
- 按照 EPC 编码标准规定的编码长度要求，选择合适的 RFID 芯片；
- 为每一个产品分配一个 EPC 编码，写入 RFID 标签中，嵌入产品中；
- 在 EPCIS 服务器中存储对应 EPC 编码完整的产品信息，为客户提供查询服务。

2.3.4　EPC 信息网络系统

EPC 信息网络系统由 Internet 连接的多个 EPC 应用的网络系统与 EPC 基础设施组成。EPC 信息网络系统通过 EPC 中间件软件、对象名字服务器（Object Naming Server，ONS）与 EPC 信息服务器，实现全球的人与物、物与物的互联。

在产品制造与产品销售的国际化进程中，需要使世界上任何一个公司生产的任何一件商品，在制造、采购、库存、运输、销售和售后的过程中，制造商、商品承运人、库房管理员、商场销售人员与消费者都能够通过一种标准的方法获取任何一件商品的信息。要做到这一点，就需要建立一个对象名字服务与服务器体系。对象名字服务也叫作对象名字解析服务，AIoT 的对象名字解析服务是借鉴 Internet 域名解析服务（DNS）设计出来的，两者从工作原理到系统结构皆有很多相似之处。

我们以一家外国零售企业采购了一批天津某一家服装厂生产的衬衫为例，来解释 EPC 网络系统结构的设计思路与 ONS 的基本工作原理。外国零售企业在采购衬衫入库之前，管理人员需要根据衬衫内嵌的 RFID 标签查找生产厂商，从生产厂商的 EPCIS 服务器下载相关的产品数据。零售企业在这件衬衫的 RFID 芯片中写入销售价格后，将这件衬衫的全部信息存储在后台商品数据库中，然后这件衬衫就可以运送到零售商场去销售了。这个过程看起来很简单，但是世界上每天有海量的商品在流通，要保证在商品流通的每个环节，用户都可以方便、准确地查询相关数据就比较难了。图 2-17 给出了 EPC 网络系统结构与工作原理的示意图。

零售企业通过 EPC 网络系统获取商品信息的过程大致包括以下 6 步。

- 第一步　外国零售企业计算机的 EPC 中间件软件从 RFID 芯片中读出衬衫的 EPC 编码，该编码是"21-1222350-121212-000006151"，其中包括产品生产厂商的企业编码"1 22 23 50"，它就用 EPC 的企业编码"1 22 23 50"到本地 ONS 上去查找生产厂商服务器的域名信息。如果本地 ONS 没有该生产厂商服务器的域名信息，那么要到地区一级的 ONS 去查询；如果仍然没有找到，就要到国家一级的 ONS 查找。只要这个 EPC 的企业编码"1 22 23 50"是注册过的，就可以像 Internet 域名服务（DNS）那样查找出与其对应的域名信息。
- 第二步　不管是从哪一级的 ONS 查找到结果，它都会将结果传送到这家零售企业

的本地 ONS。假设根据企业编码"1 22 23 50"查询到生产这件衬衫的服装厂的
EPCIS 服务器的域名为 http://epcis.xyz.tj.cn。本地 ONS 就将企业编码"1 22 23 50"
映射到域名"http://epcis.xyz.tj.cn"，并记录下来。

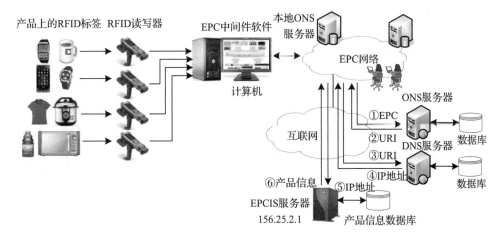

图 2-17　EPC 网络系统结构与工作原理示意图

- 第三步　URI 表示该服装厂的 EPCIS 服务器在 Internet 中的位置。如果我们只知道
  URI，则还是不能直接访问这台 EPCIS 服务器，接下来需要借助 Internet 的 DNS 的
  域名解析功能，通过 DNS 服务器去查找域名为 http://epcis.xyz.tj.cn 的服务器对应的
  IP 地址。
- 第四步　Internet 的 DNS 根据域名为 http://epcis.xyz.tj.cn 服务器查询出 IP 地址为
  156.25.2.1，然后将查询结果发送到零售企业的本地 ONS。
- 第五步　零售企业的计算机根据 IP 地址（156.25.2.1）与 EPC 编码中对应的产品类
  型"12 12 12"与产品编码"0 00 00 61 51"，查询到这家服装厂商的 EPCIS。
- 第六步　服装生产厂商的 EPCIS 将这件衬衫的详细信息"121212-000006151"发送
  到零售企业计算机，零售企业就获取了这件衬衫销售相关的全部数据。之后，在这
  件衬衫的库存、运输、销售和售后的过程中，库房管理员、商品承运人、商场销售
  人员与消费者都能够获取正确的信息。

EPC 网络系统运行过程与机制如图 2-18 所示。

理解 EPC 信息网络系统的基本概念，需要注意以下 4 个问题：

第一，任何一个接入物联网系统的对象，无论是人、物品、传感器、执行器、可穿戴
计算设备、智能机器人，还是移动终端设备或软件，都必须命名，而且每个对象的名字在
物联网系统中应该是唯一的。EPC 编码就是对物联网智能物流中的商品的命名规则。每一
个商品的编码是唯一的，可以通过它在物联网物流系统中追溯和定位该商品。

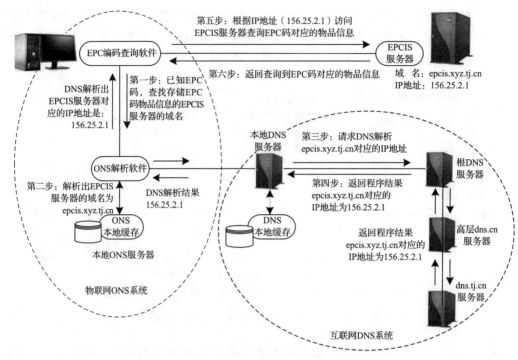

图 2-18　EPC 网络系统运行过程与机制示意图

第二，每一个对象都有很多属性，例如一个传感器应该被标识的属性包括：是哪一种传感器？是智能的还是非智能的？传感器输出是模拟的还是数字的？精度是多高？误差有多大？监测哪个对象？放置在什么位置？受哪个高层节点控制？间隔多长时间上传一次数据？采用的是哪种通信协议？面对这些属性，我们不可能只用一个简单的数字编码就标识出一个对象。只能像 EPC 编码体系一样，建立一个与编码对应的分布式数据库系统，在数据库中存储对应于对象编码的信息。需要时用户可以通过名字解析功能去查询这些信息。

第三，EPC 网络系统整个执行过程是在 ONS 体系结构支持下完成的。同样，其他各种类型的物联网应用系统，都需要根据具体情况和需要，建立相应的对象名字命名规则、对象名字解析机制，以及对象名字服务器体系。

第四，MIT 研究的 EPC 体系结构不仅仅是制定了 EPC 编码体系或 RFID 读写机制，更重要的是它的 EPC 信息网络系统。它的学术价值远远超出了制定一种 RFID 编码体系，为我们示范了组建一个物联网应用系统所需要考虑的对象名字命名规则、对象名字解析机制，以及支持名字解析机制的服务器体系设计思路。MIT 研究的 EPC 系统是一种物联网的原型系统。

2.3.5　ONS 服务器体系

基于 EPC 的 AIoT 应用系统是建立在 Internet 的基础之上的，但是它需要增加必要的

AIoT 基础设施——对象名字服务（ONS）与服务器体系。ONS 服务器体系结构如图 2-19 所示。

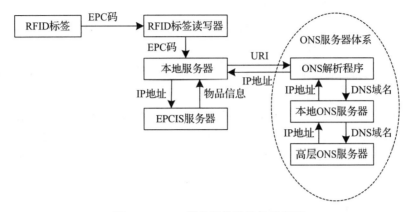

图 2-19　ONS 服务器体系结构示意图

ONS 的研究借鉴了 Internet 的 DNS 域名解析服务。因此，我们可以通过回顾 Internet 的 DNS 设计思想来理解 AIoT 的 ONS 概念与原理。

假设在 Internet 上，南开大学 Web 服务器的域名是 www.nankai.edu.cn，对应的 IP 地址是 225.236.221.6。显然，域名的命名有一定的规律，容易记住，而 IP 地址很难记。对于要访问的站点，我们只知道域名，一般不知道它的 IP 地址，而 Internet 的路由器只能根据 IP 地址去寻址。这个问题可通过构造一个记录域名与 IP 地址对应关系的数据库来解决。在 Internet 形成之前的科研网 ARPANET 阶段就采用了这种方法，斯坦福研究院的网络信息中心用一个 "hosts.txt" 文件存储 ARPANET 所有网络主机域名与 IP 地址的映射关系。显然，在主机很少时这种方法可行，但是在 Internet 上这种方法是行不通的，于是科学家开展了域名服务（DNS）机制的研究。DNS 机制包括域名的命名方法，以及实现域名解析服务的 DNS 服务器体系。现在一个由根 DNS 服务器、顶级 DNS 服务器、权限 DNS 服务器与本地 DNS 服务器组成的 DNS 服务器体系遍布全世界。我们只要打开计算机、智能手机访问 Internet，首先就要访问 DNS 服务器。DNS 体系已经成为支撑 Internet 运行的重要基础设施之一。

理解 Internet 的 DNS 与 AIoT 的 ONS 的基本概念，需要注意以下两个基本的问题。

第一，已知 Internet 中一个 Web 站点的域名，求解该 Web 服务器对应 IP 地址的过程叫作域名解析。域名解析是 Internet 提供的一种基本的服务功能，统称为域名服务；执行域名解析服务功能的服务器叫作域名解析服务器，简称域名服务器。由于域名解析服务的对象分布在世界各地，因此 Internet 域名解析服务需要由多台 DNS 服务器合作提供。这样就构成了从根 DNS 服务器、顶级 DNS 服务器到本地 DNS 服务器的多层结构 DNS 服务器体系。

第二，EPC 信息网络系统的设计借鉴了 Internet DNS 域名解析服务的设计思路，提出了对象名字服务的概念，设计了对象名字服务器与对象名字服务器体系。

世界上任何一个公司生产的任何一件商品，在制造、采购、库存、运输、销售和售后的过程中，制造商、商品承运人、库房管理员、商场销售人员与消费者都能够通过一种标准的方法获取其信息，要做到这一点就需要建立 ONS 体系。ONS 体系同样是由根 ONS、顶级 ONS 和本地 ONS 组成的多层结构。通过 ONS 体系中不同层次 ONS 的协同工作，为 AIoT 应用系统提供物品名字解析服务，支持智能制造、智能物流等应用系统的运行。ONS 体系是支撑 AIoT 运行的重要信息基础设施之一。

因此，AIoT 的 ONS 建立在 Internet 的 DNS 之上，ONS 与 DNS 之间存在着"依存与协作"的关系。Internet DNS 体系为 AIoT 的 ONS 体系的建立、运行和管理提供了宝贵的经验，也为 AIoT 的发展奠定了坚实的基础。

2.3.6 RFID 标签读写器

1. RFID 标签读写器的基本功能

RFID 标签与标签读写器是构成 RFID 应用系统的核心部件。从功能上 RFID 标签读写器分为两类：一类是只能读取 RFID 标签信息的 RFID 标签阅读器，另一类是具有读/写能力的 RFID 标签读写器。一般在没有强调和区分的情况下，我们将两类统称为 RFID 标签"读写器""阅读器"或"读卡器"。

在 RFID 系统中，标签读写器是连接 RFID 标签与后端计算机信息处理系统的媒介。读写器的功能主要是：

- 能够对固定或移动 RFID 标签进行识别与读写，能够发现读写过程中出现的错误；
- 能够将读取的 RFID 储存的数据传送到计算机，能够将计算机写入的数据或指令发送到 RFID 芯片。

2. RFID 标签读写器的分类

读写器可以从使用方法、结构、使用频率、所实现功能、使用环境等角度进行分类。从使用方法角度可分为移动式与固定式，从结构角度可分为天线与读写模块集成结构和天线与读写模块分离结构，从使用频率角度可分为低频、中高频、超高频与微波段，从所实现功能的角度可分为只能够读取数据的与可以读/写数据的，使用环境是指商业零售、仓库管理、图书与文件档案管理、不停车收费、工业生产线、农业生产与运输、畜牧养殖与食品安全溯源、矿井安全、医疗保健、身份认证、位置感知与家庭应用等。下面主要介绍移动式与固定式读写器。

（1）移动式读写器

移动式读写器适用于仓库盘点、现场货物清查、图书馆书架清点、动物识别、超市购货付款、医疗保健等应用场合。从外观上看，手持便携式读写器一般带有液晶显示屏，配置有键盘来进行操作和数据输入，可以通过各种有线或无线接口与高层计算机实现通信。移动式读写器是一种大型的嵌入式系统，它将天线与读写模块集成在一个手持设备中，操作系统可以采用 WinCE、Linux 或专用的安全嵌入式操作系统。移动式读写器一般使用在低频、中高频、超高频段，是否是只读式或读 / 写式以及内存的大小需要根据应用的需求确定。便携式手持 RFID 读写器应用最为广泛。

（2）固定式读写器

固定式读写器一般采取将天线与读写器模块分开设计的方法。天线通过电缆与读写器模块连接。天线可以方便地安装在固定的闸门式门柱上、门禁的门框上、不停车收费通道的顶端、仓库进出口、生产线传送带旁。固定式读写器一般使用超高频与微波段，作用距离相对比较远。

3. RFID 读写器的结构

在介绍了 RFID 读写器的基本功能之后，我们可以进一步分析 RFID 读写器的结构与设计方法。RFID 标签读写器的性能直接影响着 RFID 应用系统的功能、性能、可靠性与安全性。典型的手持式 RFID 读写器的结构如图 2-20 所示。

手持式 RFID 读写器由中心控制器模块、RFID 读写器模块、人机交互模块、存储器模块、接口模块与电源模块 6 部分组成。

- 中心控制器模块执行对 RFID 读写器整体运行的控制。
- RFID 读写器模块实现对 RFID 标签的数据读出与写入功能。
- 人机交互模块实现手持读写器操作人员的命令，显示命令执行的结果。
- 存储器模块存储系统软件、应用软件与 RFID 的标签数据。
- 接口模块实现读写器与高层计算机的数据通信。
- 电源模块负责监控手持设备的电源供应与电池电量。

中心控制器模块的处理器是 RFID 读写器的核心，它控制着 RFID 读写器系统软件与硬件的运行。处理器从最初的 4 位、8 位单片机，发展到最新的受到广泛应用的 32 位、64 位嵌入式 CPU，目前处理器的种类已经超过 1000 种。从体系结构角度看，用于 RFID 读写器的处理器可以分为：微处理器单元（Micro Processor Unit，MPU）、微控制器单元（Micro-controller Unit，MCU）与片上系统 SoC。

专门为 RFID 读写器设计的 SoC 可以实现软硬件的无缝结合，直接在处理器片内嵌入操作系统的代码模块。由于 SoC 具有高度的综合性，可以在一个芯片中运行一个复杂的系统，因此开发人员在采用专用的 SoC 芯片之后，不需要再像传统的嵌入式系统设计一样，绘制复杂的电路板，一点点地连接焊制，而只需要通过软件编程就可以开发所需的功能。RFID 读写器软硬件结构变得越来越简洁，体积和功耗减小，可靠性提高。

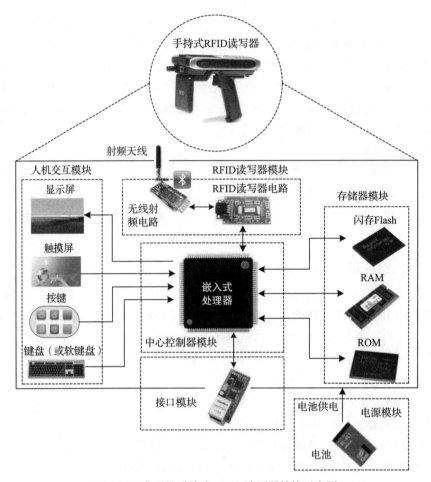

图 2-20　典型的手持式 RFID 读写器结构示意图

2.4　位置感知技术

2.4.1　位置信息与位置感知的基本概念

1. 位置信息的基本概念

位置是 AIoT 中各种信息的重要属性之一，缺少位置的感知信息是没有使用价值的。位置服务的作用是采用定位技术，确定智能物体当前的地理位置，利用地理信息系统技术与移动通信技术，为 AIoT 中的智能物体提供与其位置相关的信息服务。获取位置信息的技术叫作"位置信息感知"技术。

理解位置信息在 AIoT 中的作用，需要注意以下 3 个问题。

第一，位置信息是各种 AIoT 应用系统能够实现服务功能的基础。日常生活中 80% 的信息与位置有关，隐藏在各种 AIoT 系统自动服务功能背后的是位置信息。例如，通过 RFID 或传感器技术实现的生产过程控制系统中，只有确切地得到装配的零部件是否到达规定的位置，才能够决定下一步装配动作是否应该进行。供应链物流系统必须通过 GPS 系统确切地掌握配送货物的货车当前所处的地理位置，才能够控制整个物流过程有序地运行。当游客在游览景区时，自动讲解设备只有感知到游客当前所在的位置，才能够选择适当的解说词，指导游客游览路线和讲解景点风光。车载 GPS 装置只有实时地测量到汽车所处的位置，才能够计算出汽车到达目的地的路径，向驾驶员提示行走的路线。因此，位置信息是支持 AIoT 各种应用的基础。

第二，位置信息涵盖了空间、时间与对象三要素。位置信息不仅仅是空间信息，它包含着 3 个要素：所在的地理位置、处于该地理位置的时间，以及处于该地理位置的人或物。例如，用于煤矿井下工人定位与识别的无线传感器网络需要随时掌握哪位矿工下井，矿工什么时间在什么地理位置的信息。用于老年病患者健康状态监控的无线传感器网络需要及时采集被监控对象的血压、脉搏等生理参数，以在其发病时能够立即确定患者当时所在的地理位置，及时采取急救措施。用于森林环境监控的无线传感器网络需要通过连续监测，才能在发现某一个传感器节点反馈的温度数值突然升高时，参考周边传感器在同一时间感知的温度，来判断是传感器出现了故障还是出现了火警。如果出现火警，则需要根据同一时间、不同位置传感器感知的温度高低，来计算出起火点的地理位置。因此，位置信息应该涵盖空间、时间与对象三要素。

第三，通过定位技术获取位置信息是 AIoT 应用系统研究的一个重要问题。在很多情况下，缺少位置信息，感知系统与感知功能将失去意义。例如在目标跟踪与突发事件检测应用中，如果无线传感器网络的节点不能够提供自身的位置信息，那么它提供的声音、压力、光强度、磁场强度、化学物质的浓度与运动物体的加速度等信息也就没有价值了，必须将感知信息与对应的位置信息绑定之后才有意义。

2. 位置信息感知与位置服务

移动 Internet、智能手机与 GPS 技术的应用带动了基于位置的服务（Location Based Service，LBS）的发展。基于位置的服务通常简称为位置服务。位置服务是通过移动运营商的 4G/5G 或 GPS 网络获取移动数字终端设备的位置信息，在地理信息系统（GIS）平台的支持下，为用户提供的一种增值服务。位置服务两大功能是：确定你的位置，提供适合你的服务。

很多网络地图服务提供商在提供地理位置搜索服务的同时，提供导航、生活信息的搜索服务，并且借助强大的地图数据支持，实现更为精准的定位和服务。人们在智能手机的应用中寻求更多的客户端应用，这给位置服务的商业应用带来新的发展机遇，也是信息服务业一种新的服务模式与经济增长点。而 AIoT 应用对于位置信息的依赖程度高于移动 Internet，因此我们可以预见：位置服务将成为 AIoT 应用一个重要的产业增长点。图 2-21 给出了位置信息与位置服务概念示意图。从图中可以看出，支持位置服务的技术包括：智能手机 App、移动通信网、GPS 定位、GIS 与网络地图、搜索引擎，将位置服务网站、合作的商店、餐饮业网站、位置服务平台，以及 Internet 与移动通信网互联的异构网络互联技术。

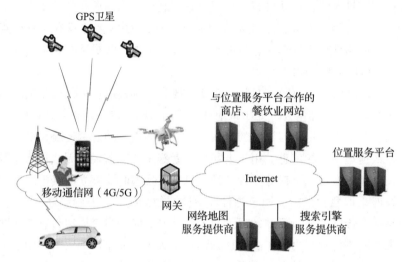

图 2-21　位置信息与位置服务概念示意图

　　随着移动计算与智能手机定位、网络地图的结合，位置服务成为继短信之后，移动互联网与移动通信产业新的应用增长点。最值得用户关注的十大手机 App 是：位置服务、社交网络、移动搜索、移动电子商务、手机支付、环境感知服务、物体识别、移动即时通信、移动电子邮箱、移动视频。这些应用都需要使用位置服务功能。位置信息、定位技术与位置服务将是 AIoT 的应用基础。

　　随着智能手机、可穿戴计算设备与 AIoT 移动终端设备应用的发展，位置服务迅速地流行开来。目前，位置服务与各行各业广泛的合作，渗透到社会生活的各个方面，成为信息服务业一种新的服务模式与经济增长点，正在改变着人们的生活方式、工作方式与社交方式，产生了巨大的社会影响。

2.4.2　北斗卫星定位系统

1. 全球定位系统的基本概念

　　全球定位系统（Global Positioning System，GPS）将卫星定位导航技术与现代通信技术相结合，具有全时空、全天候、高精度、连续实时地提供导航、定位和授时服务的功能，在空间定位技术方面引起了革命性的变化，已经在越来越多的领域替代了常规的光学与电子定位设备。用 GPS 同时测定三维坐标的方法将测绘定位技术的应用范围从陆地和近海扩展到整个地球空间和外层空间，从静态扩展到动态，从单点定位扩展到局部和广域范围，从事后处理扩展到定位、导航、实时处理。同时，GPS 定位精度从米量级逐渐提高到厘米量级。

说起 GPS 的起源就要谈到 1957 年 10 月 4 日苏联发射的世界上第一颗人造地球卫星 Sputnik，尽管其结构简单、功能单一，但是它的诞生拉开了人类利用卫星定位、导航的序幕。

研究卫星信号多普勒效应的科学家的第一个推测是：如果在地球上一个位置已知的固定点处观测到卫星信号的多普勒频移值，那么我们能够推算出卫星运行的轨道。不久，科学家用实验证实了他们的推测。

另一批科学家又提出了第二个推测，它是第一个推测的逆命题，那就是：如果卫星运行的轨道已知，那么根据卫星信号多普勒频移值，我们就能够推算出地球上这个观测点的位置。这项有开创性的科学研究推动了 1960 年第一个名字叫作"子午"的卫星导航系统的诞生。

为了满足连续、实时与精确导航应用的需要，1973 年 4 月美国提出了第一代卫星导航与定位系统的研究计划，这就是 GPS 的前身。直到 1995 年，美国正式宣布 GPS 进入全面运行阶段。

准确地说，全球导航卫星系统（Global Navigation Satellite System，GNSS）泛指所有的卫星导航系统，包括美国的全球定位系统（GPS）、俄罗斯的格洛纳斯（GLONASS）卫星定位系统、欧洲的伽利略（Galileo）卫星定位系统和我国的北斗卫星导航系统（BeiDou Navigation Satellite System，BDS）。由于美国的 GPS 发展得比较早，因此人们习惯上用的"GPS"代替了更为准确的术语"GNNS"。

2. GNSS 系统的组成

GNSS 由 3 个独立的部分组成，即空间星座部分、地面监控部分与用户设备部分（如图 2-22 所示）。

（1）空间星座部分

组成 GNSS 系统的第一部分是空间星座部分。GNSS 的空间星座部分一般由 21 颗工作卫星与 3 颗备用卫星组成。24 颗卫星分布在 6 个轨道上，每一个轨道上不均匀地分布着 4 颗卫星，轨道高度为 20 200km。卫星的功能是接收从地面监控的主控站发射的导航信息，执行控制指令，通过推进器调整卫星的运行姿态；进行必要的数据处理，向地面发送导航信息。

（2）地面监控部分

组成 GNSS 系统的第二部分是地面监控部分（如图 2-23 所示）。地面监控部分由分布在全球的 1 个主控站、6 个监控站与 4 个注入站组成。监控站的主要任务是对卫星进行连续观测和数据采集，并将检测数据传送到主控站。

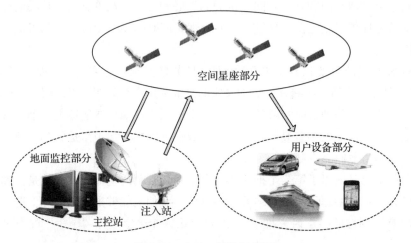

图 2-22　GNSS 结构示意图

图 2-23　地面监控部分示意图

主控站是整个系统的核心，它担负这 5 项任务。

- 监视所有卫星的运行轨道。
- 计算卫星运行轨道的各种修正参数。
- 计算卫星时钟误差，维护 GPS 系统的时间基准。
- 发送调整卫星轨道命令，确保卫星按预定轨道运行。
- 监视卫星运行情况，当发现故障时启动备份卫星。

注入站将主控站的卫星导航报文与控制命令发送到各个卫星。

（3）用户设备部分

组成 GNSS 系统的第三部分是用户设备部分。我们平时使用的 GNSS 接收机、智能手机，以及飞机、轮船与汽车中的导航设备都属于用户设备部分。用户设备由接收机硬件、数据处理软件、微处理机与终端设备组成。

用户设备的主要功能是：跟踪可见的 GNSS 卫星，对接收到的卫星无线信号进行处理，计算出位置信息与导航信息。

3. GNSS 的基本工作原理

需要注意的是：位置与导航信息不是卫星计算好后发给我们的，而是用户设备自己算出来的。很显然，全世界有那么多、处于不同位置的接收机都要享受 GNSS 系统提供的服务，那么无论是从计算的工作量角度，还是实时性角度，都不可能是由卫星来为我们计算出未知数据再发送给我们，而是要靠我们自己的接收机来计算位置信息与导航信息。图 2-24 给出了 GNSS 接收机与空间卫星关系示意图。

我们可以看图 2-25，假设你带着一台 GNSS 接收机在地球表面的 A 位置，且不知道自己的位置信息。我们假设 A 点的坐标是 (x, y, z)，A 点距卫星 1 的距离是 R_1，接收机可以检测到电磁波信号从卫星 1 发送到 A 点的传输时间是 Δt_1。

图 2-24　GNSS 接收机与空间卫星关系示意图

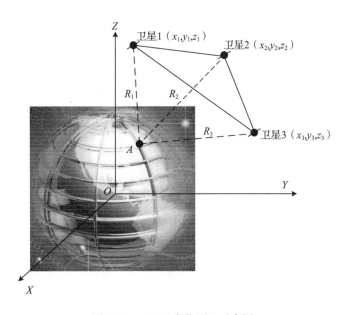

图 2-25　GNSS 定位原理示意图

已知电磁波在自由空间的传输速度 $C=3 \times 10^8\,\text{m/s}$。那么，卫星 1 与 A 点的距离为

$$R_1 = C\Delta t_1$$

已知卫星 1 的坐标是 (x_1, y_1, z_1)，那么根据立体几何的知识，距离 R_1 值与 A 点坐标、卫星 1 坐标的关系为

$$R_1 = \sqrt{(x_1 - x)^2 + (y_1 - y)^2 + (z_1 - z)^2}$$

如果接收机同时能够接收到卫星 2 与卫星 3 的信号，确定 A 点与这两颗卫星的距离分别为 R_2、R_3，那么我们可以推出与 R_2、R_3 对应的 A 点的坐标与卫星 2、卫星 3 坐标的方程分别为

$$R_2 = \sqrt{(x_2 - x)^2 + (y_2 - y)^2 + (z_2 - z)^2}$$
$$R_3 = \sqrt{(x_3 - x)^2 + (y_3 - y)^2 + (z_3 - z)^2}$$

从 3 个方程中解出 3 个未知数，即求得 A 点的坐标 (x, y, z)，应该是可行的。计算出 A 点的坐标之后，结合电子地图，就可以确定 A 点在地图上的位置。

如果再在下一秒测量出下一个新坐标的值，接收机就可以算出你的运动速度与方向。你再输入一个目的地址，接收机就可以为你推荐导航的路线，或者为你的汽车导航。

在前面讨论接收机位置求解过程时已经做了一个假设，那就是：我们所使用的 GNSS 接收机的时钟与卫星的时钟没有误差，时钟频率是相同的。这样，我们就可以根据卫星发射的电磁波信号在自由空间传播的时间 Δt_1 与光速 C，计算出接收机到卫星的距离 R_1。

实际应用中，卫星系统的时钟与 GNSS 接收机的时钟肯定是有误差的，计算出的 Δt 就有误差，由此计算出来的卫星与接收机之间的距离 R，以及计算出的接收机坐标就一定会有误差。

为了解决这个问题，接收机需要找到第 4 颗卫星。通过第 4 颗卫星计算出接收机时钟与卫星系统时钟的误差，来修正计算出的卫星信号在空间传播的时间 Δt 值，来提高定位精度。也就是说，如果接收机能够接收 3 颗卫星的信号就可以计算出接收机的位置；如果能够接收 4 颗或更多颗卫星的信号，就可以修正接收机的位置与时间。

实际上 GNSS 定位计算过程是很复杂的。由于地球表面是一个球面，因此需要考虑到很多的修正量，一般采用多维根估算（如 Newton-Raphson）方法的多次迭代计算，根据 4 颗及 4 颗以上卫星的数据，快速计算出位置与时间的近似值。

4. 北斗卫星导航系统

卫星导航系统是一个国家重要的空间信息基础设施，关乎国家安全。汽车、飞机、轮船的行驶离不开卫星导航系统的定位与导航，国家电网、高铁、飞机的运行、调度的时钟同步，离不开卫星导航系统的授时功能。一个主权国家如果依赖另一个国家的卫星定位系统，那么一旦发生突发事件，就有可能因 GPS 系统关闭与停止服务、输入错误的位置与时间信息，而导致涉及军事与国民经济运行的大型系统瘫痪，引发社会动乱，危及国家安全。

我国政府高度重视卫星导航系统的建设，一直在积极发展拥有自主知识产权的卫星导

航系统。北斗卫星导航系统已经成为我国具有重大战略意义的国家核心基础设施之一。北斗卫星导航系统的图标如图 2-26 所示。

在北斗卫星导航系统中，我国首创了由地球静止轨道（GEO）、倾斜地球同步轨道（IGSO）、中圆地球轨道（MEO）这 3 种轨道卫星组成的混合星座构型。混合星座构型可以集成不同轨道的优势，形成覆盖全球、突出区域、功能丰富的特点。北斗空间星座结构如图 2-27 所示。

图 2-26　北斗卫星导航系统的图标

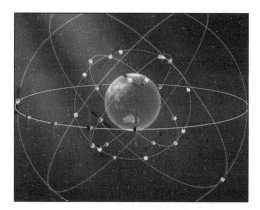
图 2-27　北斗空间星座结构示意图

北斗卫星导航系统的组建分为 3 个阶段进行。
- 第一阶段：2000 年建成北斗一号系统，只有 3 颗 GEO 卫星，为我国用户提供服务。
- 第二阶段：2012 年建成北斗二号系统，有 14 颗卫星（5 颗 GEO、5 颗 IGSO 和 4 颗 MEO），向亚太地区用户提供服务。2018 年，面向"一带一路"沿线国家和地区用户提供基本服务。
- 第三阶段：2020 年完成 35 颗卫星组网，建成北斗三号系统，向全球提供服务。北斗三号包括 5 颗 GEO 卫星、6 颗 IGSO 卫星与 24 颗 MEO 卫星。

2020 年 6 月 23 日 9 时 43 分，我国在西昌卫星发射中心成功地发射北斗系统第 55 颗导航卫星，即北斗三号最后一颗全球组网卫星。至此，北斗三号全球卫星导航系统星座部署全面完成。2020 年 7 月 31 日，我国政府正式宣布北斗三号全球卫星导航系统开通运行。这是一个历史性的时刻，标志着我国有了拥有自主知识产权的卫星导航系统。

北斗三号卫星导航系统提供两种服务方式，即开放服务和授权服务。开放服务是在服务区中免费提供定位、测速和授时服务，定位精度为 10m，授时精度为 50ns，测速精度为 0.2m/s。授权服务是向授权用户提供更安全的定位、测速、授时和通信服务以及系统完好性信息。

根据 2021 年 8 月 3 日发布的一则关于北斗系统的消息：根据全球连续监测评估系统最近一周的测算结果，北斗系统的全球实测定位精度均值为 2.34m，结合精密单点定位等措施，还能提供最高厘米量级的定位服务。

北斗系统的短报文通信是北斗系统的独创。北斗三号的短报文通信服务进行了升级拓展，区域通信能力达到每次 14 000 比特（1000 汉字），既能传输文字，也能传输语音和图片，并支持每次 560 比特（40 个汉字）的全球通信能力。如果轮船在海上出故障需要救援，则可以通过卫星发送文字求救信息。2035 年前我国还将建设和完善更加泛在、更加融合、更加智能的综合时空体系。

5. 北斗卫星导航系统产业发展趋势

北斗系统在天上"织网"成功只是开始，"地上要用好"是接下来北斗系统发展的重点。北斗系统发展的两大趋势是：北斗与 AIoT 的融合、北斗与 5G 的融合。

（1）北斗与 AIoT 的融合

目前北斗卫星导航系统已经应用于个人位置与导航服务，以及气象预报、道路交通、铁路运输、海运和水运、航空运输、国土测绘、应急救援、灾害预警、桥梁监测、精准农业、数字施工、智慧港口、智能环保、智能电网等领域。智能手机基本上都支持北斗功能，北斗芯片已经量产。集芯片、模块、板卡、终端、运营服务为一体的产业链正在进一步完善。北斗已经成为支撑我国 AIoT 产业发展的利器，北斗与 AIoT 的融合将会产生很多创新性的应用。

（2）北斗与 5G 的融合

北斗与 5G——两项"大国重器"看似天地相隔，实际上具有天然的融合性，将使我国具备构建基于自主知识产权"天罗地网"的能力。"北斗 +5G"的融合与应用技术的研究引起了学术界与产业界的高度重视。"北斗 +5G"的融合加速了北斗卫星导航系统应用的"落地"与产业的快速发展，也为我国 AIoT 产业发展奠定了坚实的基础。

2022 年 11 月 4 日，国务院发布了《新时代的中国北斗》白皮书。白皮书指出：新时代的中国北斗是世界一流的北斗。以下是新时代的中国北斗的特点。

第一，北斗三号开通以来，系统运行连续稳定可靠，服务性能世界一流。北斗三号在轨 30 颗卫星运行状态良好，星上 300 余类、数百万个器部件全部国产，性能优异。实测表明，全球定位精度优于 5m，亚太地区性能更好，服务性能全面优于设计指标。

第二，独具特色的国际搜救、全球短报文通信、区域短报文通信、星基增强、地基增强、精密单点定位六大特色服务，性能优越，真正实现了"人有我优，人无我有"。

第三，系统实现智能运维，在轨卫星软件重构升级，实时全球监测评估，及时发布系统动态。系统开通以来分秒不断，连续稳定运行，性能稳步提升。中国北斗走出了一条高质量、高效益、低成本、可持续的建设发展道路。

第四，我国始终坚持开放融合理念，推进北斗国际化进程。倡导卫星导航系统间兼容与互操作，推进北斗系统进入国际标准体系，拓展北斗国际应用，服务全球，造福人类。

白皮书规划了到 2035 年的北斗发展蓝图。中国将建设技术更先进、功能更强大、服务更优质的新一代北斗系统，建成更加泛在、更加融合、更加智能的国家综合定位导航授时体系，为实现中国式现代化奠定更加坚实的时空设施基础，也为 AIoT 应用的发展创造更好的发展环境。

2.4.3 蜂窝移动通信定位技术

1. 蜂窝移动通信定位应用的发展过程

GNSS 作为全球定位系统在位置服务领域起到了主导的作用，但是 GNSS 也有它固有的缺点。缺点之一是 GNSS 接收机在开机时进入稳定工作状态需要 3 ~ 5min；二是室内环境中 GNSS 接收机不能稳定地接收，或者根本就接收不到卫星信号；三是一些简单的定位应用，受到造价或体积的限制，某些移动终端设备没有配置 GNSS 接收模块。因此，有必要研究其他的一些辅助定位技术。

2. 移动基站定位

我们首先想到的一定是利用移动通信网的基站进行定位的方法。移动通信网采用小区制的蜂窝结构，每个小区有一个基站。每一个基站 i 的坐标为 (X_i, Y_i)，它覆盖的范围有限，假设范围半径为 500m，如果将基站 i 的坐标 (X_i, Y_i) 视为接入该基站的移动终端设备坐标，那么其最大误差是 500m。这种定位方法叫作单基站定位。单基站定位适用于某一些应用，例如出现游客在景区走失时，我们可以根据游客手机在景区多个移动通信基站登录的时间和坐标，判断他在走失之前最后出现的大致位置。

图 2-28 给出了单基站定位原理示意图。

单基站定位方法简单，但是精度比较差，因此人们开始研究利用相邻的几个基站（至少 3 个基站）的多基站定位方法（如图 2-29 所示）。多基站定位通常是利用移动终端设备信号到达不同基站的时间差，结合基站的坐标列出方程，求解移动终端设备的相对位置的方法。多基站定位与 GPS 定位的原理比较相似，只是用基站替代了卫星。

无线信号传播的环境影响非常复杂，测量信号传播的时间差由于受到信号反射多径效应，以及基站时钟精度的影响，定位精度相对远低。移动终端设备要测量信号传播的时间差必须增加相应的测量电路，势必要增加终端设备的复杂度和成本。同时，在基站比较少的区域，如果移动终端设备只能接收到两个基站的信号，那么可以用两个基站天线测出手机发送信号的入射角度，然后依据入射角度与基站坐标也可以计算出移动终端的位置，这种方法叫作基

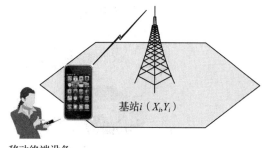

图 2-28 单基站定位示意图

于入射角度的定位方法。这种定位方法需要基站增加造价昂贵的高精度天线阵列设备，因此这种方法的应用也受到很大的限制。多基站定位精度尽管优于单基站定位，但是也只能用于定位精度较低的简单应用场景。

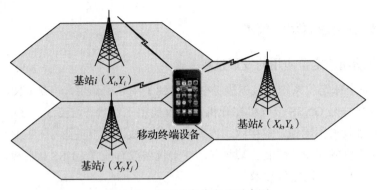

图 2-29　多基站定位方法示意图

3. A-GNSS 技术

在利用 GNSS 定位时，GNSS 接收机一定要能够看到 3 颗以上的 GNSS 卫星，接收机与卫星之间没有建筑物、树木的遮挡，这就造成在建筑物密集的城区、树林及建筑物内部存在 GNSS 信号的接收盲区。同时，GNSS 在开机 3 ～ 5min 之后才能够正常接收到 GNSS 卫星信号。在某一些应用中，如警车、消防车出发时需要立即获得位置信息。针对这类需求，一种融 GNSS 高精度定位与移动通信网高密集覆盖特点的辅助 GNSS（Assisted GNSS，A-GNSS）技术应运而生。A-GNSS 技术可以将开机寻找 GNSS 卫星的时间减少到 5 ～ 10s，理想情况下误差在 10m 以内。图 2-30 给出了 A-GNSS 工作原理示意图。

图 2-30　A-GNSS 工作原理示意图

A-GNSS 技术适用于具有特殊要求的车辆，如警车、运钞车、救护车、消防车、危险品运输车辆的车辆跟踪与导航。

4. 5G+GNSS 定位技术的研究

目前定位技术研究的热点是"北斗 +5G"高精度定位技术融合问题。"北斗 +5G"可以充分发挥北斗定位系统的优势，实现北斗系统在信息领域的深度应用，通过 5G 与北斗技术融合，实现优于 1mm 的高精度定位。这项技术研究可以用于地质灾害智能预警等应用场景。当被监控的边坡滑坡区域发生异常位移时，系统就能实时、精确定位隐患的位置，分析、预警地质灾害，快速指导救灾人员的排查与实现"感知、学习、认知、决策、调控"五大能力。

"北斗 +5G"有机融合成为高精度、高可靠、高安全的新一代信息时空体系，可以为 AIoT 应用系统提供"高精度定位、高精准时间、高清晰图像"的能力，为智慧城市、智能制造、智能农业、智能交通等领域提供新的服务。可以预见，北斗与 5G 的融合将会催生出很多新的 AIoT 应用。

5. WSN 定位技术

在环境监测应用中，人们需要知道采集的环境信息所对应的具体区域位置。当监测到事件发生之后，人们关心的一个重要问题就是事件发生的位置。例如突发事件的发生位置，如森林火灾现场位置、战场上敌方车辆运动的区域、天然气管道泄漏的具体地点，这些信息都是决策者进一步采取措施和做出决策的依据之一。定位信息除用来报告事件发生的地点外，还可以用于目标跟踪，实时监视目标的行动路线，预测目标的前进轨迹。

无线传感器的覆盖分为两类：确定部署与随机部署。在一些特定的应用领域，如高层建筑、桥梁安全性监测项目中，无线传感器节点是在预先设计好的位置部署。但是，一般应用多是随机部署。因为 WSN 工作条件往往很恶劣，传感器节点通常以随机播撒的方式部署，节点之间以自组织的方式互联成网。随机部署的传感器节点无法事先知道自身位置，传感器节点必须能够在部署后实时地进行定位。目前研究的定位方法主要有：基于距离的定位方法、基于距离差的定位方法，以及基于信号特征的定位方法。

2.4.4　Wi-Fi 位置指纹定位技术

GNSS 与 A-GNSS 可以满足室外定位与位置服务的需求，同时室内定位一直是研究人员非常关注的研究课题。随着智能医疗、智能家居、智能安防等 AIoT 应用的发展，室内定位技术的重要性也越发凸显出来。

1. 为什么要研究 Wi-Fi 定位技术？

为什么有了成熟的 GNSS 定位技术，人们还要研究 Wi-Fi 位置指纹定位方法呢？

Wi-Fi 位置指纹定位方法的研究是在什么样的背景下提出的。

可以想象，GNSS 定位方法在实际应用中会受到外部环境的限制。例如，城市高楼会遮挡卫星信号，建筑物内部、地铁、地下停车场等场所无法接收到卫星定位信号，这些场合就无法使用 GNSS 定位技术。

随着 Wi-Fi 技术的日趋普及，很多城市已经实现了 Wi-Fi 信号的全覆盖。当然，这也包括建筑物内部、地铁、地下停车场等场合已经实现了 Wi-Fi 的全覆盖。在这样的背景下，人们研究基于 Wi-Fi 的定位方法也就很容易理解了。我们也将基于 Wi-Fi 的定位叫作Wi-Fi 位置指纹定位技术。同时，Wi-Fi 可以免费使用，因此 Wi-Fi 定位技术的研究与应用自然会成为一个热点课题。

2. 什么是 Wi-Fi 的位置指纹？

理解 Wi-Fi 的"位置指纹"需要注意以下几点。

第一，一个 Wi-Fi 的接入点（AP）设备发送的无线信号可以用来唯一地表示这个 AP 设备，因为按照 IEEE 802.11 协议规定，每一个接入点设备在出厂时都被设置了一个全世界唯一的设备号。例如作者实验室的一台 Wi-Fi 的 AP 设备的设备号是"00:0C:25:60:A2:1D"，这个设备号在全球是唯一的。

第二，IEEE 802.11 协议规定，在正常工作情况下，AP 设备要每隔一定的时间（如 0.1s）发送一个信标帧。信标帧包含这个接入点设备唯一的设备号。

第三，一个 AP 设备覆盖的地理范围是有限的，例如 IEEE 802.11 协议规定一个无线终端设备，如智能手机、笔记本计算机或 AIoT 移动终端设备如果超出 AP 覆盖的最远距离（假设为 100m），那么移动终端设备无法正常接收到 AP 发送的无线信号。

基于以上 3 点理由，我们可以得出一个推论：只要实验室的那台 AP 设备没有被人为地移动，那么我们只要监测到一个设备号为"00:0C:25:60:A2:1D"的信标帧，就说明我们的监测设备在这个 AP 设备的 100m 范围之内。也可以说，AP 设备包含利用 Wi-Fi 信号定位的位置信息，我们将它称作"位置指纹"。

3. 如何利用 Wi-Fi 位置指纹进行定位？

达成以上共识之后，下一步的问题是：我们是不是可以考虑建立一个位置指纹数据库？这个数据库保存着很多收集来的 AP 设备的设备号，以及各个 AP 设备在不同位置产生的不同的信号强度。如果能够建成一个这样的数据库，我们就能够通过一个移动终端当前接收到的 AP 的设备号与信号强度，反过来在数据库中查找出它现在的地理位置。基于Wi-Fi 的定位原理如图 2-31 所示。

在基于 Wi-Fi 的定位系统中，我们将保存 AP 的设备号、对应不同位置信号强度的数据库叫作位置指纹数据库，同时配置一台位置搜索引擎服务器。待定位的移动终端设备只需要将位置查询请求发送给位置搜索引擎服务器，服务请求中包含它接收到的发送无线信号的 AP 设备的设备号、信号强度，位置搜索引擎就会在位置指纹库中匹配出符合查询条件的位置信息。位置搜索引擎将查询的位置信息作为应答反馈给移动终端设备，就完成了一次位置查询服务。客户端只需要将检测出 Wi-Fi 的 AP 设备的设备号与信号强度发送给位置搜索引擎，位置计算任务由服务器端完成。

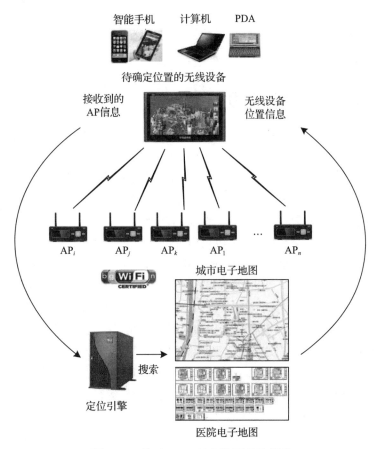

图 2-31　基于 Wi-Fi 的定位原理示意图

　　问题是：这种方法看来简单，但是会不会一部移动终端同时会接收到多个 AP 发送的信号？回答是：当然会的。当打开笔记本计算机时，你注意一下"连接无线网络状态列表"，就会发现：笔记本计算机同时会检测到多台 AP 设备的信号，即使有些 AP 设备需要密码才能登录，但也会出现在你的网络列表中。即使一些 Wi-Fi 的 AP 估计离我们比较远，信号很弱，不适合连接，但是也会出现在网络列表中。这些都为我们收集 AP 设备的设备号与不同位置的信号强度，建立位置指纹库提供了有利条件。

　　那么，要建多大的位置指纹库才够用？答案是：要看应用系统设计的目标、应用场景、功能与精度等因素。

Wi-Fi 位置指纹定位应用可以分为两类，一类是针对室外的应用，一类是针对室内的应用。开展的室外 Wi-Fi 位置指纹定位的应用需要采集很多地区的 AP 信息，因此它动用了街景车，在拍下街景的同时，沿路搜集所有可能采集到的 Wi-Fi 接入点设备号、发射的信号强度，用 GPS 测量的 AP 设备地理位置信息。这个工作量太大，因为只有 AP 信息的密度足够大，定位的精度才能高。

Wi-Fi 位置指纹定位技术的难点主要在位置指纹数据库与定位精度的关系、位置指纹数据库建立方法，以及隐私保护问题上。

2.4.5 高精度地图的研究与应用

随着 Internet 的高速发展与应用，以 Web 方式访问电子地图的应用受到越来越多的网民的欢迎。近十年来，互联网地图（Internet map）经历了从简单到复杂，从提供静态地图到提供动态地图的发展过程。目前，国内外各大网站都开通了网络地图专栏，出现了一批专业、通用的地图网站。手机定位、导航与位置服务已经成为用户常用的移动服务功能之一，也为物联网高精度地图的应用奠定了坚实的基础。

智能网联汽车的研究是当前 AIoT 应用研究的热点领域之一，但是自动驾驶的主要制约因素之一是高精度地图。自动驾驶汽车在移动过程中需要使用多种传感器，根据传感器收集到的信息产生三维地图，以此来判断自身位置和周边交通状况，作为规划到达目的地路径的依据。但是在遇到恶劣天气时，例如 2015 年一场大雪掩埋了道路上的车道线，路边的交通标志变得模糊不清，车载的雷达和摄像头都得了"雪盲症"，这时汽车自动驾驶就无法正常工作。因为在大雪、暴雨、浓雾等恶劣天气下，传感器不能提供准确的信息，三维地图无法构建，自动驾驶系统就无法运行。自动驾驶测试中暴露出的传感器的软肋使研究人员认识到：高精度地图是保障汽车自动驾驶全天候运行的重要基础设施。

现有的互联网地图精度一般只能达到米级，而汽车自动驾驶需要达到厘米级（如 10～20cm），同时需要增加更多、更精确的信息，如详细的道路坡度、曲率、车道数量、车道宽度、车道速度限制，以及路边地标、防护栏、树木、道路边缘类型等数据。高精度地图会准确提醒机器人驾驶员前方情况，提前对所处环境有精准的预判，优先形成行驶策略，而雷达、摄像头与控制系统的工作重点放在对突发情况的实时监控与处置上。高精度地图在汽车自动驾驶中的作用如图 2-32 所示。

由于未来智能网联汽车的运行很大程度上依托于高精度地图，因此高精度地图的价值体现在两个方面。一是所呈现的内容越接近于现实道路状态越有价值，二是覆盖的地理范围越广越有价值。

真实世界的路况不断发生变化，因此需要不断采集和更新地图资源。智能网联汽车要求地图更新的速度必须达到秒级，这必须通过高带宽、低延时的 5G 网络，以及在移动边缘计算与云平台的支撑下，进行在线快速更新才能实现。

图 2-32　高精度地图在汽车自动驾驶中的应用

　　高精度地图的应用对汽车硬件也提出了更高的要求。高精度地图将成为智能网联汽车"未到先知"的"千里眼"，成为智能网联汽车对环境理解的基础。大量的交通与地图数据可以模拟出复杂的真实路况，基于人工智能的深度学习将发挥重要的作用。目前，世界多家专业地图公司、智能网联汽车与人工智能研究机构都在开展对高精度地图、精确实时的位置定位、基础设施平台构建与智能技术应用的研究。高精度地图有望创造百亿的产业规模。

2.5　AIoT 智能硬件

2.5.1　AIoT 智能硬件的基本概念

　　可穿戴计算产品与智能机器人、无人机、智能网联汽车的共性特点是：实现了"传感器＋计算＋通信＋云计算＋大数据＋智能＋控制"等技术的融合，其核心是智能技术，标志着硬件技术有向着更加智能化、交互方式更加人性化，以及"云＋边＋端"融合的方向发展的趋势，划出了传统的智能设备、可穿戴计算设备与新一代智能硬件的界限，预示着智能硬件（Intelligent Hardware）将成为 AIoT 产业发展新的热点。

　　我国政府在《智能硬件产业创新发展专项行动（2016—2018 年）》中，明确了我国将重点发展的五类智能硬件产品：智能穿戴设备、智能车载设备、智能医疗健康设备、智能服务机器人、工业级智能硬件设备。

　　智能硬件的技术水平取决于智能技术应用的深度，支撑它的是集成电路、嵌入式、大数据与云计算技术。智能硬件已经从民用的可穿戴计算设备，延伸到 AIoT 的智能工业、智能农业、智能医疗、智能家居、智能交通等领域。

　　AIoT 智能设备的研究与应用，推动了智能硬件产业的发展，智能硬件产业的发展又为 AIoT 应用的快速拓展奠定了坚实的基础。

2.5.2　嵌入式技术的基本概念

　　AIoT 向我们描述了一个物理世界被广泛嵌入各种感知、控制设备的场景，它们能够全面地感知环境信息，智慧地为人类提供各种便捷的服务。嵌入式技术是开发 AIoT 智能硬件的重要手段。

　　"嵌入式系统"（Embedded System）也称作"嵌入式计算机系统"（Embedded Computer System），它是一种专用的计算机系统。由于嵌入式系统需要针对某些特定的应用，因此研发人员需要根据应用的具体需求，剪裁计算机的硬件与软件，以适应对计算机功能、可靠性、成本、体积、功耗的要求。

　　无线传感器节点、RFID 标签与标签读写器、智能手机与智能家电、各种 AIoT 智能终端设备，以及智能机器人与可穿戴设备都属于嵌入式系统研究的范畴。嵌入式系统的基本概念与设计、实现方法，是 AIoT 工程专业学生必须掌握的重要知识与技能之一。

　　为了帮助读者形象地理解嵌入式系统"面向特定应用""裁剪计算机的硬件与软件"与"专用计算机系统"的特点，我们不妨以每一天都在使用的智能手机与个人计算机为例，从硬件结构、操作系统、应用软件与外设等几个方面做一个比较。图 2-33 给出了智能手机组成结构示意图。

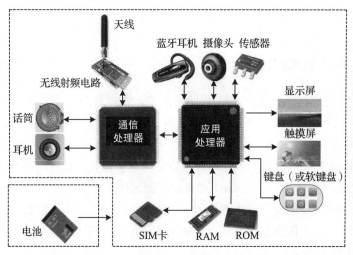

图 2-33　智能手机组成结构示意图

1. 硬件的比较

我们也可以从计算机体系结构的角度画出它的硬件逻辑结构。图 2-34 是智能手机的硬件逻辑结构示意图。

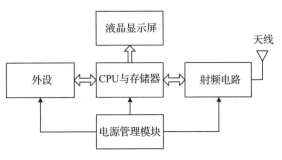

图 2-34　智能手机硬件逻辑结构示意图

我们可以从 CPU、存储器、显示器与外设等几个方面找出智能手机与个人计算机的硬件区别。

（1）CPU 的比较

智能手机的所有操作都是在 CPU 与操作系统的控制下实现的，这一点与传统的个人计算机是相同的。但是手机的基本功能是通信，因此它除了有与传统的 CPU 功能类似的应用处理器之外，还需要增加通信处理器，智能手机的 CPU 由应用处理器与通信处理器组成。对于应用处理器而言，耳机、话筒、摄像头、传感器、键盘与显示屏都是外设。通信处理器控制着无线射频电路与天线的语音信号的发送与接收过程。

（2）存储器的比较

和传统的个人计算机很相似，手机存储器也分为只读存储器（ROM）和随机读写存储器（RAM）。根据手机对存储器的容量、读写速度、体积与耗电等的要求，手机中的 ROM 几乎都是使用闪存（Flash ROM），RAM 几乎都是使用同步动态随机读写存储器（SDRAM）。

与传统的个人计算机相比较，手机的 RAM 相当于个人计算机的内存条，暂时存放手机 CPU 中运算的数据，以及 CPU 与存储器交换的数据。手机所有程序都是在内存中运行的，手机关闭时 RAM 中的数据自动消失。因此，手机 RAM 的大小对手机性能的影响很大。

手机 ROM 相当于个人计算机安装操作系统的系统盘。ROM 一部分用来安装手机的操作系统，一部分用来存储用户文件。手机关机，ROM 中的数据不会丢失。

手机中的闪存相当于个人计算机的硬盘，用来存储 MP3、MP4、电影、图片等用户数据。

为了实现对手机用户的有效管理，手机需要内置一块用于用户识别的 SIM 卡，它存储了用户在办理入网手续时写入的有关个人信息。SIM 卡的信息分为两类。一类是由 SIM 卡生产商与网络运营商写入的信息，如网络鉴权与加密数据、用户号码、呼叫限制等；另一类是由用户在使用过程中自行写入的数据，如其他用户的电话号码、SIM 卡的密码 PIN 等。

（3）显示器的比较

与个人计算机显示器对应的是手机显示屏。手机的显示屏一般采用的是薄膜晶体管 TFT 液晶显示屏。手机显示屏的分辨率使用行、列点阵形式表示。两个手机，一个用的是 3 英寸（约合 76.2mm）显示屏，一个用的是 5 英寸（约合 127mm）显示屏，如果分辨率都是 640×480，那么由于这些像素要均匀地分布在屏幕上，因此 3 英寸显示屏单位面积分布的像素肯定比 5 英寸显示屏多，3 英寸显示屏的像素点阵更加密集，图像显示的效果自然就比较细腻、清晰。因此从硬件结构看，技术人员在设计智能手机时，需要根据实际应用需求对计算机硬件与软件进行适当的"裁剪"。

（4）外设的比较

由于个人计算机的工作重心放在信息处理上，因此配置的外设是硬盘、键盘、鼠标、扫描仪，从联网的角度配置 Ethernet 网卡、Wi-Fi 网卡与蓝牙网卡。而智能手机首先是通信设备，同时强调具有一定的信息处理能力。因此，智能手机要配置除了键盘、鼠标、LCD 触摸屏之外，重点放在耳机、话筒、摄像头、各种传感器上。

（5）传感器应用的比较

普通的个人计算机一般不需要配备传感器，而智能手机需要配置多种类型的传感器，如加速度传感器、磁场传感器、方向传感器、陀螺仪、光线传感器、气压传感器、温度传感器、湿度传感器与接近传感器、位置感知传感器等。智能手机利用气压传感器、温度传感器、湿度传感器可以方便地实现环境感知，利用磁场传感器、加速度传感器、方向传感器、陀螺仪可以方便地实现对手机运动方向与速度的感知，利用距离传感器可以方便地实现对手机位置的发现、查询、更新与地图定位。表 2-4 给出了智能手机常用的传感器类型和用途。

表 2-4　智能手机常用的传感器类型与用途

传感器类型	传感器用途
声传感器	耳机、话筒
图像传感器	摄影、摄像
电容传感器	触摸屏
指纹传感器	用户身份识别
重力传感器	手机姿态判断
加速度传感器	测量手机方向与角度的变化
光传感器	手机节能
距离传感器	控制屏幕显示
温度传感器	测量手机内部温度
电子罗盘	感知手机方位
气压传感器	感知手机所处海拔高度
北斗位置传感器	手机定位

（6）电源管理的比较

一般用于办公环境的个人计算机，可以通过 220V 电源供电，因此它在节能方面的要求就比用于移动通信的手机宽松得多。由于智能手机需要在移动过程中同时完成通信、智能服务与信息处理的多重任务，手机电能靠内部的电池来提供，电池耗电的大小决定着手机使用的时间，因此如何减少手机的耗电成为设计中必须解决的困难问题。手机的设计者千方百计地去思考如何节约电能。例如，利用接近传感器判断使用者是不是在接听电话；如果判断使用者将手机贴近耳朵接听电话，那他就不可能看屏幕，这时手机操作系统立即关闭屏幕，以节约电能。因此，智能手机必须有一个电源管理模块，优化电池为手机的各个功能模块供电，以及充电的过程。当手机没有被使用时，电源管理模块让手机处于节能的"待机"状态。

（7）通信功能的比较

目前一般的个人计算机都配置了接入有线网络的 Ethernet 网卡、接入 Wi-Fi 的无线网卡，以及与鼠标、键盘、耳机等外设在近距离进行无线通信的蓝牙网卡。笔记本计算机一般不需要配置接入移动通信网的 4G/5G 网卡。

智能手机的基本功能是移动通信，因此它必然要有功能强大的通信处理器芯片，以及能够接入 4G/5G 基站的射频电路与天线，同时它需要配置接入 Wi-Fi 的无线网卡，以及与外设近距离通信的蓝牙网卡或近场通信 NFC 网卡，但是不需要配置 Ethernet 网卡。智能手机的硬件设计受到电能、体积、重量的限制，包括网卡在内的各种外设的驱动程序必须在手机操作系统上重新开发。

2. 软件的比较

（1）操作系统的比较

由于智能手机实际上是一种具有发送与接收功能的微型计算机，这是两者最大的不同之处，因此研究人员一定要专门研发适用于手机硬件结构与功能需求的专用操作系统。这正体现出嵌入式系统是"面向特定应用"计算机系统的特点。

智能手机操作系统主要有：华为公司鸿蒙操作系统、麒麟操作系统、微软的 Windows Mobile、诺基亚等公司 Symbian 操作系统、苹果公司 iOS 操作系统、Google 公司 Android 操作系统等。在各种手机操作系统上开发应用软件是比较容易的，这一点在 Android 操作系统上表现得更为突出。

Android 操作系统在网络功能的实现上遵循 TCP/IP 体系，采用支持 Web 应用的 HTTP 协议来传送数据。Android 操作系统的底层提供了支持低功耗的蓝牙协议与 Wi-Fi 协议的驱动程序，使得 Android 手机可以很方便地与使用蓝牙协议或 Wi-Fi 协议的移动设备互联。同时，Android 操作系统提供了支持多种传感器的应用程序接口 API，传感器的类型包括：加速度传感器、磁场传感器、方向传感器、陀螺仪、光线传感器、气压传感器、温度传感器、湿度传感器与接近传感器等。利用 Android 操作系统提供的 API，可以方便地实现环境感知、移动感知、位置感知与地图定位，以及语音识别、手势识别、位置服务与多媒体应用功能。

目前，除了智能手机之外，很多智能机器人、智能网联汽车、无人机、可穿戴计算设备与 AIoT 智能终端设备等智能硬件，大多是在 Android 操作系统基础上开发的。

（2）应用程序的比较

随着智能手机 iPhone 的问世，智能手机的第三方 App 以及 App 销售的商业模式，逐渐被移动互联网用户所接受。手机 App 从游戏、位置服务、即时通信类，逐渐发展到手机购物、网上支付与社交网络等多种类别。近年来，手机 App 的数量与应用规模呈爆炸性发展的趋势，形成了继个人计算机应用程序之后更大的市场规模与移动互联网重要的盈利点。

嵌入式技术的发展促进了智能手机功能的演变，智能手机的大规模应用又为嵌入式技术的发展提供了强大的推动力。现在，移动通信成为智能手机的基本功能，除此之外智能手机已经成为移动上网、移动购物、网上支付与社交网络最主要的终端设备，甚至逐步取代了人们随身携带的名片、登机牌、钱包、公交卡、照相机、摄像机、录音机、GPS 定位与导航设备。正是智能手机应用范围的不断扩大，促使嵌入式技术研究人员在不断地改进智能手机的电池性能、快速充电方法，以及柔性显示屏、数据加密与安全认证技术。

从以上的分析中，我们可以得出以下 3 点结论。

第一，智能手机的硬件与软件充分地体现出嵌入式系统"以应用为中心""裁剪计算机硬软件"的特点，是一种对功能、体积、功耗、可靠性与成本有严格要求的"专用计算机系统"。

第二，作为 AIoT 重要组成部分的 RFID 标签与读写器、WSN 节点、智能机器人、智能网联汽车、无人机与可穿戴计算设备，以及智能工业、智能农业、智能交通、智能医疗等各种智能感知与执行设备，从结构、原理上都与智能手机有着很多的相似之处，它们都属于嵌入式计算设备与装置。

第三，从产品与产业的角度，上述嵌入式计算设备与装置也都是智能硬件的重要组成部分。AIoT 智能硬件的研究促进了嵌入式芯片、操作系统、软件编程与智能技术的发展。智能硬件的研究将涉及机器智能、机器学习、人机交互、虚拟现实与增强现实的研究，以及大数据、云计算等领域，体现出多学科、多领域交叉融合的特点。

2.5.3 AIoT 操作系统

AIoT 感知层由各种各样的传感器、协议转换网关、通信网关、执行器、移动用户终端等智能硬件设备组成。这些智能终端设备必须具备一定的计算、通信与网络能力。AIoT 操作系统就是运行在这些智能终端设备之上，对智能终端设备进行控制和管理，并提供统一编程接口的操作系统软件。

AIoT 操作系统是向下协调控制软硬件资源，向上为开发者和用户提供统一接口的重要环节。由于物联网终端复杂多样且尚未实现硬件标准化，因此为适配不同应用及功能需求，AIoT 操作系统产品也十分丰富。与传统的个人计算机、智能手机与平板电脑上运行的操作系统不同，AIoT 操作系统必须解决 AIoT 应用特有的问题。这些问题表现为：

- 如何屏蔽 AIoT 接入硬件的碎片化？
- 如何保证数据处理的实时性？
- 如何降低系统开发成本？
- 如何实现 AIoT 统一管理？
- 如何培育 AIoT 生态环境？

理解 AIoT 操作系统特点，需要注意以下 4 个问题。

第一，AIoT 硬件的碎片化。AIoT 硬件的碎片化是指：接入 AIoT 系统的终端设备的异构和多样化。感知层包括传感器、执行器与移动终端设备。从传感器角度看，有简单的物理传感器、生物传感器、化学传感器、纳米传感器、RFID，有地下、水下的传感器，以及复杂的智能传感器、智能尘埃；从执行器角度看，有简单的执行器（如门禁装置），有复杂的各种类型的可穿戴计算装置（如智能手环、智能手表、智能头盔、智能医疗装置等），有各种类型的智能机器人（如工业机器人、农业机器人、服务机器人、无人机、无人车等），或者是虚拟机与数字孪生体；从通用设备角度看，连接到接入网的有智能手机、计算机、PDA 等；从接入的通信技术角度看，有蓝牙、ZigBee、Wi-Fi、NB-IoT、UWB、NFC 与 LoRa 等；芯片也有 ARM、X86、RISC 等不同类型。

不同的应用领域使用的硬件设备功能、结构、配置的多样化与差异性，使得传统的操作系统无法适应。如果针对不同体系结构、不同配置的接入设备，采用多种传统操作系统，势必造成无法提供统一的编程接口和编程环境的问题。

第二，AIoT 操作系统研发的基本原则。总结产业界前期 AIoT 操作系统研发的经验，AIoT 操作系统研发应遵循以下几个原则。

1）AIoT 操作系统的设计必须充分地考虑碎片化的硬件需求，能够抽象出一个通用模型，通过设计合理的架构，屏蔽底层硬件的差异，对高层提供统一的编程接口。AIoT 操作系统内核应该能够适应各种配置的硬件环境，从小到几十 kB 内存的低端嵌入式应用，到高达几十 MB 内存的复杂应用领域，具备很强的扩展性、可移植性。

2）AIoT 操作系统对数据处理有实时性要求，能够实现多任务处理，并且能够保证任务执行时间的可确定性和可预知性。AIoT 操作系统功能要齐全，但是结构不能复杂，对资源的要求要低，以缩短 AIoT 应用系统开发时间，降低开发成本。

3）AIoT 操作系统内核应该是节能的。在一些能量受限的应用中，内核能够提供硬件休眠机制，在 AIoT 设备没有任务处理时及时进入休眠状态，有任务需要处理时能够快速唤醒，以保证系统能够维持较长的持续工作时间。

4）作为公共的业务开发平台，AIoT 操作系统具备一致的数据存储和数据访问方式，提升了不同行业之间的数据共享能力。同时，AIoT 终端设备必须具备机器学习的能力，AIoT 操作系统需要抽象出机器学习与云计算的一些基本服务或 API，内置于内核中，提供给应用软件与设备开发者调用。

5）从 AIoT 应用系统整体管理的思路出发，对感知层的传感器、执行器与移动终端设备采用统一的管理策略，提供统一的管理接口，以提升 AIoT 系统的可管理性和可维护性。

第三，重视 AIoT 生态环境的培育。借鉴智能手机与移动互联网 App 成功的发展经验，AIoT 操作系统的研发一定要重视 AIoT 生态环境的培育，要通过开源等技术手段，打通 AIoT 产业的上下游，培育 AIoT 硬件开发、系统软件开发、应用软件开发、业务运营、网络运营、数据挖掘与智能算法等商业生态环境的建设，为 AIoT 的发展奠定基础。

第四，AIoT 操作系统的 3 种发展途径。AIoT 操作系统有 3 种发展路径。一是为适配 AIoT 需求，对智能手机 /PC 操作系统进行适当的剪裁，这类操作系统难以保证功耗、可靠性等性能最优化。二是在传统的嵌入式实时操作系统上增加 CoAP、MQTT 等 AIoT 功能，这类操作系统功耗低、可靠性更高，但应用生态体系缺失，需要时间逐步建立和完善。近年来出现第三种发展路径，即开发专用的 AIoT 操作系统，支持智能化、可伸缩、易扩展、实时性、可靠性等能力，以更好地适配 AIoT 应用需求。

AIoT 操作系统的发展与成熟还需要一个过程。一是针对消费者的使用习惯，需要解决新型操作系统对已有成熟、主流操作系统应用软件的兼容性问题。二是需要融合移动场景、办公场景与 5G 技术支持，以及足够多的 App。三是操作系统并非单一产品，而是涉及整个生态系统建设，而新型生态环境建设需要一段时间，需要培育应用和开发者，同时需要与硬件厂商共同构建联盟，获得 AIoT 服务提供商的帮助和支持，建立更清晰、合理的商业盈利模式。

2.5.4　AIoT 智能人机交互技术

1. 智能人机交互的基本概念

（1）人机交互方式的分类

从目前可穿戴计算设备的应用推广经验看，智能硬件设计从一开始就必须高度重视用户体验，而用户体验的入口就在人机交互方式上。"应用创新"是 AIoT 发展的核心，"用户体验"是 AIoT 应用设计的灵魂。AIoT 用户接入方式的多样性、应用环境差异性，决定了 AIoT 智能硬件在人机交互方式上的特殊性。因此，一个成功的 AIoT 智能硬件设计，必须根据不同 AIoT 应用系统的需求与用户接入方式，认真地解决好 AIoT 智能硬件的人机交互问题。很多人机交互的奇思妙想甚至会成就 AIoT 在某一个领域的应用。

人机交互研究的是计算机系统与计算机用户之间交互关系的问题，作为一个重要的研究领域一直受到计算机界与计算机厂家的高度关注。学术界将人机交互建模研究列为信息技术中与软件、计算机并列的 6 项关键技术之一。

人机交互方式主要有：文字交互、语音交互、视觉交互。人机交互需要研究的问题实际上很复杂。例如，在视觉交互中，研究人员需要解决的问题如图 2-35 所示。

智能眼镜的视觉交互要解决：
位置判断：场景中是否有人？有多少人？哪些位置有人？
身份认证：那些人是谁？
视线跟踪：那些人正在看什么？
姿势识别：那些人头、手、肢体的动作表示什么样的含义？
行为识别：那些人正在做什么？

图 2-35　视觉交互中需要解决的问题

从这些研究问题可以看出，人机交互的研究不可能只靠计算机与软件去解决，它涉及人工智能、心理学与行为学等诸多复杂的问题，属于交叉学科研究的范畴。

个人计算机和智能手机已经与人们须臾不可分离，之所以男女老少都能够接受个人计算机与智能手机，首先要归功于个人计算机和智能手机便捷、友善的人机交互方式。个人计算机操作系统的人机交互功能是决定计算机系统"友善性"的一个重要因素。传统意义下个人计算机的人机交互功能主要是靠键盘、鼠标、屏幕实现的。人机交互的主要作用是：理解并执行通过人机交互设备传送的用户命令，控制计算机的运行，并将结果通过显示器显示出来。为了让人与计算机的交互过程更简洁、更有效和更友善，计算机科学家一直在开展语音识别、文字识别、图像识别、行为模式识别等技术的研究。

（2）AIoT 智能硬件人机交互的特点

随着 AIoT 应用的深入，传统的键盘、鼠标输入方法，以及屏幕文字、图形交互方式已经不能适应移动环境、便携式 AIoT 终端设备的应用需求。在可穿戴计算设备的研制中，人们就已经发现：在嘈杂环境中语音输入的识别率将大大下降，同时在很多场合对着手机和移动终端设备发出控制命令的做法会使人很尴尬。研究人员认识到：必须摒弃传统的人机交互方式，研发出新的人机交互方法。AIoT 智能硬件人机交互的特点如图 2-36 所示。

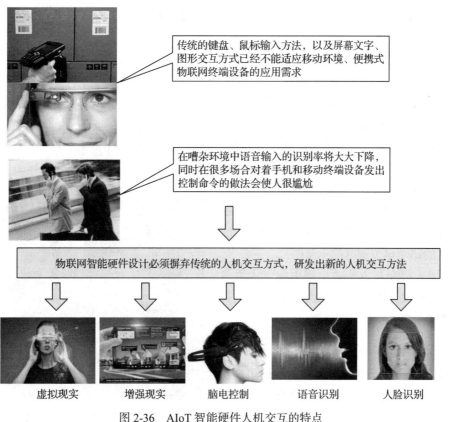

图 2-36 AIoT 智能硬件人机交互的特点

可穿戴计算设备在研究人机交互中使用了虚拟交互、人脸识别、虚拟现实与增强现实、脑电控制等新技术。这些新技术能够适应 AIoT 智能硬件的特殊需求，对于研究 AIoT 智能硬件人机交互技术有着重要的参考和示范作用。

2. 虚拟交互技术

虚拟人机交互是很有发展前景的一种人机交互方式，而虚拟键盘（Virtual Keyboard，VK）技术很好地体现了虚拟交互技术的设计思想。

实际上，MIT 研究人员在研究"第六感"问题时已经提出了虚拟键盘的概念。这个系统可以在任何物体的表面形成一个交互式显示屏。他们做了很多非常有趣的实验。例如，他们制作了一个可以阅读 RFID 标签的表带，利用这种表带，可以获知使用者正在书店里翻阅什么书籍；他们还研究了一种利用红外线与超市的智能货架进行沟通的戒指，人们利用这种戒指可以及时获知产品的相关信息；使用者的登机牌可以显示航班当前的飞行情况及登机口。

另一个实验是使用者 4 个手指上分别戴着红、蓝、绿和黄 4 种颜色的特殊标志物，系统软件可以识别 4 个手指手势表示的指令。如果左右手的拇指与食指分别带上了 4 种颜色的特殊标志物，那么用拇指和食指组成一个画框，相机就知道了使用者打算在拍摄照片时用的取景角度，并自动将拍好的照片保存在手机中，回到办公室后可以在墙壁上放映这些照片。如果你需要知道现在是什么时间，那么只要在自己胳膊上画一个手表，软件就可以在你的胳膊上显示一个表盘，表盘上有现在的时间。如果你想读电子邮件，那么只需要用手指在空中画一个 @ 符号，就可以在任何物体表面显示的屏幕中选择适当的按键，然后选择在手机上阅读电子邮件。如果你想打电话，系统可以在你的手掌上显示一个手机按键，你无须从口袋中取出手机就能拨号。你在汽车里阅读报纸的时候，也可以选择在报纸上放映与报纸文字相关的视频。当面对墙上的地图时，你可以在地图上用手指出你想去的海滩的位置，系统便会"心领神会"地显示出你希望看到的海滩的场景，根据那里人是不是很多，你好决定是不是现在就去那儿。图 2-37 给出了虚拟键盘的示意图。

虚拟人机交互方法的出现引起学术界与产业界的极大兴趣，也为 AIoT 智能硬件人机交互研究开辟了一种新的思路。

3. 人脸识别技术

AIoT 人机交互的一个基本问题是用户身份认证。在网络环境中用户的身份认证需要通过使用人的"所知""所有"与"个人特征"。

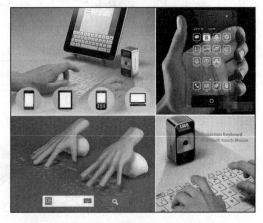

图 2-37 虚拟键盘示意图

"所知"是指密码、口令;"所有"是指身份证、护照、信用卡、钥匙或手机;"个人特征"是指人的指纹、掌纹、声纹、笔迹、脸、血型、视网膜、虹膜、DNA、静脉,以及个人动作等特征。个人特征识别技术属于生物识别技术的研究范畴。目前最常用的生物特征识别技术是指纹识别、人脸识别、声纹识别、掌纹识别、虹膜识别与静脉识别。

Internet 很多应用的身份认证主要是基于口令和密码,这种方法非常方便,但是可靠性不高。学术界一直致力于研究"可随身携带和具有唯一性"的生物特征识别技术。指纹识别已经用在门锁、考勤与出入境管理中。随着火车站、公交车、景区的刷脸验票,公共场所的人脸识别,以及无人超市的"刷脸支付"的出现,人们的注意力转移到了"人脸识别"技术的应用上。

通过人脸进行人的身份认证要解决人脸检测、人脸识别与人脸检索 3 个问题。人脸检测是根据人的肤色等特征来定位人脸区域;人脸识别是确定这个人是谁;人脸检索是指在给定包含一个或多个人脸图像的图像库或视频库中,查找出被检索人脸图像的身份。这个过程如图 2-38 所示。

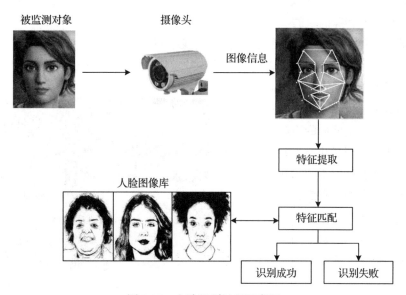

图 2-38 人脸识别过程示意图

利用人的生物特征进行身份认证有多种方法,早期比较成熟的有指纹识别、虹膜识别。但是与人脸(或刷脸)识别相比,虹膜识别要求被检测者与检测设备距离很近,指纹识别则要求被检测者必须将手指按在制定的区域才能完成检测,而人脸识别不受这些限制,比较容易实现,因此人脸识别技术成熟之后就快速地应用到各个领域,如火车站、飞机场、景区、公交车、音乐会的客户身份识别;银行、支付宝、电商、超市、ATM 机的"刷脸支付";微信、微博、QQ、电商网站用户的"刷脸登录";甚至在街头的广告牌上嵌入摄像头，用软件分析摄像头拍摄的客户路过公告栏时关注的区域、时间与表情等信息，发现新的潜在客户，用推送技术向这些新客户定向发送广告。

4. 虚拟现实与增强现实技术

（1）虚拟现实的基本概念

虚拟现实（Virtual Reality，VR）又叫作"灵境技术"。"虚拟"是有假的、主观构造的内容，"现实"是有真实的、客观存在的内容。理解虚拟现实技术的内涵，需要注意以下两点。

第一，一般意义上的"现实"是指自然界和社会运行中任何真实的、确定的事物与环境，而虚拟现实中的"现实"具有不确定性，它可能是真实世界的反映，也可能在真实世界中就根本不存在，是由技术手段"虚拟"的。虚拟现实中的"虚拟"是指由计算机技术生成的一个特殊的环境。

第二，"交互"是指人们在这个特殊的虚拟环境中，通过多种特殊的设备（如虚拟现实的头盔、数据手套、数字衣或智能眼镜等）将自己"融入"其中，并能够操作、控制环境或事物，实现某些特殊的目的。

虚拟现实是要从真实的现实社会环境中采集必要的数据，利用计算机模拟产生一个三维空间的虚拟世界，模拟生成符合人们心智认识的、逼真的、新的虚拟环境，提供对使用者视觉、听觉、触觉等感官的模拟，从而让使用者如同身临其境一般，可以实时、不受限制地观察三度空间内的事物，并且能够与虚拟世界中的对象进行互动。图2-39给出了虚拟现实各种应用的示意图。

（2）增强现实的基本概念

增强现实（Augmented Reality，AR）属于虚拟现实研究的范畴，同时也是在虚拟现实技术基础上发展起来的一个全新的研究方向。

图 2-39　虚拟现实应用示意图

增强现实技术实时地计算摄像机影像的位置、角度，将计算机产生的虚拟信息准确地叠加到真实世界中，将真实环境与虚拟对象结合起来，构成一种虚实结合的虚拟空间，让参与者看到一个叠加了虚拟物体的真实世界。这样不仅能够展示真实世界的信息，还能够显示虚拟世界的信息，两种信息相互叠加、相互补充，因此增强现实是介于现实环境与虚拟环境之间的混合环境（如图2-40所示）。增强现实技术能够达到超越现实的感官体验，增加参与者对现实世界感知的效果。

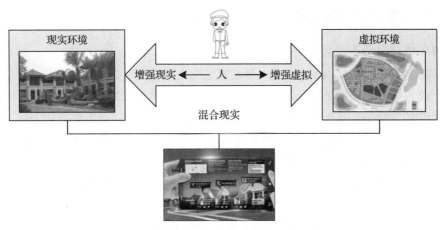

图 2-40　现实环境与虚拟环境的统一体

目前增强现实技术已经广泛应用于各行各业。例如，根据特定的应用场景，利用增强现实技术可以在汽车、飞机上往增强现实的仪表盘上增加虚拟的内容；可以使用在线、基于浏览器的增强现实应用，为网站的访问者提供有趣和交互式的亲身体验，增加网站访问的趣味性；通过增强现实的方法，在医学教育中手术现场直播的画面上增加场外教授的讲解与虚拟的教学资料，提高教学效果。在智能医疗领域应用中，医生可以利用增强现实技术对手术部位进行精确定位。在古迹复原和数字文化遗产保护应用中，游客可以在博物馆或考古现场，"看到"古迹的文字解说，可以在遗址上对古迹进行"修复"。在电视转播体育比赛时，我们可以实时地将辅助信息叠加到画面中，使得观众可以得到更多的比赛信息。利用增强现实技术，我们用智能手机观察一个苹果时，屏幕上可以显示苹果的产地、营养成分与商品安全信息；阅读报纸时报纸可以显示选中单词的详细注解，或者用语言读出内容；购房时在图纸或毛坯房中就可以显示房屋装修后的效果图，以及周边的配套设施、医院、学校、餐馆与交通设施。图 2-41 给出了增强现实应用的示意图。

增强现实是人机交互领域一个非常重要的应用技术，在增强现实中虚拟内容可以无缝地融合到真实场景的显示中，可以提高人类对环境感知的深度，增强人类智慧处理外部世界的能力。因此，虚拟现实与增强现实技术在 AIoT 人机交互与智能硬件的研发中蕴含着巨大的潜力。

图 2-41　增强现实应用示意图

2.5.5　可穿戴计算设备及其在 AIoT 中的应用

1. 可穿戴计算基本概念

可穿戴计算（wearable computing）是实现人机之间自然、方便与智能交互的最重要方法之一，成为接入移动互联网的主要接口之一，也必将影响未来的 AIoT 智能硬件设计与制造。在很多必须将使用者双手解放出来的应用场景下，例如战场上作战的士兵、装配车间的装配工、高空作业的高压输变电线路维修工、驾驶员、运动员、老人与小孩，如果要为他们设计 AIoT 智能终端设备就必须考虑采用可穿戴计算设备的设计思路。术语"可穿戴计算"侧重于描述它的技术特征，"可穿戴计算设备"侧重于描述它"人机合一"的应用特征。

研究可穿戴计算与 AIoT 之间的关系，我们需要注意以下 3 个问题。

第一，可穿戴计算产业自 2008 年以来发展迅猛，尤其是在 2013 年到 2015 年经历了一个集中的爆发期，消费市场的需求不断显现，产品以运动、户外、影音娱乐为主。随着 AIoT 应用的发展，目前可穿戴计算应用正在向智能医疗、智能家居、智能交通、智能工业、智能电网领域延伸和发展。

第二，可穿戴计算融合了计算、通信、电子、智能等多项技术，人们通过可穿戴的设备，如智能手表、智能手环、智能温度计、智能手套、智能头盔、智能服饰与智能鞋，接入 Internet 与 AIoT，实现了人与人、人与物、物与物的信息交互和共享。同时也体现出可穿戴计算设备"以人为本"和"人机合一"，以及为佩戴者提供"专属化""个性化"服务的本质特征。

第三，可穿戴计算设备以"云 - 端"模式运行，以及可穿戴计算与大数据技术的融合，将对可穿戴计算设备的研发与 AIoT 的应用带来巨大的影响。

2. 可穿戴计算设备的分类与应用

根据可穿戴计算设备穿戴在人体部位的不同，可穿戴计算设备可以分为：头戴式、身着式、手戴式、脚穿式。

头戴式设备主要用于智能信息服务、导航、多媒体、3D 与游戏，可以分为两类：眼镜类与头盔类。

智能眼镜作为可穿戴计算设备的先行者，拥有独立的操作系统，用户可以采用语音、触控或自动的方式去操控智能眼镜，实现摄像、导航、通话以及接入 Internet 等功能。

智能头盔具有对语音、图像、视频数据进行传输和定位，以及实现虚拟现实与增强现实的功能，目前已经广泛应用于科研、教育、健康、心理、训练、驾驶、游戏、玩具中。智能导航头盔内置 GPS、陀螺仪、加速度传感器、光学传感器和通信模块，为驾驶者定位、规划路线和导航。在军事应用中，作战人员可以通过头盔中的摄像镜头，实现变焦、高清显示，以增强观察战场环境和目标的能力，快速提取和共享战场信息。目前科研人员正在研究用安装在智能头盔上的脑电波传感器，来获取头盔佩戴者的脑电波数据。

用于智能医疗的可穿戴背心、智能衬衫已经有很多年的研发历史了。身着式可穿戴计算设备主要用于智能医疗，婴儿、孕妇与运动员监护，健身状态监护等。其中，科学家将传感器内嵌在背心、衬衫、婴儿服、孕妇服或健身衣中，传感器贴着人体测量人的心律、血压、呼吸频率与体温等。智能衣服具备监控呼吸、指引训练强度、调节压力水平等功能。例如，Athos 智能运动服的上衣内置了 16 个传感器，其中 12 个传感器用来检测肌电运动，2 个传感器用来跟踪运动员心率，另外 2 个传感器用来跟踪运动员的呼吸状态。传感器的数据通过蓝牙模块传送到智能手机 App。用户可以通过 App 设定运动的目标，如有氧运动、肌肉张力、减肥指标等，并根据监测的数据了解肌肉活动状态，以及是否达到了设定的目标。

智能婴儿服内嵌了多个传感器与接入点，传感器采集到的数据通过蓝牙模块传送到接入点，接入点再将汇聚后的数据通过 Wi-Fi 传送到婴儿父母亲的智能手机。父母可以实时监视婴儿的体征数据，及时了解婴儿的身体状态。智能尿布可以分析戴尿布婴儿的尿液，检测尿路感染、脱水等健康信息。尿布内嵌入了传感器，可从尿液中跟踪水分、细菌和血糖水平。尿布正面有一个二维码，可以用智能手机扫出一个完整的"尿样分解报告信息"。这个思路也可以扩展到对老年人健康的监护之中。

手戴式或腕戴式设备主要有智能手表、智能手环、智能手套、智能戒指等几种类型。

智能手表可以通过蓝牙、Wi-Fi 与智能手机通信。当智能手机收到新的短信、电子邮件或电话时，智能手表就会提醒用户。智能手表也可以用来回拨电话，并且我们能在屏幕上进行短信与邮件的快速阅读。智能手表还能够定位、控制拍照、控制音乐的播放、查询天气、进行日程提示、提供电子钱包等。智能手表可以记录佩戴者的运动轨迹、运动速度、运动距离、心律，计算运动中消耗的卡路里。

人们将智能手环的功能总结为：运动管家、信息管家、健康管家。智能手环通过加速度传感器、位置传感器实时跟踪运动员的运动轨迹，可以计步、测量距离、计算卡路里与脂肪消耗，同时能够监测心跳、皮肤温度、血氧含量，并与配套的虚拟教练软件合作，给出训练建议。智能手环可以显示时间、佩戴人的位置、短信、邮件通知、会议提示、闹钟振动、天气预报等信息。智能手环可以随时将患者、老年人或小孩的位置、身体与安全状况，向医院或家人通报。智能手环可以记录日常生活中的锻炼、睡眠和饮食等实时数据，分析睡眠质量，并将这些数据与智能手机同步，起到通过数据指导健康生活的作用。

智能手套早期主要是为智能医疗与残疾人服务的，可以利用声呐与触觉帮助盲人回避障碍物。目前智能手套已经扩展到为更多的人服务。

有的智能手套的大拇指部分充当麦克风、耳机来播放声音和提供通话功能；食指部分能够进行自拍；无名指和小拇指部分甩动就能进行拍照，充当智能手机、单反相机、流媒体播放器、游戏主机、家庭影院、MP3 播放器等产品。指尖条码扫描仪、RFID 读写器将大大方便产品代码的读取。指尖探测器可以方便地检测到物体表面的酸碱度等信息。智能拐杖可以帮助老人定位、测量脉搏与血压、在迷路时导航、遇紧急状况时报警与求救。

脚穿式可穿戴计算设备近期发展很快。智能鞋通过无线的方式连接到智能手机，这样智能手机就可以存储并显示穿戴者每次的运动时间、距离、热量消耗值，以及总运动次数、总运动时间、总距离和总热量消耗值等数据。

各种可穿戴计算设备如图 2-42 所示。

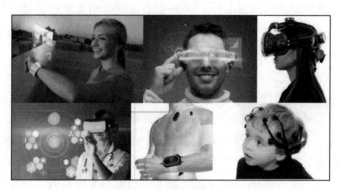

图 2-42　各种可穿戴计算设备

从以上的讨论中，我们可以得出 3 点结论。

第一，可穿戴计算设备特殊的"携带""交互"方式，催生了"蓝领计算"模式。蓝领计算模式强调用户在"工作空间"（work space）关注任务（尤其是 intense time critical work）时，以及在"日常生活空间"（daily life space）进行活动时，能够得到"信息空间"（cyber space）的自然、有效与多人协作的支持。这是一种非常适合 AIoT 应用的现场作业和信息处理模式。

第二，可穿戴计算设备的技术短板已经开始被突破。Intel 等芯片巨头面向可穿戴计算设备推出了更加微型和低能耗的芯片；柔性显示与柔性电池技术已经开始得到商业应用；虚拟现实与增强现实等智能人机交互技术一直在发展；"云 – 端"模式与大数据技术的支持，使得可穿戴计算设备的体积、计算能力、功能与续航能力将会有大幅度的提升。

第三，可穿戴计算技术与设备已经广泛应用于智能工业、智能医疗、智能家居、智能安防、航空航天、体育、娱乐、教育与军事等领域，渗透到社会生活的方方面面。可穿戴计算模式与个人计算机、移动计算一样，将有力地推动 Internet 与 AIoT 的发展。

2.5.6　智能机器人及其在 AIoT 中的应用

1. 机器人的基本概念

机器人学（Robotics）是一个涉及计算机科学、人工智能方法、智能控制、精密机械、信息传感技术、生物工程的交叉学科。机器人学的研究大大地推动了人工智能技术的发展。

随着工业自动化和计算机技术的发展，到 20 世纪 60 年代机器人开始进入大量生产和实际应用的阶段。后来由于自动装配、海洋开发、空间探索等实际问题的需要，对机器的智能水平提出了更高的要求。特别是危险环境或人们难以胜任的场合下更迫切需要机器人，从而推动了机器人的研究。机器人学的研究推动了许多人工智能思想的发展，有一些技术可用来在人工智能研究中建立世界状态模型和描述世界状态变化的过程。关于机器人动作规划的生成和规划的监督执行等问题的研究，推动了规划方法的研究。此外由于智能机器人是一个综合性的课题，除机械手和步行机构外，还要研究机器视觉、触觉、听觉等传感技术，以及机器人语言和智能控制软件等。按照机器人的技术特征，我们一般将机器人技术的发展归纳为四代。

第一代机器人的主要特征是：是位置固定、非程序控制、无传感器的电子机械装置，只能够按给定的工作顺序操作。典型的第一代机器人有搬运机器人 VERSTRAN、工业机器人 Unimate 与家用机器人 Eletro。

第二代机器人的主要特征是：传感器的应用提高了机器人的可操作性。研究人员在机器人上安装各种传感器，如触觉传感器、压力传感器和视觉传感系统。第二代机器人向着人工智能的方向发展。

第三代机器人的主要特征是：安装了多种传感器，能够进行复杂的逻辑推理、判断和决策。1968 年，美国斯坦福大学研发成功第一个有视觉传感器，具有初级的感知和自动生成程序能力，能够自动避开障碍物的机器人 Shakey。

第四代机器人的主要特征是：具有人工智能、自我复制、自动组装的特点，从机器人网络向"云机器人"方向演进。

2. 智能机器人在 AIoT 中的应用前景

智能机器人在 AIoT 中的应用前景可以从以下三个方面来认识。

第一，通过网络控制的智能机器人正在向我们展示出对世界超强的感知能力与智能处理能力。智能机器人可以在 AIoT 的环境保护、防灾救灾、安全保卫、航空航天、军事，以及工业、农业、医疗卫生等领域的应用中发挥重要的作用，必将成为 AIoT 的重要成员。

第二，发展 AIoT 的最终目的不是简单地将物与物互联，而是要催生很多具有计算、通信、控制、协同和自治性能的智能设备，实现实时感知、动态控制和信息服务。智能机器人研究的目标同样追求的是机器人对行为、学习、知识的感知能力。在这一点上，智能机器人与 AIoT 研究目标有很多相通之处。

第三，云计算、大数据与智能机器人技术的融合导致"云机器人"的出现。云计算强大的计算与存储能力可以将智能机器人大量的计算和存储任务集中到云端，同时允许单个机器人访问云端计算与存储资源，这就为需要较少机器人的机载计算与存储降低了机器人制造成本。如果一个机器人采用集中式机器学习并能够适应某种环境，把它新学到的知识即时地提供给系统中的其他机器人，允许多个机器人之间进行即时软件升级，那么会让大量机器人的智能学习变得简单，大大提高智能机器人在 AIoT 应用中的高度和深度。

我国政府高度重视机器人产业的发展。2013 年 12 月 22 日，《工业和信息化部关于推进工业机器人产业发展的指导意见》发布。2015 年 5 月国务院发布的《中国制造 2025》规划，将智能机器人产业列为重点发展领域之一。2021 年 12 月，工信部等 15 个部门联合发布《"十四五"机器人产业发展规划》。规划提出：到 2025 年，我国成为全球机器人技术创新策源地、高端制造集聚地和集成应用新高地；到 2035 年我国机器人产业综合实力达到国际领先水平，机器人成为经济发展、人民生活、社会治理的重要组成。

2023 年 1 月，工信部等十七部门印发的《"机器人+"应用行动实施方案》中指出：到 2025 年，制造业机器人密度较 2020 年实现翻番，服务机器人、特种机器人行业应用深度和广度显著提升，机器人促进经济社会高质量发展的能力明显增强；聚焦制造业、农业、建筑、能源、商贸物流、医疗健康、养老服务、教育、社区服务、安全应急和极限环境应用等 10 大应用重点领域，开展"机器人+"应用创新实践；搭建国际国内交流平台，形成全面推进机器人应用的浓厚氛围。

3. 智能机器人的分类与应用

经过几十年的发展，机器人已经广泛应用于工业、农业、科技、家庭、服务业与军事领域。机器人的分类方法有很多种，但是应用最广的还是按照应用领域进行分类。

按照应用领域进行分类，机器人可以分为民用和军用两大类。民用机器人又可以进一步分为工业机器人、农业机器人、服务机器人、仿人机器人、空间机器人，以及特种机器人等。智能网联汽车与无人机也是一类机器人。

工业机器人被视为实现"工业 4.0"与实现《中国制造 2025》战略目标的重要工具。工业机器人是面向工业领域的多关节机械手和多自由度机器人，一般用于机械制造业中代替人完成大批量、有高质量要求的工作。工业机器人最早应用于汽车制造业，应用范围从焊接、喷漆、上下料与搬运，逐步扩大到摩托车制造、舰船制造、化工，以及家电产品中电视机、电冰箱、洗衣机等的自动生产线上，完成电焊、弧焊、喷漆、切割、电子装配，以及物流系统的搬运、包装、码垛等作业。目前工业机器人逐步延伸和扩大了人类手足与大脑的功能，可以代替人去从事危险、有害、有毒、低温与高温等恶劣环境中的工作，以及完成繁重、单调的重复劳动，提高劳动生产效率，保证生产质量。工业机器人的优点在于它可以通过更改程序，方便地改变工作内容和方式，如改变焊接的位置与轨迹、变更装配部件或位置，以满足生产要求的变化。随着工业生产线的柔性化要求越来越高，对各种工业机器人的需求也越来越大。目前世界各国都在大量使用工业机器人。

进入 21 世纪以来，新型多功能农业机械得到了日益广泛的应用，也有越来越多的智能化机器人在广阔的田野上代替手工完成各种农活。目前各国研制的农业机器人主要包括施肥机器人、喷灌机器人、嫁接机器人、除草机器人、收割机器人、果树剪枝机器人、采摘柑橘机器人、果实分拣机器人、采摘蘑菇机器人、园丁机器人、抓虫机器人与昆虫机器人等。

各国研发了很多种家务机器人，从吸尘器机器人到全能的家务机器人。2002 年丹麦 iRobot 公司推出了吸尘器机器人 Roomba，它能够避开障碍，自动设计运行路线，当能量不足时还能够自动驶向充电插座。这一款产品成为目前世界上销量最大的家用机器人。机器人可以模仿人类表情，上肢和下肢可以自如活动，会自动停止行走、跳舞、做家务。服务机器人，如导购机器人、医疗机器人、快递机器人已经开始得到应用。

世界各国都在研究医用机器人。2000 年，世界上第一个医生可以远程操控的手术机器人"达芬奇"诞生了。它集手臂、摄像机、手术仪器于一身。这一套机器人手术系统内置拍摄人体体内立体影像的摄影机，可连接各种精密手术器械以及如手腕般灵活转动的机械手臂。医生通过手术台旁的计算机操纵杆精确地控制机械手臂，具有人手无法相比的稳定性、重现性及精确度，侵害性更小，能够减少疼痛及并发症，缩短病人手术后住院的时间。指挥机器人做手术的另一个优点是医生不必到手术现场，可以通过网络操作机器人，对在异地的病人做远程手术。实践证明，"达芬奇"做手术比人类更精确，病人失血更少，且复原更快。另一类医用机器人专门用于传染病等隔离治疗区域的医用与病患服务。

仿人机器人是当前机器人研究的一个热点领域。这些仿人机器人具有人类的外观特征，能够行走。有的仿人机器人还能够踢足球、跳舞、奏乐、下棋，以及进行简单的对话。目前已经出现了机器人演员、机器人主持人、机器人科学家等新的角色。

特种机器人包括水下机器人、灭火机器人、救援机器人、探险机器人、防爆机器人等类型，是代替人类在人不能够到达的地方完成任务或从事危险工作最重要的工具，也是机器人研究最重要的领域之一。水下机器人也称为无人遥控潜水器，是一种潜入水中代替人完成某些操作的机器人。目前小型水下机器人已广泛用于市政饮用水系统中的水罐、水管、水库检查，排污/排涝管道、下水道检查，海洋输油管道检查与跨江、跨河管道检查，船舶、河道、海洋石油、船体检修，水下锚、推进器、船底探查，码头及码头桩基、桥梁、大坝水下部分检查，航道排障、港口作业，钻井平台水下结构检修、海洋石油工程，核电站反应器检查、管道检查、异物探测和取出，水电站船闸检修、水电大坝、水库堤坝检修，大坝、桥墩上是否安装爆炸物以及结构好坏情况检查，船侧、船底走私物品检测，水下目标观察，废墟、坍塌矿井搜救，海上救助打捞、近海搜索，水下考古、水下沉船考察等方面。救援机器人主要用在地震救灾、危险环境（遭受生化或核污染地区）救生、火山探险等场景。

军事机器人按照应用的目的分类，可以分为侦察机器人、监视机器人、排爆机器人、攻击机器人与救援机器人。按照工作环境分类，可以分为地面军用机器人、水下军用机器人、空中军用机器人。

各种类型的智能机器人如图 2-43 所示。

图 2-43 各种类型的智能机器人

我国政府高度重视智能机器人产业的发展。2016 年 4 月发布的《机器人产业发展规划（2016—2020 年）》中指出：机器人既是先进制造业的关键支撑装备，也是改善人类生活方式的重要切入点。大力发展机器人产业，对于打造中国制造新优势，推动工业转型升级，加快制造强国建设，改善人民生活水平具有重要意义。

2017 年 7 月国务院发布《新一代人工智能发展规划》。规划指出，人工智能的迅速发展将深刻改变人类社会生活、改变世界。我国必须抢抓人工智能发展的重大战略机遇，构筑我国人工智能发展的先发优势，加快建设创新型国家和世界科技强国。我国新一代人工智能发展分三步走。

第一步，到 2020 年人工智能总体技术和应用与世界先进水平同步，人工智能产业成为新的重要经济增长点，人工智能技术应用成为改善民生的新途径，有力支撑进入创新型国家行列和实现全面建成小康社会的奋斗目标。

第二步，到 2025 年人工智能基础理论实现重大突破，部分技术与应用达到世界领先水平，人工智能成为带动我国产业升级和经济转型的主要动力，智能社会建设取得积极进展。

第三步，到 2030 年人工智能理论、技术与应用总体达到世界领先水平，成为世界主要人工智能创新中心，智能经济、智能社会取得明显成效，为跻身创新型国家前列和经济强国奠定重要基础。

智能机器人产业发展将为 AIoT 应用创新注入新的活力。

参考文献

[1] 廖建尚，张振亚，孟洪兵 . 面向物联网的传感器应用开发技术 [M]. 北京：电子工业出版社，2019.

[2]　魏彦，孙宏伟 . 智能可穿戴设备的设计与实现 [M]. 北京：中国铁道出版社，2019.

[3]　李永华，曲明哲 . Arduino 项目开发：物联网应用 [M]. 北京：清华大学出版社，2019.

[4]　王平，王超，刘富强 . 车联网权威指南：标准、技术及应用 [M]. 北京：机械工业出版社，2018.

[5]　曾凡太，边栋，徐胜朋 . 物联网之芯：传感器件与通信芯片设计 [M]. 北京：机械工业出版社，2018.

[6]　丁飞 . 物联网开放平台——平台架构、关键技术与典型应用 [M]. 北京：电子工业出版社，2018.

[7]　周苏，王文 . 人机交互技术 [M]. 北京：清华大学出版社，2016.

[8]　SULLIVAN S. 可穿戴设备设计 [M]. 杜春晓，译 . 北京：中国电力出版社，2017.

[9]　MUKHOPADHYAY S C，ISLAM T . 可穿戴传感器：应用、设计与实现 [M]. 杨延华，邓成，译 . 北京：机械工业出版社，2020.

[10]　MONK S. 树莓派开发实战：第 2 版 [M]. 韩波，译 . 北京：人民邮电出版社，2017.

[11]　WOLF M. 嵌入式计算系统设计原理：第 4 版 [M]. 宫晓利，谢彦苗，张金，译 . 北京：机械工业出版社，2018.

[12]　NOERGAARD T. 嵌入式系统：硬件、软件及软硬件协同：第 2 版 [M]. 马志欣，苏锐丹，付少锋，译 . 北京：机械工业出版社，2018.

[13]　CRAIG J. 机器人学导论：第 4 版 [M]. 负超，王伟，译 . 北京：机械工业出版社，2018.

第 3 章

AIoT 接入层

接入层担负着将海量、多种类型、分布广泛的 AIoT 设备接入 AIoT 的功能。本章在介绍接入层与接入技术基本概念的基础上，系统地讨论常用的几种接入技术及其特点。

3.1 AIoT 接入层的基本概念

3.1.1 AIoT 设备接入方式

1. AIoT 接入设备分类

在与 Internet 应用系统比较之后，ITU Y.2060 IoT 在"物联网概述"中指出：大量的物理对象是没有通信、计算能力的，如果不通过中间设备是无法接入 AIoT 的。这些中间设备可以分成三类：数据捕获设备、传感/执行设备与通用设备，它们实现物理对象与 AIoT 系统的紧耦合（如图 3-1 所示）。

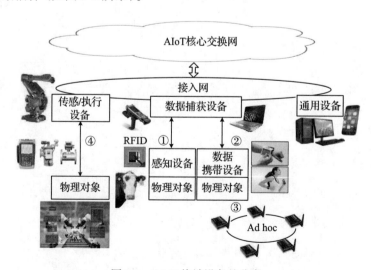

图 3-1　AIoT 终端设备的分类

（1）数据捕获设备

数据捕获设备可以分为两类。第一类数据捕获设备是感知设备，如 RFID 读写器。如图 3-1 中①所示，RFID 读写器利用无线信道读取 RFID 芯片内置的 EPC 编码，再通过接入网将 EPC 编码传送到 AIoT 应用系统之中，AIoT 系统根据 EPC 编码进一步查询携带 RFID 芯片的物理对象的更详细信息。

第二类数据捕获设备又可以进一步分为两种类型。一种类型的数据捕获设备直接通过近场网络与数据携带设备进行数据交互（如图 3-1 中②所示）。这类数据携带设备一般是嵌入式智能终端设备，如可穿戴计算设备类的智能手表、智能头盔等，其中嵌入了传感器或执行器。当用户穿戴上这类设备之后，用户的人体生理参数、移动速度、位置轨迹等数据就会通过无线信道传送到数据捕获设备。数据捕获设备通过接入网将数据转发到 AIoT 应用系统中。

另一种类型的数据捕获设备是分布在一个区域的多个数据携带设备，它们作为无线自组网（Ad hoc）的节点，以对等、多跳的形式互联组成无线传感器网络、无线传感器与执行器网络、机器人网络、无人机网络或车联网等，接入 AIoT 应用系统中（如图 3-1 中③所示）。

（2）传感 / 执行设备

传感 / 执行设备与物理环境中的物体对象实现信息交互，并能够执行高层反馈的控制指令（如图 3-1 中④所示）。典型的传感 / 执行设备，如智能交通中的视频探头，智能环保中的环境监测传感器，工业生产过程控制中的传感器、执行器、检测仪器仪表等，以及同时具备传感与执行功能的设备，如工业机器人、智能医疗设备、智能网联汽车、无人机等。例如一个仿人机器人一般需要配备 2 个摄像头、1 个惯性导航仪、4 个麦克风、1 套声呐测距仪、多个触觉传感器与压力传感器，以及二十多个控制各个关节的电机，这些电机作为执行器完成高层的控制指令。

（3）通用设备

通用设备也叫作用户个人设备，它可以是智能手机、PDA、计算机、可穿戴计算设备，也可以是其他为某一种 AIoT 应用系统专门设计的用户智能终端设备。用户智能终端设备的计算、存储与网络资源，可以运行雾计算或移动边缘计算程序，承担部分实时数据的边缘计算任务。

2. AIoT 网关

AIoT 应用场景十分复杂，所采用的接入网通常是异构的。例如，有些设备通过有线以太网接入，有些设备通过无线以太网（Wi-Fi）接入，有些设备通过移动通信网 5G 或 NB-IoT 接入，有些设备通过 ZigBee 或蓝牙网络接入，有些设备则是通过近场通信 NFC 技术接入。采用不同通信协议的异构接入网必须通过网关（gateway）来互联。网关起到变换不同通信协议的作用，向高层屏蔽低层通信协议的差异。

在 ITU Y.2067 文档关于"物联网应用中网关的通用要求和能力"的讨论中，对 AIoT 网关提出了三点需求。

- 网关支持大量的设备接入，能够支持设备间的相互通信，以及设备通过 Internet 或 Intranet 与 AIoT 的通信。这些接入网可以是 Wi-Fi、ZigBee 或蓝牙。
- 网关支持局域网与广域网的联网，包括局域网中的以太网或 Wi-Fi，以及互联网、广域企业网中的蜂窝移动通信网、数字用户线 ADSL 以及光纤接入。
- 网关支持物联网应用、网络管理与网络安全功能。

显然前两个需求要求网关能够实现不同协议之间的转换，而第三个需求要求网关能够实现 AIoT 代理（Proxy）的功能。

图 3-2 描述了 AIoT 系统中不同设备之间通信方式的区别。

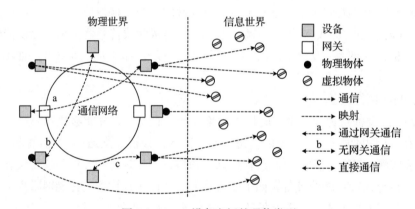

图 3-2　AIoT 设备之间的通信类型

第一种设备之间通信需要通过网关，如图 3-2 中 a 所示。例如，传感器通过 NFC 接入网关，网关通过 Wi-Fi 网络接入管理服务器，那么管理服务器要向传感器发出指令，就需要通过网关进行协议转换。

第二种设备之间通信无须通过网关，如图 3-2 中 b 所示。例如，两个设备都通过 Wi-Fi 接入系统，那么它们之间可以直接通信。

第三种设备属于同一网络内部，它们之间可以直接通信，如图 3-2 中 c 所示。

图 3-2 中左侧物理世界的一个物体可以映射到右侧信息世界的一个或多个虚拟物体上。实际上，它是将物体的数据存储成数据库或其他数据结构的虚拟物体，再由 AIoT 对这些虚拟物体进行处理。

3.1.2　受限节点与受限网络

在设计 AIoT 应用系统时，我们需要根据接入节点设备的资源（计算、存储、网络、能源等）是否受限，来决定需要采用的接入网类型，以及选取的高层协议，因此在研究节点设备接入时首先要研究受限节点与受限网络的问题。

1. 受限节点

接入 AIoT 的传感 / 执行设备与用户种类非常多，有的接入节点的资源不受限制（如服务器、个人计算机、笔记本计算机有功能强大的智能终端设备），有的节点资源受到限制（如简单的传感器、门禁、开关）。受限节点的资源有限，会影响其网络特性与功能。判断节点设备受限或不受限是困难的。RFC7228 文档从接入设备的计算、存储与通信能力角度，给出了受限节点的分类与定义。RFC7228 将受限节点分为三类。

类型 0：内存不足 10kB，闪存处理与存储能力不足 100kB，一般由电池供电，不具备能直接实现 IP 与相关安全机制的资源，如远程控制开关。

类型 1：内存有 10kB，闪存处理与存储能力也有 100kB，但是低于直接运行 IP 的节点，无法很好地与使用完整 IP 的节点通信，不能支持相关的安全功能，如智能农业环境湿度传感器。

类型 2：内存超过 50kB、闪存处理与存储能力超过 250kB 的嵌入式设备，既能完整地运行 IP，又能接入 IP 网络，如智能电表。

2. 受限网络

虽然一些接入网并不是为 AIoT 设备的接入专门设计的（如 Ethernet、Wi-Fi 与 5G 等），但是这类能够运行 TCP/IP 的网络，能够将资源不受限的笔记本计算机、智能手机与智能终端设备接入 AIoT。此外，也有一些网络（如 IEEE 802.15.4、IEEE 802.11ah 等）更适用于将受限节点接入 AIoT。连接受限节点的网络称为低功耗有损网络（Low-Power and Lossy Network，LLN）或受限节点网络，通常简称为受限网络。这里所说的"低功耗"是指网络协议在设计中必须采取措施，尽可能降低受限节点的功耗，以延长受限节点电池的使用寿命；"有损"是指在恶劣的无线环境中，无线信道可能会受到天气因素或环境因素的影响，出现干扰、噪声与信号衰减，造成通信中断与数据包丢失，使得网络通信可靠性降低。

为受限节点选择适用的受限网络，需要考虑以下三个因素。

第一，数据速率与吞吐率。不同的接入网能够提供给接入受限节点的数据速率从100bps 到 100Gbps 不等，可供选择的速率范围很宽。资源不受限的接入节点在选择接入网时，主要是根据应用程序的需求，重点放在网络延时与可靠性上。受限节点也需要考虑两个问题：一是网络通信协议占用内存的大小，以及节点电池耗电量；二是考虑到从受限节点（如传感器）向高层传送的上行数据流量大，而从高层传送给受限节点（如执行器）的下行数据流量小这个实际情况，可以选择上行与下行速率不对称的接入网，速率一般在几千比特每秒到几百千比特每秒。

第二，延时与可靠性。在无线网络中，由于干扰、噪声与信号衰减等因素造成无线通信中断，引起数据包丢失和重传属于正常现象。受限网络延时从几毫秒到几秒不等，应用程序与协议必须具有灵活处理延时与延时抖动的能力；网络拓扑可以采用星形、星–星或网状形，以提高接入的可靠性。

第三，开销与载荷。如果不受限网络在网络层使用 IPv6，MAC 层采用 Ethernet 协议，那么由于一个 MAC 帧的最大长度为 1518B，其中包括 MAC 帧头 18B、IPv6 报头 40B，因此网络层与 MAC 层协议的总开销为 58B，一个 MAC 帧中有效载荷长度为 1460B。由于受限节点满足不了运行 IP 所需要的内存与网络带宽，因此在选择受限网络时需要在满足传感器工作周期与数据传输需求的条件下，考虑开销尽可能小、载荷长度够用的接入网。大多数受限网络的载荷都在十几字节到几百字节。

3.1.3 接入技术与接入网的分类

1. 有线接入与无线接入

按通信信道类型，接入技术可以分为有线接入与无线接入两类，对应的接入网也分为有线接入网与无线接入网两类，其主要类型如图 3-3 所示。

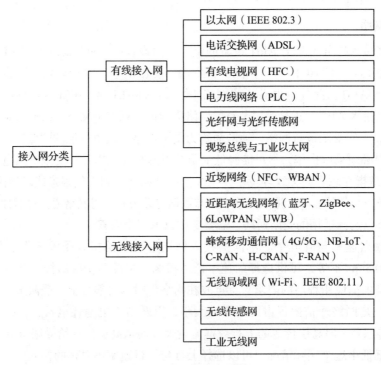

图 3-3　接入网分类示意图

在 AIoT 接入中无线接入的作用越来越重要，大量的节点将通过无线方式接入 AIoT。

3.1.4　接入层结构特点

2016 年 10 月，IEC 发布了《 IoT 2020：智能安全的物联网平台》白皮书，其中描述了物联网平台架构模式。这种平台架构型采用三层架构模式，体现了网关连接边缘计算层的近场网与接入网模式、"端－边－云"架构模式、分层数据存储模式的结构特点（如图 3-4 所示）。其中，边缘计算层的网络又进一步分为近场网与接入网。

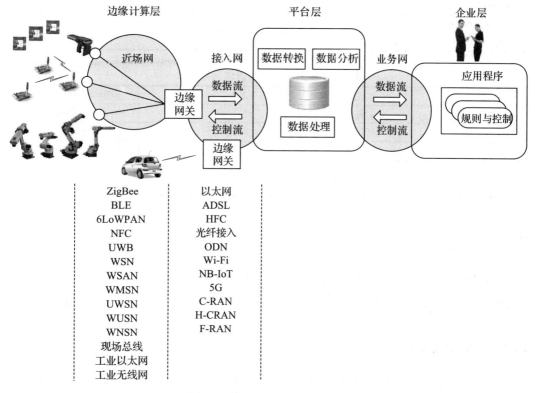

图 3-4　接入层结构特点示意图

近场网与接入网一般采用有线通信网、无线通信网与无线传感器网相结合的方法组建。近场网与接入网采用的通信技术如表 3-1 和表 3-2 所示。近场网与接入网通过网关连接。接入网向上与边缘计算层连接。

表 3-1　近场网主要采用的技术

ZigBee	ZigBee
BLE	低功耗蓝牙
6LoWPAN	基于 IPv6 低功耗无线个人区域网
NFC	近场通信
UWB	超宽带通信

（续）

WSN	无线传感器网
WSAN	无线传感器与执行器网
WMSN	无线多媒体传感网
UWSN	水下无线传感网
WUSN	无线地下传感网
WNSN	无线纳米传感网
Fieldbus	现场总线
Industrial Ethernet	工业以太网
Industrial Wireless Networks	工业无线网

表 3-2　接入网采用的通信网络技术

Ethernet	以太网	NB-IoT	窄带物联网
ADSL	非对称数字用户线	5G	5G 移动通信网
HFC	光纤同轴电缆混合网	C-RAN	云无线接入网
Optical Fiber	光纤接入	H-CRAN	混合云无线接入网
ODN	光分布式网络	F-RAN	雾无线接入网
Wi-Fi	无线局域网		

3.2　有线接入技术

AIoT 有线接入网主要包括局域网、电话交换网、有线电视网、电力线、光纤与光纤传感网，以及现场总线或工业以太网等基本的类型。

3.2.1　局域网接入

以太网（Ethernet）是一种典型的局域网。Ethernet 技术成熟、应用广泛，性价比高，是固定节点接入 AIoT 时的首选技术，目前在全世界运行着几十亿个 Ethernet 节点。大量的校园网用户、企业网用户、办公室用户计算机是通过 Ethernet 接入 Internet 的，同样也会有大量 AIoT 智能终端设备，如 RFID 汇聚节点、WSN 的汇聚节点、工业控制设备、视频监控摄像头通过 Ethernet 接入 AIoT（如图 3-5 所示）。

Ethernet 技术优势表现在以下几个方面：

- Ethernet 的数据传输速率从 10Mbps 到 100 Gbps 不等，用户完全可以根据具体的应用需求，将对速率要求较高的设备通过 Ethernet 接入 AIoT 系统中。
- Ethernet 将共享介质方式改变为交换方式，接入节点可以独占链路带宽，不再需要采用传统的多节点争用带宽的 CSMA/CD 协议，提高了数据传输的实时性、降低了传输延时。

- Ethernet 节点与交换机连接的传输介质可以是非屏蔽双绞线，也可以是光纤，提高了接入的安全性、传输速率与数据传输的保密性。
- Ethernet 的覆盖范围小到十几厘米，大到几十千米，可以适应不同 AIoT 系统的应用需求。
- Ethernet 的应用已经从局域网向城域网、广域网扩展；光纤逐渐取代传统的双绞线，成为 Ethernet 中常用的一种传输介质；"高速 Ethernet+ 光纤 + 结构化布线"已经成为组建云数据中心网络的首选技术。Ethernet 可以覆盖 AIoT 从接入、汇聚、核心交换到云数据中心，为克服 AIoT 异构网络互联的难题提供了一种有效的解决方法。

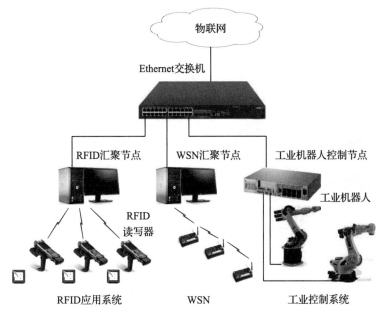

图 3-5　通过 Ethernet 接入 AIoT 示意图

3.2.2　电话交换网与 ADSL 接入

家庭用户计算机接入 Internet 最方便的方法是利用电话线路。电话的普及率很高，如果能够将用于语音通信的电话线路改造得既能够用于通话，又能用于上网，那是最理想的方法。数字用户线（Digital Subscriber Line，DSL）技术就是为了达到这个目的而对传统电话线路改造的产物。

数字用户线是指从用户到本地电话交换中心的电话线。用电话线实现通话与数据通信时可采用多种技术方案，如非对称数字用户线（Asymmetric DSL，ADSL）、高速数据用户线（High Speed DSL，HDSL）、甚高速数据用户线（Very High Speed DSL，VDSL）等，人们通常用前缀 x 来标识不同的数据用户线技术方案，统称为"xDSL"。

家庭用户主要是通过 ISP 从 Internet 下载文档，而向 Internet 发送信息的数据量不会很大。我们将从 Internet 下载文档的信道称为下行信道，将向 Internet 发送信息的信道称为上行信道，那么家庭用户需要的下行信道与上行信道的带宽是不对称的，因此 ADSL 技术很快就在把家庭计算机接入 Internet 中派上了用场。

随着 AIoT 智能家居与智能医疗应用的推进，人们发现：利用 ADSL 可以方便地将智能家居网关、智能家电、视频探头、智能医疗终端设备接入 AIoT。图 3-6 给出了智能家居网关通过 ADSL 接入 AIoT 的结构示意图。

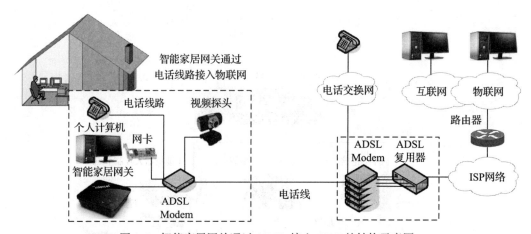

图 3-6　智能家居网关通过 ADSL 接入 AIoT 的结构示意图

ADSL 可以在现有的用户电话线上通过传统的电话交换网，以不干扰传统模拟电话业务为前提，同时提供高速数字业务。由于用户不需要重新铺设电缆，因此运营商在推广 ADSL 技术时对用户端的投资相当小，推广容易。利用已经广泛应用的 ADSL 技术将智能终端设备接入 AIoT 是一种经济、实用的方法。

3.2.3　有线电视网与 HFC 接入

与电话交换网一样，有线电视网（CATV）也是一种覆盖面、应用面较为广泛的传输网络，被视为解决 Internet 宽带接入"最后一公里"问题的最佳方案。

20 世纪六七十年代的有线电视网技术只能提供单向的广播业务，那时的网络以简单地共享同轴电缆的分支状或树形拓扑结构组建。随着交互式视频点播、数字电视技术的推广，用户点播与电视节目播放必须使用双向传输的信道，因此产业界对有线电视网进行了大规模的双向传输改造。光纤同轴电缆混合网（Hybrid Fiber Coax，HFC）就是在这样的背景下产生的。我国的有线电视网覆盖面很广,通过对有线电视网的双向传输改造,可以便捷地将很多的家庭宽带接入 Internet。因此,HFC 已成为一种极具竞争力的宽带接入技术。

图 3-7 给出了智能家居网关通过 HFC 接入 AIoT 的结构示意图。与 ADSL 一样,利用已经广泛应用的 HFC 技术将智能家居网关、智能家电、视频监控探头、智能医疗终端设备接入 AIoT,也是一种经济、实用的接入方法。

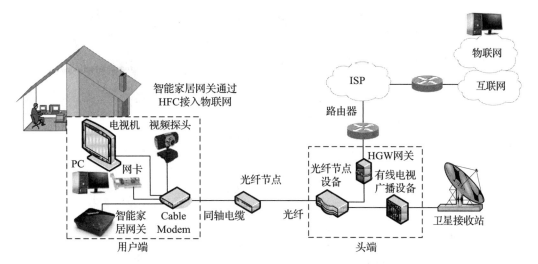

图 3-7　智能家居网关通过 HFC 接入 AIoT 的结构示意图

3.2.4　电力线接入

只要有电灯的地方就有电力线,电力线覆盖的范围已经远超过电话线,因此人们一直希望利用电力线实现数据传输,这项研究导致了电力线通信(Power Line Communication,PLC)技术的产生,并成为有线接入技术中一种重要的类型。

PLC 技术将发送端载有高频计算机、智能终端设备的数字信号的载波调制在低频交流电压信号上,接收端将载波信号解调出来,传送给接收端的计算机或控制终端。通过电力线联网的节点如图 3-8a 所示,通过 PLC 调制解调器、RJ45 电缆将计算机连接到 220V 电力线上。由于目前计算机、智能终端一般内置以太网网卡,因此很多 PLC 调制解调器设有 RJ45 端口,通过 Ethernet 的 10BASE-T 标准 RJ45 电缆线将联网计算机、智能终端与 PLC 调制解调器连接起来。

图 3-8b 给出了使用 PLC 组建家庭网络的结构示意图。一般情况下,把 PLC 连接节点的范围限制在家庭内部的电力线覆盖范围内,信号传输不超过电表与变压器,因此电力线也叫作室内电力线。图中电力线将各个房间中的计算机、AIoT 智能终端设备连接成一个

Ethernet 局域网。局域网内部的节点之间通过 220V 电力线通信。如果我们希望将家庭网络接入 Internet 或 AIoT，那么只需要往一个节点中接入 ADSL 调制解调器，通过电话线接入 ISP 网络即可。当然，也可以通过无线局域网、无线城域网或光纤端口接入 Internet 或 AIoT 中。如果计算机或智能终端设备需要用 220V 电压供电，则 ADSL 调制解调器可以提供一条 220V 电源线给接入设备供电。

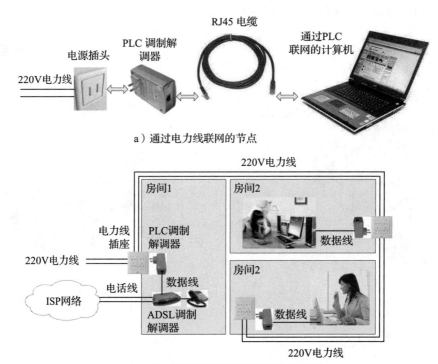

a) 通过电力线联网的节点

b) 使用电力线联网的家庭网络结构示意图

图 3-8　PLC 接入示意图

　　与 ADSL、HFC、光纤接入方法一样，利用 PLC 技术可以方便地将智能家居网关、智能家电、视频监控探头、智能医疗终端设备接入 AIoT，因此 PLC 也是经济、实用且很有发展前景的接入技术。

3.2.5　光纤与光纤传感网接入

1. 光纤接入

　　在讨论 ADSL 与 HFC 宽带接入方式时，我们已经了解到：用于远距离的传输介质已经都采用了光纤，只有邻近用户家庭、办公室的地方仍然使用着电话线或同轴电缆。人们意识到，光纤接入最终将取代电话线与同轴电缆接入。根据光纤深入地理位置的不同，光纤接入可以进一步分为：

- 光纤到家（Fiber To The Home，FTTH）
- 光纤到楼（Fiber To The Building，FTTB）
- 光纤到路边（Fiber To The Curb，FTTC）
- 光纤到节点（Fiber To The Node，FTTN）
- 光纤到办公室（Fiber To The Office，FTTO）

FTTH 是用一根光纤直接连接到家庭，省去了整个铜线设施（馈线、配线与引入线），增加了用户的可用带宽，减少了网络系统维护工作量。

FTTB 是用光纤直接连接到办公楼。使用 FTTB 不需要拨号，用户终端设备开机即可接入 Internet 与 AIoT，这种接入方式类似于专线接入。

FTTC 是一种基于优化 ADSL 技术的宽带接入方式。这种接入方式适合于小区家庭已经普遍使用 ADSL 的情况。FTTC 可以提高用户可用带宽，而不需要改变 ADSL 的使用方法。FTTC 一般采用小型的 ADSL 复用器 DSLAM，它们部署在电话分线盒的位置，一般覆盖 24 ～ 96 个用户。

FTTN 是将光纤延伸到 CATV 电缆交接盒，一般覆盖 200 ～ 300 用户。FTTN 比较适合用户比较分散的农场。

FTTO 是光纤直接连接到办公室，主要连接大量小型企业的用户。很显然，FTTO 接入不但能够提供更大的带宽，简化网络的安装与维护，而且能够快速引入各种新的业务。

2. 光纤传感网的基本概念

大跨度空间结构、超高层建筑、桥梁、大型水坝、核电站、海洋石油平台等大型建筑物的使用期限都长达几十年，甚至上百年。在此期间，由于环境荷载作用、疲劳效应、腐蚀效应和材料老化等因素，建筑物的结构不可避免地产生损伤，导致抵御自然灾害的能力下降，甚至引发灾难性的垮塌事故，造成重大的人员伤亡和经济损失。因此，我们需要对这些大型建筑物的结构、健康状况，如压力、应力、密度、电场、磁场等参数的空间分布与时间分布进行长期监测，并依据这些数据来分析建筑物的安全性。为了能够实时、准确地感知大型建筑物的不同位置、不同时间的物理量与场的分布，需要在不同的位置安置很多传感器。传统的无线传感网组建造价太高、维护困难，尤其不适用于易燃、易爆与有强电磁干扰的环境。人们自然会想到将光纤传感器与光纤传输网络技术结合起来，组成光纤传感网。

光纤传感网是用一根光纤把很多光纤传感器串联起来，这样很多光纤传感器就可以共用光源实现网络化的监测。如图 3-9 所示，光源将光线发送到光纤，光线沿着光纤向后端的传感光纤传送，当经过传感光纤时，被测场发生变化，光纤参数随之改变，引起光线的散射。散射光线经过光纤耦合器之后进入探测器，探测器将散射光线的强弱转换成被测场物理参数的变化值，这样就可以从整体上对被测对象的相关物理量的变化时间、位置进行监控。将分布式光纤传感器、信号处理系统、传输系统和执行器结构、智能控制系统相结合，形成一个基于光纤传感网的 AIoT 应用系统。

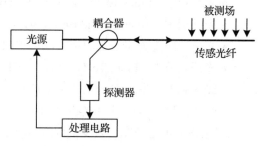

光纤传感网技术已经广泛应用于高层建筑、桥梁、大坝、航空航天、海洋石油平台、地下矿井、油田与环境监测等领域中，尤其适用于大型化工企业、储油系统的安全监控。

图 3-9 光纤传感器结构与原理示意图

3.3 近距离无线接入技术

近距离无线接入技术一般是指通信距离在几米到几十米，发射功率小于 100mW，具有低成本、低功耗通信特点的无线通信技术，它也是 AIoT 经常采用的接入技术之一。近距离无线接入技术主要包括 ZigBee、蓝牙、6LoWPAN 与 IEEE 802.15.4、WBAN 与 IEEE 802.15.6，以及 NFC 与 UWB 技术。

3.3.1 蓝牙技术与标准

1. 蓝牙研究背景

1994 年，Ericsson 看好移动电话与无线耳机的连接，以及笔记本计算机与鼠标、键盘、打印机、投影仪的无线连接，对于近距离的无线连接技术产生兴趣。1997 年，Ericsson 开始就该项技术与移动设备制造商接触，寻求合作。

1998 年 5 月，Ericsson、IBM、Intel、Nokia 和 Toshiba 五家公司联合发起开发一个短距离、低功耗、低成本通信标准和技术的倡议，并将它命名为"蓝牙"（Bluetooth）无线通信技术。

1999 年 5 月，这五家公司成立了蓝牙技术"特殊兴趣小组（SIG）"，即蓝牙联盟的前身。Intel 公司负责蓝牙芯片和传输软件的开发，Ericsson 公司负责无线射频与移动电话软件的开发，IBM 与 Toshiba 公司负责笔记本计算机接口标准的开发。

1999 年底，Microsoft、Motorola、Samsung、Lucent 与 SIG 共同发起了"通过蓝牙通信"活动。

2000 年，参与推广活动的公司达到 1500 家，在全球范围掀起了一股"蓝牙"应用热潮，开发出大批用于笔记本计算机与键盘、鼠标，以及智能手机、PDA、数码相机、摄像机之间无线通信的产品。现在我们周边的计算机外设几乎都在使用蓝牙通信技术。

2. 低功耗蓝牙技术特点

低功耗蓝牙（BLE）可以与其他设备建立"一对多"的拓扑，通过广播方式，向在无线信号覆盖范围内的任何其他节点设备发送数据。利用 BLE 技术组建的智能家居网络结构如图 3-10 所示。

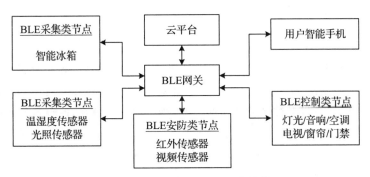

图 3-10　智能家居 BLE 网络结构

蓝牙 MESH 是在低功耗蓝牙的基础上，进一步在设备之间建立"多对多"的关系，通过中间节点的中继，使得可以把数据传送到广播方式不能覆盖的远端设备，通信范围得到极大的拓展。蓝牙 MESH 协议定义了 4 种功能：转发、代理、低功耗与朋友。

（1）转发功能

具有转发功能的节点称为转发节点。转发节点在接收到一条消息时就转发出去，以扩大 MESH 网络覆盖的范围。

（2）代理功能

为了兼容使用旧蓝牙标准的设备（如手机，不支持 BLE 广播包)，具有代理功能的设备可以与旧设备建立低功耗蓝牙 GATT 连接，在 MESH 广播包与 MESH GATT 连接数据包之间进行转换。具有代理功能的节点称为代理节点。

（3）低功耗功能

支持低功耗功能的节点称为低功耗节点。低功耗功能在朋友节点的配合下，让低功耗节点接入，来有效地降低设备耗能，延长设备使用时间。

（4）朋友功能

支持朋友功能的节点称为朋友节点。朋友节点帮助其他低功耗节点缓存数据。

在蓝牙 MESH 网络中，每个节点可以有选择地支持 4 种功能中的一种或几种，每种功能都能够设置为静止或启动状态。蓝牙 MESH 在 BLE 的基础上，通过在设备之间建立"多对多"关系，拓展通信范围，增强设备组网的灵活性，适应 AIoT 低功耗、低成本、多类节点接入、灵活组网的应用需求，成为 AIoT 的重要接入网类型之一。

蓝牙通信使用免于申请的 ISM 频段（2.4GHz）。早期的蓝牙技术主要用于 PC、手机与无线键盘、无线鼠标、无线耳机、MP3 播放器、无线投影仪（笔）、无线音箱的接入。目前新版本的蓝牙通信主要考虑 AIoT 低功耗、低成本、大规模接入的应用需求，尤其适用于智慧家居、智慧医疗、智慧城市等应用场景。

3.3.2　ZigBee 技术与标准

1. ZigBee 研究背景

ZigBee 是一种基于 IEEE 802.15.4 标准的低速率、低功耗、低价格的无线网络技术。在 2001 年 8 月成立 ZigBee 联盟时，目标是针对蓝牙通信不适应工业自动化应用的问题，研究一种面向工业自动控制的低功耗、低成本、高可靠性的近距离无线通信技术。目前，ZigBee 已作为近距离、低复杂度、自组织、低功耗、低数据速率的无线接入技术，以 M2M 方式应用于智慧农业、智能交通、智能家居、智慧城市、工业自动化等领域。

ZigBee 技术的发展经历了以下的过程。

- 2001 年，ZigBee 联盟成立。
- 2005 年，ZigBee V.1.0 规范发布。
- 2007 年，ZigBee V.1.1 规范发布。
- 2008 年，ZigBee V.1.2 规范发布。

了解 ZigBee 技术发展过程，需要注意以下几点：

第一，2009 年，ZigBee 开始采用 IETF 的 6LoWPAN 标准作为新一代智能电网 Smart Energy（SEP 3.0）的标准，致力于实现全球统一的、易于与 Internet 集成的网络，实现"端 – 端"通信。

第二，ZigBee 的诞生是面向工业自动控制需求的，但是随着 AIoT 的发展，ZigBee 联盟陆续发布了面向不同应用领域的 ZigBee 应用层协议标准：

- 面向智能家居（ZigBee Home Automation，ZigBee HA）标准。
- 面向照明链路（ZigBee Light Link，ZigBee LL）标准。
- 面向智能建筑（ZigBee Building Automation，ZigBee BA）标准。
- 面向智能零售（ZigBee Retail Services，ZigBee RS）标准。
- 面向智能健康（ZigBee Health Care，ZigBee HC）标准。
- 面向智能通信（ZigBee Telecommunication Services，ZigBee TS）标准。

第三，早期版本的 ZigBee 标准不完善，给了 ZigBee 设备制造商太多的选择。这也造成在使用 ZigBee 规范最多的智能家居中，网关制造商使用的是 ZigBee HA 标准，而设备制造商使用的是早期 ZigBee 规范版本，可能导致设备制造商生产的产品不能接入网关制造商生产的网关。2016 年 5 月，ZigBee 联盟提出了 ZigBee 3.0 标准，主要目的就是统一应用层协议标准，解决 ZigBee 设备的发现、接入与组网问题。这样，用户购买符合

ZigBee 3.0 标准的智能家居产品就能方便地接入 ZigBee 3.0 网关。

2. ZigBee 主要技术指标

以下为 ZigBee 的主要指标。

- 低速率：数据传输速率为 10 ～ 250 kbps，满足低速率数据传输的应用需求。
- 低功耗：发射信号功率仅为 1mW，而且采用了休眠模式，在低耗电待机模式下，两节 5 号电池就可以维持 ZigBee 节点 6 ～ 24 个月。
- 低成本：由于 ZigBee 使用的无线频段是免于申请的，ZigBee 技术也不收取专利费，因此 ZigBee 模块的成本相对比较低。
- 低延时：通信延时和从休眠状态激活的延时都非常短，典型的设备发现延时约为 30ms，休眠激活的延时约为 15ms，设备接入信道的延时约为 15ms。因此 ZigBee 适用于对实时性要求高的工业控制应用场景。
- 组网灵活：一个星形结构的 ZigBee 网络最多可以容纳 254 个从设备和一个主设备；一个区域内可以同时存在的 ZigBee 网络最多为 100 个，组网灵活。
- 安全性好：ZigBee 通过 CRC 校验方式来检查数据包的完整性与传输的正确性；采用了 AES-128 加密算法，支持鉴权和认证，系统安全性较高。

3.3.3　6LoWPAN 与 IEEE 802.15.4 标准

1. 6LoWPAN 研究背景

2002 年 IEEE 成立了 802.15 工作组，专门从事无线个人区域网（Wireless Personal Area Network，WPAN）的标准化工作，任务是开发一套适用于短程无线通信的标准。随着 IPv4 地址的耗尽，由 IPv6 替代 IPv4 已是大势所趋。AIoT 技术的发展将进一步推动 IPv6 的部署与应用。

2004 年，IETF 成立低功耗无线个人区域网（Low-Power WPAN，LoWPAN）工作组，将 IPv6 集成到以 IEEE 802.15.4 为底层协议的 WPAN 中。IETF 的基于 IPv6 的低功耗无线个人区域网（IPv6 over 6LoWPAN，6LoWPAN）工作组致力于利用 IEEE 802.15.4 链路支持 IPv6 通信，同时遵守 Internet 开放的标准，与其他 IP 设备实现互联、互通与互操作。

2. 6LoWPAN 协议层次结构

图 3-11 给出了 TCP/IP 与 6LoWPAN 的协议层次比较。其中，图 3-11a 是计算机网络层次结构，图 3-11b 是 TCP/IP 层次结构，图 3-11c 是 6LoWPAN 层次结构。通过比较可以看出，6LoWPAN 在 IEEE 802.15.4 的 MAC 层与网络层之间加入 6LoWPAN 协议，作为数据链路层与网络层之间的适配层，同时在传输层采用精简 TCP/UDP 协议。

6LoWPAN 将 IEEE 802.15.4 与 IPv6 结合起来可得到的好处主要是：IPv6 巨大的地址

空间可以满足 6LoWPAN 应用对网络地址的需求，使得 6LoWPAN 的网络设计、构建与运行变得更容易。为了实现 IPv6 over IEEE 802.15.4 标准，必须解决以下几个问题。

第一，需要解决 IEEE 802.15.4 字节长度与 IPv6 地址长度间的矛盾。IEEE 802.15.4 数据包无法容下 IPv6 的地址、报头和数据，因此必须设计出精简的 IPv6 报文结构。

应用层	应用层协议	应用层协议
传输层	标准TCP/UDP协议	精简TCP/UDP协议
网络层	IPv6协议	IPv6协议
		6LoWPAN协议
MAC层	MAC层协议	802.15.4 MAC层协议
物理层	物理层协议	802.15.4物理层协议
a）层次结构	b）标准的TCP/IP层次结构	c）6LoWPAN层次结构

图 3-11　TCP/IP 与 6LoWPAN 的协议层次比较

第二，需要解决 6LoWPAN 追求简捷与 IPv6 相对复杂间的矛盾。6LoWPAN 作为数据链路层与网络层之间的适配层，加到 802.15.4 的 MAC 层协议与网络层的 IPv6 之间。

第三，UNIX 操作系统中的 TCP/IP 协议栈有上万行的代码，系统开销大，而基于 6LoWPAN 协议的 AIoT 应用系统的感知节点无法支持复杂的传输层 TCP/UDP 协议，因此需要在传输层使用"精简 TCP/UDP"（Simple TCP/UDP）协议，使 AIoT 感知节点用简单的微处理器与存储空间，就能够运行该协议，并且能与运行标准 TCP/IP 的节点通信。

2011 年 1 月，IETF 成立了轻量级 IP（Light-Weight IP，LWIP）工作组，以研究一个精简的 TCP/IP 标准。目前，已经有 uC/IP、TinyTCP、LwIP、uIP 等研究成果，例如，uC/IP 是一种基于 uC/OS 的开源 TCP/IP，代码大小约为 30 ～ 60kB。

3. 6LoWPAN 应用领域

IEEE 802.15.4 与蓝牙技术相似，二者都是应用于 WPAN 领域。与蓝牙技术相比，IEEE 802.15.4 突出的一点是：面向 6LoWPAN 的 IEEE 802.15.4 在设计上更能够合理优化能源的使用，而蓝牙的能耗与移动电话类似，需要定期充电。对于 IEEE 802.15.4 设备来说，一块普通电池的使用寿命可以达到 2 年或更长的时间。

IEEE 802.15.4 的早期用户主要是高端工业用户，这是由于 IEEE 802.15.4 更适用于工业控制、远程监控和楼宇自动化领域。近年来，随着 IEEE 802.15.4 低造价、低功耗、低能耗的优点展现，它的应用市场逐渐转向消费者和家庭用户，被大量用于家庭自动化、安全监控和交互式玩具。

对于工业 AIoT 应用来说，主要是面临传感器、执行器与移动终端设备的接入问题。在这类应用中，IEEE 802.15.4 的低复杂度、低成本、低功耗、低速率、灵活组网等特点能够得到充分发挥，具备明显的优势。

IEEE 802.15.4 的另一个重要应用领域是智能农业。精准农业应用现场需要将数量众多的嵌入传感器的 6LoWPAN 设备组成网状网络。传感器采集广袤地区的环境信息（如土地湿度、氮浓缩量和土壤的 pH 值），并通过 6LoWPAN 将这些信息传送到数据中心；数据中心在分析、处理之后形成反馈控制指令，并通过 6LoWPAN 将指令发送到分布在不同位置的执行器，然后执行器执行控制指令。

IEEE 802.15.4 也适用于智能环境保护应用，特别是工厂废水、废气排放口的实时监测控制。在每个排放口安装相应的传感器，可以监控污染源，把实时采集的样本数据通过 6LoWPAN 汇聚到数据处理中心进行分析，以便实时掌握不同位置的污染情况，查找污染源，及时处置环境污染问题。

IEEE 802.15.4 的低成本、低功耗、低速率、组网灵活的特点，决定了它在消费 AIoT 与智能家居领域中有巨大的应用潜能。一个家庭网络安装 100～150 个 6LoWPAN 节点，很容易就能构建一个星形或簇形拓扑的 6LoWPAN 网络。

目前，IEEE 802.15.4 工作组将注意力集中在基于 6LoWPAN 协议的应用规范制定上。

3.3.4　WBAN 与 IEEE 802.15.6 标准

1. WBAN 研究背景

作为近距离无线通信方式，虽然已经存在个人区域网（PAN）的概念，但是针对医疗及保健的应用，仅限人体周边更短距离的应用有其特殊性。随着 AIoT 在医疗健康、疾病监控和预防中的应用越来越广泛，对由可穿戴设备与植入人体内的生物传感器组成的人体区域网（Body Area Network，BAN）的研究兴起。由于 BAN 节点之间通过无线信道通信，因此又称为无线人体区域网（WBAN）。

WBAN 研究的热点是无线人体区域传感网（Wireless Body Area Sensor Network，WBASN）与生物医疗传感网（Biomedical Sensor Network，BSN）。

WBAN 是以人体为中心的，将与人体相关的设备（个人终端设备、可穿戴计算设备、分布在人体表面或植入人体的传感器），以及人体附近 3～5m 范围内的通信设备互联，为个人医疗、保健、娱乐在任何时间、任何地点，以任何方式提供具有可移动、上下文感知、实时性、智能化与个性化特点的服务，进一步向实现普适计算方向演进。

医疗类 WBAN 应用需要持续不断地采集人体的重要生理信息（如体温、脉搏、血压、血糖等参数）、人体活动或动作信号，以及人体所在环境信息，并通过无线信道传送这些信息到医疗健康控制中心去分析、处理，为医护人员确定被监控者的健康状况、病情提供数据支持，有效避免患者突发心脑疾病，以及实现对各种慢性病患者的病情监测。

WBAN 主要应用在人体的周边，这就决定了 WBAN 与传统的 WSN 有着不同的设计目标。

第一，节点小：节点的大小、体积、形状与重量直接影响用户的舒适性。节点越小、越轻，对人使用时的限制就越少，使用者的服务体验质量（QoE）就会越好。

第二，功耗低：决定 WBAN 生命周期的重要因素之一是电池使用时间。对于小型的节点，尤其是植入式节点，如果需要频繁更换电池或经常给电池充电，那显然是不可取的。如何降低节点的功耗是 WBAN 必须解决的难题。

第三，可靠性高：WBAN 应用主要集中在医疗保健领域，在 WBAN 中传输的人体生理状态数据，关系到医生对患者的健康状态判断与疾病诊断，这就要求 WBAN 具备很高的实时性、可靠性、可用性与可信性。

第四，安全性高：WBAN 网络和节点必须具备高度的安全性，能够主动抵御黑客的攻击，保护患者生命安全，防止个人隐私的泄露。

第五，高度智能：可穿戴计算设备、植入人体的传感器及 WBAN 网络具有高度的智能性。但是，节点与网络系统的智能化程度越高，软件就越复杂，对 WBAN 的计算、存储与网络通信资源的要求就越高，这与节点的体积、重量、耗电要求是矛盾的。如何权衡这些因素是 WBAN 系统设计中又一个困难的问题。

2007 年，IEEE 802.15 工作组 TG6 开始就 WBAN 及通信标准进行研究。WBAN 研究希望为健康医疗监控应用提供一个集成硬件、软件的无线通信平台，特别强调要适应可穿戴与可植入的生物传感器的尺寸，以及低功耗的无线通信要求。2012 年 3 月，IEEE 正式批准了 WBAN 标准，即 IEEE 802.15.6。

2. IEEE 802.15.6 协议

（1）基本概念

IEEE 802.15.6 标准制定了传输速率最高为 10Mbps、传输距离最长为 1m 的无线传输技术，可以取代蓝牙与 ZigBee 等标准。

为了满足低功耗、低延时的需求，IEEE 802.15.6 重新定义了物理层（PHY）与 MAC 层。其中，物理层定义了窄带（NarrowBand，NB）物理层、超宽带（Ultra-WideBand，UWB）物理层与人体通信（Human Body Communications，HBC）物理层。

MAC 层定义了信道接入控制协议，以时间为基准进行资源分配，中心点 Hub 将时间轴（即信道）划分为一系列超帧。为了提供高安全级的网络访问，标准定义了三个级别的安全等级：非安全通信、只认证类通信、认证与加密类通信。

（2）物理层协议

从医疗健康应用的角度出发，WBAN 需要分配两类频段：医疗植入通信服务（MICS）频段与无线医疗遥测服务（WMTS）频段。无论 MICS 还是 WMTS 频段，都不支持高数据速率的应用。由于 IEEE 802.11 与 IEEE 802.15.4 都工作在 ISM 频段，使用这个频段的现有无线设备已经很多，很容易相互干扰。因此，IEEE 802.15.6 定义了 3 个新的物理层协议：NB、UWB 与 HBC。它们工作在不同的频段，适用于不同的应用场景。

3. WBAN 的应用领域

除了应用于医疗保健与疾病监控之外，IEEE 802.15.6 也可以用于日常生活中的便携播放器与无线耳机等人体身边便携式装置之间的通信，以及消防、探险、军事等特殊场合的应用。图 3-12 给出了 WBAN 概念与应用场景示意图。

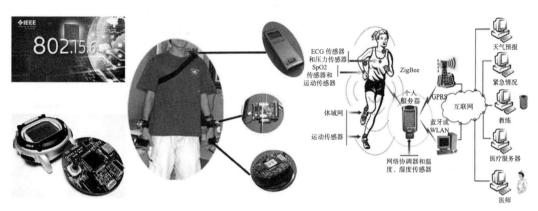

图 3-12　WBAN 概念与应用场景示意图

IEEE 802.15.6 协议主要用于以下几个方面。

第一，医疗保健：在人体运动过程中的自然状态下，由不同的人体参数传感器实时、连续、远程地获取运动员、老年人、慢性病患者的脉搏、心电图、血压、血糖、心音、血氧饱和度、体温、呼吸、位置、周边环境、移动速度、体位改变等数据，并通过无线信道传送给保健中心，由医生对数据进行分析，达到智能诊断、远程监控的目的。

第二，无线接入：智能可穿戴设备、残障人士辅助设备、个人身份识别标签的接入，以及日常生活中便携播放器与无线耳机等人体身边便携式装置之间的通信。

第三，军事、天空应用：智能服装、智能战士随身装备、太空环境的宇航员，以及消防员、探险员的身体状态监控的传感器接入与组网。

3.3.5　NFC 技术与标准

1. NFC 技术发展

近场通信（Near Field Communication，NFC）是一种近距离、非接触式的无线通信方式。NFC 的设计目标并不是要取代蓝牙、ZigBee 等其他近距离无线通信技术，而是要与这些技术在不同场合和不同应用领域起到相互补充的作用。目前，研究 NFC 的国际标准组织是 ISO/IEC，制定的通信协议标准是 ISO 18000-3。

NFC 是一种在十几厘米的范围内实现无线数据传输的技术。它融合了非接触式 RFID 射频识别和无线互联技术，在单一芯片上集成了非接触式读卡器、非接触式智能卡和

"点 – 点"通信功能。NFC 可用于快速建立各种设备之间的无线连接，同时也可以起到虚拟连接器的作用。使用者手持 NFC 手机或 PDA 等个人便携式终端，在十几厘米的短距离内不用登录网络系统，就能与任何电子设备以简便、安全的方式进行设备之间的无线通信，实现简便、安全的信息交互及移动电子商务功能。同时，NFC 能够通过附近的 2 个设备，设置蓝牙与 IEEE 802.11 协议，使设备能在更远的距离内以更高的速率传输数据。

NFC 在单芯片上建立一个开放式的平台，既可以快速地构建无线自组网，又可以作为使用移动通信、蓝牙或 IEEE 802.11 等协议的现有设备的虚拟连接器。因此，除了数据传输功能之外，NFC 还可以建立网络，实现购物、旅游、娱乐中的电子消费、电子票证、电子钱包等功能，其应用将大大超出智能卡的范畴，为网络服务带来革命性的变化。

2. NFC 技术特点

NFC 技术主要有以下几个特点。

1）传输速率：NFC 工作在 13.56MHz 频段，支持有源和无源这两种传输模式，传输速率为 106kbps ～ 6780kbps。NFC 设备在传输数据时必须选择传输模式和传输速率。在数据传输过程中，选定的传输模式和传输速率不能改变。

2）调制方式：在 NFC 标准中，对于传输速率小于 424kbps 的低速传输，采用振幅键控（ASK）调制技术；对于传输速率大于 424kbps 的高速传输，没有做出具体的调制技术规定。

3）防冲突机制：为了防止干扰正在工作的其他 NFC 设备，包括工作在此频段的其他电子设备，任何 NFC 设备在呼叫之前，要进行系统初始化以检测周围的射频场。当周围 NFC 频段的射频场小于规定的门限值（0.1875A/m）时，NFC 设备才能呼叫。如果在 NFC 射频场的范围内有 2 台以上 NFC 设备同时开机，则需要采用单用户检测来保证 NFC 设备"点 – 点"通信的正常进行。单用户识别通过检测 NFC 设备识别码或信号时隙来实现。

3. NFC 应用领域

作为一种近距离无线通信技术，NFC 具有功耗低、安全性高的特点，传输速率一般能够满足两个设备之间"点 – 点"信息交换、内容访问和服务交互的需求。拥有 NFC 功能的电子设备可以通过无线信号自动读取 RFID 标签的数据。

目前，NFC 技术的应用可以分为 4 种基本类型。

- 接触通过：如门禁管理、车票和门票等，使用者仅需携带储存着票证或门控密码的移动设备靠近读取装置。
- 接触确认：如移动支付，用户输入密码或接受交易，确认此次交易行为。
- 接触连接：两个内建 NFC 的装置相连，进行"点 – 点"数据传输，下载音乐、传输图片、交换或同步通信簿等。
- 接触浏览：消费者浏览一个 NFC 设备，就能够了解其提供的服务功能。

目前，研究人员正在研究如何用 NFC 控制手机，例如自动将手机设置为静音模式、启动时间记录功能、切换 PIN 锁模式，以及快速实现无线网络的配置等。例如，管理人员可以在会议室门口贴上一块 NFC 标签，进入会场的人将手机靠近标签，手机就会自动进入静音状态；在车辆的仪表盘处贴上一块 NFC 标签，驾驶员将手机靠近标签，手机就会自动启动导航或语音播放功能。

3.3.6　UWB 技术与标准

1. UWB 技术发展

超宽带（Ultra Wide Band，UWB）是一种利用纳米至微米级的非正弦波窄脉冲传输数据的无线通信技术。UWB 并不是一种新的技术，但是它所占的频谱范围很宽，有较高的研究价值，目前已成为无线通信领域研究的一个热点。

UWB 技术的基本思想可以追溯到 20 世纪 40 年代。随着人们对电磁波研究的深入，1942 年就已经出现有关随机脉冲系统的专利，这也是 UWB 技术发展的基础。到 20 世纪 60 年代，美国军方已经将 UWB 技术用于雷达、定位和通信系统中。最初的 UWB 技术不使用载波，而是利用纳米到皮米级（10^{-12}m）的非正弦波窄脉冲来传输数据。当时，UWB 主要利用占频带极宽的超短基带脉冲进行通信，因此又被称为"基带""无载波"或"脉冲"系统。到 20 世纪 80 年代后期，该技术开始被称为"无载波"无线电或脉冲无线电。1989 年，美国国防部首次使用了术语"超宽带"。

由于 UWB 采用"超宽带"技术，发射端可以将微弱的脉冲信号分散到宽阔的频带上，输出功率甚至低于普通设备的噪声，因此 UWB 具有较强的抗干扰性。UWB 可以支持很高的数据速率，从每秒几千万比特到每秒几亿比特，而且发射功率小、耗电少。

目前，UWB PHY 层和 MAC 层的标准化工作主要由 IEEE 802.15.3a 和 IEEE 802.15.4a 工作组负责。其中，IEEE 802.15.3a 工作组制定高速 UWB 标准，IEEE802.15.4a 工作组制定低速 UWB 标准。

2. UWB 技术特点

UWB 的技术特点主要表现在以下几个方面。

1）安全性高：由于 UWB 无线电的射频带宽可达 1GHz 以上，所需的平均功率很小，因此信号隐蔽在环境噪声和其他信号中，难以被检测。对于一般的通信系统来说，UWB 信号相当于白噪声信号。在大多数的情况下，UWB 信号的功率谱密度低于自然的电子噪声。从电子噪声中检测出脉冲信号是一件非常困难的事。

2）处理增益高：UWB 无线电的处理增益主要取决于脉冲的占空比和发送每个比特所需的脉冲数，可以获得比目前实际的扩谱系统高出很多的处理增益。

3）多径分辨能力强：常规无线通信的射频信号大多为连续信号或持续时间大于多径传播时间的信号，多径传播效应限制了通信质量和数据传输速率。由于 UWB 发射的是持续时间极短的单周期脉冲，并且其占空比极低，因此多径信号在时间上是可分离的。

4）传输速率高：在民用环境中，UWB信号的传输范围为10m，传输速率可以达到500Mbps。UWB以非常宽的频率带宽来换取高速的数据传输，并且不单独占用已拥挤不堪的频率资源，而是共享其他无线技术使用的频带。因此，UWB是实现个人通信和无线接入的理想技术。

5）系统容量大：由于UWB系统具有很高的处理增益，并且有很强的多径分辨能力，因此UWB系统的用户数量大大多于4G系统。

6）抗干扰性能强：UWB信号具有很强的穿透树叶和障碍物的能力，有望用于填补常规的超短波信号在丛林中不能有效传播的空白。与IEEE 802.11a、IEEE 802.11b及蓝牙技术相比，在同等的传输速率条件下，UWB具有更强的抗干扰性。

7）功耗低：UWB系统使用间歇的脉冲来发送数据，脉冲持续时间很短，一般在0.20～1.5ns之间，有很低的占空比，系统功耗很低。在高速通信时，系统功耗仅为几百微瓦至几十毫瓦。民用UWB设备的功耗通常是移动电话的1/100、蓝牙设备的1/20。

8）定位精确：采用UWB通信可以将定位与通信合而为一。UWB信号具有极强的穿透能力，可以在室内和地下进行精确定位，其定位精度可以达到厘米级。

3. UWB应用领域

UWB的应用主要集中在以下几个方面。

（1）无线个人区域网

UWB可以在限定的范围（如4m）内，以很高的传输速率（如480Mbps）与很低的功耗（200μW）传输信息。蓝牙的传输速率为1Mbps时，功耗需要1mW。因此，UWB能够通过无线方式快速传输照片、文件、视频等数据。

（2）智能交通应用

除了高速和低功耗的特点之外，UWB还具有精确定位和搜索能力。汽车使用基于UWB的定位和搜索功能的防碰撞与防障碍物雷达，在车的前方、后方、旁边有障碍物时，雷达将向司机发出预警。利用UWB可以建立智能交通管理系统，由若干个站台设备和一些车载设备组成无线通信网，两种设备之间通过UWB进行通信，实现不停车自动收费、汽车定位、速度测量、道路信息获取、行驶建议提出等功能。

（3）传感器联网

UWB是一个低成本、低功耗的无线通信技术。这点使得UWB适用于无线传感网。在大多数的应用中，传感器被用在特定的局部范围内。传感器之间通过UWB无线通信来组网。由于UWB通信是低功耗的，可避免传感器节点频繁更换电池，延长无线传感网生存时间，降低系统维护的工作量与成本，因此UWB是无线传感网通信技术的合适候选者。

（4）成像应用

由于具有良好的穿透墙和楼层的能力，UWB信号可以应用于成像系统。利用UWB技术可以制造穿墙雷达和穿地雷达。基于 UWB 的穿墙雷达可用于战场和警察的防暴行动，协助定位墙后和角落的敌人。基于 UWB 的穿地雷达可用于探测矿产，以及在地震或其他灾难后搜寻幸存者。基于 UWB 信号的这种特点，也可以研究出具有与 X 射线同等功能的新型医学成像系统。

（5）军事应用

在军事方面，UWB 已被用于实现超保密的通信系统，构建实战传感网来接入和定位每个战士。另外，基于 UWB 的穿地雷达能够进行地雷探测。

显然，UWB 由于具有安全性高、无线信号穿透能力强、传输速率快、系统容量大、抗干扰能力强、定位精确、功耗低、造价低等优点，因此在 AIoT 及其接入中有广阔的应用前景，被评价为下一代无线通信的关键技术之一，具有很高的研究价值。

3.4　Wi-Fi 接入技术

3.4.1　Wi-Fi 研究的背景

无线局域网（Wireless LAN，WLAN）又称为无线以太网（Wireless Ethernet），它是支撑移动计算与 AIoT 发展的关键技术之一。WLAN 以微波、激光与红外线等无线信道作为传输介质，代替传统局域网中的同轴电缆、双绞线与光纤，实现 WLAN 的物理层与 MAC 子层功能。

在讨论 Wi-Fi 技术之前，首先要了解工业、科学与医学机构使用的 ISM（Industrial Scientific Medical）。为了维护无线通信的有序性，防止不同通信系统之间产生干扰，世界各国都要求无线电频段的使用者向政府管理部门申请特定的频段，获得批准后才可以使用。同时，国际电信联盟无线通信局 ITU-R 要求世界各国专门划出免申请的 ISM 频段，即专门开放某一些频段给工业、科学和医学机构使用。ISM 频道的划分如图 3-13 所示。原则上用户不需要申请许可证，只需要限制发射功率（一般低于 1W），并且不要对其他频段造成干扰就可以免费使用 ISM 规定的频段。Wi-Fi 使用的就是 ISM 频段。

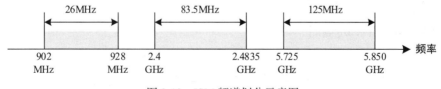

图 3-13　ISM 频道划分示意图

1997 年，IEEE 公布了无线局域网标准——IEEE 802.11。由于标准在实现的技术细节上不可能规定得很周全，因此不同厂商设计和生产的 WLAN 产品将会出现不兼容的问题。针对这个问题，1999 年 8 月 350 家业界主要成员（如 Cisco、Intel、Apple 等）成立了致力于推广 IEEE 802.11 标准的 Wi-Fi 联盟（Wi-Fi Alliance，WFA）。其中，术语"Wi-Fi"或"WiFi"（Wireless Fidelity）涵盖着"无线兼容性认证"的含义。Wi-Fi 联盟是一个非营利的组织，授权在 8 个国家建立了 14 个独立的测试实验室，对不同厂商生产的 IEEE 802.11 标准的网络设备，以及采用 IEEE 802.11 无线接口的笔记本计算机、Pad、智能手机、照相机、电视、RFID 读写器进行互操作性测试，以解决不同厂商设备之间的兼容性问题。凡是通过测试的网络设备都可以被贴上"Wi-Fi CERTIFIED"标记。尽管"Wi-Fi"只是厂商联盟在推广 IEEE 802.11 标准时使用的标记，但是人们已经习惯将"Wi-Fi"作为 IEEE 802.11 无线局域网的名称，将 Wi-Fi"接入点"（Access Point, AP）设备称为无线基站（base station）或无线"热点"（hot spot），将由多个无线热点覆盖的区域称为"热区"（hot zone）。

接入无线局域网的节点称为无线工作站或无线主机（wireless host）。无线主机可以是移动的，也可以是固定的；可以是台式计算机、笔记本计算机、Pad，也可以是智能手机、家用电器、可穿戴计算设备、智能机器人或 AIoT 移动终端等设备。

人们自然会提出一个问题：既然有覆盖范围广泛的 3G/4G/5G 蜂窝移动通信网，那为什么还要发展无线局域网 Wi-Fi 呢？回答很简单：电信业为了获得移动通信网服务的资质，需要花费大笔的资金购买 3G/4G/5G 频谱的使用权，所以移动通信运营商需要采用收费的商业运营模式。

正是由于 Wi-Fi 选用了 ISM 频段，因此它可以为广大移动用户提供免费接入 Internet 的服务，Wi-Fi 已经成为与"水、电、气、路"相提并论的"第五类社会公共设施"。Wi-Fi 的覆盖范围已经成为我国"无线城市"与"智慧城市"建设的重要考核指标之一，自然也是 AIoT 无线接入的重要技术手段之一。

3.4.2 IEEE 802.11 协议标准

1. IEEE 802.11 标准

1997 年 6 月，IEEE 公布了第一个 WLAN 标准（IEEE Std.802.11-1997），之后出现的其他 WLAN 标准都是以它为基础修订的。IEEE 802.11 标准定义了 ISM 的 2.4GHz 频段、速率为 2Mbps 的无线局域网物理层与 MAC 层协议。

2. IEEE 802.11a/b/g 标准

此后，IEEE 又陆续成立了新的任务组，对 802.11 标准进行补充和扩展。1999 年出现了 IEEE 802.11a 标准，采用 5GHz 频段，数据传输速率为 54Mbps；出现了 IEEE 802.11b 标准，采用 2.4GHz 频段，数据传输速率为 11Mbps。由于 802.11a 的产品造价比 802.11b 高出很多，同时 802.11a 与 802.11b 产品不兼容，因此 2003 年 IEEE 公布了 802.11g 标准。IEEE 802.11g 标准采用与 802.11b 相同的 2.4GHz 频段，且速率提高到 54Mbps。当用户从 IEEE 802.11b 过渡到 802.11g 时，只需要购买 802.11g 的接入点设备，原有的 802.11b 无线网卡仍然可以使用。由于 IEEE 802.11g 与 802.11b 兼容，又能够提供与 802.11a 相同的速率，并且造价比 802.11a 低，这就迫使 802.11a 的产品逐渐淡出市场。

3. IEEE 802.11n 标准

尽管从 802.11b 过渡到 802.11g 已经是 Wi-Fi 带宽的"升级"，但是 Wi-Fi 仍然需要解决带宽不够、覆盖范围小、漫游不便、网管不强、安全性不好等问题。2009 年发布的 IEEE 802.11n 标准对于 Wi-Fi 来说是一次"换代"。

IEEE 802.11n 标准具有以下几个特点。

- IEEE 802.11n 工作在 2.4GHz 与 5GHz 两个频段，速率最高可达到 600Mbps。
- IEEE 802.11n 采用了智能天线技术，通过多组独立的天线组成天线阵列，可以动态地调整天线的方向图，达到减少噪声干扰、提高无线信号的稳定性、扩大覆盖范围的目的。一台 802.11n 接入点的覆盖范围可以达到几平方公里。
- IEEE 802.11n 采取了软件无线电技术，解决了不同的工作频段、信号调制方式带来的系统不兼容问题。IEEE 802.11n 不但能与 802.11a/b/g 标准兼容，而且可以实现与无线城域网 IEEE 802.16 标准的兼容。

正是由于 IEEE 802.11n 具有以上特点，因此它已经成为"无线城市"建设中的首选技术，并且大量应用于家庭与办公室环境中。

4. IEEE 802.11ac 与 802.11ad 标准

IEEE 802.11ac 与 802.11ad 修正草案被称为"千兆 Wi-Fi 标准"。其中，2011 年发布的 802.11ac 草案是工作频段为 5GHz、传输速率为 1Gbps 的 Wi-Fi 标准。2012 年发布的 802.11ad 草案抛弃了拥挤的 2.4GHz 与 5GHz 频段，定义了工作频段在 60GHz、传输速率为 7Gbps 的 Wi-Fi 标准。这些技术都考虑与 802.11a/b/g/n 标准兼容的问题。由于 IEEE 802.11ad 使用的工作频段在 60GHz，因此其信号覆盖范围较小，更适用于家庭高速 Internet 接入应用。

千兆 Wi-Fi 标准 802.11ac 与 802.11ad 正在研发过程中，更多关于 802.11ac/ad 的研究进展信息可以从无线千兆联盟 Wi-Gig 的网站（http://wirelessgigabitalliance.org）获取。

表 3-3 给出了几个主要的 IEEE 802.11 标准（或草案）的名称、工作频段、传输速率等数据。

表 3-3　几个主要的 IEEE 802.11 协议标准

IEEE 标准	工作频段	传输速率（Mbps）
802.11	2.4GHz	1、2
802.11a	5GHz	6、9、12、18、24、36、48、54
802.11b	2.4GHz	1、2、5.5、11
802.11g	2.4GHz	6、9、12、18、24、36、48、54
802.11n	2.4GHz 或 5GHz（可选）	600
802.11ac	5GHz	1000
802.11ad	60GHz	7000

3.4.3 空中 Wi-Fi 与无人机网

1. 无人机网的基本概念

无人机（Unmanned Air Vehicle，UAV）或无人机系统（Unmanned Air System，UAS）的用途非常广泛，不论是在军事领域还是民用领域，无人机都发挥了重要的作用。以民用领域为例，无人机搭载各种传感器与执行器，在航拍摄影、农业植保、电力巡检、森林防火、高空灭火、应急通信、灾难救援、安全防护、观察野生动物、监控传染病、地形测绘、新闻报道、无人机物流等多方面有成熟的应用范例。无人机已经成为将传感器、执行器接入 AIoT 的重要技术手段之一，目前无人机正朝着小型化和集群化方向发展。

如图 3-14a 所示，一架无人机在空中可以作为无线信号中继器（空中基站），扩展无线通信的覆盖范围。如图 3-14b 所示，两架无人机在空中可以组成简单的中继器网络，进一步扩展无线通信的覆盖范围。

出于经济性的目标，研发小型、微型无人机系统能节省大量资金。对于特定的监视、拍摄或识别任务，小型、微型无人机更具竞争优势。如果要开展大规模监控与识别任务，必须由多架无人机组成无人机集群。如图 3-14c 所示，多架无人机可以在空中组成 Ad hoc，以便实现更多的功能。

a）一架无人机可以作为中继器，扩展无线通信的范围

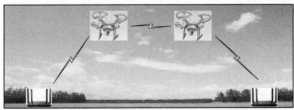

b）两架无人机可以组成简单的中继器网络，进一步扩展无线通信的范围

c）多架无人机可以组成空中移动 Ad hoc 网络

图 3-14　无人机组成的空中 Ad hoc 示意图

传统的方法是一个操作员操作一架无人机。当多架无人机组成 Ad hoc 时，每架无人机就是 Ad hoc 网络中的一个节点。由于空中 Ad hoc 网络中的每架无人机具有很强的独立、自主组网的功能，多架无人机通过无线信道来交换数据，并且协同完成预定的任务。因此，由多架无人机组成的 Ad hoc 网络只需一位操作员来控制。

2. 空中 Wi-Fi 与无人机网的通信

（1）无人机网的应用场景

不同的无人机可以承担不同的任务。例如，需要垂直起降的（室内 / 室外）观测任务，需要长航时的（近程 / 远程）监视任务，以及其他特定任务（投送物资、监控包括风电机组和核电站等的特定设施）。

对于不同的应用，无人机网的节点数量可能从几架到几百架，飞行距离可能从几十米到几十千米（如图 3-15 所示）。

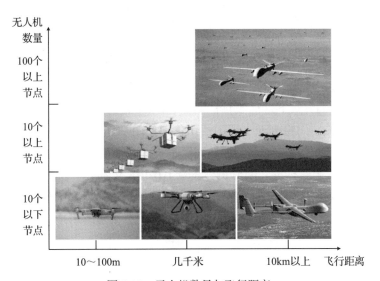

图 3-15　无人机数量与飞行距离

（2）空中网络通信技术

无线通信不仅是向无人机提供网络的必要条件，也是成功部署由多个无人机组成的网络的关键因素。对于需要满足特定 QoS 要求的数据传输应用（如监视某些区域），可能需要高性能的通信链路和三维空间中的连通性。采用哪种无线技术能够满足空中网络"空对空"和"空对地"的链路需求，是否无论飞行高度还是方向发生变化都能够传输数据，是否满足在多种链路上的 QoS 和节点移动性要求，为地面网络开发的网络协议是否能够在无人机网上部署，这些问题都还有待研究。

IEEE 802.15.4、IEEE 802.11、蜂窝移动通信 LTE、红外等无线技术可以应用于无人机网的通信。由于 IEEE 802.11 支持 Ad hoc 组网方式，并且 802.11p 可以支持数据密集型应用，因此大量空中网络通信是基于 802.11p 协议的。

2018 年中国信息通信研究院发布的《5G 无人机应用白皮书》指出：5G 具有高带宽、低延时、高可靠性、广覆盖、大连接等技术特点，与网络切片、边缘计算等能力结合，将进一步拓展无人机的应用场景。5G 在无人机网中的应用将成为 AIoT 研究的热点之一。

3.5 NB-IoT 接入技术

3.5.1 NB-IoT 的发展过程

随着 AIoT 应用的发展，需要接入的移动终端数量大幅度上升。如果用现有的移动通信网 LET 接入海量的 AIoT 终端设备，将会导致网络严重过载。即使 AIoT 终端传输的数据量很小，网络自身的信令流量也会造成网络拥塞。2015 年，移动电信行业普遍认识到：传统的移动通信网难以满足 AIoT 应用对网络带宽与流量的需求，也不能提供比较低的流量服务费用，它不适合 AIoT 的大规模接入需求，因此有必要研究适合 AIoT 不同行业、不同应用场景的新技术。在基于蜂窝移动通信网的接入技术中，应用规模、运营成本与接入成本将起到决定性的作用。这项新技术必须具备广覆盖、多接入、低功耗、低成本、低速率等特点。在这样的背景下，窄带 IoT（Narrow Band IoT，NB-IoT）技术出现。

NB-IoT 的"窄带"定位来源于这项技术仅需使用 200kHz 的授权频段。NB-IoT 的概念很快就引起了电信运营商与通信企业的高度重视。NB-IoT 标准化工作的完成，使 AIoT 移动接入有了专用的国际标准，同时也标志着 NB-IoT 开始进入商用阶段。在 NB-IoT 国际标准的制定中，我国企业发挥了重要的作用。2016 年 10 月，中国移动联合华为等厂商进行基于 3GPP 标准的 NB-IoT 商用产品的实验室测试。华为公司将 NB-IoT 定义为"蜂窝物联网"。

3.5.2 NB-IoT 的技术特点

NB-IoT 的技术特点主要表现在以下几个方面。

- 广覆盖：NB-IoT 与 GPRS、LTE 相比，最大链路预算提升 20dB，即信号强度增大 100 倍，可覆盖地下车库、地下室、地下管道等普通无线信号难以覆盖的区域。
- 海量接入：单个 NB-IoT 扇区可支持超过 5 万个用户终端与核心网的连接，比传统的 2G、3G、4G 移动网络的用户容量提高 50 ～ 100 倍。
- 低功耗：NB-IoT 允许终端设备永远在线，通过减少不必要的信令、采用更长的寻呼周期与硬件节能机制，某些场景中终端模块的电池供电时间长达 10 年。
- 低成本：低速率与低功耗可以使终端设备结构简单，使用低成本、高性能的 NB-IoT

芯片（如华为 Boudica 芯片），有助于降低用户终端的制造成本。另外，NB-IoT 基于蜂窝网络，可以直接部署于现有的 LTE 网络上，无须重新建网，运营与维护成本相对较低。

- 安全：NB-IoT 继承了 4G 网络的安全性，支持双向鉴权和空口加密机制，确保用户终端在发送和接收数据时空口的安全性。

2017 年，我国工业和信息化部发出"关于全面推进移动物联网（NB-IoT）建设发展的通知"，明确提出"加强 NB-IoT 标准与技术研究、打造完整产业体系，推广 NB-IoT 在细分领域的应用、逐步形成规模应用体系，优化 NB-IoT 应用政策环境、创造良好可持续发展条件"等措施，全面推进 NB-IoT 建设的发展。

3.5.3 NB-IoT 的应用领域

1. NB-IoT 的主要应用领域

NB-IoT 主要应用于智慧城市、智能交通、公共服务、医疗健康、智能物流、智慧环保、智能农业、智慧楼宇、智能安防、制造行业、智能家居等领域。表 3-4 列出了 NB-IoT 应用分类与主要应用场景。

表 3-4 NB-IoT 应用分类与主要应用场景

应用分类	应用场景
智慧城市	智能路灯、智能井盖、城市垃圾桶管理、公共安全 / 报警、文物管理、广告牌管理、施工工地状态监控、重大资产监控
智能交通	停车场与停车位管理、占路停车管理、公共交通管理、公共电子站牌管理、信号灯管理、交通诱导、共享单车 / 汽车管理、汽车噪声监测、车辆违规鸣笛监测
公共服务	智能计量表（水、燃气、电表）、智能水务（智慧河流、立交积水监控、二次供水监测、智能消防栓管理）、地下管网管理、水气泄漏报警、儿童与老人定位、宠物监管、网约车管理、POS 机监控、自动售货机监控、供热系统监控
医疗健康	药品溯源、远程医疗监控、智能药盒、智能血压计、可穿戴医疗监控设备、居家慢性病患者健康状态监控
智能物流	车队管理（调度与监控）、冷链物流状态跟踪、集装箱运输跟踪、贵重物品快递过程监控、快递员状态监控、无人快递车与无人机监控、智能快递柜监控
智慧环保	气象数据采集、空气质量监测、水质监测、噪声监测、污染源溯源
智能农业	精准农业（环境参数监测）、温室大棚管理、水产环境管理、畜牧养殖管理、食品安全溯源
智慧楼宇	电梯状态监控与故障报警、烟雾 / 火警报警、燃气监控与报警、中央空调状态监控、能耗分项计量
智能安防	智能门禁、家庭安全监控、智能摄像头、智能报警器、人防工事监控、机场 / 车站 / 展区 / 球场 / 剧场安全监控、城市道路危险品运输车辆运行状态监控、市区危险品储存与使用情况监控、消防栓
制造行业	化工企业生产 / 设备状态监控、能源设备 / 燃气锅炉设备监控、厂区安全监控、易燃易爆炸生产区域监控、大型施工设备安全状态监控
智能家居	家庭安全监控、智能冰箱 / 空调 / 照明控制、居家老人与儿童安全监控、智能行李箱

2. 华为面向 NB-IoT 应用的解决方案

面向 NB-IoT 应用，华为提出"1+2+1"的解决方案战略。其中，"1"个开源物联网操作系统是指 Huawei LiteOS，"2"种接入方式包括有线接入（家庭网关、企业智能网关）和无线接入（2G/3G/4G/NB-IoT），"1"个物联网平台是指 IoT 联接管理平台。华为 NB-IoT "1+2+1"解决方案如图 3-16 所示。

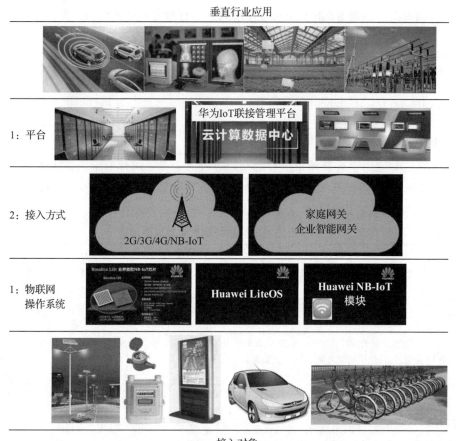

图 3-16　华为 NB-IoT "1+2+1" 解决方案

NB-IoT 已经开始应用于 AIoT 的智慧城市、智能医疗、智能物流、智能工业、智能电网、智能农业、智能电网等领域。在"2019 年世界电信和信息社会日大会"上，与会代表普遍认为：NB-IoT 是 5G 先行者，将向 5G 的大规模机器类通信长期演进。等到 5G 大规模商用之后，随着 NB-IoT 技术与标准的成熟，以及 NB-IoT 芯片与模组的性价比提升，NB-IoT 将成为支撑 5G、面向大连接场景应用中最合适的技术。

3.6　无线传感网接入技术

3.6.1　无线传感网的基本概念

1. 无线传感网发展的背景

无线传感网（Wireless Sensor Network，WSN）在无线自组网 Ad hoc 的基础上发展起来。Ad hoc 网络是一种特殊的自组织、对等、多跳的无线移动网络。Ad hoc 的主要特点可以归纳成以下几点：自组织与独立组网、中心控制节点、多跳路由、动态拓扑、能量约束。

随着 Ad hoc 与传感器技术日趋成熟，研究人员自然会提出将这两项技术相结合，应用于军事领域的兵力和装备监控、战场实时感知、目标定位的设想。美国商业周刊（Business Week）和 MIT 技术评论（MIT Technology Review）在预测未来技术发展的报告中，将 WSN 列为 21 世纪最有影响的二十一项技术，以及未来改变世界的十大技术之一。

需要注意的是，WSN 本身就体现出环境感知与控制的特征，一个 WSN 就是一个典型的 IoT 应用系统。随着 AIoT 应用系统规模的扩大，大型 AIoT 应用系统的前端往往需要通过多个不同类型、分布在不同位置的 WSN，将一个区域内地面、地下、水面、水下或空中的各种环境参数、人与物的感知信息传送至 AIoT 系统，那么就需要用各种方法将传感器集成到不同的嵌入式系统中，并通过 Ad hoc 方式接入 AIoT 中。因此，在这里仅从 AIoT 接入的角度，去研究 WSN 相关的技术与特点。

2. WSN 的基本工作原理

如果要设计一个用于监测有大量易燃物的化工企业的防火预警 WSN，那么可以在传感器节点上安装温度传感器。分布在厂区不同位置的传感器节点自动组成一个 Ad hoc，任何一个被监测设备出现温度异常时，其温度数据都会立即传送到控制中心。如图 3-17 所示，当一个被监测设备的温度突然上升到 150℃时，传感器节点将被感知的"信息"转化成"数据"，即"11001110 01000101"；数据处理电路将数据转化成可以通过无线通信电路发送的数字"信号"。这组数字信号经过多个节点转发之后到达汇聚节点。汇聚节点将接收的所有数据信号汇总后，传送给控制中心。控制中心从"信号"中读出"数据"，再从"数据"中提取"信息"。控制中心综合多个节点传送来的"信息"，进而判断是否发生火情，以及哪个位置出现火情。

从上面给出的例子可以看出，WSN 在工业、农业、环保、安防、医疗、交通等领域都有广泛的应用前景。同时，WSN 无须预先布线，也无须预先设置基站，可以对敌方兵力和装备、战场环境进行实时监视，并用于战场评估、核攻击与生化攻击的监测和搜索。因此，WSN 的出现立即引起了学术界与产业界的高度重视。世界各国相继启动了多项关于 WSN 的研究计划。

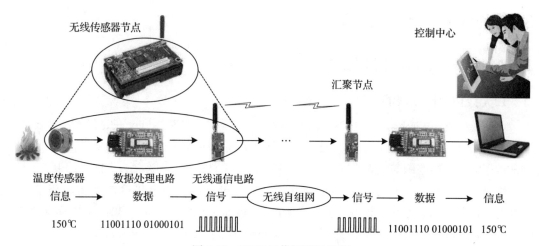

图 3-17 WSN 工作原理示意图

3.WSN 结构特点

WSN 系统由 3 种类型的节点组成：无线传感器节点、汇聚节点与管理节点。WSN 结构特点主要表现在以下三个方面：

第一，大量的传感器节点随机部署在监测区域中，这些节点通过自组织方式构成 Ad hoc；

第二，传感器节点感知的数据通过相邻节点的转发，经过多跳路由后到达汇聚节点，汇聚节点整理后的数据通过 AIoT 的核心传输网或卫星通信网传输到管理节点；

第三，管理节点收集和分析感知数据，发布监测指令与任务，以可视化方式显示数据分析的结果。

图 3-18 给出了 WSN 结构与工作过程示意图。

传感器节点通常是一个微型的嵌入式系统，其计算、存储和通信能力相对较弱。从网络功能上来看，每个传感器节点兼有感知终端和路由器的双重功能，除了本地信息收集和数据处理之外，还要对其他节点发送的数据进行存储、转发。由于传感器节点是小型和低成本的，仅通过自身携带的能量有限的电池（纽扣电池或干电池）供电，因此节点的寿命直接受电池能量的限制。由于野外环境与条件的限制，电池充电与更换都很困难，这就直接影响到 WSN 生存时间，因此如何节约传感器节点耗能、延长生存时间成为 WSN 研究的一个重点问题。

4. WSN 技术特点

WSN 技术特点主要表现在以下几个方面。

（1）网络规模大

WSN 规模大小与它的应用要求直接相关。如果应用于原始森林防火和环境监测，那么必须部署大量的传感器节点，节点数量可能成千上万，甚至更多。同时，这些节点必须分布在被检测地理区域的不同位置。因此，大型 WSN 的节点多、分布的地理范围广。

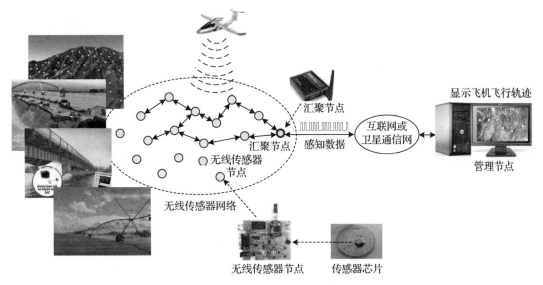

图 3-18　WSN 结构与工作过程示意图

（2）灵活的自组织能力

在 WSN 的实际应用中，传感器节点的位置不能预先精确设定，节点之间的邻居关系也预先不知道，传感器节点通常被放置在没有电力设施的地方。例如，通过飞机在面积广阔的原始森林中播撒大量传感器节点，或将传感器节点随意放置到人类不可到达的区域，甚至是危险的区域。这就要求传感器节点具有自组织能力，能够自动配置和管理，通过路由和拓扑控制机制自动形成能转发感知数据的无线自组网。因此，WSN 必须具备灵活的组网能力。

（3）拓扑结构的动态变化

限制传感器节点的主要因素是节点携带的电源能量有限。在使用过程中，可能有部分节点因为能量耗尽，或受周边环境的影响不能与邻近节点通信，这就要随时增加一些新的节点来替补失效节点。传感器节点数量的动态增减与相对位置的改变，必然带来网络拓扑的动态变化。这就要求 WSN 系统具有动态系统重构能力。

（4）以数据为中心

传统的计算机网络设计关心节点的位置，设计工作的重要之处在于：如何设计最佳的拓扑构型，将分布在不同地理位置的节点互联；如何分配网络地址，使用户可以方便地识别节点，寻找最佳的数据传输路径。而在 WSN 的设计中，WSN 是一种自组织的网络，网络拓扑有可能随时在变化，设计者并不关心网络拓扑是怎样的，更关心的是可以从接收到的传感器感知数据中提取怎样的信息，例如被观测的区域有没有兵力调动，或者有没有坦克通过。因此，WSN 是"以数据为中心的网络"。

（5）受携带能量的限制

限制 WSN 生存期的主要因素是传感器节点携带的电池容量。在实际的 WSN 应用中，通常要求传感器节点的数量很多，但是每个节点的体积很小，往往只能携带能量有限的电池。由于 WSN 的节点数量多、成本低廉、分布区域广，而且部署区域的环境复杂，有些区域甚至人不能到达，因此传感器节点难以通过更换电池来补充能源。如何高效利用节点携带的电池来最大化网络生存时间，这是 WSN 面临的首要挑战，也是 WSN 研究的关键问题之一。根据相关研究给出的传感器节点的能量消耗比较，能量的绝大部分消耗体现在无线通信模块，将 1bit 信号传输到距其 100m 的其他节点需要的能量大约相当于执行 3000 条计算指令消耗的能量。

组建 WSN 的基础是开发微型、节能、可靠的 WSN 节点。在 WSN 节点的研究中，最著名的是美国加州大学伯克利分校的"智能尘埃"（Smart Dust）。"智能尘埃"是形容传感器节点的体积非常小。这里，"尘埃"已经成为" WSN 节点"的同义词。"智能尘埃"的研究目标是通过智能传感器技术增强微型机器人的环境感知与智慧处理能力，致力于开发一系列低功耗、自组织、可重构的无线传感器节点。图 3-19 给出了"智能尘埃"节点的发展过程示意图。

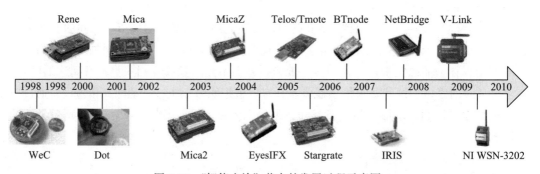

图 3-19 "智能尘埃"节点的发展过程示意图

3.6.2 无线传感网的研究与发展

目前，WSN 研究已经从基础研究向应用研究的阶段发展，研究领域正在向无线传感器与执行器网、水下无线传感网、地下无线传感网、多媒体无线传感网、无线人体传感网与无线纳米传感网等方向发展。

1. 无线传感器与执行器网络的研究与发展

（1）无线传感器与执行器网的研究背景

随着 WSN 在环境监测、智能医疗、智能交通与军事领域应用的深入，人们已经深刻地认识到：必须将执行器与传感器结合起来使用，才能有效实现人类与物理世界、环境交互的目的。从这个角度可以看到无线传感器与执行器网（Wireless Sensor and Actor Network，WSAN）发展的必然性。WSAN 是 AIoT 边缘计算的雏形。

当 WSN 控制节点通过执行器与外部的物理世界交互时，需要向执行器发出指令。执行器将指令转变成一种作用于环境的物理行为。典型的执行器可以是人、控制器或智能机器人。智能机器人技术的日趋成熟与应用，推动了小型、智能、自治、低能耗、低成本的执行器的研发，使得 WSAN 成为可能。

在最近的十多年时间内，WSN 与智能机器人技术的结合，及其在 AIoT 智能军事、智能工业、智能农业、智能电网、智能家居、智能交通、车联网等领域应用的发展，进一步证明了 WSAN 研究的必要性。

WSN 与 WSAN 最大的区别是：WSN 可以感知物理对象与环境，但是它不能改变感知对象与环境；WSAN 能够改变物理对象与环境。实际上，WSAN 已经在工业生产线的工业机器人，以及军事领域的无人机、未来战士、防爆机器人、运输机器人中进入实用阶段。在日常生活中，WSAN 的一个重要应用是火灾检测与灭火。分布式传感器可以检测火灾的起源和火势，并将此信息传递给执行器（即灭火装置），灭火装置可以在第一时间喷水灭火，快速控制火情。同样，比尔·盖茨在《未来之路》中描述的场景，正是 AIoT 在智能家居应用中的 WSAN。当客人走进客厅时，传感器立即感知有人进入，立即打开房间内的电灯，拉上窗帘。当温度超过预定值时，空调将会自动打开。

（2）WSAN 结构与工作原理

WSAN 结构与工作原理如图 3-20 所示。

研究 AIoT 的目的不仅是感知周边的物理世界，更重要的是根据大量的感知信息，通过分析和挖掘，从中吸取对处理某类问题有用的知识，使人类可以更智慧地处理物理世界的问题。但是，在低成本的执行器、智能机器人出现之前，在感知的基础上增加执行功能的设计思路还只能停留在理论探索的层面。随着执行器、智能机器人技术日趋成熟与获得广泛应用，WSAN 逐渐引起了人们的重视。作为 AIoT 主要支撑技术的下一代无线传感网，WSAN 有望应用于防灾救灾、智能工业、智能农业、智能家居、智能交通、智能医疗，以及核、生化武器攻击决策等应用领域，WSAN 的应用又进一步推动了普适计算、CPS 与环境智能的发展。WSAN 是 AIoT 应用中最早采用移动边缘计算模式的系统。随着移动机器人在 AIoT 中的广泛应用，多种移动机器人成为 WSAN 的感知与执行器节点（如图 3-21 所示）。

（3）无线传感器与机器人网络

目前，很多军事、AIoT 领域的 WSN 应用研究涉及"无线传感器与机器人网"（Wireless Sensor and Robot Network，WSRN），并且 WSAN 与 WSRN 在研究思路和内容上有很多交叉。20 世纪 90 年代出现的军用自动战场机器人——机器骡具有坦克的相似功能，可以检测和标记地雷、携带武器、运送给养和弹药。SKIT 是网络遥控机器人，它们使用 UHF 频段通信，数据传输速率为 4.8Mbps。由多台 SKIT 机器人组成的团队可以按照预定的算法完成预定的任务。低空飞行的航空测绘无人机可以与空对地自主机器人车辆配合，完成地形测绘、寻找目标、跟踪目标等任务。

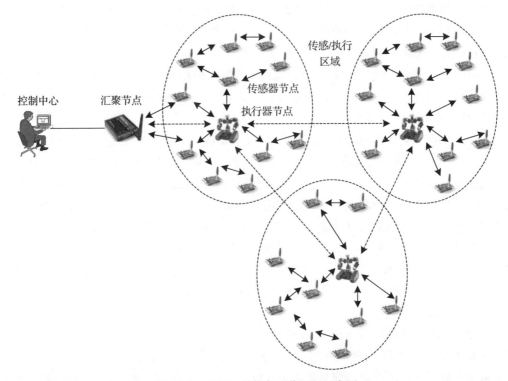

图 3-20　WSAN 结构与工作原理示意图

图 3-21　作为 WSAN 感知与执行器节点的移动机器人

在民用方面，目前网络环境中的多机器人系统已经广泛应用于工业生产、环境保护、医疗卫生、污染地区监测与防护，以及体育竞技、娱乐与游戏等领域，甚至出现在学生的机器人足球比赛中。

作为感知与控制功能集为一体的智能机器人将大量应用于 WSRN 中，如智能军事、智能工业、智能农业、智能电网、智能家居、智能交通、车载网、空间探测、物流运输等领域。图 3-22 给出了几种作为 WSRN 节点的机器人。

图 3-22　几种作为 WSRN 节点的机器人

WSRN 作为分布式传感与控制系统的新形式，侧重于研究由用作无线传感网节点的移动机器人组成的机器人网的系统结构、路由、节点定位，移动机器人的控制框架、定位与导航、控制策略、仿真系统，以及智能空间与实验平台等问题。

2. 无线多媒体传感网的研究与发展

（1）无线多媒体传感网的研究背景

无线多媒体传感网（Wireless Multimedia Sensor Network，WMSN）是在传统的 WSN 基础上引入视频、音频、图像等多媒体信息的具有感知、传输与处理功能的新型 WSN。推动 WMSN 研究与发展的动力有两个：一是应用的需求，二是微型的视频、音频、图像传感器技术的成熟与广泛应用。

传统的 WSN 主要关注温度、湿度、位置、光强、压力、生化等标量数据，而在军事战场监控与评估、机器人视觉、交通监控、车辆主动安全、医疗监护、智能家居、环境监控、工业与工程控制等实际应用中，需要对视频、音频、图像等多媒体信息进行感知、传输和处理，需要比传统的 WSN 更直观、更清晰的信息。例如，在交通拥堵的大城市，需要根据 WMSN 形成的分布式视觉系统，实时监控主干道、高速公路的车流量、平均车速，直观评价交通调度的结果，确定违规、违法车辆的身份。WMSN 可以在不干扰老年人生活起居的情况下，研究老年人行为规律，查找诸如老年痴呆症等病的原因，以及通过视频、音频来远程感知和判断老年人的行为。工业环境的监控对于保证产品质量、保障生产安全至关重要。利用 WMSN 可以对药品、食品、芯片等生产过程进行实时、定量的监控。利用 WMSN 可以对危险的生产环境（如剧毒、易燃、易爆与有放射性污染）进行实时、可视化的监控，有利于及时发现问题，及时处置险情，保障生产安全。WMSN 能够扩大人类的观察范围，增强对同一事物的多角度观察能力，这是传统的 WSN 所不能实现的。

各种用途的微型视频、音频与图像传感器技术已经比较成熟（如图 3-23 所示）。在校园、办公大楼、居民区、医院、公路和商场，有线与无线摄像头都随处可见，这些都为我们提供了丰富的视频信息资源，也为研发 WMSN 提供了有利条件。

图 3-23　各种用途的视频、图像、音频传感器

（2）WMSN 结构与工作原理

对于无线多媒体传感网来说，采用分类、分级的网络结构比较适合不同应用的实际需求。图 3-24 给出了分类、分级结构的 WMSN 结构示意图。

- 单层网络结构。图 3-24a 是一种由同类视频传感器组成、分布式处理的单层网络结构。网络由视频传感器节点、多媒体处理交换器组成。视频传感器节点产生的视频数据经过多跳路由传送到多媒体处理交换器。多媒体处理交换器具有较强的数据处理与存储能力，负责本地数据处理、存储与查询，以缓解视频传感器节点的存储容量受限问题，且能够完成复杂的离线视频处理工作。多媒体处理交换器与汇聚节点通信，完成汇聚节点分配的任务。

- 集中式处理的单层网络结构。图 3-24b 是一种由同类视频传感器组成、集中式处理的单层网络结构。传感器节点直接与中心节点（即多媒体处理交换器）通信。多媒体处理交换器承担繁重的视频信息处理、数据融合、存储和查询任务。中心节点除了接入视频传感器之外，还可以接入音频和其他标量传感器。

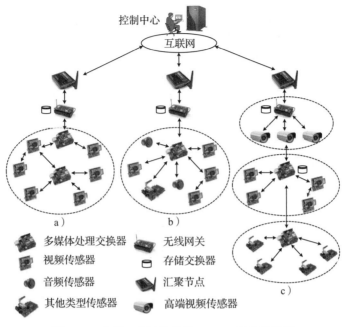

控制中心

互联网

多媒体处理交换器　　　无线网关
视频传感器　　　　　　存储交换器
音频传感器　　　　　　汇聚节点
其他类型传感器　　　　高端视频传感器

a）　　　　b）　　　　c）

图 3-24　分类、分级结构的 WMSN 结构示意图

- 异构的多层网络结构。图 3-24c 是一种异构的多层网络结构。这种分层结构可以灵活利用网络资源。多层结构的底层可以接入比较简单的其他类型传感器来完成特定的任务，例如发现事件的发生，并将事件发生的时间、地点、类型传送到高层的设备，以便观察、记录、传送有关事件的视频、音频、图像信息。这样分工的好处是，在没有事件发生时，视频传感器处于睡眠状态，可以节约能量，延长生存时间。当有事件发生时，视频传感器节点被唤醒，立即根据底层提供的信息记录事件发生过程。视频数据在本层进行预处理，只将融合后的数据上传高层，以减少视频流传输的数据量。当需要高层的视频传感器介入时，才传送必要的数据。

3. 水下无线传感网的研究与发展

（1）水下无线传感网研究的背景

随着世界各国围绕海洋问题的讨论日趋激烈，水下无线传感网（Underwater Wireless Sensor Network，UWSN）研究也逐步显示出其重要意义。水下与海底探测是人类了解水域、海洋的重要手段。传统方法是在海洋底部与海洋柱面安装水下传感器，经过一定时间后将这些传感器回收，再读取传感器感知的数据。这样做的缺点是：非实时监测，不能进行在线的设备校准和配置，不能进行故障检测与修复，感知数据量受传感器存储空间的限制。

随着无线传感网与水下机器人技术的逐渐成熟，研究人员自然会想到将 WSN 概念和水下机器人技术相结合，应用于海洋自然资源探测、水域污染监控、近海勘探、灾难预警、辅助导航、战术监控等领域中。水下无线传感网就在这样的背景下产生。

（2）UWSN 的特点

UWSN 的特点主要表现在以下两个方面。

第一，水下传感器通信方式。水下传感器主要有三种通信方式：无线电、激光和水声。无线电波在海水中衰减严重，频率越高，衰减越大。30 ~ 300Hz 的超低频电磁波对海水穿透能力可达一百多米，但是需要很长的天线和很大的发射功率，在体积较小的水下传感器节点上无法实现。智能尘埃 Mica2 在水下通信中使用 433Hz 时，传播距离为 120m。无线电波只能实现短距离的高速通信，不是水下组网的最佳选择。与无线电波相比，激光通信对海水穿透能力强。但是，水下激光的光束传输受散射的影响比较严重，而且水下窄光束对准是一个难题。激光仅适应于短距离水下通信的需求。目前，水下传感网主要利用声波来实现通信和组网。因此，水下传感网一般称为"水下声传感网"或"水下无线传感网"。

第二，容迟特性与实时性要求。水下传感器节点之间的通信受到海洋复杂的季风、洋流、海底地形、鱼类等环境因素的影响，数据传输误码率高，丢包情况频繁发生，数据链路不断出现中断。如何在水下无线传感网中解决间歇性、长时延、高误码率和高包丢失率所引发的容迟问题，这是一个困难的研究课题。

不同的应用场景对数据传输的实时性要求相差较大。例如，对于记录地震活动的水下无线传感网，传感器的休眠与激活会引起大的差异，一旦激活就会有很多数据传送到汇聚节点，用于分析和预测地震活动；对于海啸预报、入侵预警的应用，则需要实时传输数据。因此，UWSN 设计方案需要区别实时应用与容迟应用。

UWSN 的特殊性决定了接入的水下设备分为两类：水下传感器与自主式水下设备。

（3）UWSN 结构与工作原理

由于水下设备的造价高、维护困难，因此如何部署水下传感器节点与自主式水下航行器节点成为 UWSN 网络结构设计的主要问题。典型的 UWSN 网络结构可以分为两种：二维结构与三维结构。在二维结构中，一组水下传感器被深海锚拴固定在海底，组中的传感器节点通过水声信道或以多跳的方式，与一个或多个水下汇聚节点通信。水下汇聚节点安有水平与垂直方向的两个水声收发器。水平方向的水声收发器用于与水下传感器节点通信，垂直方向的水声收发器负责与水面汇聚节点通信。由于海洋深度可以达到几十千米，因此垂直方向水声收发器的功率较大。水下汇聚节点负责将感知数据传送到水面基站，然后数据通过无线信道或卫星信道传递到水面汇聚节点、岸边汇聚节点。在三维结构中，水下传感器节点悬浮在不同的深度和位置，形成一个能够监测三维海洋信息的传感网。典型的三维 UWSN 网络结构如图 3-25 所示。

水下传感器节点中的传感器有很多种，可用于测量海水温度、密度、盐度、导电性、pH 值，以及氧气、氢气、甲烷含量等参数，因此水下传感器有多种外形结构（如图 3-26 所示）。目前，有的水下传感器节点的传输速率可达 100 ~ 480bps，误码率为 1×10^{-6}，在深度为 120m 时，通信距离可达 3000m。有些近距离水下传感器节点的有效通信距离为 300m 时，其传播深度可以达到 200m，数据传输速率为 7kbps。

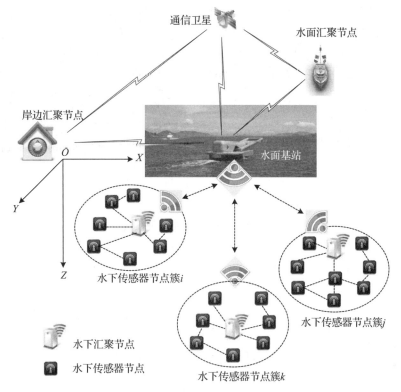

图 3-25　三维 UWSN 网络结构示意图

图 3-26　各种形状的水下传感器设备

自主式水下航行器（AUV）完成与水下传感器的通信、感知数据查询与网络管理功能。根据 AUV 承担任务的不同，有些 AUV 像小型的潜水艇，有些可以是水下机器人（如图 3-27 所示）。多种 AUV 在海里接收水下传感器传送的数据，浮出水面时将数据通过无线信道传送给水上基站，水上基站再通过水面汇聚节点将数据转发到岸边汇聚节点。AUV 浮出水面时可以用 GPS 进行定位。

图 3-27 不同功能与外形结构的自主式水下航行器

（4）移动水下传感网研究

自主式水下航行器（Autonomous Underwater Vehicle，AUV）又称为"水下自主机器人"。由水下自主机器人组成的传感网又称为"移动水下传感网"。

从技术的角度来看，AUV 实际上就是一类水下机器人。AUV 可以作为无须用锚拴固定、电缆连接的传感器节点，根据任务要求在不同地理位置、不同深度游弋，主动采集环境数据。由 AUV 组成的传感网可用于海洋环境监测、水下资源勘查，以及各种军事用途。因此，移动水下传感网已成为世界各国新的研究热点，很多水下机器人的研究者也积极参与研究。将海底固定的传感器与可以在海底爬行、游弋的水下机器人相结合，采用 AUV 作为水下汇聚节点的研究已经取得很大的进展，多种原型系统已经进入实验阶段。典型的水下机器人如图 3-28 所示。

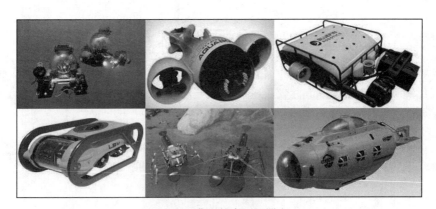

图 3-28 典型的水下机器人

目前，移动水下传感网的主要研究目标是：利用局部智能尽量减少对陆地通信的依赖。因此，移动水下传感网的研究急需解决三个问题：一是如何确定自适应采样算法，二是如何实现节点自我配置，三是如何利用太阳能补充能量。自适应采样算法解决的是 AUV 节点如何寻找对某类数据采样最合适的地点，以及如何根据任务要求自动确定最佳采样密度的问题。节点自我配置研究的是：移动过程中如何保持节点之间的通信信道、自组网的网络拓扑和路由控制，以及节点出现故障时的诊断与排除。同时，AUV 要能够根据自身剩余的电能，上浮到海面，利用太阳能充电，以延长生存寿命。

通过多年的研究与应用，人们开始认识到 UWSN 在发现海底矿藏、确定海底光缆铺设线路、治理海水与水域污染、监测洋流与季风，对海洋生态系统与鱼类、微生物关系的研究，预报海底地震与海啸，识别海底危害、危险礁石与辅助导航，以及水域军事监控、侦察与预防攻击方面，都具有非常重要的意义。UWSN 是 AIoT 的研究热点和具有挑战性的课题。

4. 地下无线传感网的研究与发展

（1）地下无线传感网的基本概念

地下无线传感网（Wireless Underground Sensor Network，WUSN）由工作在地下的无线传感器设备组成。这些设备可能被完全埋入致密的土壤中，也可能被放置于矿井、地铁或隧道等地下空间内。WUSN 经常被用于当前地下监测技术无法实现的应用中。适合使用WUSN 的应用场景主要有四种：环境监测、基础设施监测、定位与边境安全监控。WUSN应用如图 3-29 所示。

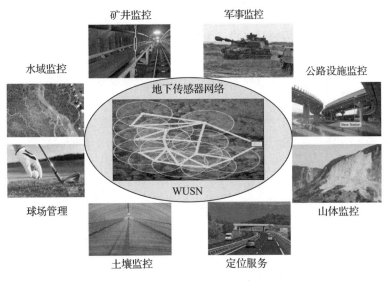

图 3-29　WUSN 应用示意图

WUSN 在环境监测领域有多方面的应用前景。在农业方面，可以利用地下传感器节点监测土壤含水量与土壤成分，为合理灌溉及施肥提供参考数据。在温室环境中，地下传感器节点可以部署在花盆中。与当前应用于农业的地上 WSN 相比，WUSN 节点被埋藏在地下，可以免受拖拉机、割草机等机械的破坏。在高尔夫球场、棒球场及草坪网球场的土壤中，地下传感器可以用于监测整个运动场，而又不会影响比赛的正常进行。

从环境保护的角度出发，将地下传感网与水下传感网相结合，可以有效地监控城市饮用水安全状态，及时监测在土壤、河流中是否存在有毒、有害物质及其浓度。

从煤矿生产安全的角度出发，矿井环境监测中通常需要对矿井风速、矿尘、一氧化碳、温度、湿度、氧气、硫化氢和二氧化碳等参数进行检测。在这种应用场景中，可以采用将传统的无线传感器与地下传感器相结合的混合网络，使矿井内的数据能快速通过 WSN 传输到地面基站。利用自身的通信、计算、自组织能力，节点在矿井结构遭到一定的破坏时仍能自动恢复组网，根据矿工作为身份标识的无线传感器节点，确定矿工位置，为矿难救助提供重要帮助。WUSN 还可以用于地下基础设施（如管道、电线和地下储油罐）的安全监控，通过地下传感器节点及时监测和发现石油、燃气与有毒气体、液体的泄漏。

地下无线传感器可以被嵌入建筑物、桥梁、山体的关键部位，监测压力、位置等参数，帮助人们及时掌握建筑物的健康状况，防止灾难事件的发生。在可能出现山体滑坡的危险地段，地下传感网可以预报山体、岩石、土壤的移动，帮助研究人员及时发出山体滑坡的预警信息。

具有自定位功能的静态地下传感器可以在基于位置的服务中作为信标。当一辆车行驶过位置信标节点时，便会触发地下传感器节点与车辆建立通信，从而提醒司机前方有停止信号或交通标志。在设施农业自动定位控制中，当自动施肥装置通过地下位置信标节点时，它可以获取位置信息及传感器提供的土壤条件数据，自动完成施肥控制。

WUSN 可用于监测地上的人或物的存在与运动。将无线压力传感器部署于边境沿线的土壤浅表处，当非法越境者出现时就会发出警报，通告越境时间、位置等信息。

（2）WUSN 技术特点

与传统的 WSN 相比，WUSN 的优点主要表现在以下方面。

- 隐蔽性好。在边境安全监控中，WUSN 不易被发现，具有很好的隐蔽性。在农业土壤监测、运动场地维护管理中，不易被割草机、拖拉机等农业设备或绿化设备破坏。WUSN 节点不易被破坏者发现，安全性好。

- 易于部署。传统的地下监测系统在扩大监测范围时，需要额外布线，并部署新的数据记录设备。传统的 WSN 应用于地下监测时，也需要在地下布线，将地下传感器与地上设备相连。而 WUSN 节点的重新部署是灵活的，在确保传感器设备能够在通信范围内与其他设备正常通信的前提下，传感器节点可以容易地部署在需要监测的位置。

- 实时数据传输。现有的地下传感系统主要依赖数据记录器，无法保证数据的实时传输。传感器收集的数据需要经人工上传数据记录器后才能被处理，不能得到实时传输与处理。WUSN 利用无线传输方式，可以实现从传感器节点到汇聚节点的实时数据传输。

- 可靠性高。地下监测应用使用的数据记录器容易出现单点故障。当连接几十个传感器节点的某个或几个数据记录器发生故障时，将给整个区域监测数据的完整性造成影响。WUSN 采用一种分布式工作方式，单一传感器节点的故障可以被邻节点及时发现，通过路由控制算法重新组网，从而大大提高了地下监测系统的可靠性。
- 覆盖密度高。传统的地下监测系统的传感器与数据记录器之间需要有线连接，覆盖区域、节点密度取决于数据记录器的数量与位置，这样传感器节点的部署不容易均匀。WUSN 不依赖于数据记录器的位置，可以根据需要配置节点的位置与密度。

5. 无线纳米传感网的研究与发展

纳米技术是应用科学或工程学的一个分支，主要设计、合成、表示、控制、操纵及应用至少一个物理维度在纳米尺寸（0.1 ～ 100 nm）的材料、器件与系统。纳米技术将会引发一系列的新技术与新学科（如纳米物理学、纳米生物学、纳米化学、纳米电子学、纳米加工技术、纳米计量学）的发展。

纳米传感器（nanosensor）是纳米技术在感知领域的应用。纳米传感器的发展丰富了传感器的理论体系，拓宽了传感器的应用领域。鉴于纳米传感器在生物、化学、机械、航空、军事领域有广阔的应用前景，欧美等发达国家已投入大量的人力、物力开展对纳米传感器技术的研发。科学界将纳米传感器与航空航天、电子信息等作为战略高科技看待。目前，纳米传感器已经进入全面发展阶段。

纳米传感器是一种通过生物、化学、物理的感知点来传达外部宏观世界信息的纳米器件，它可用于监测宏观世界的温度、气味、声音、光强、压力、位移、速度、浓度、重量、电磁等特性。纳米传感器具有灵敏度高、体积小、响应时间快、功能多、功耗低等优点。

随着微 / 纳电子系统理论与微 / 纳机电系统技术的发展，以及集成纳米传感器系统研究的发展，纳米传感器件的制造与应用成为了可能。

Akyildiz 与 Jornet 在 2010 年发表的"电磁线的无线纳米传感网"文章，进一步揭开了无线纳米传感网的面纱。无线纳米传感网研究的第一步，是解决纳米传感器节点设计、纳米级器件通信、电源供电等基本的硬件制造技术。纳米传感器是多学科交叉融合的产物，在它的基础上研究的无线纳米传感网（Wireless Nano Sensor Network，WNSN）也是 WSN 与 AIoT 研究的一个重要方向。

3.7　现场总线、工业以太网与工业无线网接入技术

3.7.1　工业物联网接入技术的基本概念

工业 4.0 的研究内容主要包括：智能工厂、智能制造与智能物流。智能工厂呈现出高

度互联、实时性、柔性化、敏捷化、智能化等特点，覆盖从原材料到成品的整个生产过程。在推进信息化与工业化融合的过程中，人们认识到：AIoT 可以将传统的工业化产品从设计、供应链、生产、销售、物流与售后服务方面融为一体，实现"工业自动化"（IA）与"办公自动化"（OA）两类不同的网络的互联互通，最大限度提高企业的产品设计、生产、销售能力，提高产品质量与经济效益，极大地提高企业的核心竞争力。

从 AIoT 接入技术的角度来看，工业现场总线、工业以太网、工业无线网已经成为智能工业领域的重要接入网技术，它将工业领域海量的现场级传感器、控制器、远程 I/O 设备、传动装置、变速器、测量仪器仪表、数控机床、加工机器人、智能现场设备、运输设备、控制台，以及车间级、工厂级的生产管理计算机、工作站、数据中心服务器、云数据中心接入智能工业系统中。同时，工业现场总线、工业以太网、工业无线网技术已经从工业应用，逐渐拓展到智能农业、智能交通、智能医疗、智能电网、智能家居等对数据传输有实时性要求的 AIoT 应用系统中。

3.7.2 现场总线技术

1. 工业控制技术的发展

工业控制是一种运用控制理论、仪器仪表、计算机技术和其他信息技术，对工业生产过程实现检测、控制、优化、调度、管理和决策，达到增加产量、提高质量、降低消耗、确保安全等目标的综合性技术，主要包括工业自动化软件、硬件和系统。目前，工业控制自动化技术正在从集中控制、集散型控制系统，向全分布控制系统的方向发展。1982 年，现场总线的概念产生在欧洲。

2. 现场总线的定义

国际电工委员会 IEC 61158 标准对现场总线的定义是：现场总线是应用在制造或过程区域的现场装置与控制室中的自动控制装置之间的数字化、串行、多点通信的数据总线。图 3-30 给出了现场总线结构示意图。

以现场总线为技术核心的工业控制系统被称为现场总线控制系统（Fieldbus Control System，FCS）。它是继集中式数字控制系统与集散式控制系统之后，发展起来的一种新型的集成式全分布控制系统。

3. 现场总线技术特点

现场总线技术特点可以归纳为以下几点。
- 基础性：现场总线是将企业的生产加工现场的各种感知、检测、加工、装配、运输、控制与执行设备接入企业网络中，实现现场级与车间级、工厂级网络之间的信息交互，成为企业网络信息系统的基础实施。

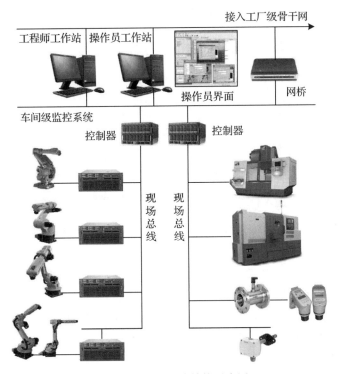

图 3-30　现场总线结构示意图

- 开放性：现场总线的开放性体现在通信协议公开上，任何遵守相同标准的不同厂家的设备可以在接入现场总线后，实现互联互通。
- 灵活性：现场总线网络改变了传统的工业控制系统节点之间用"点-点"链路连接的模式，通过一条"共享"的总线将车间现场生产所需的设备、装备和仪器仪表连接起来，接入节点的增加、扩容和重组都很方便，增强了系统组网和管理的灵活性。
- 互操作性：现场总线的互操作性体现在互联的设备、系统之间，可以实行"点-点"或"点-多点"的数据交换，实现设备之间的互操作。
- 可靠性：现场总线从根本上改变了传统集中式与分散式控制系统的结构，构成了一种新的全分布式的控制系统结构，提高了网络系统的可靠性。
- 自治性：智能仪表将感知测量、补偿计算、工程量处理与控制功能分散到现场总线连接的设备中完成，使得一台现场设备就能完成自动控制的基本功能，并且能随时诊断设备的运行状态，实现功能的自治。
- 适应性：现场总线专为在现场环境工作而设计，可支持双绞线、同轴电缆、光缆、射频、红外线、电力线等不同信道，具有较强的抗干扰能力，以及对不同应用场景的适应性。
- 经济性：接入现场总线的智能设备能够直接执行多种感知、控制、报警和计算功能，不再需要单独的控制器、计算单元，也不需要信号转换、隔离等功能单元与复杂接线，还可以将工控 PC 机作为操作站，减少控制室的占地面积，简化系统管理与维护，节省系统投资。

工业过程控制领域出现了多种现场总线产品及标准，但是几乎没有一种现场总线产品能覆盖各种应用场景。目前，现场总线国际标准正在制定中。

3.7.3 工业以太网技术

1. 工业以太网研究的背景

在未来智能工厂现场级实时控制与 AIoT 实时应用的背景下，"端 – 端"延时一般要求控制在 10ms 以下，最低到微秒量级。传统的现场总线技术已经不能适应超低延时、超高带宽与超高可靠性的要求，工业以太网技术将会进入快速发展期。

以太网（Ethernet）是办公自动化（OA）环境中组建局域网的首选技术，已经广泛应用于园区、公司、办公室、实验室、家庭等环境中。传统的以太网是为办公自动化应用设计的，不适用于对实时性与可靠性要求高的过程控制应用。以太网硬件（如以太网卡、传输介质与交换机等网络设备）都用于适应办公环境，不符合工业过程控制环境中的温度、湿度、振动、防爆、抗腐蚀、抗干扰等恶劣环境的要求。

目前，以太网技术正在向着交换、全双工、虚拟、高速、高可靠、无线、实时、节能等方向发展。工业控制领域的专家们基于以太网技术的发展进展，提出了"工业以太网"与"实时以太网"的概念，试图通过发展工业以太网来解决现场总线标准不一致的问题。研究工业以太网标准的国际标准化组织主要包括：工业以太网协会、工业自动化开放网络联盟等。

2. 工业以太网技术特点

工业以太网就是在工业环境的自动化控制及过程控制中使用以太网的相关技术、标准与网络设备。工业以太网的应用可以带来两个明显的好处。一是以太网技术与标准成熟，实现以太网在工业控制应用中的实时性、安全性与可靠性的技术已经有很多成功案例，技术可行性高。二是生产企业的信息划分为工厂管理级、车间监控级、现场设备级。工厂管理级类似于 OA 环境，应用以太网技术是水到渠成的事。车间监控级向上与工厂管理级连接，向下与现场设备级网络连接。如果现场设备级使用现场总线网络，它的通信协议、数据包结构、传输速率与以太网的 IEEE 802.3 协议、帧结构与传输速率都不同，那么必然要面临与两个异构网络互联的复杂局面。如果现场设备级也使用了工业以太网，那么工厂管理级、车间监控级、现场设备级都使用同一种网络协议，网络互联比较容易，应用系统运行效率高。同时，以太网能够满足工业控制的各种需求，硬件设备的设计、制造技术成熟，操作系统、数据库、应用软件丰富，基于工业以太网技术的控制系统的设计、实现、运行和管理就容易得多。因此，研究工业以太网是一种合理的选择。

基于工业以太网的智能工业网络结构如图 3-31 所示。

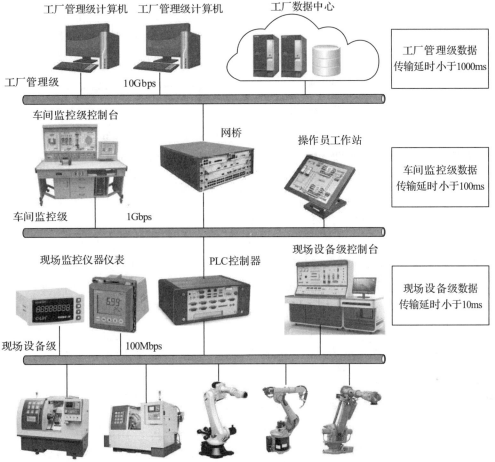

图 3-31　基于工业以太网的智能工业网络结构示意图

随着工业 4.0 的推进，人们在工业以太网发展趋势上形成了以下几点共识。

第一，对工业以太网技术的研究近几年才引起国内外专家的关注。而现场总线技术经过十几年的发展，在技术上日渐成熟，在市场上开始全面推广。目前，用工业以太网全面代替现场总线还存在一些问题，需要进一步深入研究基于工业以太网的控制系统体系结构，开发基于工业以太网的系列产品。因此，将会出现工业以太网与现场总线结合的局面，但是最终工业以太网将会取代现场总线。

第二，为了满足未来智能工厂组建的需求，必须在"Ethernet+TCP/IP"协议体系的基础上，建立完整、有效的通信服务模型，制定有效与实时通信服务机制，协调工业现场控制中的实时与非实时信息传输服务，形成应用层与用户应用协议的开放标准。工业以太网直接应用到现场总线级、现场设备级，与企业管理与商务的办公以太网形成"一网打尽"的统一局面，工厂的商务网、车间的制造网、现场级仪表与设备控制区域网都采用相同的协议，并且与 Web 功能相结合，与工厂的电子商务、物资供应链与 ERP 系统形成一个有机的整体，实现"透明工厂"的概念。

3. 典型的工业以太网产品与标准

目前比较典型的工业以太网技术主要包括：HSE、PROFINET、Ethernet/IP、Powerlink、EPA 等。

1998 年，现场总线基金会（FF）开始研究基于以太网技术的高速以太网（High Speed Ethernet，HSE）现场总线。1998 年 6 月，完成 HSE 系统结构设计；1998 年 10 月，完成草案评审；1999 年 9 月，通过实验室测试。2000 年 1 月，该草案被 IEC 确定为现场总线国际标准 IEC 61158 Type5：FF-HSE。2003 年 3 月，现场总线基金会颁布了 HSE 最终技术说明。此后，一些主要的设备制造商已开始研发基于 HSE 的工业以太网产品。

现场总线基金会明确对 HSE 的定义：现场控制区域网与高层管理网在以太网基础上的互联互通，由 HSE 链接设备将现场总线网段的信息传送到以太网的主干网段，并发送到企业 ERP 与管理系统。操作员可以在主控室通过 Web 浏览器察看现场设备的运行情况，现场设备也可以通过网络接收控制信息。

体现了 HSE 技术特点的智能工厂 HSE 网络结构如图 3-32 所示。

4. 工业以太网应用示例

（1）基于工业以太网的输电网高压电缆在线监测系统

近年来随着高压电网的迅猛发展，电缆线路安全，电缆隧道的防火、防气、防爆、防水、防盗，以及电缆线路故障的预测与诊断越来越重要。为了满足智能电网建设的智能化、信息化、自动化要求，输电网高压电缆在线监测系统采用工业以太网与现场总线网混合组网的方式，与主干网的连接部分采用光纤作为传输介质，其结构如图 3-33 所示。

以工业以太网交换机为核心，工业以太网交换机向下连接电缆检测控制单元、水位检测控制单元、消防检测控制单元。控制单元向上接入以太网，向下连接现场总线，现场总线连接各种传感器、执行器、检测仪器等。控制单元具有网关与现场总线连接代理的双重功能。控制单元的网关功能完成以太网与现场总线网的协议变换。现场总线连接代理功能负责接收传感器、执行器与检测仪器采集的现场数据，并向高层传送；接收高层的控制指令，向传感器、执行器与检测仪器转发控制指令。

工业以太网交换机向上通过千兆以太网，连接服务器集群、总控制台、管理员工作站与工程师工作站，形成了在线监测的高层数据智能处理系统。数据处理系统通过收集的电缆通道、线路现场运行状态、高压线铁塔安全状态数据，以及铁塔周边的环境与相关的水位数据，运用智能算法与模型处理监测与巡检数据，针对重要电缆通道及线路运行状态进行风险评估，实现对线路潜在故障的预测与预警，确保重要电缆通道及线路的安全可靠。

　　基于工业以太网的输电网高压电缆在线监测系统适应各种不同的外部环境，抗干扰能力强，系统组建方便，运行安全可靠。系统通过综合、实时、智能地对状态监测数据进行分析、诊断、预测与预警，提高电缆设备状态评估与风险预防水平，有效降低电网运行故障率，保障供电安全，创造很高的经济与社会效益。

　　（2）基于工业以太网的视频监控系统

　　视频监控是智能工业、智能交通、智能环保、智能安防等领域的重要技术手段之一。在城市道路、大型建筑物、公共场所、工厂、园区、高速公路、车站、机场，到处可见视频探头。通过视频监控系统，管理部门可以及时、准确获取图像和语音信息，对城市管理做优化。视频监控系统能够及时地发现突发事件，并对事件的发生与发展过程进行实时监视、跟踪与记录，为高效、及时发现问题，快速处置突发事件，以及保障社会稳定起到了重要的作用。

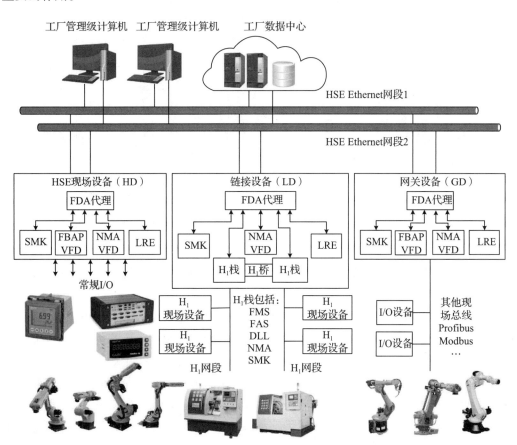

图 3-32　智能工厂 HSE 网络结构示意图

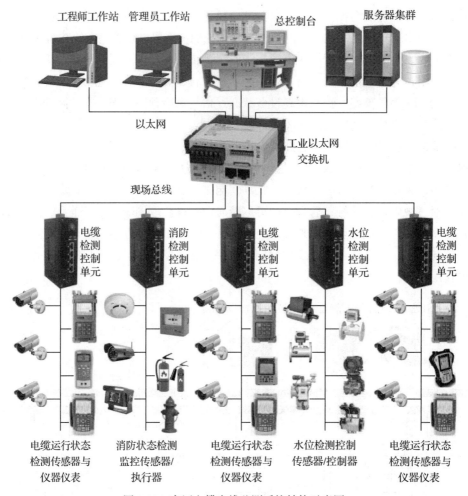

图 3-33　高压电缆在线监测系统结构示意图

　　组建视频监控系统可以有多种方法，基于工业以太网具有组建容易、运维和管理方便，以及系统可靠性高、环境适应能力强等优点。典型的基于工业以太网的视频监控系统结构如图 3-34 所示。

　　基于工业以太网的视频监控系统由视频探头、接入网、核心交换机与视频系统组成。其中，网络系统的核心是千兆以太网交换机。千兆以太网交换机向下提供光纤与工业以太网交换机互联，工业以太网交换机可以用双绞线或光纤与现场的视频探头连接。

　　千兆以太网交换机向上通过光纤与视频系统连接。视频系统由视频编码器、视频切换矩阵、视频分配器、控制键盘、视频服务器、视频电视墙等构成。视频探头将摄制的现场视频信息传送到工业以太网交换机，然后千兆以太网交换机汇聚视频信息并转发到视频系统，视频电视墙将显示不同区域的视频图像。

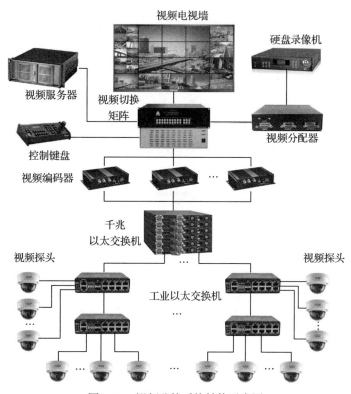

图 3-34　视频监控系统结构示意图

　　视频服务器的视频分析软件及时分析和发现异常信息，向管理者报警。管理者根据视频信息向发生异常情况位置周边的视频探头发出控制指令，视频探头执行控制指令，连续跟踪与更细致地摄录事件的发展过程，为管理者提供最新的事件动态。

3.7.4　工业无线网技术

1. 工业无线网研究的背景

　　对于不同行业的工厂（如机械、服装、化工、制药、冶金、石油等），它们的厂区环境差异很大。厂区内既有办公室、车间、生产线，也有仓库、货厂，甚至有铁路与大型运输车。与办公自动化环境相比，工厂环境复杂、多样，并且很多区域环境比较恶劣。生产车间可能存在高温、低温、震动、噪声、粉尘、潮湿、污染。工厂的用电量很大，在设备开机、关机与运行状态改变时，将会产生很强的电磁干扰。工厂环境对工业网络的组网与设备的可靠性提出了很高的要求。

　　由于工厂的感知数据采集点与控制节点比较分散，因此为了将大量、分散的数据采集点通过有线的传输介质接入工厂网络中，必然要用很多条双绞线、光纤。在厂区看见成捆的数据线是司空见惯的事，这为网络系统的布线、维护带来很大困难。

智能工厂和现代物流企业广泛使用的自动引导车辆（Automated Guided Vehicle，AGV）需要在厂区或车间高速移动，不可能用有线的传输介质来连接与控制，但是普通的无线产品很难保证 AGV 在多个无线接入点之间的快速切换。

随着越来越多的设备需要接入工厂网络，工程技术人员已经清醒认识到：完全采用有线网络的方案不再可行，应采用有线网络与无线网络协同的方案，因此工业无线网成为当前的研究热点，也是未来工业 AIoT 研究与产业发展的增长点。

2. 工业无线网要解决的关键问题

在工程环境中部署无线网络不像在办公环境中那么简单，它需要考虑一系列的特殊问题，如建筑物结构、温度、粉尘、潮湿、污染、震动、电磁干扰等会影响电磁波信号传播。为了克服这些挑战，需要研发适应工业环境的可靠性高、抗干扰能力强的工业无线网设备，以及经过周密规划的组网方案。

在工业环境中应用工业无线网，需要达到以下几个目标。

- 运行连续性：工业生产的连续性要求网络系统具有高可靠性，任何因素造成无线网络运行中断，都会给工业生产造成不可估量的损失，甚至出现生产设备损毁或危及人身安全的事件。工业无线网的组网与运行、维护，必须达到工业生产的运行连续性要求。
- 运行效率：在工厂管理、生产线上部署工业无线网，将会给企业带来更大的灵活性。引入无线网络可以优化生产流程，提高生产效率，推动企业生产创新。无线网络覆盖无死角，支持无缝漫游，构建高速、稳定的厂区无线网络有助于提高工作效率。工业无线网能降低工厂网络组建与系统维护的难度，增加组网灵活性，降低组网的成本。研究人员指出，工业无线网将在石化、冶金、污水处理等高耗能、高污染行业中得到广泛应用，使生产效率提高 10%，排放和污染率降低 25%。
- 服务质量：工业无线网既要满足企业 OA 环境的要求，也要满足 IA 工业控制通信对数据传输实时性、可靠性的要求；提供服务质量（QoS）保证，确保核心数据在传输中不因网络拥塞而延迟或丢失。
- 安全性：工业无线网系统应该有很好的抗干扰能力，保证无线信道的稳定工作；使用无线空口加密，确保企业数据传输安全；实施用户身份验证、授权、记录和追溯；无线入侵检测系统 / 无线入侵防御系统（WIDS/WIPS）能够发现流量异常，实时检测、定位、清除非法接入点与非法接入设备；及时发现网络恶意程序的传播与网络攻击的潜在威胁；保护网络传输与存储的隐私信息与重要数据不被窃取；具有冗余与灾难备份能力，防止因网络设备故障而导致无线网络不可用。

目前，工业无线技术领域已形成了三大国际标准，分别是由 HART 基金会发布的

Wireless HART 标准、ISA 国际自动化协会发布的 ISA 100.11a 标准，以及我国自主研发的 WIA-PA 与 WIA-FA 标准。

3. WIA-PA 网络拓扑

WIA-PA 采用星形（star）和网状（mesh）拓扑相结合的两层网络拓扑（如图 3-35 所示）。下层网络采用星形结构，由簇首（cluster header）与接入的现场设备（传感器、执行器、现场设备、手持终端等）构成，簇首兼有路由器功能。现场设备仅需通过一跳链路就可以将数据传送到簇首，以保证数据传输的实时性。上层网络是由簇首与簇首、簇首与网关、簇首与冗余网关、网关与冗余网关形成的一个无线 Mesh 网。这种网络组网灵活，冗余网关可避免单网关带来的可靠性问题，提高了网络系统的可靠性。

由于 WIA-PA 采用星形和网状拓扑结合的两层网络拓扑，能够实现集中式与分布式网络管理相结合的架构，因此是一种适用于工业应用环境的近距离无线网络组网方式。

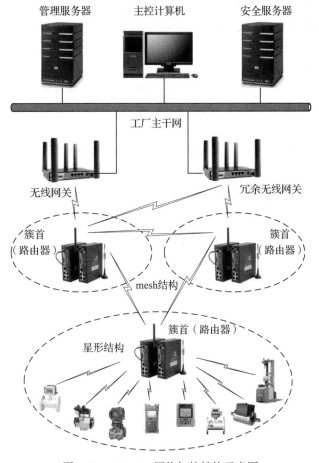

图 3-35　WIA-PA 网络拓扑结构示意图

参考文献

[1] 高泽华，孙文生 . 物联网——体系结构、协议标准与无线通信 [M]. 北京：清华大学出版社，2020.

[2] 杨峰义，谢伟良，张建敏，等 . 5G 无线接入网架构及关键技术 [M]. 北京：人民邮电出版社，2018.

[3] 江林华 . 5G 物联网及 NB-IoT 技术详解 [M]. 北京：电子工业出版社，2018.

[4] 黄宇红，杨光，肖善鹏，等 . NB-IoT 物联网：技术解析与案例详解 [M]. 北京：机械工业出版社，2018.

[5] 王宜怀，张建，刘辉，等 . 窄带物联网 NB-IoT 应用开发共性技术 [M]. 北京：电子工业出版社，2019.

[6] 孙利民，张书钦，李志，等 . 无线传感器网络：理论及应用 [M]. 北京：清华大学出版社，2018.

[7] 汪双顶，黄君羡，梁广民 . 无线局域网技术与实践 [M]. 北京：高等教育出版社，2018.

[8] 李正军 . 现场总线与工业以太网及其应用技术 [M]. 北京：机械工业出版社，2018.

[9] 汤旻安 . 现场总线及工业控制网络 [M]. 北京：机械工业出版社，2018.

[10] 廖建尚 . 物联网开发与应用——基于 ZigBee、Simplici TI、低功率蓝牙、Wi-Fi 技术 [M]. 北京：电子工业出版社，2017.

[11] 吴功宜，吴英 . 互联网 +：概念、技术与应用 [M]. 北京：清华大学出版社，2019.

[12] BEARD C，STALLINGS W. 无线通信网络与系统 [M]. 朱磊，许魁，译 . 北京：机械工业出版社，2017.

[13] OBAIDAT M S，MISRA S. 无线传感器网络原理 [M]. 吴帆，刘生钟，傅新喆，等译 . 北京：机械工业出版社，2017.

AIoT 边缘计算层

AIoT 大量实时性应用的需求，推动了边缘计算的发展。本文将从边缘计算基本概念出发，系统地讨论 AIoT 边缘计算的内涵、技术特征与研究的主要问题，以及 5G 移动边缘计算在 AIoT 中的应用。

4.1 边缘计算的基本概念

4.1.1 从云计算到移动云计算

1. 云计算概念的提出

云计算（Cloud Computing）技术是并行计算技术、软件技术、网络技术发展的必然结果。早在 1961 年，计算机先驱 John McCarthy 就预言："未来的计算资源能像公共设施（例如水、电）一样被使用"。为了实现这个目标，在之后的几十年里，学术界和产业界陆续提出了网络计算、分布式计算、集群计算、网格计算、服务计算技术，云计算正是在这些技术的基础上发展起来的。云计算的广泛应用已经改变了人们的日常生活与工作方式。

美国国家标准与技术研究院 NIST 在 NIST SP-800-145 文档中给出的定义是：云计算是一种按使用量付费的运营模式，支持泛在接入、按需使用的可配置计算资源池。

云计算的特点主要表现在以下几个方面：

第一，云计算中心规模庞大。大型公有云平台一般拥有数百万台服务器，一般企业的私有云也会有几千台甚至上万台服务器，能够为用户提供强大的计算和存储能力。

第二，高可靠性。云计算平台是基于分布式服务器集群的结构设计的，并且引入了多副本策略和节点同构互换的容错机制，确保云计算平台的高可靠性。

第三，高可扩展性。云计算平台可以根据用户需求，按需分配资源。如果用户增加了计算或存储需求，那么平台可以随时增加相匹配的资源。如果用户不再需要资源，则可以随时释放资源。

第四，虚拟化。云计算通过虚拟化技术将分布在不同地理位置的计算和存储资源整合成逻辑统一的共享资源池，为用户提供服务。虚拟化技术屏蔽了底层物理资源的差异性，实现统一的调度和部署。

第五，网云一体。网络能力与云计算架构的深度融合，利用 SDN/NFV 技术将应用、云计算、网络与用户连接起来，提供灵活、可扩展的网云一体服务。

云计算可以为用户提供方便、灵活、按需配置的计算、存储、网络与应用服务。例如，用户有一个计算任务，需要的计算环境包括八核 CPU、16GB 内存、含 500GB 硬盘的服务器、Linux CentOS 7.2 操作系统、MySQL 5.5.60 数据库系统，那么云计算系统可以根据用户的需求，自动分配用户所需要的计算资源。很显然，云计算按需分配计算资源对于广大用户是一种非常有用的服务。

云计算服务商提供的服务可以分为三种基本的类型：

- 基础设施即服务（Infrastructure-as-a-Service，IaaS）。
- 平台即服务（Platform-as-a-Service，PaaS）。
- 软件即服务（Software-as-a-Service，SaaS）。

如果用户购买的是租用云平台的基础设施，即租用硬件的服务（IaaS），就需要用户在云中分配的计算环境中自己安装操作系统与数据库软件；如果用户购买的是租用云平台的计算环境（即 PaaS），那么云计算系统将为用户准备好操作系统与数据库软件；如果购买的是云平台的软件服务（即 SaaS），云平台就需要按照用户提出的要求开发好应用软件，用户可以在自己办公室的计算机上直接使用云中的应用软件办公。

目前，云计算已经渗透到社会的各行各业，支撑着大数据与智能应用的发展，成为 AIoT 重要的基础设施之一。

2. 移动云计算概念的提出

（1）从移动计算到移动云计算

在移动互联网应用中，典型的移动终端设备是智能手机。基于智能手机的各种移动计算发展迅速。智能手机与大家如影相随，手机上的摄影、摄像、网游、导航、社交网络等应用会产生大量的语音、视频与文本数据；网上购物与移动支付应用涉及个人身份、银行账户，这里有很多涉及个人隐私的重要数据，一旦手机丢失将造成个人信息的不可挽回的损失。正是由于智能手机携带电池的能量有限、计算能力与存储空间受限，所以将智能手机产生的数据传送到云端存储与计算，应该是一种是非常有效、安全的方法。在这样的背景下，移动云计算（Mobile Cloud Computing，MCC）的概念应运而生。移动云计算是移动网络与云计算技术交叉融合的产物，是云计算应用在移动网络环境中的自然延伸和发展。图 4-1 描述了移动云计算与移动网络、云计算的关系。

（2）移动云计算的定义与特征

移动云计算可以定义为：移动终端设备通过无线网络，以按需与易扩展的原则，从云端获取所需的计算、存储、网络资源。

移动终端设备可以看作云计算的瘦客户端，数据可以从移动终端设备迁移到云端去计算与存储，移动云计算系统形成了"端 – 云"的两级结构（如图 4-2 所示）。

移动云计算应用主要有移动云存储、邮件推送、网上购物、手机支付、移动地图导航、移动健康监控、移动课堂、网络游戏等。当用户用智能手机拍摄了照片或视频时，智能手机 App 就直接将照片或视频数据通过移动互联网存储到云盘中。当一位老师想向学生发送数据

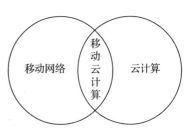

图 4-1　移动云计算与移动网络、云计算的关系

量很大的 PPT 课件时，首先将 PPT 文档通过移动互联网发送到云盘，供学生们读取。近年来，个人移动云存储已经成为移动互联网存储用户个人信息的主要途径，并且呈快速发展的态势。凡是在计算能力、存储能力与能量受限的移动终端设备上开发的移动互联网应用，都是建立在移动云计算技术之上的。

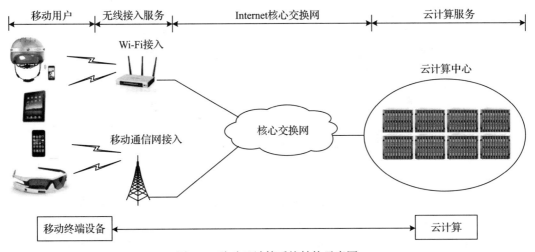

图 4-2　移动云计算系统结构示意图

传感器移动云计算（Sensor Mobile Cloud Computing，SMCC）是无线传感网与移动云计算相结合形成的一个新的研究领域，也为移动云计算在 AIoT 中的应用提供了一个实例。很多用于环境监测的 WSN 都会部署在人很难到达的地方，WSN 系统维护困难，在设计前端感知节点时总是希望它们能够在满足对环境参数感知的基本要求下，不需要经常换电池，生存时间越长越好，这就只能尽可能地降低对节点计算、存储与通信能力的要求。因此，将分散的 WSN 节点的数据处理迁移到云平台；WSN 的用户和管理者可以在任何时间、地点访问云平台的数据，执行计算任务，获取计算结果。SMCC 系统结构如图 4-3 所示。

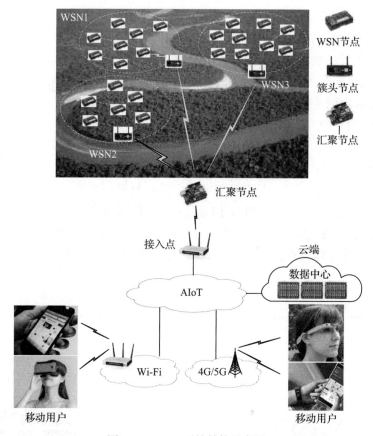

图 4-3 SMCC 系统结构示意图

随着 AIoT、工业互联网、智能网联汽车、虚拟现实/增强现实、4K/8K 高清视频以及 AIoT 实时性应用的发展，对网络提出了超低延时、超高带宽、超高可靠性的要求。例如，在智能工业的汽车制造中，用激光焊枪焊接一条长 15cm 的焊缝需要在几秒钟之内完成 1000 个焊点，在进入下一道工序之前必须快速完成对焊点是否合格的判断，这自然要用到机器视觉。在这种情况下，机器视觉产生的图像不可能传送到远端核心云中去分析，只能在靠近生产线的计算设备中通过图形分析软件快速完成焊点的质量评估，这种实时性应用势必会影响 AIoT 计算模式的变化。这样的案例在 AIoT 应用系统中屡见不鲜。在这样的大背景下，边缘计算（Edge Computing，EC）的概念应运而生。

4.1.2 从移动云计算到移动边缘计算

1. 边缘计算的定义

有的学者用人的大脑与末梢神经的关系去形象地解释边缘计算的概念。他们将云计算比喻成人的大脑，边缘计算相当于人的末梢神经。当人的手被针刺到的时候，首先会下意识地将手缩回。将手缩回的过程是末梢神经为避免受到更大的伤害而做出的快速反应，同时末梢神经会将被针刺的信息传递到大脑，大脑将从更高的层面综合判断受到的是什么样的伤害，并指挥人的整体做出进一步的反应。

实际上，边缘计算在 2003 年伊拉克战争中，美国国防部高级研究计划局（DARPA）推出士兵个人数字化试点时就已经应用在军事领域了。作战时需要处理的战场感知信息的数据量非常大，士兵携带的专用数字设备是无法胜任的。如果要将大量的战场数据上传到作战指挥中心的数据中心进行集中处理，则必须先要解决两个基本的问题。一是要为每个士兵配置单兵与数据中心之间交互的高带宽、无线（或卫星）通信系统，这套系统的造价极高，这个方案是不可取的。二是士兵携带的专用数字设备和作战装备已经重达数十公斤，要增加计算能力就要进一步增加单兵负重，这个方案显然也是不可取的。DARPA 提出的解决方案是：在与作战士兵随行的悍马作战车上，部署一个边缘计算节点设备。这个边缘计算节点可以与 1km 范围内的士兵进行数据交互。悍马作战车上的移动边缘计算节点，向上可以与高层的作战指挥中心数据中心通信，向下可以与战场士兵进行数据交互。这样，战场移动边缘计算节点就可以结合高层作战指挥中心数据中心的作战态势分析与指令，就近及时对多个单兵信息进行综合处理，快速向战场上每个士兵发送具体的作战指令。

边缘计算作为一种在网络边缘执行计算任务的新型计算模式，目前还没有一个统一的定义，不同研究人员都在从各自的视角去诠释边缘计算。从 AIoT 应用角度看，研究人员普遍认为：边缘计算是一种将接收节点和存储资源节点部署在更贴近于移动终端节点或传感器网络边缘位置的计算模式。

边缘计算作为一种开放、可扩展、协作的生态系统，实现了移动通信网与 AIoT 资源、服务以及数据的互联、互通、互操作。边缘计算的特点体现在以下几个方面。

- 边缘计算的开放性表现在它打破了传统网络的封闭性，将网络的基础设施、网络数据与网络服务转换成开放性的资源，提供给用户与应用开发者，使服务更能够贴近用户的实际需求。
- 边缘计算的可扩展性表现在支持资源的灵活配置和调用，并能够自动实现快速响应，以适应网络服务类型的快速增长，提高用户体验效果。
- 边缘计算的协作性表现在能够将 5G 与 Internet、AIoT 通过技术与应用的协作更紧密地融合在一起，改善网络整体的性能，提供更为丰富的网络应用。

2. 边缘的内涵

理解边缘计算的内涵，需要对边缘的概念进行深入讨论。理解边缘的概念需要注意以下几个问题。

第一，边缘计算中的边缘是相对的，它泛指从数据源经过核心交换网到达远端云计算中心路径中的任意一个或多个计算、存储和网络资源节点。

第二，边缘计算的核心思想是"计算应该更靠近数据源，更贴近用户"。边缘计算中的边缘首先是相对于连接在互联网上的远端云计算数据中心而言的。

第三，边缘计算中"贴近"一词包含多层含义。首先可以表示数据源与处理数据的边缘计算节点的"网络距离"近。这样就可以在小的网络环境中，保证网络带宽、延时与延时抖动等不稳定因素的可控。其次表示为"空间距离"近，这就意味着边缘计算节点与用户处在同一个场景（如位置）之中，节点可以根据场景信息（如基于位置信息）为用户提供个性化的服务。"网络距离"与"空间距离"有时可能并没有关联，但网络应用可以根据各自的需求来选择合适的计算节点。

第四，在 AIoT 中，网络边缘的资源节点包括智能手机、个人计算机、可穿戴智能设备、智能机器人、无人车与无人机等嵌入式用户端设备，Wi-Fi 接入点、蜂窝网络基站、交换机、路由器等网络基础设施，以及小型计算中心与资源。这些资源形成了数量众多、相互独立、分散在用户周围的计算、存储与网络类边缘节点。

第五，边缘计算就是要将空间距离或网络距离上与用户邻近的边缘资源节点统一起来，形成分布式协同工作系统，为用户提供计算、存储与网络服务。

3. 边缘计算模型

边缘计算是在网络边缘执行计算的一种新型计算模型，具有弹性管理、协同执行、环境异构与实时处理的特点。

传感器 / 执行器 – 边缘计算设备 – 云计算设备之间的数据传输是双向的。边缘计算设备要根据传感器 / 执行器收集的现场感知和执行数据，完成部分计算任务（包括数据存储、处理、缓存、设备管理、隐私保护），并将计算结果分布传送到传感器 / 执行器与云计算中心；接收并转发从云计算中心发送给传感器 / 执行器的指令。因此，实现边缘设备模型必须满足以下三个条件。

第一，应用程序 / 服务功能可分割。应用程序 / 服务的全部或部分计算任务可以从云计算中心迁移到边缘设备去执行。应用到边缘计算模型的应用程序或服务需要满足可分割性，即一个任务可以分成若干个子任务，并且子任务可以迁移到边缘端去执行。因此，任务的可分割性、可迁移性是实现边缘计算的必要条件。

第二，数据可分布性。数据的可分布性体现为数据分布的"云 + 端"模式，即数据可以分布在云端，也可以分布在边缘端。数据可分布性是边缘计算的特征，也是边缘计算模型对待处理数据集合的要求。如果待处理数据不具有可分布性，那么边缘计算模型就变成一种集中式的云计算模型。边缘计算要求不同数据源产生的大量数据都应该符合可分布性的要求。

第三，资源可分布性。边缘计算模型中的资源可分布性，要求数据处理设备的计算、存储和通信资源同样要符合数据分布的"云 + 端"的模式。只有当边缘系统具备数据处理和计算所需要的资源时，才能在边缘设备中实现对数据的处理功能。

4. 边缘计算的研究基础

在 Internet 大规模应用不久后，由于 Web 与基于 Web 技术的各种新应用快速发展，导致互联网流量急剧增加。同时，由于 TCP/IP 体系缺乏必要的流量控制手段，因此出现互联网骨干网的带宽迅速被消耗掉的现象。很多人开始将 Web 的 "万维网"（World Wide Web）改写为 "全球等待"（World Wide Wait）。

从 ISP 优化服务的角度出发，人们提出了 "八秒钟定律"。对 Web 服务体验的统计数据表明：用户访问一个网站的等待时间如果超过 8s，就会有 30% 的用户选择放弃。根据 KissmeTrics 的一项统计：若一个网页 10s 打不开，则 40% 的用户将选择离开该网页；大部分手机用户愿意等待的加载时间为 6 ～ 10s；1s 的延误会导致转化率下降 7%；假设每一天一个电子商务网站收入是 10 万元，那么 1s 的页面打开延迟，将使全年收入损失 250 万元。而导致这种网页打开延迟最主要的因素是网络延时与服务器响应时间增长。网络延时是传输网的路由器、交换机分组转发延时的总和，服务器响应时间主要受计算机处理协议的时间、程序执行的时间与内容读取的时间的影响。传统的云计算已经难以克服 AIoT 实时性网络应用带来的带宽与延时两大瓶颈。

为了缓解 Internet 用户增加与网络服务等待时间增长间的矛盾，在增加 Internet 核心交换网、汇聚网与接入网带宽的同时，1998 年 MIT 研究人员提出了内容分发网络（CDN）的概念，开展了对 CDN 技术及应用的研究。

CDN 系统设计的基本思路可以归纳为几点。

第一，如果某个内容被很多用户关注，就将它缓存在离用户最近的节点上。选择最适合的缓存节点为用户提供服务。

第二，通过分布式 CDN 服务器系统构成的覆盖网，将热点内容存储到靠近用户接入端的 CDN 服务器上。用户在访问热点内容时，不需要通过 Internet 主干网，就近访问 CDN 服务器就能获得所需要获取的内容。

第三，CDN 的四大功能是分布式存储、负载均衡、网络请求的重定向、内容管理。

第四，CDN 的工作过程对于用户是透明的，用户能感知到服务 Internet 资源的时间缩短了，并不会感觉到 CDN 系统的存在。

边缘计算借鉴了 CDN 的设计思想，但是边缘计算模型的边缘不局限于物理上的边缘节点，可以是从数据源到远端云路径之间的任意一个或多个计算、存储和网络资源节点，同时边缘计算更强调节点的计算功能。

随着 WSN 在 AIoT 中应用研究的深入，无线传感器与执行器网和无线传感器与机器人网开始引起产业界的高度重视。这些问题的研究也为移动边缘计算在 AIoT 中的应用提供了很好的范例。

如果 WSN 的应用场景是针对森林火灾的感知与应急处置，那么在森林现场部署的多个传感器收集到火灾灾情数据后，完全依靠远端核心云将数据处理的结果反馈到现场，就会贻误突发事件处理的最佳时机。WSAN 的设计思路是将计算任务迁移到距离事件发生地最近的一个或几个相邻的执行器节点，利用执行器节点的计算资源来完成数据处理，并快速执行临场处置。WSAN 为移动边缘计算应用于 AIoT 提供了很好的示范。

应用实践表明，WSAN 中最有发展前景的传感器与执行器一体化节点模式是智能机器人。各国科学家开始在 WSAN 的基础上，进一步研究 WSRN 技术。目前有很多种研究WSRN 的应用场景，如军事、智能工业、智能电网、智能家居、智能交通、无人机、无人车、空间探测、物流运输等领域。

从体系结构角度看，WSRN 是一类用智能机器人作为移动执行器节点，组成分布式协同工作系统的一类特殊 WSAN；从学科的角度看，WSRN 是计算机网络技术与智能机器人技术的深度融合；从研究的角度看，智能科学在多机器人通信、协同与合作方面的理论与应用研究成果对 WSAN 研究有着重要的借鉴意义；从应用的角度看，WSRN 为 AIoT 移动边缘计算的应用发展拓宽了思路。

4.1.3 移动边缘计算的基本概念

2013 年，移动边缘计算（Mobile Edge Computing，MEC）概念出现。

2014 年，欧洲电信标准协会 ETSI 成立移动边缘计算规范工作组。

2016 年，ETSI 将移动边缘计算的概念扩展为多接入边缘计算（Multi-Access Edge Computing，MAEC)，将移动边缘计算从电信蜂窝移动通信网进一步延伸到其他无线接入网（如无线局域网 Wi-Fi）。

2017 年，移动边缘计算研究逐渐升温。

2020 年，5G 移动边缘计算引起了产业界与学术界的重视。

根据 ETSI 的定义：移动边缘计算是在距用户移动终端最近的无线接入网内提供计算与存储能力，以减小延时、提高网络运营效率，满足实时性系统应用需求，优化与改善终端用户体验的网络计算模式。

理解移动边缘计算定义需要注意以下几个问题。

第一，移动边缘计算由用户移动终端设备、边缘云与远端核心云 3 个部分组成。

- 用户移动终端设备包括智能手机、AIoT 移动终端设备，各种传感器、RFID、摄像头、无人车、无人机、智能机器人、可穿戴智能设备等。
- 边缘云是部署在移动基站或移动接入点的小规模的云计算设施，负责控制网络流量的转发与过滤，完成各种移动边缘服务和应用。
- 当移动终端设备计算能力不能满足应用需求时，可以将计算密集型的任务与数据迁移到附近的边缘云节点处理；如果边缘云节点不能满足要求，则可以将部分任务和数据迁移到邻近的边缘云节点或远端核心云处理。

　　第二，移动边缘计算通过运行在网络边缘的边缘服务器、边缘云或微云，实现特定的计算、存储与执行任务，是移动通信网络与云计算技术融合的产物。

　　第三，移动边缘计算模式可以绕过接入网与核心交换网的带宽、延时的瓶颈，将计算任务放在靠近终端用户的边缘云中处理，使得很多有低延时、高带宽、高可靠性要求的网络应用（如手机 VR/AR 应用、智能网联汽车等）成为可能，并且有助于改善终端用户的体验质量（QoE）。

　　传统的移动云计算采用的是"端 – 云"的两级结构，移动边缘计算采用的是"端 – 边 – 云"的三级结构（如图 4-4 所示）。

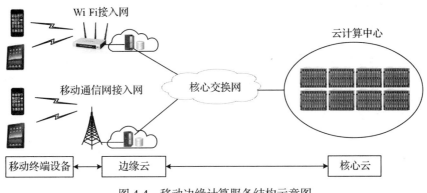

图 4-4　移动边缘计算服务结构示意图

　　如果我们提前将移动终端用户对其数据处理有实时性要求的应用软件下载到边缘云，那么移动用户终端产生的数据与任务可以在靠近用户的边缘云中得到快速处理，只有部分必要的非实时数据以及边缘云处理之后的相关数据，需要传送到远端核心云中存储、处理与共享。移动边缘计算形成"移动终端设备 – 边缘云 – 核心云"，即"端 – 边 – 云"的三级结构。因此，移动边缘计算概念一经提出，立即得到学术界和产业界的广泛关注。

4.1.4　移动边缘计算的特征

　　移动边缘计算的特征主要表现在以下几个方面。

　　第一，距离近。由于边缘计算设备靠近信息源（如传感器、用户移动终端），因此更有利于捕获用户端与环境大数据中的关键数据，利用大数据分析方法，直接衍生出特定的应用和服务。

　　第二，延时低。由于边缘计算设备和服务靠近用户移动终端设备，因此可以大大降低数据处理延时，使得服务响应时间更短，在减少网络流量的同时，有效地改善用户体验质量。

　　第三，预置隔离。由于移动边缘计算设备是本地的，因此它可以与网络的其他部分隔离，独立地运行，直接接受用户移动终端设备对边缘计算资源与服务的访问，这对于有高安全性要求的 AIoT 应用场景非常有用。

第四，位置感知。假如网络边缘是无线接入网（5G 或 Wi-Fi）的一部分，使用用户移动终端设备访问移动边缘计算设备时，就可以设计特定的算法或机制，实现位置感知的功能。

第五，上下文感知。从边缘计算设备获取邻近用户与环境大数据的关键数据中，通过对网络流量内容的上下文感知，能够更有针对性地贴近本地用户，分析不同用户应用的关注点，预测、优化配置本地计算、存储与网络资源，为本地用户提供差异化的服务，提高用户体验质量。

4.1.5 边缘云与核心云的关系

1. 边缘云与云数据中心的分工协作关系

了解边缘云与核心云（云数据中心）之间的关系，对于理解边缘计算原理和实现方法至关重要。我们可以用图 4-5 所示的智能医疗中的边缘计算应用的例子，形象地解释边缘云与云数据中心之间的分工协作关系。

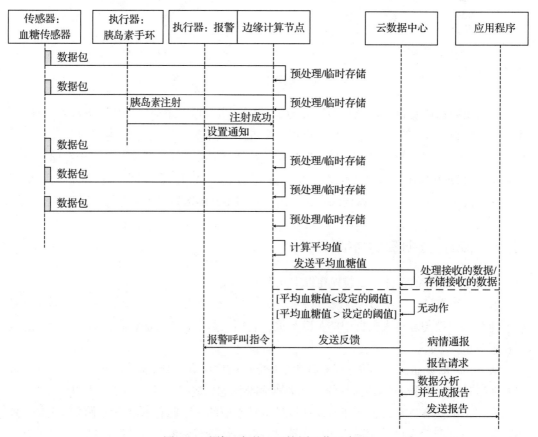

图 4-5　边缘云与核心云协同工作示意图

图 4-5 所示的是一个基于移动边缘计算的智能医疗应用系统工作过程的案例。AIoT 硬件设计工程师开发了一个胰岛素手环，糖尿病患者戴上胰岛素手环后，手环中的血糖传感器能够实时测量患者的血糖值，然后通过智能医疗应用的边缘计算系统，边缘云与云数据中心协同实现对患者病情的紧急救助和治疗。这个系统工作的过程可以分为以下几个步骤。

第一步，胰岛素手环以较短的时间间隔（如 1 分钟）测量和传输患者的血糖值。如果患者的血糖值高于预先设定的阈值（假设为 400mg/dl），则手环立即向附近的边缘计算节点发送实时的血糖数据。

第二步，边缘计算节点对数据进行预处理，临时存储血糖数据，并向手环的执行器发出注射胰岛素的指令。执行器完成胰岛素注射之后，向边缘计算节点返回注射成功的应答；边缘计算节点接收到执行器的应答之后，向执行器发出设置报警通知的指令。

第三步，手环中的血糖传感器连续将患者在注射胰岛素之后的血糖值向边缘计算节点报告。边缘计算节点计算患者注射胰岛素之后的血糖平均值，然后向远端的云数据中心发送患者的血糖平均值。

第四步，云数据中心对接收到的患者血糖平均值进行分析、处理与存储。如果血糖平均值超过预先设定的血糖平均值阈值，则云数据中心向边缘计算节点发出反馈，边缘计算节点向执行器发出什么情况下需要报警的指令。

第五步，云数据中心同时将患者病情变化通报给急救中心；急救中心的医生通过应用程序向云数据中心发出报告请求；云数据中心进行数据分析之后生成报告，发送到应用程序，由医生决定是否需要由急救中心做进一步的治疗。

胰岛素手环可以 7×24 小时无间断地监控慢性病患者的健康状况；执行器可以从靠近手环的边缘云获得执行指令，及时对患者进行救治；云数据中心根据边缘计算节点计算和报告的血糖平均值进行分析，并生成报告。整个过程是在连续、实时地分工协作进行，可以有效地对慢性病患者进行及时的救助。

在这个过程中，边缘计算节点的作用是连续监控与实时、快速分析患者血糖参数，出现紧急情况时立即进行处理，同时将患者的血糖数值以及紧急救护结果传送到远端的云数据中心；云数据中心接收、存储这些数据，利用糖尿病专家系统对患者的血糖数值进行分析，根据平均血糖值大于或小于设定的血糖阈值的结果来向边缘计算节点发出反馈指令；边缘计算节点向执行器发出什么情况下需要发出报警的指令。同时云平台将与急救中心应用程序协作，云数据中心生成数据分析与紧急处置情况报告传送到急救中心，由急救中心医生做进一步的处置。

从以上边缘计算应用的实例中可以看出，边缘计算与云计算各有所长。

- 云计算适用于全局性、非实时、长周期的大数据处理与分析，能够在长周期维护、业务决策支撑等领域发挥优势。
- 边缘计算更适用于对局部、实时、短周期数据的处理与分析，能更好地支撑本地业务的实时智能化决策与执行。

因此，边缘计算与云计算之间不是替代关系，而是互补协同关系，"边 – 云协同"将放大边缘计算与云计算的应用价值。边缘计算是靠近执行单元的单元，更是对云端所需高价值数据的采集和初步处理单元，可以更好地支撑云端应用；反之，云计算通过大数据分析优化输出的业务规则或模型可以下发到边缘侧，边缘计算基于新的业务规则或模型运行。

从这个分析中可以得出以下几点结论。

第一，边缘云与云数据中心构成了分布式协同工作系统。"云 – 边"协同包括：资源、虚拟化、安全的协同，数据、应用管理与业务管理的协同。

第二，由于云数据中心在计算、存储、网络资源方面的优势，因此 AIoT 应用层和应用服务层的业务信息处理、大数据分析与挖掘、宏观与预测性分析，以及 AI 模型训练等大型计算任务放在云数据中心来完成。应用软件开发也在云数据中心完成，然后根据需求将开发的应用软件部署到边缘计算节点。

第三，由于安装场地、电力供应、维护与安全的限制，边缘计算设备一般采用轻量级的部署方式，计算能力相对有限。边缘计算节点主要承担对延时敏感的业务。

4.1.6　移动边缘计算的实现方法

移动互联网与 AIoT 应用的发展，催生了多种移动边缘计算的解决方案，如微云、雾计算与多接入边缘计算。

2009 年，微云（Cloudlet）概念提出。

2011 年，雾计算（Fog Computing，FC）概念提出。

2012 年，雾计算解决方案正式提出。Cisco 研究人员在 " Fog Computing and Its Role in the Internet of Things"论文中提出"端 – 雾 – 云"的雾计算解决方案与架构，形象地描述"雾是接近地面的云"。

1. 微云

微云是能够提供云计算服务的一台计算机或一个计算机集群。它一端连接到蜂窝移动通信网基站或无线局域网的接入设备，一端通过核心网连接到远端的核心云。当移动用户希望得到低成本、低延时与高带宽服务时，可以将计算与存储任务迁移到本地的微云。微云是移动边缘计算与移动云计算相结合的产物。

Cloudlet 是学术界公认的比较成熟的边缘计算系统。Cloudlet 是一个可信且资源丰富的主机或机群，它部署在网络边缘与核心网连接，并可以被周围的移动设备访问，为移动设备提供服务。Cloudlet 将原先移动计算的二层架构"端 – 云"变为三层架构"端 – 边 – 云"。

Cloudlet 主要用来支持移动云计算中计算密集型与延迟敏感型的应用（如人脸识别、增强现实、智能网联汽车）。当附近有 Cloudlet 可以使用时，计算资源匮乏的移动设备可以将计算密集型任务卸载到 Cloudlet，移动设备既不需要处理计算密集型任务，又能保证任务的快速完成。Cloudlet 也可以像云一样为用户提供服务，因此它被称为"微云"（datacenter in a box）或"薄云""小云"。

移动终端与微云一般接入同一个基站，或者属于一个无线局域网，移动终端到微云只有"一跳"的距离，因此可以将网络通信延时控制得很低，从而为计算密集型和交互性较强的移动应用提供服务。

微云能够提供单跳、低延时、高带宽的云服务，但存在着两大缺点。一是移动用户仍然要依赖云服务提供商提供的微云基础设施。二是微云资源有限，当多个移动用户同时提出服务请求时，微云资源可能很快就被耗尽。针对这些问题，研究人员正在进一步开展对动态微云与移动微云的研究。

2. 雾计算

雾计算的概念最早出现在 2011 年，由 Cisco 于 2012 年正式提出并进行了最初的定义。Cisco 对雾计算的定义是：雾由虚拟化组件组成，是一组分布在网络边缘的资源池，能够为大规模传感器网络和智能网格环境等场景提供高度分布式的资源来存储和处理数据。

产业界对雾计算的定义是：雾计算通过在云与移动设备之间引入中间层，扩展了基于云的网络结构，中间层实质是由部署在网络边缘的雾服务器组成的"雾层"。雾计算避免了云计算中心与移动用户之间的多次通信。通过雾计算服务器，可以显著减少主干链路的带宽负载和能耗。当移动用户量巨大时，用户可以访问雾计算服务器中缓存的内容，请求特定的服务。此外雾计算服务器可以与云计算中心互连，并使用云计算中心强大的计算能力和丰富的应用程序。

理解雾计算定义的内涵，需要注意以下几点。

第一，雾计算的名字体现出它的特点。雾计算与云计算相比，更贴近"地面"的终端用户与终端设备。与边缘计算不同的是，雾计算更强调在云与数据源之间构成连续统一体（cloud-to-things continuum）来为用户提供计算、存储与网络服务，使网络成为数据处理"流水线"中的一个有机组成部分，而不仅仅是数据传输"管道"。

第二，雾计算将数据、数据处理和应用程序集中在网络边缘的设备中，对数据的存储及处理更依赖本地设备，而非服务器。这些设备可以是网络中已有的传统网络设备，如路由器、交换机、网关等，也可以是为专门部署而新增的服务器。雾计算强调节点的数量，通过用分布在不同地理位置、数量庞大的雾节点构成雾网络，可以弥补单个设备在资源与功能方面的不足；充分使用已有的网络设备资源，可以大幅度降低组建边缘云系统时的投资。同时，多种网络设备、服务器集成在一个雾网络中，必然会带来系统内部不同结构的节点、内部节点与外部用户终端设备之间信息交互的异构性问题。

第三，"雾"不是作为"云"的替代品而出现的。"雾"是"云"概念的延伸，与"云"形成相辅相成的关系。在 AIoT 生态中，"雾"可以过滤、聚合用户消息；匿名处理用户数据，保证隐秘性；初步处理数据，做出实时决策；提供临时存储，提升用户体验。相对地，云可以负责大运算量任务，或长期存储任务，如数据挖掘、状态预测、整体性决策等，从而弥补单一雾节点在计算资源上的不足。"雾"可以理解为位于网络边缘的小型"云"。

第四，AIoT 应用系统通过雾计算将简单的数据分类任务分发给 AIoT 设备，将更复杂的上下文推理任务分发给边缘网关设备，将需要更高处理能力的任务（包含太字节量级数据的分析任务）分发给核心云处理。雾计算在嵌入式终端设备、分布式系统与智能技术的基础上，研究如何在功能强大的云数据中心与边缘雾设备之间实现能力的平衡分配，它不仅要实现边缘设备之间的优化，而且要为边缘设备与网络其他实体协同工作提供一种"端 – 端"实现方案。

4.2 5G 与移动边缘计算

4.2.1 AIoT 实时性应用的需求

在 AIoT 中，为了能够实时感知路况与环境数据，智能网联汽车上需要安装上百个、各种类型的传感器。智能网联汽车要通过安装在车体的各种传感器来探测、识别实时的路况与行车环境信息，同时要接收移动网络传输的道路流量数据，发送车辆自身的行驶状态数据与 GPS 位置数据。车辆行驶过程中所产生的海量数据都要交给车载计算机系统去分析处理，计算机将处理后产生的汽车操控指令传送给车辆控制器。研究人员估算，智能网联汽车每行驶 1 小时，传感器与车辆发送、接收的数据就会达到太字节量级，处理和存储这样的海量数据需要使用大量的计算、存储与网络带宽资源。而智能网联汽车对于数据传输延时极为敏感，数据传输延时即使只增加了 1ms，也有可能导致车毁人亡的惨局。

AIoT 智能人机交互中的虚拟现实 / 增强现实（VR/VR）在典型体验、挑战体验、极致体验三种情况下对实时速率、延时的要求如表 4-1 所示。

表 4-1 VR/AR 在特定场景下对实时速率、延时的要求

	场景	实时速率	延时
VR 应用	典型体验	40Mbps	<40ms
	挑战体验	100Mbps	<20ms
	极致体验	1000Mbps	<2ms
AR 应用	典型体验	20Mbps	<100ms
	挑战体验	40Mbps	<50ms
	极致体验	200Mbps	<5ms

基于增强现实的移动应用在使用头部跟踪系统工作时，要求端 – 端的延时低于 16ms；虚拟现实显示系统要求端 – 端延时低于 20ms；捕捉或感应人体移动细节、画面显示、图像处理与网络传输的端 – 端延时要低于 20ms。完全依赖云计算中心去处理移动终端数据，对于一些对延时敏感的工业控制系统、无人驾驶系统而言，显然是不可取的。传统的 3G/4G 移动通信网已无法支持，只有 5G 能够支持超低延时、超高带宽与可靠的 AIoT 应用。

4.2.2　5G 移动边缘计算的基本概念

2013 年，出现了将边缘计算与电信蜂窝移动通信网结合的研究。IBM 与 Nokia Siemens 网络共同推出了一款计算平台。该平台可以在无线基站内部运行应用程序，向移动用户提供服务。

2014 年，欧洲电信标准协会 ETSI 成立了移动边缘计算规范工作组，推进移动边缘计算标准化的研究。移动边缘计算的指导思想是把云计算平台从移动核心网络内部迁移到移动接入网（Radio Access Network，RAN）边缘，实现对计算与存储资源的弹性利用。移动边缘计算具有本地化、近距离、低延时的特点。

2016 年，ETSI 将移动边缘计算的概念扩展为多接入边缘计算（Multi-Access Edge Computing），将边缘计算从电信蜂窝移动通信网进一步延伸至其他无线接入网络，如无线局域网（Wi-Fi）。移动边缘计算已经成为支撑 5G 应用的一项关键技术。

5G 的"超可靠低延时通信"（ultra-Reliable Low Latency Communication，uRLLC）应用的推出，有望克服移动 AIoT 实时性应用发展的瓶颈。uRLLC 适应以机器为中心的应用，可以满足车联网、工业控制、移动医疗等行业中的特殊应用对超高可靠、超低延时的通信需求，促进了移动边缘计算研究与应用的发展。

5G 移动通信将与其他无线移动通信技术密切结合，除了具有高速率、低延时、高连接密度、高流量密度这些特点之外，还具备几个新的特点：

第一，5G 室内无线覆盖性能及业务支撑能力将作为系统优先设计目标，室内移动通信业务已占据应用的主导地位；

第二，5G 研究将更广泛的多点、多用户、多天线、多小区协作方式组网作为突破的重点，从而在体系构架上寻求系统性能的大幅度提高；

第三，5G 研究将更加注重用户体验，对 VR/AR、无人车、无人机等智能技术与 AIoT 等新兴移动业务的支撑能力成为衡量 5G 系统性能的关键指标。

为了满足超低延时、超高带宽网络应用的需求，融合 5G、边缘计算、云计算与移动计算概念的 5G 移动边缘计算成为了目前网络领域研究的重点。5G 移动边缘计算在 AIoT 中应用如图 4-6 所示。

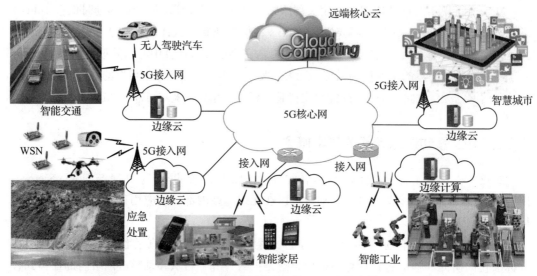

图 4-6　5G 移动边缘计算在 AIoT 中的应用

4.2.3　5G 移动边缘计算的优点

5G 移动边缘计算的优点主要表现在以下几个方面。

第一，缓解网络带宽与数据中心的压力。AIoT 接入设备所产生的海量数据中只有少量是关键数据，大多是临时数据，无须长期存储。接入 AIoT 设备所产生的数据量比需要存储的数据量高出两个数量级。移动边缘计算可以在网络边缘处理大量临时性的数据，从而大大地减轻 Internet 数据传输、计算和存储对网络带宽与云计算数据中心的压力，提高网络系统的运行效率。

第二，提高服务的响应能力。移动终端设备在计算、存储和电量等资源上的匮乏是其固有的缺陷，云计算可以通过为移动终端设备提供服务来弥补这些缺陷。但是数据从移动终端设备传送到云计算中心的过程受到核心交换网的网络连接与路由不稳定等因素的影响，会出现产生传输延时与延时抖动过高、响应时间长的问题。边缘计算在用户附近提供服务，近距离服务保证较低的网络延时与延时抖动。同时，5G 时代多样化的应用场景和差异化的服务需求，对 5G 网络在吞吐量、延时、连接数目和可靠性等方面提出了挑战。5G 技术与边缘计算技术的结合，利用边缘计算技术提升了 5G 本地化、近距离、高带宽、低延时的优势，将催生更多基于场景的 5G 应用。

第三，保护隐私数据，提升数据安全性。AIoT 应用中数据的安全性一直是一个极富挑战性的课题。调查显示，约有 78% 的用户担心他们的 AIoT 数据在未授权的情况下被第三方使用。云计算模式下所有的数据与应用都集中到数据中心，用户很难对关键数据的访问与使用进行精细的控制。而边缘计算能够为关键性的隐私数据处理、存储与利用提供资源与环境，将对隐私数据的操作限制在防火墙内，提升数据的安全性和用户的体验效果。

第四，促进新型产业链与网络生态圈的形成与发展。5G 移动边缘计算将打破传统的移动运营商"围墙花园"（Walled Garden）式的封闭运营模式，进入与各行各业展开更广泛、更深入结合的发展阶段，实现移动业务的"下沉"。如果说 4G 开启了移动互联网时代，那么5G AIoT 应用将会带来更深层次的变革，促进新型的产业链及网络生态圈的形成与发展。

4.2.4　移动边缘计算的研究与标准化

2013 年，移动边缘计算概念提出。

2014 年，ETSI 成立移动边缘计算标准工作组。

2015 年，开放雾计算联盟成立。

2016 年，ETSI 扩展移动边缘计算为多接入边缘计算，并成立边缘计算产业联盟。

2016 年，由华为、中科院沈阳自动化研究所、中国信通院、Intel、ARM 等联合发起的边缘计算产业联盟（ECC）在北京成立，旨在搭建边缘计算产业合作平台。

2018 年，由中国移动联合中国电信、中国联通、中国信通院与 Intel 公司发起开放数据中心委员会 OTII 工作组，开启电信领域边缘计算服务器标准与管理接口规范制定工作。

2019 年，由百度、阿里巴巴、腾讯、中国信通院、中国移动、中国电信、华为与Intel 联合发起成立开放数据中心委员会边缘计算工作组，旨在推动业界边缘计算商业开发部署。

2022 年，边缘计算工作组发布了《边缘计算小型化边缘服务器云原生软件架构及参考设计技术白皮书》与《AIoT 智能边缘计算网关 ECOM 架构及参考设计技术规范》等文件。

5G 网络架构如何更好地支持移动边缘计算将是最为重要的研究方向。MEC 的高带宽、低延时、海量连接、贴近边缘计算的特征能够很好地解决很多垂直行业中的技术难题。MEC 同开源的结合才能推动 MEC 商用与落地部署的深度和广度。未来边缘计算标准化主要面向：MEC 与 5G 的结合、MEC 与各个垂直行业的结合、MEC 与开源的结合。

4.3　移动边缘计算架构

4.3.1　ETSI MEC 参考模型

1. MEC 系统整体结构

2016 年 4 月，MEC ISG 公布的 MEC 参考架构白皮书对 MEC 的基本概念和网络参考架构进行了详细定义。5G 系统规范及其基于服务的架构（SBA），利用不同网络功能之间基于服务的交互，使系统操作与 SDN/NFV 范例保持一致。MEC 规范也具有这些特性。同时，规范定义了移动边缘计算的实现手段，允许 MEC 系统和 5G 系统在流量路由和策略控制相关操作中协同交互，MEC 的特性与 5G 系统技术互补，使得系统的集成成为可能。白皮书首先给出了图 4-7 描述的 MEC 系统整体架构。

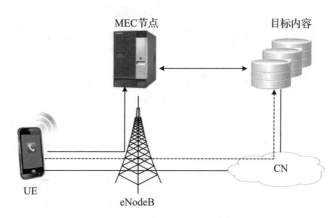

图 4-7　MEC 系统整体结构示意图

在不使用 MEC 的传统方式下，每个用户终端（UE）在发起内容服务请求时，首先需要经过基站（eNodeB）接入，然后通过核心网（Core Network，CN）连接目标内容，之后目标内容通过核心网回传到用户终端，最终完成终端与目标内容的交互（如图中虚线所示）。同一个基站下的其他终端如果发起同样的目标内容服务请求，则需要重复同样的连接和调用流程。这样做的缺点有两个，一是重复连接和调用会浪费网络资源，二是通过核心网的长距离传输必然会增加服务响应的时间。引入了 MEC 的解决方案在靠近用户的基站上部署 MEC 服务器，将内容缓存在 MEC 服务器上，使用户能直接从 MEC 服务器获取内容。因此 MEC 的引入，既可以减少网络流量，避免拥塞，还能够提升用户体验质量。

需要注意的是，这里所说的"MEC 服务器"也称作"MEC 节点"或"MEC 平台"。

4.3.2　MEC 平台逻辑结构

图 4-8 给出了 MEC 平台的逻辑结构示意图。MEC 平台由 MEC 平台底层基础设施、MEC 应用平台组件与 MEC 应用层等三层逻辑实体组成。

1. MEC 平台底层基础设施

MEC 平台底层基础设施由 MEC 硬件资源与基于网络功能虚拟化的 MEC 虚拟化层组成。MEC 硬件资源提供底层硬件的计算、存储、控制功能，以及基于 Openstack 的虚拟操作系统、KVM 等硬件虚拟化组件。MEC 虚拟化层则承担着虚拟化的计算处理、缓存、虚拟交换功能以及相应的管理功能。

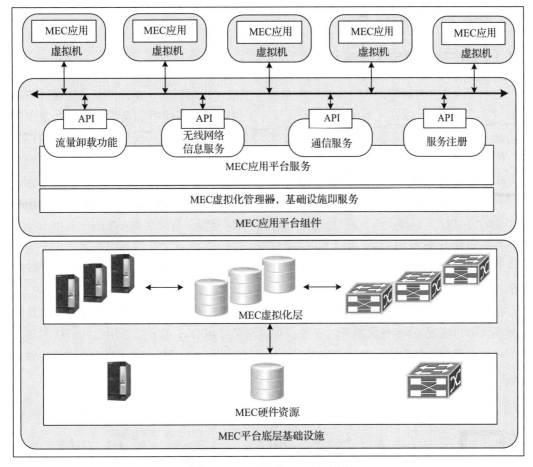

图 4-8 MEC 平台三层逻辑实体

2. MEC 应用平台组件

MEC 应用平台组件承载业务的对外接口适配功能，通过 API 完成与 eNodeB 和上层应用层之间的接口协议封装，提供通信服务（Communication Service，CS）、服务注册（Service Registry，SR)、无线网络信息服务（Radio Network Information Service，RNIS）和流量卸载功能（Traffic Offload Function，TOF）等，并且具备相应的底层数据包解析、内容路由选择、上层应用注册管理、无线信息交互等基本功能。

3. MEC 应用层

MEC 应用层在网络功能虚拟化的基础上，将 MEC 应用平台组件层封装的基础功能进一步组合形成如无线缓存、本地内容转发、增强现实、业务优化等的虚拟机应用程序，并通过标准的 API 和第三方应用实现对接。

4.4 移动边缘计算在 AIoT 中的应用

4.4.1 基于移动边缘计算的 CDN

CDN（内容分发网络）的设计实现中蕴含着边缘计算的概念，在讨论移动边缘计算应用时，研究如何将 Internet 中已有的 CDN 服务扩展到移动环境中也是很自然的。基于移动边缘计算的 CDN 系统通常简称为边缘 CDN。AIoT 中有很多应用场景将用到 CDN 技术。

传统 CDN 系统中，用户在浏览器中输入要访问的网站域名，浏览器向本地 DNS 服务器发出域名解析请求；本地 DNS 服务器将域名转交给 CDN 专用的 DNS 服务器；DNS 服务器将域名解析请求发送给 CDN 全局负载均衡器；负载均衡器根据用户的 IP 地址与用户请求访问的 URL，选择一台在用户所属区域的负载均衡器，并转交用户发出的 URL 请求；浏览器再用该 IP 地址向 CDN 缓存节点发出 URL 访问请求；CDN 缓存服务器将用户请求的内容发送给浏览器。CDN 系统中 DNS 与负载均衡器的工作过程是以后台方式完成的，整个过程对于用户是透明的。

在移动边缘计算环境中，需要在边缘云中设置 CDN 专用的 DNS 代理服务器，以透明的方式为用户完成 DNS 查询服务。业务提供商只需要用 IaaS 的方式租用边缘云中的服务器，存放自身的业务内容，并增加简单的记录添加操作，不需要对原 CDN 系统结构做进一步的改变。边缘 CDN 结构与用户访问过程如图 4-9 所示。

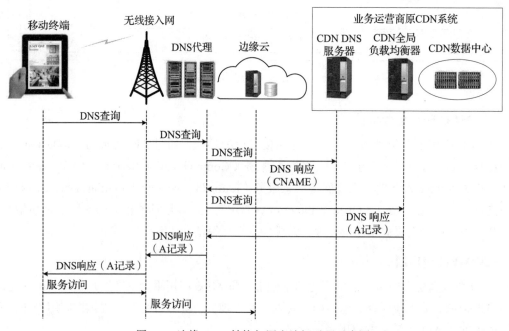

图 4-9 边缘 CDN 结构与用户访问过程示意图

设置边缘 CDN 系统需要做以下工作。

第一，修改业务提供商边缘的 CDN DNS 服务器记录，以 CNAME 方式将 DNS 查询请求指向 CDN 全局负载均衡器。

第二，租用边缘服务器，并获得服务器所在移动边缘云中的 DNS 代理的 IP 地址。

第三，在 CDN DNS 服务器中建立 DNS 代理的 IP 地址与边缘服务器的 IP 地址的对应关系。

完成以上准备工作，用户就可以就近通过边缘 CDN 访问原 CDN 中的资源与服务。以下是用户对边缘 CDN 中资源与服务的访问过程。

第一步：移动终端用户发出 DNS 查询请求。查询请求使用的是 DNS 代理的 IP 地址。

第二步：DNS 代理接收到用户的 DNS 查询请求，并将用户的 DNS 查询请求转发到 CDN DNS 服务器。

第三步：CDN DNS 服务器合法接收用户的 DNS 查询请求，向 DNS 代理发送 DNS 响应（CNAME）。

第四步：DNS 代理接收到 DNS 响应之后，进一步将用户的 DNS 查询请求发出给 CDN 全局均衡器。

第五步：CDN 全局均衡器接收到用户的 DNS 查询请求后，检查 DNS 代理与边缘服务器的 IP 地址对应关系，随后以 A 记录方式向 DNS 代理返回边缘服务器的 IP 地址。

第六步：DNS 代理将 A 记录传送到用户终端。

第七步：用户终端与 A 记录中边缘服务器的 IP 地址发起建立连接请求。

第八步：用户终端与边缘服务器建立连接之后，用户就像使用传统 CDN 系统一样，通过边缘云系统获取 CDN 中的资源与服务。

由于用户是在边缘服务器中获取的 CDN 中的资源与服务，因此可以绕开核心交换网的传输过程，既减少了核心交换网的流量，又降低了传输延时，因此边缘云的应用可以有效地提高移动用户访问 CDN 系统的体验质量。

4.4.2　基于移动边缘计算的增强现实服务

1. 基于移动边缘计算的增强现实服务的基本概念

虚拟现实（VR）中的"现实"是真实的，客观存在的内容；"虚拟"是指由计算机技术生成的一个特殊的环境。虚拟现实是要从真实的现实社会环境中采集必要的数据，利用计算机模拟产生一个三维空间的虚拟世界，模拟生成符合人们心智认识的、逼真的、新的虚拟环境，提供对使用者视觉、听觉、触觉等感官的模拟，从而让使用者如同身临其境一般，可以实时、不受限制地观察三度空间内的事物，并且能够与虚拟世界的对象进行互动。

增强现实（AR）属于虚拟现实研究的范畴，同时也是在虚拟现实技术基础上发展起来的一个全新的研究方向。增强现实实时地计算摄像机影像的位置、角度，将计算机产生的虚拟信息准确地叠加到真实世界中，将真实环境与虚拟对象结合起来构成一种虚实结合的虚拟空间，让参与者看到一个叠加了虚拟物体的真实世界。这样不仅能够展示真实世界的信息，还能够显示虚拟世界的信息，两种信息相互叠加、相互补充，因此增强现实是介于现实环境与虚拟环境之间的混合环境。

在增强现实中虚拟内容可以无缝地融合到真实场景的显示中，以提高人类对环境感知的深度，增强人类智慧处理外部世界的能力。同时，由于增强现实对数据传输的实时性、带宽与可靠性要求很高，因此目前很多厂商研发的头戴式显示器 HMD 受到重量、体积的限制，计算、存储与通信能力受限，很难达到理想的渲染效果。因此 AIoT 移动终端设备要想实现增强现实服务必须借力于移动边缘计算技术。图 4-10 给出了基于移动边缘计算的增强现实服务系统示意图。

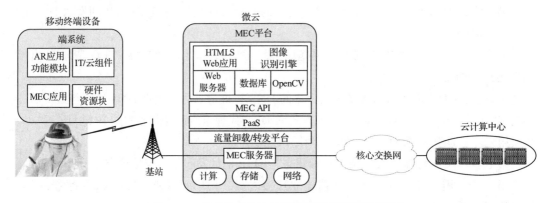

图 4-10　基于移动边缘计算的增强现实服务系统

为了实现真正的便携和移动 AR 体验，研究人员提出通过移动终端设备将无线接入网连接到相应的边缘计算设备 MEC 平台，将渲染和计算任务迁移到边缘服务器执行，达到轻量化 HMD 设备，以及满足 AR 高带宽与低时延要求的目的。

2. 研究的主要内容

针对 AR 对带宽与时延两方面的需求，研究工作主要集中在以下几个方面。

（1）通过多用户混合投影降低所需的带宽

在实际的 VR/AR 应用实例中，MEC 平台所连接的多个用户一般拥有部分相同视图。例如在一间虚拟教室中，学生们之间存在大量的公共视图。对于参与当前虚拟空间会话的一组用户，可以定义某一用户与其视图作为主用户与主视图。主用户与其他用户共享最常见的视图，而其他用户与相应的视图作为辅助用户与相应的次要视图。对于每个次要视图，可以通过对其与公共视图的计算找出其与主视图的区别，并将其作为剩余视图。系统不需要对每个用户的视频进行单播，而是将主视图从 MEC 平台传播给所有参与的用户，并将每个剩余视图发送给相应的辅助用户。在用户设备上，所有用户都将接收到主视图，辅助用户也将收到他们的剩余视图。主用户将直接解码和显示视频，而辅助用户将对主视图和剩余视图进行解码，将主视图与剩余视图合并以获得自己的次要视图。

根据虚拟空间中的用户数量、位置和视图角度，单个主视图可能会导致一些次要视图与主视图之间没有共同视图，因此产生大量的剩余视图。所以，可将用户划分成一个或多个组，每个组都有一个主视图和零个或多个次要视图，这样就可以最小化从 MEC 平台到用户设备所需要传输的主视图和剩余视图的数据量，降低对网络带宽的需求。

（2）通过渲染 / 流式传输全角度视频实现超低延时

VR 应用会因为使用者进行头部旋转等动作而产生场景变换，带来大量渲染任务，引起时延波动。传统的变换方式是，跟踪用户的头部旋转或身体移动等动作并传送跟踪结果到云 / 边缘，对视场（Field of View，FOV）进行渲染、编码和流传输。这里提出的全角度视频方法是，定期渲染全角度视频，在用户设备处以流的形式传输和高速缓存用户控制信息的变化或虚拟空间的变化。当用户随后执行头部旋转时，MEC 平台跟踪新的头部位置，并从用户装置中缓存的全角度视频中选择适当的视频显示在用户 VR 眼镜上，从而消除与 FOV 渲染和流式传输相关联的延时。对于头部旋转等动作引起的延时，头部跟踪延时将减少到小于 4ms，HMD 显示延时将减少到小于 11ms，均满足小于 20ms 的超低延时要求。

这种方法可以显著减少头部旋转带来的等待时间，MEC 平台的主要作用是完成 HMD 所需要的大量用于渲染和拼接多个不同视图的计算任务，以及满足每个相关联的用户传输全角度视频所需的应用会话速率要求。为进一步解决计算延时问题，研究人员建议尝试在 MEC 平台中使用多用户编码（MUE）技术降低向用户传输全角度视频所需的比特率，并探索其仅通过渲染主视图和剩余视图，而不是渲染所有用户的 360° 视图来降低渲染代价的可行性，实现超低延时。

（3）视频编排与分析

对于大型运动场馆的赛事视频直播服务就非常适合部署 MEC 平台。通过在移动通信网络边缘部署视频处理服务器，可以实现直播视频本地化存储及处理，以很低的延时将处理过的视频直接发送给现场用户，可以减少对移动承载网与核心网络带宽资源的消耗。

基于 MEC 的视频编排业务可以针对现场活动提供其他增值服务，如通过部署在场地不同位置和角度的摄像头，为现场用户提供个性化的观看球赛与演出的服务，同时可以用于对现场入场与退场人流进行疏导和安全监控。

（4）基于无线感知的内容加速

移动通信网的通信环境是快速变化的。用户终端的快速移动通常会引起底层无线信道流量与延时的变化，可能导致某些无线基站的负载突然增大，使得移动终端的可用带宽在数秒内下降一个数量级。目前网络应用采用的 TCP 协议也很难适应底层通信质量的快速变化。移动边缘计算有助于实现基于 MEC 的无线感知的内容加速功能，有助于改善由用户突发的大量移动造成的无线网络流量分布突变所引发的问题。图 4-11 描述了 MEC 在智能移动视频加速中应用的示意图。

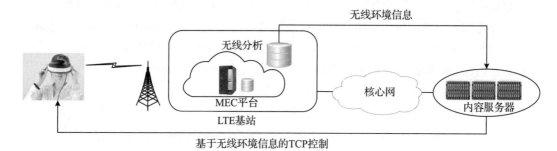

图 4-11　MEC 在智能移动视频加速中的应用

部署在基站的 MEC 平台可以采集到无线接入网连接用户的数量与实时空口的流量。通过分析无线接入网连接用户的数量与实时空口的流量，可以获得无线链路的实时吞吐量等无线环境信息。MEC 平台可以将无线环境信息发送到内容服务器。根据等无线网络环境信息，内容服务器可对内容传输及在线视频内容编码进行更合理的控制，实现传输内容与无线链路容量的匹配。内容服务器的 TCP 协议可以不用主动探测网络带宽来进行流量控制，而是根据无线分析应用提供的信息做出控制决策，包括对初始窗口大小的选择、拥塞避免期间对拥塞窗口的设置、传输超时情况下对拥塞窗口大小的调整，以优化系统的运营效率。

（5）基于应用感知的性能优化

随着 AR 应用的日益普及，移动通信网中的视频类业务应用越来越多，无线接入网侧的服务质量（QoS）保障会逐渐成为瓶颈，越来越多的个人用户、企业用户希望获得个性化的用户体验质量（QoE）。而当前的移动通信网缺乏针对相同业务类型下的不同用户需求提供差异化 QoS 的能力。如果在同一个移动通信网中存在多个在线视频用户，则用户只能获得相同的最大比特率（MBR）和保证比特率（GBR），只能享受相同的 QoS 服务。

3. 基于 MEC 的性能优化结构

MEC 平台可以为无线接入网络提供差异化服务的能力，图 4-12 给出了基于 MEC 的性能优化结构示意图。特别地，可以对 OTT 的部分信息和无线接入网的信息进行综合处理，发挥智能管道的优势来为 OTT 用户提供无线业务感知的网络服务。OTT（Over The Top）是通信行业非常流行的一个术语，它是指 Internet 公司越过电信运营商，发展基于开放 Internet 的各种视频及数据服务业务，这自然也应该包括 AIoT 应用的很多内容。

基于 MEC 平台的性能优化研究包括以下 3 个方面的内容。

- 在 MEC 平台上分析用户数据分组，以识别业务域用户类型。
- 在 MEC 平台上根据数据分组的分析结果为基站提供 QoS 信息。
- 由基站针对不同的用户数据分组提供差异化的无线通信带宽与延时保障。

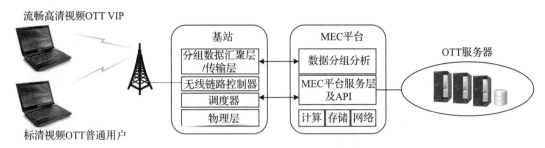

图 4-12　基于 MEC 的性能优化结构示意图

基于 MEC 平台的性能优化将体现在以下 3 个方面。

- MEC 平台靠近无线接入网及终端用户，可以在低延时的优势下改善终端用户在线支付、高速视频流的 QoE。
- 依托业务感知的 MEC 平台优化和最大化无线资源利用率，以提升无线网络系统的效率。
- 为移动网络运营商与 AIoT 服务提供商的 OTT 业务带来新的业务与利润增长点。

4.4.3　基于移动边缘计算的实时人物目标跟踪

随着智慧城市的建设，越来越多的人口居住在高密度的区域，以及大量人口的流动，这些都给城市管理与安全工作带来了很大的压力，尤其是当出现突发事件时，实时图像与视频的获取和目标人物的特征提取、发现与跟踪必须借助于大量设置的摄像头与传感器。据相关部门统计，我国用于环境监测、安全防护、道路交通维护的摄像头总数已经超过了 1.76 亿个。单个摄像头一天生成的数据量就可能超过 9600GB。对由摄像头产生的大量监控数据，需要通过特殊的处理方式来提取有用的信息，这就意味着我们需要 7×24 小时地关注获得的视频流，这样大的工作量仅靠人工是不可能完成的，云计算、大数据、人工智能、边缘计算与分布式实时数据处理技术的应用引起了人们的关注。

1. 分布式智能处理系统基本架构

我们可以将实时跟踪人物目标作为应用场景，研究构成分布式智能视频处理系统的结构的设计方法。图 4-13 给出了基于"端 – 边 – 云"的分布式智能视频处理系统的基本设计架构。

分布式智能视频处理系统一般由三层构成。

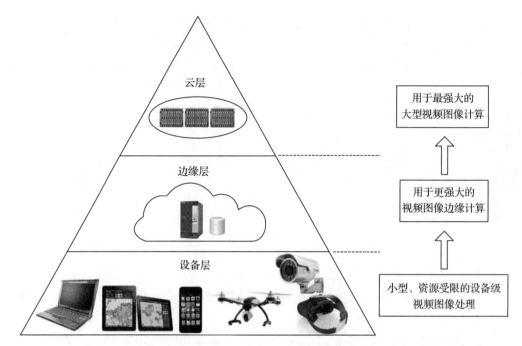

图 4-13 基于"端–边–云"的智能视频数据处理架构

（1）设备层

设备层由摄像头、智能眼镜、智能头盔、智能手机、具有移动摄像功能的无人机、现场工作人员的笔记本计算机、PDA 等组成，这些小型设备由于计算、存储与网络资源受限，因此只能对摄录的图像数据进行简单的任务目标检测。

（2）边缘层

边缘层非常关键。如果不将海量的视频数据通过核心网传输到远端云，那么边缘层必须具有更为强大的视频图像处理能力，以识别、检测每帧中的人物目标，以及对跟踪到的每个目标进行特征提取；将每一个目标的移动速度、方向以及其他特征收集起来，整合到矩阵阵列中，作为综合特征提交给云层处理。边缘层向云层传输的人物目标特征的数据量虽然小，但是对于判断和跟踪人物目标来说价值更大。

（3）云层

云层利用最强大的计算能力，使用基于时间序列特征的机器学习算法进行决策，该算法决定是否应该向更高级别的决策层报警。在三层结构中，设备层完成人工检测和跟踪操作；更多计算密集型的算法在边缘层用 PDA 或笔记本计算机完成；最后综合决策所需的复杂计算在云平台完成。图 4-14 给出了基于 MEC 的实时人物目标跟踪系统工作原理示意图。

基于移动边缘计算的实时人物目标跟踪系统的现场视频是通过无人机、智能手机、摄像头、安全人员携带的执法头盔、智能眼镜等获得的。边缘计算设备可以设置在靠近突发事件现场的应急指挥车上。边缘计算设备将从现场采集的实时图像中，用图像处理软件初步筛选出人物目标的人脸图像特征信息，并传送到执行突发事件应急处理动作的云平台，由云计算系统的智能人脸识别软件确定目标人物。

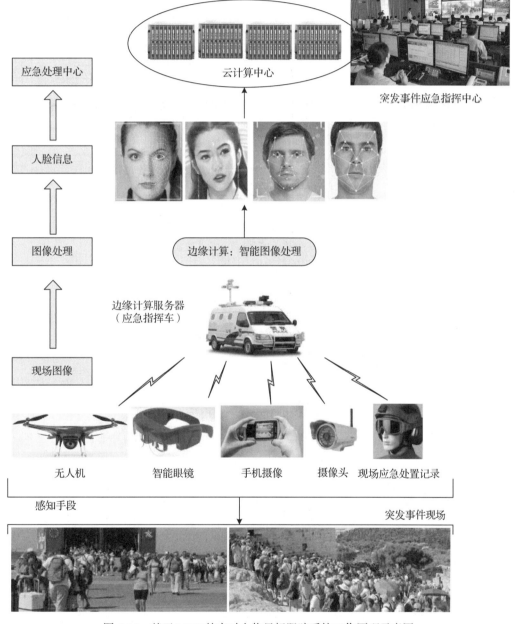

图 4-14　基于 MEC 的实时人物目标跟踪系统工作原理示意图

2. 边缘计算设备结构

图 4-15 给出了边缘计算设备的结构示意图。边缘计算设备由硬件层、系统软件层与应用软件层组成。应用软件层用基本图像处理算法完成图像的预处理、弹性存储，实现任务分割、模糊计算、行为感知、实时控制功能，提交事件检测与事件报告。

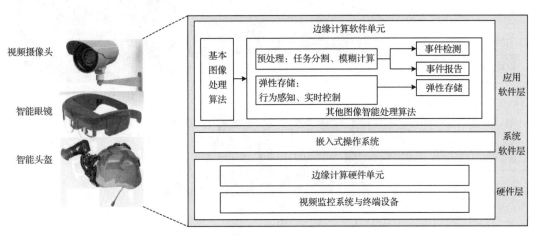

图 4-15　边缘计算设备结构示意图

3. 边缘计算软件多目标跟踪

边缘计算软件可以从不同视频源中提取疑似目标，在进行分布式信息融合、状态评估之后，输出多目标跟踪结果，其实现过程如图 4-16 所示。

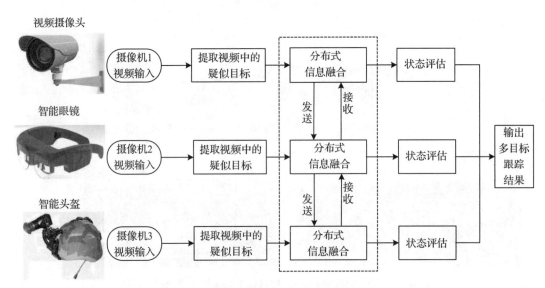

图 4-16　边缘计算软件多目标跟踪过程示意图

这种系统设计思路还可以用到其他突发事件应急处置的应用场景中。一种是在火警应急指挥系统中的应用。图 4-17 给出了基于移动边缘计算的火警应急指挥系统结构示意图。

图 4-17　基于移动边缘计算的火警应急指挥系统结构示意图

在火灾事故现场，最需要的信息是消防员的位置信息、移动轨迹，以及周边的建筑结构。在移动边缘计算系统中，消防员的位置信息、移动轨迹需要实时传递给作为移动边缘计算设备的现场应急指挥车；移动边缘计算设备根据消防员传送的数据与视频，分析得到消防员当前实际在的建筑物楼层，以及具体位置与火情。由于火灾属于突发事件，移动边缘计算系统中不可能预先存储火灾发生地的建筑物结构信息，因此移动边缘计算设备将消防员实际的位置与火灾发生地点等信息发送到城市消防应急指挥中心后，指挥中心是将云计算平台预先存储的建筑物地图中的一线救火急需的部分信息传送给了移动边缘计算系统，以协助一线指挥员指挥救火。

另一种是将基于移动边缘计算的实时人物目标跟踪系统用于紧急寻找走失的儿童与老人，以及被拐卖的妇女儿童的案件中。这种情况的处置过程由突发事件应急指挥中心发起。指挥中心根据报案，快速生成被寻找者的照片与体貌特征，以及时间、地点、范围等信息，并将这些信息发送到目标区域的应急指挥车、所有的边缘视频终端，每个视频终端执行请求并将搜索的本区域视频信息传送到应急指挥车。由移动警务人员在现场做第一时间的判断和分析；移动边缘计算设备根据上传的视频做进一步的分析，同时将分析结果上报到指挥中心；核心云应用强大的计算能力，快速分析和锁定寻找对象的位置，通知现场警务人员迅速处置。通过"现场设备 – 边缘云 – 核心云"的三级联动，快速救助老人、儿童和妇女，打击罪犯。边缘计算已经成为 AIoT 研究的重点课题。

参考文献

[1]　施巍松，张星洲，王一帆，等 . 边缘计算：现状与展望 [J]. 计算机研究与发展，2019，56（1）：69-89.

[2] 谢人超，廉晓飞，贾庆民，等 . 移动边缘计算卸载技术综述 [J]. 通信学报，2018，39（11）：
     138-155.

[3] 史皓天 . 一本书读懂边缘计算 [M]. 北京：机械工业出版社，2020.

[4] 雷波，宋军，曹畅，等 . 边缘计算 2.0：网络架构与技术体系 [M]. 北京：电子工业出版社，
     2021.

[5] 彭木根 . 5G 无线接入网络：雾计算和云计算 [M]. 北京：人民邮电出版社，2018.

[6] 王尚广，周傲，魏晓娟，等 . 移动边缘计算 [M]. 北京：北京邮电大学出版社，2017.

[7] 吴英 . 边缘计算技术与应用 [M]. 北京：机械工业出版社，2022

[8] BUYYA R，SRIRAMA S N，等 . 雾计算与边缘计算：原理及范式 [M]. 彭木根，孙耀华，译 .
     北京：机械工业出版社，2019.

[9] CHIANG M，BALASUBRAMANIAN B，BONOMI F，等 . 雾计算：技术、架构及应用 [M].
     闫实，彭木根，译 . 北京：机械工业出版社，2017.

[10] 施巍松，刘芳，孙辉，等 . 边缘计算 [M]. 北京：科学出版社，2018.

[11] 赵梓铭，刘芳，蔡志平，等 . 边缘计算：平台、应用与挑战 [J]. 计算机研究与发展，2018，55
     （2）：327-337.

[12] 施巍松，孙辉，曹杰，等 . 边缘计算：万物互联时代新型计算模型 [J]. 计算机研究与发展，
     2017，54（5）：907-924.

[13] 黄倩怡，李志洋，谢文涛，等 . 智能家居中的边缘计算 [J]. 计算机研究与发展，2020，57（9）：
     1800-1809.

5G 在 AIoT 中的应用

5G 是推动下一代移动通信技术发展的核心技术，也是支撑 AIoT 发展的核心技术。5G
能够提供超高移动性能、超低延时与超高密度连接，为 AIoT 的发展提供重要的技术保障。

本章在介绍 5G 技术发展的基础上，系统地讨论 5G 的主要特征与技术指标，5G 的十
大应用场景，5G 接入网、移动边缘计算，5G 在 AIoT 中的应用，以及 6G 技术研究与发
展愿景。

5.1　5G 主要特征与技术指标

5.1.1　AIoT 对 5G 技术的需求

AIoT 将成为 5G 技术研究与发展的重要推动力，同时 5G 技术的成熟和应用也将使很
多 AIoT 应用在带宽、可靠性与延时方面的瓶颈得到解决。5G 与 AIoT 的关系可以从以下
两个方面去认识。

1. AIoT 终端设备大规模部署的需要

随着物联网人与物、物与物互联范围的扩大，智能家居、智能工业、智能环保、智能
医疗、智能交通应用的发展，数以亿计的感知与控制设备、智能机器人、可穿戴计算设
备、智能网联汽车、无人机接入了物联网。根据 GSMA 预测，随着 AIoT 规模的超常规发
展，到 2030 年接入 AIoT 的设备数量将是 2020 年的 14 倍。很多高带宽的 AIoT 应用带动
了流量消耗，刺激了对网络高带宽的需求。同时，大量的 AIoT 终端需要部署在广阔的地
区，以及山区、森林、水域等偏僻区域，有很多 AIoT 感知与控制节点密集部署在大楼内
部、地下室、地铁与隧道中，4G 已经远远不能满足 AIoT 的应用需求。

2. AIoT 实时性应用的需要

AIoT 涵盖智能工业、智能农业、智能交通、智能医疗与智能电网等各个行业，业务
类型多、业务需求差异性大。尤其是在智能工业的工业机器人与工业控制系统中，节点之

间的感知数据与控制指令传输必须保证是正确的，延时必须控制在毫秒量级，否则会造成工业生产事故。智能网联汽车与智能交通控制中心之间的感知数据与控制指令传输，尤其强调它的准确性，延时必须控制在毫秒量级，否则会造成车毁人亡的重大交通事故。

有超低实时、超高带宽、超高可靠性要求的 AIoT 实时性应用对 5G 的需求格外强烈。

5.1.2　5G 的基本概念

IMT-2020（5G）推进组对 5G 的概念做出了准确的描述：5G 由"标志性能力指标"和"一组关键技术"共同定义（如图 5-1 所示）。

- "标志性能力指标"是指吉比特每秒量级的用户体验速率。
- "一组关键技术"是指大规模天线阵列、超密集组网、全频谱接入与新型多址。

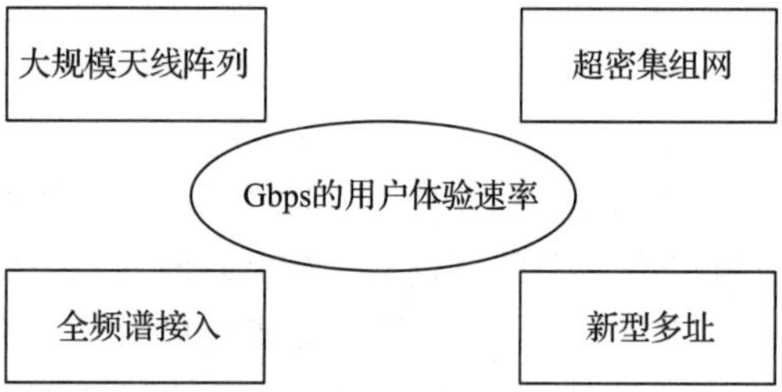

图 5-1　5G 的基本概念

由于 5G 需要满足移动互联网与 AIoT"万物互联"的各种应用场景，因此 5G 不能仅仅在传统移动网络的关键指标（如峰值速率、系统容量）上做进一步的提升，而且要在无线接入网（Radio Access Network，RAN）和核心网（Core Network，CN）的架构上全面创新，研究出新型的网络体系结构。5G 网络需要一个通用、可伸缩与可扩展的网络架构，需要引入软件定义网络（SDN）与网络功能虚拟化（NFV）技术，以及边缘计算技术。

5.1.3　5G 的技术指标

未来 5G 典型的应用场景是人们的居住、工作、休闲与交通区域，特别是人口密集的居住区、办公区、体育场、晚会现场、地铁、高速公路、高铁等。这些地区存在着超高流量密度、超高接入密度、超高移动性，这些都对 5G 网络性能有较高的要求。为了满足用户要求，5G 研发的技术指标包括：用户体验速率、流量密度、连接数密度、端 – 端延时、移动性与峰值速率等。ITU 定义的 5G 关键性能指标如表 5-1 所示。

表 5-1　ITU 定义的 5G 关键性能指标

名称	定义	ITU 指标
峰值速率	在理想条件下，用户能获得的最大数据传输速率	20Gbps
用户体验速率	在实际网络负荷下，用户普遍可获得的最小数据传输速率	100Mbps
延时	包括空口延时与端 – 端延时，这里是指空口延时	1ms
移动性	在特定场景中，用户可获得体验速率的最大移动速度	500km/h
流量密度	单位地理面积上可达到的总数据吞吐量	10Mbps/m^2

（续）

名称	定义	ITU 指标
连接数密度	单位地理面积上可支持的在线设备数量	100 000 个 /km²
能效	单位能耗下可达到的数据吞吐量	4G 的 100 倍
频谱效率	单位频谱资源上可达到的数据吞吐量	4G 的 3 倍

（1）峰值速率（peak data rate）

峰值速率是指在理想信道条件下，单用户所能达到的最大速率，单位为 bps。5G 的峰值速率一般情况下为 10Gbps，特定条件下能够达到 20Gbps。

（2）用户体验速率（user experienced data rate）

用户体验速率是指在实际网络负荷下，用户普遍可获得的最小数据传输速率，单位是 bps。5G 首次将用户体验速率作为衡量移动通信网的核心指标。在实际的网络使用中，用户体验速率与无线环境、接入设备数、用户位置等因素相关，通常采用 95% 比例统计方法来进行评估。在不同的应用场景下，5G 支持不同的用户体验速率，在广域覆盖场景中能达到 100Mbps，在热点区域中希望能达到 1Gbps。

（3）延时（latency）

延时可以分为两类：空口延时与端 – 端延时。其中，空口延时是指移动终端与基站之间无线信道传输数据经历的时间；端 – 端延时是指移动终端之间传输数据经历的时间，其中包含了空口延时。延时可以用往返传输时间（RTT）或单向传输时间（OTT）来衡量。5G 的空口延时要求低于 1ms。

（4）移动性（mobility）

移动性是指在满足特定的 QoS 与无缝移动切换条件的前提下可支持的最大移动速率。移动性指标针对地铁、高铁、高速公路等特殊场景，单位为 km/h。在特定的移动场景中，5G 允许的用户最大移动速度为 500km/h。

（5）流量密度（area traffic capacity）

流量密度是指：在网络忙碌状态下，单位地理面积上可达到的总数据吞吐量，单位是 bps/km²。流量密度是衡量典型区域覆盖范围内数据传输能力的重要指标，如大型体育场、露天会场等局部热点区域的覆盖需求，具体与网络拓扑、用户分布、传输模型等密切相关。5G 的流量密度要求达到每平方公里几十 Tbps。

（6）连接数密度（connection density）

连接数密度是指：单位面积上可支持的在线终端的总和。在线是指终端正以特定的 QoS 进行通信，一般可用"个 /km²"来衡量连接数密度。5G 连接数密度为每平方千米可以支持 100 万个在线设备。

为了使读者能够直观地体验 5G 技术的优越性，电信业界的研究人员给出了如表 5-2 所示的对 5G 关键指标感性认知的描述。

表 5-2　用户角度对 5G 关键指标的感性认知

名称	ITU 指标	感性认知
峰值速率	20Gbps	在单用户理想情况下，1s 可下载 2.5GB 的视频
用户体验速率	100Mbps	1. 用户可随时随地体验 4G 峰值速率 2. 标清视频、高清视频、4K 超高清视频所占带宽分别为 1Mbps、4Mbps、50Mbps，5G 网络可提供足够的用户体验速率
空口延时	1ms	1. 在普通场景中，如果电影画面以 24 帧 /s 的速率播放，则相当于延时 41.6s，人的视觉感受流畅；如果声音超前或滞后于画面的时间小于 40ms，则人不会感到声音与画面不同步 2. 在移动场景中，如果汽车以 60km/h 的速度行驶，则 1ms 延时带来的刹车距离为 17m
移动性	500km/h	国内已投入运营的高铁的最高时速为 350km/h，5G 网络可支持用户在高铁行驶中的所有应用场景下的通信需求
连接数密度	100 000 个 /km^2	深圳有 1077.89 万人，面积为 1996.85km^2，人口密度为 5398 人 /km^2，这是国内人口密度最高的城市。在这种人口密度下，5G 网络可支持平均每人接入 18.5 个终端设备

从表 5-2 的数据中可以看出：从密集的居民居住区、办公室、商场、体育馆、大型露天集会、地铁、火车站、高速公路、高速铁路，到智能工业、智能农业、智能交通、智能医疗、智能电网等各个行业的实际应用中，5G 的关键技术指标都能够满足需求。

5.2　5G 的应用场景

在第 22 届 ITU WP5D 会议上，ITU 明确了 5G 的三大应用场景：增强移动宽带通信、大规模机器类通信与超可靠低延时通信。另外，根据 5G 业务的性能需求与信息交互对象，ITU 进一步给出了 5G 的主要应用（如图 5-2 所示）。

（1）增强移动宽带通信

使用 3G/4G 移动系统的主要驱动力来自移动带宽，对于 5G，移动带宽仍然是最重要的应用场景。不断增长的新的应用和新的需求对增强移动带宽提出了更高的要求。5G 增强移动宽带（enhance Mobile Broadband，eMBB）通信主要满足未来的移动互联网应用的业务需求。

IMT-2020 推进组进一步将 eMBB 通信场景划分为连续广覆盖场景和热点高容量场景。连续广覆盖场景是移动通信最基本的覆盖方式，主要为用户提供高速体验速率，着眼于移动性、无缝用户体验；热点高容量场景主要满足局部热点区域用户高速数据传输的需求，着眼于高速率、高用户密度和高容量。

在 eMBB 通信应用场景中，除了要关注传统的移动通信系统的峰值速率指标之外，5G 还需要解决新的性能需求。在连续广覆盖场景中需要保证高速移动环境下良好的用户体验速率；在高密度高容量场景中，需要保证热点覆盖区域用户吉比特每秒量级的高速体验速率。增强移动宽带通信主要针对以人为中心的通信。

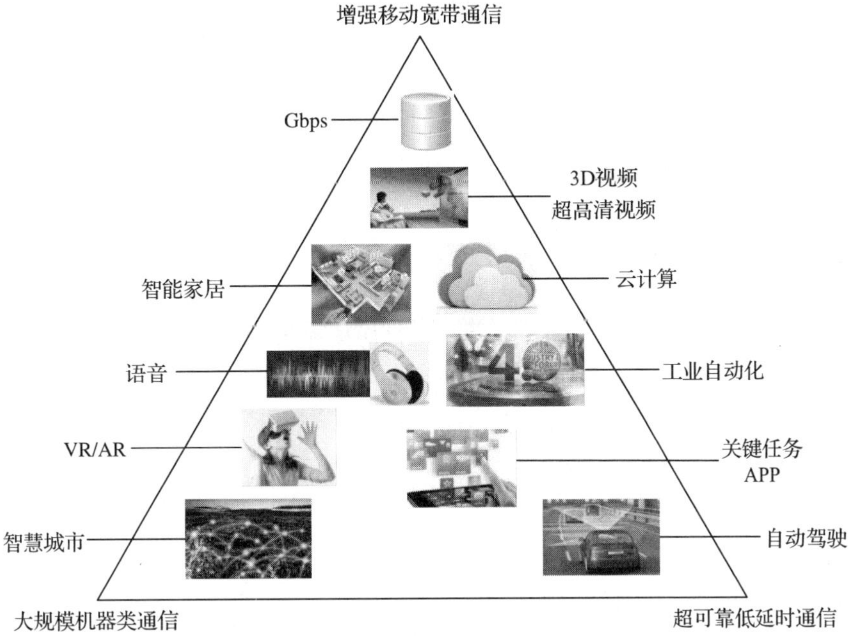

图 5-2　ITU-R 5G 主要应用

（2）大规模机器类通信

大规模机器类通信是 5G 新拓展的应用场景之一，涵盖以人为中心的通信和以机器为中心的通信。

以人为中心的通信如 3D 游戏、"触觉互联网"等，这类应用的特点是低延时与超高数据传输速率。以机器为中心的通信主要面向智慧城市、环境监测、智慧农业等应用，为海量、小数据包、低成本、低功耗的设备提供有效的连接方式。例如有安全要求的车辆间的通信、工业设备的无线控制、远程手术，以及智能电网中的分布式自动化。大规模机器类通信（massive Machine Type of Communication，mMTC）关注的是系统可连接的设备数量、覆盖范围、网络能耗和终端部署成本。

（3）超可靠低延时通信

超可靠低延时通信（ultra-Reliable Low Latency Communication，uRLLC）是以机器为中心的应用，主要满足车联网、工业控制、移动医疗等行业的特殊应用对超可靠、超低延时通信场景的需求。其中，超低延时指标极为重要，例如在车联网中当传感器监测到危险时，消息传送的端 – 端延时过长，极有可能导致车辆不能及时做出制动等动作，酿成重大交通事故。

5G 网络作为面向 2020 年之后的技术，需要满足移动宽带、移动互联网以及其他超可靠通信的要求，同时它也是一个智能化的网络。5G 网络具有自检修、自配置与自管理的能力。5G 的技术指标与智能化程度远远超过了 4G，很多对带宽、延时与可靠性有高要求的移动互联网应用在 4G 网络中无法实现，但是在 5G 网络中可以实现。5G 技术的应用将大大推动"万物互联"的发展。

（4）华为"5G 十大应用场景白皮书"

2019 年 2 月，华为公司发表了"5G 十大应用场景白皮书"。在白皮书的引言中有这样一段话："与 2G 萌生数据、3G 催生数据、4G 发展数据不同，5G 是跨时代的技术——5G 除了更极致的体验和更大的容量，它还将开启物联网时代，并渗透进各个行业。它将和大数据、云计算、人工智能等一道迎来信息通信时代的黄金 10 年。"

白皮书列举了华为 Wireless X Labs 研究的最能体现 5G 能力的十大应用场景与示例：

- 云 VR/AR（实时计算机图像渲染和建模）
- 车联网（远控驾驶、编队行驶、自动驾驶）
- 智能制造（无线机器人云端控制）
- 智慧能源（馈线自动化）
- 无线医疗（具备力反馈的远程诊断）
- 无线家庭娱乐（超高清 8K 视频和云游戏）
- 联网无人机（专业巡检和安防）
- 社交网络（超高清/全景直播）
- 个人 AI 辅助（AI 辅助智能头盔）
- 智慧城市（AI 使能的视频监控）

随着 5G 技术的成熟与推广应用，研究人员认识到：只有采用 SDN/NFV 的基本思路，将无线接入与云计算、边缘计算相融合，才能够解决 5G 所面对物联网应用的大规模接入，以及低延时、低能耗、高可扩展性的需求。

5.3 5G 无线云接入技术

5.3.1 5G 无线云接入技术的基本概念

5G 作为 AIoT 的核心网络技术之一，不仅在移动网络的关键指标上有很大的提升，而且研究了新型的无线接入网体系与移动边缘计算技术，实现"通信与计算"的融合。

1. 5G 接入的基本概念

5G 的典型应用场景是人们的居住、工作、休闲与交通区域，特别是人口密集的居住区、办公区、体育场、地铁、高铁、高速公路等，以及智能工业、智能农业、智能医疗、智能交通、智能电网、智能安防等应用领域。AIoT 对 5G 接入的需求主要表现在以下两个方面。

第一，AIoT 数以千亿计的感知与控制节点、智能机器人、可穿戴计算设备、智能网联汽车、无人机需要接入 AIoT。大量 AIoT 节点有些要部署在对实时性、安全性要求极高的工业生产环境中，也有很多可能需要部署在大楼内部、地下室、地铁、隧道中，以及山区、森林、水域等偏僻地区。

第二，AIoT 的感知数据和控制指令的传输，对网络提出极高带宽与极高可靠性、极低延时的需求。4G 网络已经难以达到要求，只能寄希望于 5G 网络。

2. 5G 无线接入网技术发展

随着大量部署在对实时性、安全性要求极高的工业生产环境，以及智能工业、智能农业、智能医疗、智能交通、智能电网、智能安防领域的 AIoT 设备接入 5G 网络，5G 的数据业务量呈指数规律递增。由于节点在地域上分布不均匀，因此可能产生节点大量聚集的部分热点区域，造成基站与接入网的负载过重，导致网络过载、延时过长，甚至接入网系统瘫痪。

为了适应 AIoT 大规模接入以及低延时、低能耗、高可扩展的应用需求，5G 采取了两个重要的技术改革。

第一，从无线接入网的系统架构入手，包括天线、基站、接入设备都做出重大的改革。

第二，采用网络功能虚拟化 / 软件定义网络（SDN/NFV）的基本思路，将无线接入与云计算、边缘计算相融合。

2009 年，中国移动提出云无线接入网（Cloud-Radio Access Network，C-RAN）架构的方案，之后又进一步提出异构云无线接入网（Heterogeneous CRAN，H-CRAN）的组网方法。

5.3.2　云无线接入网

云无线接入网（C-RAN）体现了采用 SDN/NFV 技术与云计算概念，改造无线接入网体系架构的技术路线。

1. C-RAN 架构的设计思路

网络运营商与网络设备制造商的传统思路是用硬件设备实现特定的网络功能，这样做的优点是组网简单，缺点是硬件设备的功能与其支持的协议固定，缺乏灵活性，使得对网络新功能、新协议的试验与标准化过程漫长，导致网络服务永远滞后于网络应用的发展。随着 SDN/NFV 技术的发展与应用，产业界已经认识到：SDN/NFV 与云计算技术能够为传统 IT 服务提供新的服务模式和解决方案。

C-RAN 借鉴了云计算虚拟化技术，采用具有高性能计算与存储能力的计算机系统构成虚拟基站集群，实现无线接入网的重构。云计算为 SDN/NFV 重构网络提供了容器和资源池。同时，重构后的网络性能提升，也为云计算快速、灵活的用户接入，以及广泛的应用与服务，提供了更好的运行环境。

C-RAN 系统设计思想可以归纳为：通过无线通信实现各类基站的灵活部署与协同工作，利用云计算与 SDN/NFV 技术的协同与融合，为虚拟化的基站集群提供计算、存储与网络服务，构建一个开放与可扩展的无线接入网架构。

2. C-RAN 网络架构

5G 的 C-RAN 由三部分组成：分布协作式无线网、光传输网、基于实时云架构的基带池。图 5-3 给出了 C-RAN 网络架构。

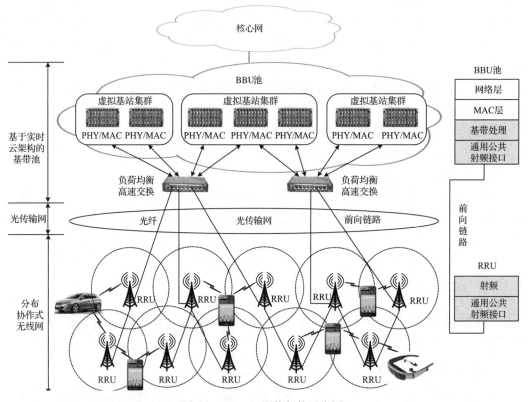

图 5-3　C-RAN 网络架构示意图

理解 C-RAN 网络架构，需要注意以下几个问题。

- 分布协作式无线网由远端小功率的远端无线射频单元（RRU）与天线组成，它可以提供一个高容量、广覆盖的无线网络。由于 RRU 轻便和安装维护方便，因此它可以大范围、高密度地部署。

- 光传输网络通过高带宽、低延时的光纤链路，将 RRU 与虚拟基站池连接起来。
- 基于实时云架构的基带池由虚拟基站集群组成。基带池由多台具有高性能计算与存储能力的计算机系统通过虚拟化技术构成。集中式的基带池可以按需为虚拟基站提供所需的通信处理能力。

在 C-RAN 架构中，每个 RRU 发送与接收信号不再仅由一个 BBU 实体处理，而是根据 RRU 的实际需求由实时基带池分配计算与存储资源，从而实现物理资源的集中使用与优化调度。

3. C-RAN 技术特点

从电信运营商的角度看，采用 C-RAN 架构的优点表现在以下几点。

- 当需要扩大网络覆盖范围时，运营商仅需在基带池中增加新的 RRU。
- 当网络负载增加时，运营商仅需在基带池中增加新的通用处理器，就可以迅速实现网络扩容与升级。
- 当空中接口标准需要更新时，通过软件升级方式就可以自动实现系统快速升级。
- 通过密集部署 RRU，缩短 RRU 到用户的距离，从而降低网络侧和用户侧的发射功率，节约用户设备的能耗，延长用户设备的使用时间。
- 基带池中的计算资源被所有虚拟基站共享，通过动态调用方式来解决移动通信网中的"潮汐"效应，使通信网络容量的利用达到最优。

2009 年中国移动首次提出 C-RAN 概念之后，中国移动及产业界的多个组织一直致力于 C-RAN 研发。为了更好地适应未来 5G 的多种业务和应用场景，中国移动联合华为、中兴等公司于 2016 年 11 月发布白皮书《迈向 5G C-RAN：需求、架构和挑战》，详细阐述了 C-RAN 与 5G 融合发展的各种需求、关键技术以及研发方向。2017 年世界移动通信展（MWC 2017）上展示了多种 C-RAN 实施方案，标志着未来 5G 系统中 C-RAN 将扮演重要角色。

5.3.3　异构云无线接入网

图 5-4 给出了 H-CRAN 网络架构。

理解 H-CRAN 网络架构，需要注意以下几个基本问题。

1）与 C-RAN 相比，H-CRAN 部署大量的低功率 RRU，在集中式 BBU 池中进行协作传输，以获得较高的协作效果。由于 RRU 仅保留物理层的无线射频与简单的信号处理功能，主要的基带处理与高层功能在 BBU 池中完成。H-CRAN 中的 BBU 池与大功率基站 HPN 连接，通过基于云计算的协作处理技术，消除无线射频端与大功率基站 HPN 之间的干扰，同时也减少前向链路带宽的压力。

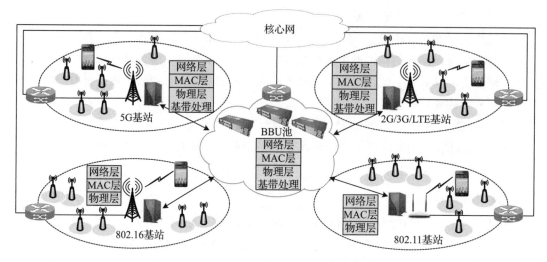

图 5-4 H-CRAN 网络架构示意图

2）H-CRAN 支持自适应的控制 / 数据机制，可以显著降低无线链路连接开销，从定向链接的机制中解放出来。对于 RRU，利用物理层的不同传输技术（如 IEEE 802.11ac/ad、毫米波及可见光），可以有效提高传输速率。对于高功率基站来说，大规模多输入多输出天线也是一种有效扩展覆盖率和提升系统容量的方法。

3）对于接入 RRU 的用户，所有信号可以在 BBU 池中集中处理，基于云计算的协作信号处理技术可以实现分解和复用。为了提高 H-CRAN 的能耗性能，通过控制 RRU 的开启数量来适应流量。当流量负载较低时，基带处理池可选择部分 RRU 进入休眠模式。当一些热点区域的流量突增时，配备大规模天线的高功率基站和密集部署的 RRU 协作，对应的 RRU 可以与邻近的 RRU 共享资源，满足瞬时剧增的容量需求。

H-CRAN 结合了 HetNet 与 C-RAN 的优点，它利用 HetNet 特征实现了业务平面与控制平面的分离，将集中式控制功能从云计算的网络层转移到高功率基站，实现了控制信令分发和业务通信的分离，通过 HPN 支撑高速移动用户与实时要求高但业务量小的语音业务，也有利于提高 C-RAN 的大规模协同处理增益和非实时高速数据传输性能。

5.3.4 雾无线接入网

1. F-RAN 的基本概念

2011 年，Cisco 公司首次提出雾计算（Fog Computing，FC）的概念。研究人员的形象解释是"雾"比"云"更接近于"地面"。在边缘计算技术中，与云计算相比，雾计算更贴近终端用户与终端设备。

　　理解雾计算需要注意的是：雾计算更强调将从接入 AIoT 的终端设备到云计算数据中心整个路径中所有的计算、存储与网络资源整合成一个整体，为 AIoT 实时性应用提供服务。这里自然也包括了最接近于数据源的接入网。

　　雾计算通过充分利用更靠近用户的计算、存储、网络、控制与管理功能，将云计算模式扩展到网络的边缘。同时，雾计算的概念也可以融入无线接入网，形成"雾无线接入网"（Fog-RAN，F-RAN），并作为 5G 无线接入网的解决方案之一。

2. F-RAN 网络架构

　　F-RAN 网络架构如图 5-5 所示。

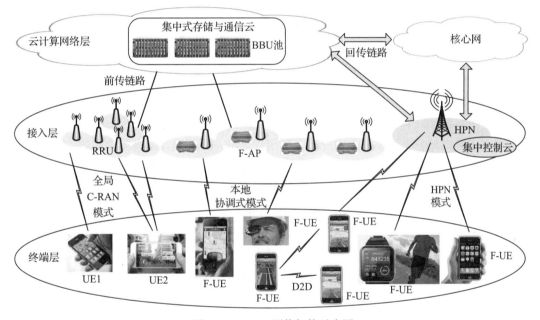

图 5-5　F-RAN 网络架构示意图

F-RAN 网络架构由以下三层组成。

- 终端层：终端层由用户设备（UE）与雾用户设备（Fog-User Device，F-UE）组成。由于部分 CRSP 与 CRMM 功能已被迁移到 F-UE，因此如果用户终端的应用仅需在本地处理，则该应用可以在 F-UE 中完成。
- 接入层：接入层由 RRU、F-AP 与 HPN 组成。UE 以全局 C-RAN 模式接入 RRU，通过前传链路与 BBU 池连接。F-UE 以本地协调模式接入 F-AP。邻近的 F-UE 之间可以通过 D2D 或中继方式直接通信。HPN 作为集中控制云，主要为所有的 F-UE 提供控制信令，为相应的小区提供参考信号，并为高速移动用户提供在移动过程中保持基本速率无缝覆盖的服务。

- 云计算网络层：云计算网络层为接入层与终端层提供集中式的数据处理、存储与通信过程控制。

由于 F-RAN 是由 C-RAN 演进而来的，因此 F-RAN 完全与 5G 技术兼容。5G 网络的接入层技术（如大规模 MIMO、认知无线电、毫米波通信、非正交多址等）都可以直接应用在 F-RAN 中。

随着 C-RAN、H-CRAN 与 F-RAN 研究的深入，一些用于无线接入网的边缘存储、BBU 信息的大数据挖掘、基于社交感知的 D2D 通信、认知无线电、软件定义接入网已经成为 5G 无线接入网研究的热点课题。

5.4 在 5G 网络中部署移动边缘计算

5.4.1 5G MEC 部署策略

由于 5G 云服务是基于虚拟化电信网元的，因此对 MEC 的部署要充分考虑电信网元的特点。电信网元既包括控制面，也包括用户面，其中控制面适合进行集中化的部署，对资源的需求趋向同质，而用户面网元适合于用户下沉，可以提升用户体验质量。下沉的用户面，如用户平面功能（UPF）是支持边缘计算的重要环节。随着边缘计算的发展，对用户面下沉的需求越发强烈。面对不同的边缘计算应用场景，这些网元对延时、存储、转发性能、计算密集度、网元启停 / 更新深度等都有新的要求。

为了满足电信业务的需求，MEC 数据中心（DC）分为基站级、接入级、边缘级、汇聚级与中心级，覆盖从 5G 基站、区县、城市到省的范围，并且对各级数据中心的功能进行了划分。未来的 5G 网络基础设施平台将由通用分级架构的数据中心组成，其结构如图 5-6 所示。

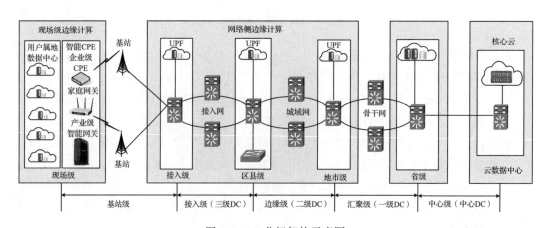

图 5-6 5G 分级架构示意图

（1）基站级

基站级（或现场级）是将 MEC 功能部署在移动运营商网络的接入点基站。基站级节点包括两种类型：一类节点是移动通信网基站，边缘计算设备与基站一起安装在机房中；另一类节点位于用户属地，大多没有机房环境，典型的设备形态是边缘计算智能网关 CPE 类的设备。客户前置设备（Customer Premise Equipment，CPE）是一种实现移动通信网 4G/5G 信号与 Wi-Fi 信号转换的智能网关设备，其客户端与基站的传输距离可以达到 1 ～ 5km。CPE 可以支持扩大接入移动通信网的终端设备数，大量应用于农村、城镇、医院、单位、工厂、小区等区域。

（2）接入级

接入级的本地 DC 重点面向接入网，主要包括 5G 接入中心单元（CU）、4G 虚拟化基带单元（Base Band Unit，BBU）池、MEC 以及固网的光端口（Optical Line Terminal，OLT）等功能。其中，5G 接入中心单元可以与分布式单元（DU）合并，直接以一体化基站的形式出现，并针对超低延时的业务需求，将 MEC 功能部署在中心单元甚至中心单元 / 分布式单元一体化基站上。

（3）边缘级

边缘级的本地 DC 主要承担数据面网关的功能，包括 5G 用户面功能以及 4G vEPC 的下沉 PGW 用户面功能（PGW-D），MEC、5G 部分控制面功能，以及固网 vBRAS。为了提升宽带用户体验质量，固网部分 CDN 资源也可以部署在本地 DC 的业务云中。

（4）汇聚级

汇聚级的省级 DC 主要承担 5G 网络的控制面功能，如接入管理、移动性管理、会话管理、策略控制等，同时可以部署原有的 4G 网络虚拟化核心网、固网的 IPTV 业务平台，以及能力开放平台等；考虑到 CDN 下沉，以及省级公司特有的政企业务需求，省级业务云也可以同时部署在省级 DC。

（5）中心级

中心级 DC 主要包含 IT 系统和业务云，其中 IT 系统以控制、管理、调度职能为核心，如网络功能管理编排、广域数据中心互联与 BOSS 等，实现对网络总体的监控和维护。除此之外，运营商自有的云业务、增值服务、CDN、集团类政企业务等都可以部署在中心级 DC 的业务云平台。

从以上讨论中可以看出，5G MEC 部署策略的核心思想是构建更加灵活、通用，支持各种网络服务的技术与系统，旨在打造面向全连接、全覆盖的计算平台，为各行各业就近提供现场级、智能连接与计算能力强的基础设施。

5.4.2　5G MEC 网络延时的估算方法

通过 5G MEC 网络延时估算的示例，读者可以了解"端－边－云"结构对减少网络延时的作用。

1. 估算的条件

5G MEC 网络延时主要由空口延时、核心网传播延时、网络设备转发延时，以及业务处理延时组成。

- 空口延时是指移动终端设备通过无线信道将信号发送到基站的接入延时。5G 标准中要求空口延时是 1ms。
- 核心网传播延时是指数据包在连接网络设备的传输介质中以电信号形式传播的时间。如果传输介质长度为 L，电信号在传输介质中的传播速度为 V，那么传播延时 $D=L/V$。用光纤作为连接两个路由器的传输介质，则光纤的传播延时约为 5μs/km。
- 核心网中路由器等网络设备转发数据分组的延时与具体的网络转发设备的处理能力相关。以路由器与光转换设备 OTN 为例，路由器的转发延时大约为 1ms，OTN 转发延时大约为 100μs。
- 由于服务器的业务处理延时主要取决于服务器的性能与业务数据量，与具体的业务类型相关，因此在网络延时估算中忽略业务处理延时。

假设：

- 云数据中心与用户 A、用户 B 的距离均为 300km；
- 数据分组从用户 A、用户 B 发送到云数据中心需要经过 6 个 OTN 设备与 2 个路由器的转发；
- 边缘云平台部署在核心网边缘机房中。

2. 业务场景

案例中设定了三种业务场景：

第一种，用户 A 的业务传送到云数据中心去处理；

第二种，用户 A 的业务可以由边缘云平台处理；

第三种，用户 A 与用户 B 通过云数据中心进行数据交换。

3. 估算过程

用户 A 的业务传送到云数据中心的网络延时包括：

- 空口延时为 1ms；
- 从用户 A 到云数据中心核心网的距离为 300km，传输介质为光纤，核心网传播延时约为 5μs/km，那么核心网通过 300km 的总传播延时约为 1.5ms；
- 2 个路由器的转发延时约为 2ms，6 个 OTN 设备的转发延时约为 0.6ms。

因此，总的延时为 $T=1+1.5+2+0.6=5.1$（ms）。

如果用户 A 的业务由边缘云平台处理，那么总的延时包括：

- 空口延时为 1ms。
- 如果用户 A 与用户 B 通过云数据中心进行数据交换，那么用户 A 的业务需要在传送到云数据中心之后，再按原来的传输路径传输到用户 B；假设双向传输延时相同，那么网络延时是 5.1ms 的两倍，即 10.2ms。

如果将上面的 5G 参数改成 4G 参数，那么差别体现在空口延时上。5G 的空口延时为 1ms，4G 的空口延时是 10ms，相差 9ms。如果 5G 网络在核心网结构与传输机制上没有大的改进，则 5G 核心网传播延时与核心网网络设备的转发延时基本上没有变化。因此，在用户 A 的业务传送到云数据中心去处理时，5G 网络的总延时是 5.1ms，4G 网络的总延时就是 14.1ms；用户 A 的业务由边缘云平台处理，5G 网络的总延时是 1ms，4G 网络的总延时就是 10ms。用户 A 与用户 B 通过云数据中心进行数据交换，5G 网络的总延时为 14.1ms，4G 网络的总延时就是 23.1ms。

以上描述了网络延时的简单估算方法，从估算结果中可以看出：没有采取边缘计算的传统"端 - 云"结构与采用了边缘计算的"端 - 边 - 云"结构相比较，在网络延时上差异很大。如果 5G 不对核心网技术做更大的调整和改进，那么它们在 4G 与 5G 网络延时上的差异主要表现在空口延时上。5G 要满足 AIoT 实时应用的毫秒级传输的"端 - 端"延时需求，仅仅依靠 5G 网络空口延时小的优势是远远不够的，必须在边缘计算、核心网与"端 - 边 - 云"协同机制上进一步挖掘潜能。

5G 网络针对 eMBB 业务和 uRLLC 业务分别提出了 10ms 级的"端 - 端"延时要求以及 1ms 级的"端 - 端"极低延时要求。根据网络传输链路的典型延时值估算，对于 eMBB 业务，MEC 的部署位置不应高于地市级。考虑到 5G 网络用户面功能极有可能下沉至地市级（控制面依然在省级），此时 MEC 可以和 5G 下沉的用户面功能合设，满足 5G 的 eMBB 场景对于业务 10ms 级的延时要求。然而对于 uRLLC 场景 1ms 级的极低延时要求，由于空口传输已经消耗 0.5ms，没有给回传留下任何时间，同时考虑到业务应用的处理延时，因此 1ms 级的极端延时要求对应的应该是终端应用和 MEC 业务应用间的单向业务。表 5-3 给出了典型场景对 5G 网络延时的要求。

表 5-3　典型场景对 5G 网络延时的要求

类型	空口单向延时 /ms	说明	总体建议
4G	5		基于业务对延时等的需求，实现 MEC 在不同级别 DC 的部署
5G eMBB	4	10ms 级的业务"端 - 端"延时，需要降低或消除传输延时	MEC 部署在二级 DC（地市级），UP 于二级 DC（地市级），UP/MEC 合设 CP 部署于一级 DC（省级）
5G uRLLC	0.5	1ms 级的极低延时要求，业务需要直接部署在接入侧（CU、CU/DU 一体化基站），消除传输延时	MEC 部署在一体机基站（将多跳转化为一跳）

目前，在新媒体领域的专业级8K超高清视频直播应用中，通过5G边缘视频服务器，提升了用户对重要会议、体育赛事、演唱会直播等超高清视频等业务的体验质量。在智能制造领域，5G边缘计算可以实现无线工厂、工业精准控制，利用边缘云进行初步的数据处理，自主判断问题，快速检测异常状况，及时响应应用服务请求，实现更好的预测性监控，提升工控效率及故障响应效率。5G边缘云计算技术促进了生产系统、供应链系统、客户关系管理系统、企业资源计划系统等的重新分工与协同，大大提升了企业的生产效率。在智慧医疗领域，5G网络的高带宽、低延时、实时通信等特性，增强了医疗领域高清图像、视频的传输能力，可以支持高清医疗影像的快速传输，5G边缘云实现了远程手术示教、远程重症监护、智能阅片等医疗行业的创新应用。

5G MEC总体部署策略将根据业务应用要求的延时、服务覆盖范围等因素，结合网络实施的数据中心化改造趋势，将所需要的MEC业务应用与服务部署到相应层次的数据中心。

5.4.3 不同场景的MEC部署方案

1. eMBB部署方案

针对5G的eMBB应用场景，3GPP业务需求组分别考虑了不同场景的MEC部署方案。

根据3GPP业务需求组（SA1）的研究结果，当用户移动速度低于10km/h时，用户体验速率需要达到下行1Gbps、上行500Mbps，并且端–端延时为10ms。以8K 3D高清视频流为例，网络至少需满足上下行250Mbps的速率。

针对10ms的延时要求，以及8K 3D高清视频流应用模式，包括"终端用户/终端用户"（C/C）和"终端用户/服务器"（C/S）架构，MEC可部署的位置可以是一体化基站、地市级DC，或者接入级DC。5G在eMBB应用场景的部署方案如图5-7所示。

2. uRLLC部署方案

以工业生产自动化为代表的uRLLC场景，其对主要的业务速率要求较低，一般小于50bps。考虑到工业控制的实时性要求，其对闭环延时的要求很严格（2～20ms），具体数值跟业务场景相关。同时，工业控制领域对于可靠性要求很高，要求低于1×10^{-9}；针对2ms的严苛延时要求，考虑到双向闭环控制以及业务处理的延时，MEC建议与5G接入CU或者CU/DU一体化基站合设，以满足2ms的极低延时需求。5G在uRLLC应用场景的部署方案如图5-8所示。

3. mMTC部署方案

在mMTC的场景下，主要业务需求来自百万量级的机器类通信（Machine Type of Communication，MTC）终端接入，以及对MTC终端能耗的要求，其速率与延时要求与具体的应用场景相关。在这类应用场景中，MEC的主要作用体现在通过将MTC终端的高能耗计算任务迁移到 MEC 平台，降低 MTC 的能耗，延长待机时间。同时对于 mMTC 场景下大量终端设备的接入，主要利用 MEC 平台的计算、存储能力，实现 MTC 终端数据与信令的汇聚及处理，降低网络负荷。因此，MEC 可部署的范围为从基站到省级 DC，甚至可以将其功能部署在终端簇头节点，实现 MTC 终端数据 / 信令的汇聚处理。5G 在 mMTC 应用场景的部署方案如图 5-9 所示。

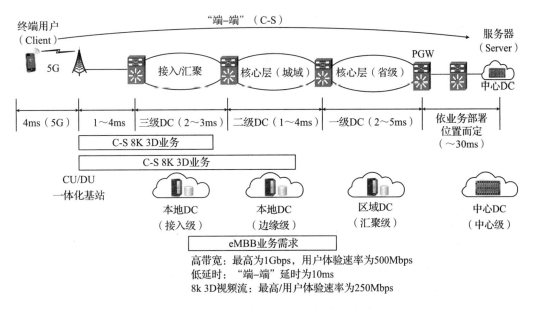

图 5-7　5G 在 eMBB 应用场景的部署方案

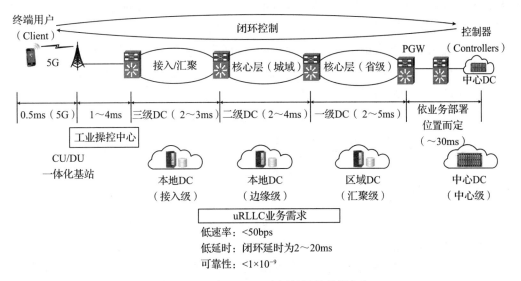

图 5-8　5G 在 uRLLC 应用场景的部署方案

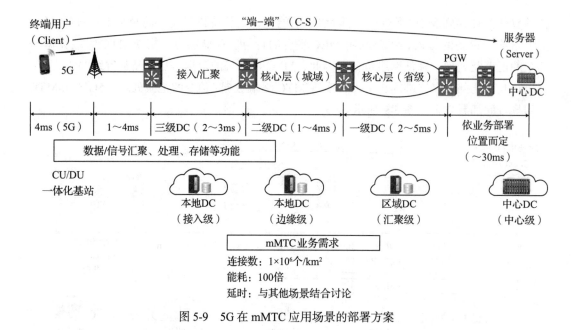

图 5-9　5G 在 mMTC 应用场景的部署方案

在理解 5G 不同场景下的 MEC 部署方案时，需要注意以下几个问题。

第一，以上仅从 5G MEC 典型应用场景的延时需求出发，对 5G MEC 部署方案进行了讨论。实际中还需要结合具体的业务场景、服务覆盖范围、运营商 DC 资源、网络传输条件等因素综合考虑，完成部署方案的制定。

第二，要实现部署方案中接入、汇聚、城域、核心等各级延时预期值，必须借助基于 NFV 的网络切片技术。网络切片作为 5G 网络的关键技术之一，目的是区分不同业务类型的流量，在物理网络基础设施上建立更适应于各类型业务的"端 – 端"逻辑子网。每个网络切片可以使用自己的虚拟资源、网络拓扑、数据流量、管理策略和协议独立运行。接入、汇聚、城域、核心等各级不同的网络切片将调度它们的虚拟资源，以保证满足预先设置的延时参数要求，达到控制"端 – 端"延时的目的。

5.5　5G 在 AIoT 中的典型应用示例

5.5.1　云 VR/AR

VR 与 AR 是颠覆人机交互方法的变革性技术。这种变革不仅体现在视频、游戏、体育等消费应用领域，也开始更多地出现在办公、安防、广告等商业或企业应用领域。从各种物联网应用场景与 5G 技术相关度的角度出发，VR/AR 是与 5G 相关度最高、市场潜力大的一类应用。

VR/AR 业务需要大量网络带宽及存储与计算能力。为了提供更高质量的 VR/AR 内容，当前趋势是将内容处理更多地放到云端，这样既能满足用户日益增长的体验需求，又有利于降低 VR/AR 终端设备的价格。当前 4G 网络的峰值速率为 100Mbps，足够支持初级 VR/AR（本地 VR、移动 VR、2D AR 等）业务，基本支持中级 VR/AR（云辅助 VR、3D AR、MR 等）业务，但是难以满足高级 VR/AR（云 VR、云 MR 等）需求。表 5-4 给出了 VR/AR 对 5G 的性能需求。VR/AR 需要 5G 网络提供更高的带宽、更小的延时。

表 5-4　VR/AR 对 5G 的性能需求

应用需求	初级 VR/AR	中级 VR/AR	高级 VR/AR
实时性	高（端 - 端延时 <50ms）	高（端 - 端延时 <20ms）	高（端 - 端延时 <10ms）
数据流量	高（用户体验速率 >20Mbps）	高（用户体验速率 >40Mbps）	高（用户体验速率 >100Mbps）
单位区域连接数	低	低	低
移动性	低	低	低
QoS	高	高	高

5.5.2　车联网

智能驾驶（包括自动驾驶、编队行驶与远控驾驶）是车联网研究的重要内容，一直受到全球各大汽车厂商、通信设备厂商的高度重视。智能驾驶将改变传统交通模式中"人 - 车 - 路 - 基础设施"之间的关系，并成为道路安全与汽车变革的推动力。5G 为智能驾驶提供了更强的通信能力与更高的安全性。

1. 自动驾驶

自动驾驶是指由驾驶员决定驾驶行为，他可以自己驾驶车辆，也可以启动车辆的自动驾驶功能。无人驾驶比自动驾驶高一个级别。无人驾驶又称为自主驾驶或完全自动驾驶。乘客上车之后设定目的地，至于行驶路线、行驶速度，完全由车辆自主规划。自动驾驶技术划分为 5 个级别（L1 ～ L5），只有达到 L3 级以上，才能称为无人驾驶。

自动驾驶系统由感知层、决策层与执行层构成，对应传感器平台、计算平台与控制平台。传感器平台主要包括：摄像头、雷达（激光、毫米波与超声波）、红外探头、GPS 终端，以及 V2X 通信系统。V2X 包括车 - 车（Vehicle to Vehicle，V2V）、车 - 人（Vehicle to Pedestrian，V2P）、车 - 路（Vehicle to Instruction，V2I）等。V2X 利用 5G 技术实现"人 - 车 - 路"之间的信息交流，获取实时路况、车辆状态与行人信息。

决策层依靠计算平台的硬件、软件、算法及云数据与云控制器，根据感知信息进行决策判断，确定工作模型，制定控制策略，代替驾驶员做出驾驶决策，例如车道、车距、盲区、障碍物等警示，预测本车及其他车辆、车道、行人的状态。先进的决策理论包括模糊推理、强化学习、神经网络等。决策层是自动驾驶发展的核心与瓶颈。

执行层按照决策结果对车辆进行控制。各个控制平台通过总线与计算平台相连,并按照计算平台的指令来控制驾驶动作(例如加速、制动、转向、灯光等)。

2. 编队行驶

编队行驶又称为队列行驶,它是自动驾驶的重要研究方向之一。货车的自动编队行驶有更好的灵活性,车辆驶入高速公路时自动编队,离开高速公路时自动解散。对于运输企业来说,编队行驶可降低驾驶员劳动强度、降低油耗、减少安全事故,进而节约运输成本、提高运输效率。因此,编队行驶有着重要的经济与社会价值。

编队行驶要实现多辆汽车在无须驾驶员干预的前提下,自动识别交通标识、调整车速、变道超车、碰撞预警、紧急停车、为高优先级车辆让行等功能。编队行驶高度依赖公路与路边设施,车辆通过 V2X 与其他车辆、路边设施交换信息。

3. 远控驾驶

远控驾驶是指车辆由远程控制中心的司机,而不是由车辆中的人驾驶。远控驾驶可提供高级礼宾服务,使乘客在行驶途中工作或参加会议;远控驾驶可提供出租车服务,也适用于驾驶员生病、醉酒等不适合开车的情况。当端 – 端延时控制在 10ms 以内,车辆行驶速度为 90km/h 时,远程紧急制动产生的刹车距离不超过 25cm。

因此,车联网需要大量数据传输、存储与计算能力的支持。为了提高车联网应用的性能,必须借助于 5G 高带宽、低延时的传输能力,以及云端服务器的存储与计算能力。表 5-5 给出了车联网应用对 5G 的性能需求。

表 5-5 车联网应用对 5G 的性能需求

应用需求	自动驾驶	编队行驶	远控驾驶
实时性	高(端 – 端延时 <10ms)		
数据流量	中		
单位区域连接数	中		低
移动性	高(行驶速度 <90km/h)		
QoS	高		

5.5.3 智能制造

工业机器人是面向工业领域的多关节机械手与多自由度机器人,通常用于在机械、汽车、造船、航空制造业中代替人完成大批量、繁重、有高质量要求的工作。工业机器人被视为实现智能工业、智能制造的重要工具之一。

机器人功能与性能的先进性取决于"学习"能力,而"学习"能力又取决于 AI 算法,以及完成复杂算法的计算与存储能力。算法越复杂,要求的计算与存储能力越强,相应计算与存储设备的体积与重量也越大,这对于体积、重量或能量受限的机器人是不现实的。

可行的方案是将计算与存储放在云端完成，而感知与执行由机器人完成。机器人与云端之间通过 5G 网络传输数据与控制指令，这形成了"无线机器人云端控制"模式。

　　无线机器人云端控制模式可以减小机器人的体积、减少机器人与云端之间的数据通信量，同时也有助于提高机器人的功能与性能。根据对传输实时性要求的不同，无线机器人云端控制模式可分为不同级别：软实时、硬实时与同步实时。其中，同步实时协作机器人对传输实时性的要求最高，其对数据传输延时的要求为小于 1ms。表 5-6 描述了无线机器人控制模式对 5G 的性能需求。

表 5-6　无线机器人控制模式对 5G 的性能需求

应用需求	软实时	硬实时	同步实时
实时性	高（端 – 端延时 <100ms）	高（端 – 端延时 <10ms）	高（端 – 端延时 <1ms）
数据流量	低（用户体验速率 <10Mbps）		
单位区域连接数	高		
移动性	高		
QoS	高		

　　除了无线机器人协作操作之外，5G 在智能制造中还有很多应用场景。图 5-10 给出了 5G 在智能制造中的应用。

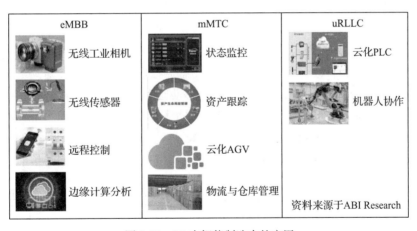

图 5-10　5G 在智能制造中的应用

5G 助力智能制造可以获得以下的效果。

- 通过协作机器人与智能眼镜来提高整个装配流程的效率。协作机器人之间不断交换分析数据，同步与协作自动化流程。智能眼镜使员工更快、更准确地完成工作。
- 通过基于状态的监控、机器学习、数字仿真与数字孪生手段，准确预测未来的性能变化，从而优化维护计划，减少停机时间与维护成本。
- 通过优化供应商数据的可访问性与透明度，降低物流与库存成本。

5.5.4 智慧能源

对于普通家庭用户，停电是件痛苦的事，意味着不能看电视、上网，冰箱里的食物会坏掉等。对于一个城市、地区或国家，如果出现大面积停电，那么造成的经济损失与社会影响将很大。对供电可靠性的要求达到99.999%，意味着每年停电时间不能超过5分钟。各种能源发电（如太阳能、风能、水能发电）为电网带来不同负荷，导致当前的集中供电系统难以适应。这样就要求必须建立"坚强""可自愈"的智能电网。

2001年，美国电力科学研究院提出智能电网（IntelliGrid）的概念，并推出《智能电网研究框架》。2005年，欧洲提出超级智能电网（Super Smart Grit）的概念，并推出《欧洲智能电网技术框架》。2009年，我国国家电网提出"坚强智能电网"的概念。"坚强智能电网"的主要特点是：自愈、安全、兼容、互动与优化管理。智能电网通过自动检测装置实时监控电力设备运行状态，及时发现运行过程中的异常，快速隔离故障，具有自愈能力，防止电网大规模崩溃，减少因设备故障造成供电中断。

馈线自动化（FA）是智能电网研究的重要内容之一。传统的高压输电线检测与维护是由人工完成的。人工方式在高压、高空作业中存在难度大、危险、不及时、不可靠等缺点。在我国输电网大发展的形势下，输电线路越来越复杂，覆盖范围越来越大，很多线路分布在山区、河流等各种复杂地形中，人工检测方式已难以满足要求。

电力公司研发输电线路巡检与绝缘检测机器人，通过各种传感器（温度、湿度、振动、倾斜、距离、应力、红外、视频传感器等）检测输电线路是否正常与是否存在杆塔覆冰、振动、弧垂、风偏、倾斜，甚至人为破坏行为。传感器将感知数据实时传送到地面的接收装置。接收装置将收到的感知信息汇聚之后，通过移动通信网或其他方式传送到测控中心。测控中心通过对各个位置的环境信息、运行状态信息进行综合分析，对输电线路、杆塔进行实时监控与异常事件预警，对故障进行快速定位，构成了分布式的馈线自动化系统。

馈线自动化系统的数据传输对网络延时、可靠性等有很高要求。当通信网的端 – 端延时小于10ms时，整个馈线自动化系统可在100ms内隔离故障区域，这样将会大幅度降低整个输电网的能源浪费。5G网络可代替当前输电网中已有的光纤设施，提供小于10ms的网络延时与吉比特每秒量级的网络带宽，有效实现馈线自动化的无线分布式控制。表5-7给出了馈线自动化对5G的性能需求。

表 5-7 馈线自动化对 5G 的性能需求

应用需求	馈线自动化
实时性	高（端 – 端延时 <10ms）
数据流量	低
单位区域连接数	中
移动性	无
QoS	高

5.5.5 无线医疗

随着医疗系统社区化、保健化趋势日渐明显，智能医疗成为实用性强、贴近民生、需求旺盛的物联网应用领域。智能医疗借助数字化、可视化、自动感知与智能处理技术，实现感知、计算、通信、智能与医疗技术的融合，患者与医生的融合，大型医院、专科医院与社区医院的融合，将医院功能向社区、家庭及偏远地区延伸，提高全社会的疾病预防、治疗、保健与健康管理水平。

由于医疗资源分布上的严重不均衡，大型医院、医学专家主要集中在大城市，因此远程诊断、远程手术等是将医疗资源共享给更多人的重要手段。远程医疗监控可持续监测老人、儿童、慢性病患者等群体的人体生理参数，附着在人体的便携式医疗监控设备可以将被监控对象的心率、血压等数据实时传送给医生。医生可以随时了解被监护对象的身体状况，及时做出健康指导、紧急救护等医疗行为。

近年来，医疗行业开始用可穿戴或便携式设备集成远程医疗方案。在远程诊断方案中，边远地区医院的 B 超机器人将扫描图像远程传送到专科医院，由医学专家提出临床诊断意见，有利于提高医疗效果与降低就医成本。目前，远程超声波、内窥镜机器人等智能医疗设备已达到可商用程度。表 5-8 给出了无线医疗对 5G 的性能需求。无线医疗需要 5G 网络提供更小的延时、更高的带宽与更高的可靠性。

表 5-8　无线医疗对 5G 的性能需求

应用需求	远程内窥镜	远程超声波
实时性	高（端 – 端延时 <5ms）	高（端 – 端延时 <10ms）
数据流量	中（用户体验速率 >50Mbps）	中（用户体验速率 >23Mbps）
单位区域连接数	低	
移动性	低	
QoS	高	

5.5.6　智慧城市

智慧城市拥有竞争优势，因为它可以主动而不是被动地满足城市居民和企业的需求。为了成为一个智慧城市，市政当局不仅需要感知城市脉搏的数据传感器，还需要用于监控交通流量和社区安全的视频摄像头。

城市视频监控是一个非常有价值的工具，它不仅提高了安全性，而且也大大提高了企业和机构的工作效率。视频系统对如下监控场景非常有用：

- 繁忙的公共场所（广场、活动中心、学校、医院）
- 商业领域（银行、购物中心、广场）
- 交通中心（车站、码头）
- 主要十字路口
- 高犯罪率地区
- 机构和居住区

- 防洪场景（运河、河流）
- 关键基础设施（能源网、电信数据中心、泵站）

视频系统对如图 5-11 所示的监控场景非常有用。在成本可接受的前提下，摄像头数据收集和分析的技术进一步推动了视频监控需求的增长。

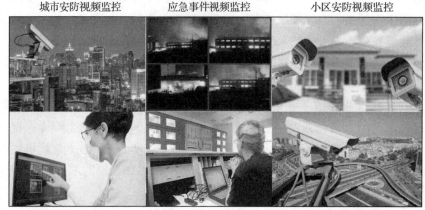

图 5-11　视频系统监控场景

5.6　6G 在 AIoT 中的应用

5.6.1　推动 6G 发展的动力

如果说 5G 能够实现"万物互联"的局面，那么 6G 将开启更高层次"万物智联"的新局面。6G 研究的初衷是满足 2030 年将要出现的 AIoT 全新应用场景。

从 AIoT 技术发展的角度看，推动 6G 发展的需求主要来自于全息类业务、全感知类业务、虚实结合类业务、极高可靠性与极低延时类业务，以及大连接类业务五个方面。

1. 全息类业务

未来的智能人机交互将从虚拟现实/增强现实，向混合现实（Mixed Reality，MR）、扩展现实（Extended Reality，XR）与全息三维显示方向发展，将给用户带来深度沉浸式交互体验。

混合现实是增强现实技术的升级，它将虚拟世界和物理世界融合成一个无缝衔接的虚实世界，其中的物理实体和数字对象满足真实的三维投影关系，实现了"实幻交织"。扩展现实是在视觉的基础上，将用户体验扩展到听觉、触觉、嗅觉、味觉与第六感。

全息投影（Front-Holographic Display）是指利用光干涉原理，记录并再现物体真实三维图像的技术。利用全息投影，用户无须佩戴 3D 眼镜就可以看到立体虚拟影像。典型的全息类应用场景包括全息视频通信、全息视频会议、全息课堂、远程全息手术、全息设计与全息加工等。全息类应用在 AIoT 的工业、设计、展览、建筑、医疗、教育、娱乐、军事等领域有着广阔的发展前景。同时，传输全息视频数据的全息类通信（Holography Type Communication，HTC）对网络的带宽、延时与延时抖动、计算能力、可靠性等提出了更高的要求。5G VR/AR 类业务与 6G 全息类业务对网络的需求间的比较见表 5-9。

表 5-9　5G VR/AR 类业务与 6G 全息类业务对网络的需求间的比较

需求指标	5G VR/AR 类业务	6G 全息类业务
峰值速率	20Gbps	1 ~ 10Tbps
用户体验速率	100Mbps	1Gbps
延时	5 ~ 7ms	<1ms
延时抖动	<50ms	<1ms
同步数据流	十几条	几百条
算力		高
可靠性	99.9%	99.99%

2. 全感知类业务

传统的物联网感知功能由传感器承担，6G 感知功能则通过对无线信号的测量和分析来实现。在集通信与感知能力于一体的 6G 系统中，使用了更高的频段（毫米波与太赫兹）、更高的带宽与大规模的天线阵列，使得 6G 的基站、移动终端，甚至整个网络设备都有可能变成传感器，进而具备拥有超高分辨率与精度的感知、定位、成像、制图，以及手势与动作识别的能力，可以为 AIoT 的智能安防、智能环保、智能交通、智能医疗、智能家居、智慧城市等应用提供全新的解决方案。5G 多媒体类业务与 6G 全感知类业务对网络的需求间的比较如表 5-10 所示。

表 5-10　5G 多媒体类业务与 6G 全感知类业务对网络的需求间的比较

需求指标	5G 多媒体类业务	6G 全感知类业务
峰值速率	20Gbps	1 ~ 10Tbps
用户体验速率	100Mbps	10Gbps
延时	<125ms	<1ms
延时抖动	<50ms	<1ms
网络对业务的感知	部分感知	精细感知
算力		高
可靠性	99.9%	99.99%

3. 虚实结合类业务

虚实结合是指利用计算机技术基于物理世界生成一个数字化的虚拟世界，物理世界的人与人、人与物、物与物之间可通过虚拟世界来传递信息与智能。数字孪生是典型的虚实结合类应用。以 AIoT 在飞机发动机安全监控中的应用为例，数字孪生以实际飞机中的喷气式发动机为对象，应用计算机仿真技术形成与实际的物理发动机完全对应的虚拟发动机。地面安全监控人员根据从飞行过程中获取的发动机感知数据，利用大数据与智能分析算法，通过在虚拟发动机模型中的模拟运算，获取对实际发动机安全状态的判断与评估意见，生成对物理发动机的控制指令并通过无线网络将指令发送到物理发动机控制系统，实现"虚实融合，以虚控实"的远程安全管理目标。这种方法将会在各种产品与系统的设计、智能制造、智能医疗、智慧城市，以及抢险救灾、军事行动、数字化工厂、虚实结合游戏、身临其境旅游、虚拟演唱会等场景中发挥重要的作用，产生巨大的经济与社会效益。同时，数字孪生中虚拟对象与物理对象之间的数据通信，对网络的带宽、延时、延时抖动、可靠性都提出了极高的要求。5G 高带宽类业务与 6G 虚实结合类业务对网络的需求间的比较如表 5-11 所示。

表 5-11　5G 高带宽类业务与 6G 虚实结合类业务对网络的需求间的比较

需求指标	5G 高带宽类业务	6G 虚实结合类业务
峰值速率	20Gbps	1 ～ 10Tbps
用户体验速率	100Mbps	1 ～ 100Gbps
延时	<125ms	<1ms
延时抖动	<50ms	<1ms
移动性	500km/h	1000km/h
算力		高
可靠性	99.9%	99.999%

4. 极高可靠性与极低延时类业务

智能精密加工存在于产品制造、智能电网控制、智能交通等特殊行业，由于业务自身的"高精准"要求，因此对通信网的可靠性、延时和延时抖动有相对更高的要求，这类业务称为"极高可靠性与极低延时类业务"。

例如，精密仪器自动化制造对核心器件的协同控制不光要求超低延时，还要求超高精度，要求协同控制传输的信息必须准确地在指定的时隙中到达，这就对数据传输的确定性与智能调度的高精准性提出了极高的要求。无人驾驶业务为了保障绝对的驾驶安全和人身安全，就必须保证车辆上各种感知设备的准确、同步测量，以及数据传输的超低延时和准确；车辆在行进过程中需要实时下载动态高精度地图，这也对对网络的带宽、延时、延时抖动提出了极高的要求。智能电网要求继电保护的控制信号延时抖动不超过 100μs，广域远程保护业务要求延时抖动不超过 10μs，同步要求低于 1μs。同时，极高可靠性与极低延时类业务的服务可用性通常要求在 99.999% ～ 99.999 99% 之间。5G 超高可靠性与低延时类业务和 6G 极高可靠性与极低延时类业务对网络的需求间的比较如表 5-12 所示。

表 5-12　5G 超高可靠性与低延时类业务和 6G 极高可靠性与极低延时类业务对网络的需求间的比较

需求指标	5G 超高可靠性与低延时类业务	6G 极高可靠性与极低延时类业务
峰值速率	1Gbps	10Gbps
端 – 端延时	3ms	<1ms
确定性		<100μs，特殊要求 <10μs
同步精度	毫秒量级	1 ～ 100μs
可靠性	99.99%	>99.9999%

5. 大连接类业务

5G 的 mMTC 实现了对人连接类业务的支持，通过在接入方式上的突破，实现了每平方千米可支持高达约 100 万个设备接入的能力。根据预测，到 2030 年，AIoT 应具备支持万亿级别的物联网设备接入数量的能力。这类对接入数量有较高要求的业务称为大连接类业务。

工业物联网、智慧城市、智慧农业、智慧林业、智能交通、智能医疗与智慧城市等应用领域，以及全自动驾驶、智慧养老、全感知类业务等新型业务，由于对全方位感知具有高要求，因此也将对接入的传感器、执行器与用户终端设备数量提出更高的要求。6G 的设备接入量预测是 5G 接入量的 100 ～ 1000 倍，覆盖范围从以陆地为主扩展到陆海空天全覆盖。5G 的 mMTC 与 6G 的大连接类业务对网络的需求间的比较如表 5-13 所示。

表 5-13　5G 的 mMTC 与 6G 的大连接类业务对网络的需求间的比较

需求指标	5G 的 mMTC	6G 的大连接类业务
连接密度	10^6 个 /km²	10^8 ～ 10^{10} 个 /km²
覆盖范围	陆地为主	陆海空天

很显然，未来全息类业务、全感知类业务、虚实结合类业务、极高可靠性与极低延时类业务，以及大连接类业务对网络提出的性能指标是 5G 达不到的，对下一代移动通信网 6G 的研究势在必行。

5.6.2　6G 发展愿景

1. 网络 2030 研究的基本原则

2018 年 7 月，ITU-T 第 13 研究组成立了 ITU-T 2030 网络技术焦点组（FG NET-2030），旨在提出"面向 2030 年及其未来数字社会和网络的愿景指南"。研究组预测了 2030 年及以后的网络能力，希望能够回答哪种网络体系结构和驱动技术更适合未来新的应用需求这一问题。这项研究称为"网络 2030"（Network 2030）。网络 2030 研究的基本原则是：未来的网络可以建立在全新的网络体系结构上，不局限于现有网络的概念或任何特定的技术，从更为广泛的角度探索新的通信机制来实现前瞻性应用。但是要保持与现有技术的兼容，从而支持现有的和未来新的应用。同时，6G 将成为使能感知和机器学习的网络，其数据中心将成为神经中枢，机器学习则通过通信节点遍布全网。这就是未来 6G 万物智能数字世界的愿景。

2. 6G 的基本特征

从未来 6G 对 AIoT 将产生深刻影响的角度看，6G 有几个基本特征需要重点关注。

（1）原生支持 AI

6G 设计从一开始就把无线网络与 AI 技术结合起来，而不是在设计好无线网络系统架构后再去考虑如何应用 AI。全新设计的 6G 网络对 AI 的支持与生俱来，拥有原生的 AI 能力，其网络架构设计中将全面使用机器学习技术，尤其是分布式机器学习。6G 网络组成单元自身将具备 AI 和机器学习的能力。6G 不再是单纯的比特流传输管道，它将像一个遍布通信链路的分布式神经网络，融合物理世界与数字世界。6G 将智能带给每个人、每个物、每个家庭、每个车辆和每个企业，推动 AIoT 从"万物互联"向"万物智联"的发展。

（2）通信感知一体化

传统物联网感知能力是借助传感器来实现的。无线感知是无线电波的自然属性。利用带宽更宽、波长更短的毫米波和太赫兹频段，可以实现拥有超高感知精度和分辨率的感知能力。6G 的无线网络设备，无论是基站、天线、无线信道、路由设备、端接设备，还是终端设备都可以作为传感器，实现高精度定位、手势和活动识别、目标检测与追踪、成像、环境目标重建等新的感知能力，开发新 AIoT 应用；同时感知功能可以在网络路径选择、无线通信的信道预测与波束对齐等方面辅助并提高网络通信的服务质量与性能，利用感知与通信功能的相互补充可以开发大量实时机器学习应用和 AI 应用。对于 AIoT 来说，"6G 网络即传感网"的通信感知一体化将成为 6G 最具颠覆性的关键技术之一。

（3）陆海空天一体化

6G 网络通过将非地面通信（如超低轨卫星通信网）集成到地面无线移动网络系统，实现了对陆地、海洋、山区、沙漠、森林，以及难以部署地面基站的偏远地区与外太空的陆海空天覆盖，实现了全球无处不在的网络接入。同时，地面网络与非地面网络一体化设计可以带来很多新业务、新应用，包括定位、遥感、被动感知、导航、跟踪、自主配送，从而形成车联网、远程医疗、远程教育等应用所需要的几乎无盲点的全覆盖网络。在全球卫星定位系统、电信卫星系统、地球图像卫星系统和 6G 地面网络的联动支持下，全覆盖网络还能帮助人类预测天气、快速应对自然灾害。6G 网络将形成陆海空天一体、多层异构的网络架构，为 AIoT 无处不在的接入提供服务。

（4）网络算力一体化

AI 是知识和智力的总和，在数字世界中可以表现为"数据＋算法＋计算能力"（简称为"算力"）。其中海量数据来自各行各业、各种维度，算法需要通过科学研究来积累，而数据的处理和算法的实现都需要大量计算能力。计算能力是 AI 的基础。"人 – 机 – 物 – 智"之间成功协作的关键是计算能力。

6G 涉及两个方面内容的设计，一是"面向网络的 AI"（AI for Network）的设计，二是"面向 AI 的网络"（Network for AI）的设计。

"面向网络的 AI"以 AI 为工具来优化网络。AI 技术天然具有数据驱动的特点，可以建立一条智能通信链路来适应动态端 – 端传输环境。信号处理和数据分析的充分集成，可以简化并统一计算与推理架构，同时也能转化原本依赖动态处理的网络，使其具备主动预测与决策的能力。

"面向 AI 的网络"需要将 6G 网络的架构进一步向分布式发展，内置移动边缘计算能力，支持本地数据采集、训练和推理，以及全局训练与推理，从而增强隐私保护、降低延时、减少带宽消耗，形成网络算力一体化的算力网络。

算力网络是应对计算机网络融合发展的一种新的网络架构，以无处不在的网络连接为基础，将动态分布的各种计算资源互联，通过网络、存储、计算等多维度资源的自动部署和统一调度，使海量应用能够按需、实时调度不同地方的计算资源，提高计算资源和网络资源的利用率，最终实现连接与计算在网络中的全局优化，实现用户体验效果的最优化。以目前 5G 的计算能力 / 计算效率为基准，预计 6G 的计算能力至少要超过 5G 的 100 倍。

（5）6G 原生可信

随着人们对 6G 及其业务的依赖程度越来越高，网络和业务的可信就变得极为重要。用户是否愿意长期使用移动通信网络，是检验 6G 可信性的关键问题。用户将从稳定性、通信质量、信息保密、隐私保护等维度来评估网络的可信性。

6G 可信将贯穿设计、开发和运营的全生命周期。在 6G 设计阶段需要提出可信需求的特征，确定具体的可信需求；在开发 6G 系统时，软件编程与硬件设备生产要满足可信需求；6G 的部署、运营、配置都要确保可信性，并且在每个阶段都需要不断评估和改进。

从技术层面，6G 的可信性包括功能安全、网络安全、隐私安全、风险可控、系统的高可靠性，以及自主安全。其中，多模信任模型、分布式账本技术与量子加密是构成 6G 可信架构的基础。

多模信任模型采用集中与分布相结合的方法。移动运营商采购并部署通过测试认证的设备，并采取集中认证与授权的方式去管理用户。集中式架构适合承载权威集中授权、策略统一的安全机制，但在网络执行漫游、切换或重登录等操作时，安全流程会相对复杂。分布式架构可以支持更灵活的安全机制，更细粒度的安全定制方案可以并存，从而服务于不同区域或业务，满足多样化的需求。

分布式账本技术（Distributed Ledger Technology，DLT）可以在多个地点、机构与地理区域共享资产数据库。区块链是分布式账本的一种，还需要有非区块链的分布式账本、分布式加密与特定的数据库。

量子计算对于 6G 安全性既是"矛"也是"盾"。在 6G 网络中，借助量子计算方法，可以有效地解决"一次一密"与应用实时性要求的矛盾；量子通信又可以为密钥的网络传输要求的机密性提供安全保障。但是从网络防攻击的角度出发，需要研究如何识别与防止利用量子计算方法对 6G 网络系统实施攻击的新威胁。

与传统的发生攻击之后再去保护的思路不同，6G 自主安全的研究将采用机器学习与人工免疫技术，通过主动发现网络攻击的潜在威胁，以动态防御的方式来实现自主安全的保护。这将是 6G 网络架构实现可信安全的一大关键特性，对于提高 AIoT 的安全性至关重要。

5.6.3　6G 预期的关键性能指标

为了支撑 2030 年之后的 AIoT 全新业务与服务模式，按照前几代移动通信网络的升级趋势估计，6G 的能力指标有望高于 5G 的 10 ～ 100 倍，甚至更高，ITU-T 定义的关键性能指标的预期值主要包括以下内容。

（1）极高速率

6G 与 MR/VR、全息显示技术的结合实现了用户在触觉、听觉、嗅觉、味觉、视觉等方面的深度人体感知体验。仅从视觉感知而言，信息从 3D 视频扩展到全息类通信，以人为中心的深度沉浸式通信对网络带宽有极高的要求，数据传输速率要达到吉比特每秒，甚至太比特每秒量级。6G 预期的峰值带宽为 1Tbps，用户体验带宽为 10Gbps ～ 100Gbps。

（2）超高容量

为了支持未来智能工业 4.0 与智慧城市等应用场景，6G 的连接密度预期达到每平方千米数百台设备，甚至 1 亿台设备；流量密度预期达到 $1Gbps/(s \cdot m^2)$。

（3）超低延时

在自动驾驶、工业自动控制应用场景中，最看重的网络性能之一是延时与延时抖动。6G 的空口延时可以低于 0.1ms，延时抖动要求低于 ±0.1μs。考虑到远程 XR 呈现的需求，端 - 端往返延时应为 1 ～ 10ms。

（4）超高可靠性

ITU-R 要求 5G 的 uRLLC 业务的可靠性要达到 99.999%；6G 多样化的垂直行业应用会更加普遍，可靠性要提升 10~100 倍，达到 99.999 99%。

（5）超高移动性

5G 的移动性指标定为 500km/h。6G 希望能够覆盖时速为 1000km/h 的飞机，因此其移动性指标提升到 1000km/h。

另外，有一些性能指标 5G 未定义，是 6G 增加的，主要有以下几个。

（1）超高定位精度与感知精度

感知、定位与成像是 6G 的新性能。6G 利用太赫兹（THz）的频率优势，预期达到室外场景 50cm、室内场景 1cm 的超高定位精度；预期对于感知业务的极限感知精度应达到 1cm，分辨率达到 1mm。

（2）超广覆盖

6G 网络通过将非地面网络集成到地面蜂窝网络系统中，由超低轨道卫星组成的超级星座提供全球覆盖，真正形成陆海空天的无缝立体覆盖，提供全球无处不在的接入能力，形成 6G 网络超广覆盖的一大特点。

（3）原生支持 AI

6G 设计的关键挑战是在设计的开始就考虑将无线通信技术与 AI 技术融合在一起，让 AI 无处不在，使 6G 网络架构具备原生 AI 支持能力，而不是在设计好 6G 网络之后再去考虑如何应用 AI 技术。

（4）原生可信

6G 网络安全设计的核心原则是：原生可信。它强调可信能力要适应多元化的 6G 业务。6G 研究过程中需要制定一套既能对集中式网络部分进行集中式安全访问控制，又能为边缘自治部分提供定制化的授权与认证服务的可信能力。可信贯彻在 6G 设计、开发与运营的全生命周期，以构建安全、隐私、可靠的 6G 原生可信架构。

5G 与 6G 性能指标的对比如图 5-14 所示。

表 5-14　5G 与 6G 性能指标的对比

名称	5G 指标（ITU）	6G 能力指标
峰值速率	10Gbps ～ 20Gbps	1Tbps
用户体验速率	100Mbps	10Gbps ～ 100Gbps
连接密度	100 万 /km²	几百万 /km²
流量密度	10Mbps/(s · km²)	1Gbps/(s · km²)
空口延时	1ms	0.1ms，延时抖动 < ± 0.1μs
移动性	500km/h	1000km/h
可靠性	99.999%	99.999 99%
定位精度	未定义	室内 1cm, 室外 50cm
感知精度与分辨率	未定义	室内 1cm, 室外 1mm
覆盖能力	未定义	陆海空天的无缝立体覆盖
网络智慧等级	未定义	原生 AI 支持
网络安全等级	未定义	原生可信

5.6.4　6G 未来潜在的应用场景

由于 6G 极大地提高了网络性能指标，增强了智能与感知能力，网络覆盖从以地面为主延伸到陆海空天，因此将会创造大量新的应用。ITU-R 研究人员预测了 6G 的以下六种潜在应用场景。

（1）以人为中心的沉浸式通信

未来的智能人机交互将从虚拟现实／增强现实，向混合现实／扩展现实与全息三维显示方向发展，提供以人为中心的沉浸式深度交互体验，使得显示分辨率推向人眼可辨的极限，这就要求网络传输速率达到太比特每秒量级，目前的 5G 网络未能达到这一水平。为了在远程操作时，获取实时触觉反馈并避免头晕、疲劳等晕动症状，极低的微秒量级端－端延时是逼近人类感官极限的另一个关键需求。

（2）感知、定位与成像

6G 采用更高的太赫兹和毫米波频段，除了能够为移动通信提供更高的带宽之外，还能提供感知、成像与定位能力，从而可以产生多种新的增值应用，如高精度定位、快速移动导航、手势与姿态识别、地图匹配、图像重构等。与无线通信相比，感知、定位与成像能力在不同的应用场景中，对距离、角度、速度、位置的精度和分辨率要求不一样，同时也提出了相关的性能指标，如检测概率和虚警概率等。

（3）工业 4.0 及其演进

虽然 5G 有低延时与高可靠性的设计指标，但是部分场景（如精确运动控制）的要求，5G 已经无法保证。6G 基于极高可靠、极低延时的通信能力，能够满足超低延时、超高可靠性应用场景等的要求。随着越来越多 AI 新型人机交互方法出现，以及未来的自动化制造系统将形成以协作机器人为主的局面，5G 已经无法适应工业 4.0 更高的应用需求。

（4）智慧城市与智慧生活

交通、环保、安防、医疗、健康、汽车、城市、楼宇、工厂等领域，以及智能网联汽车、无人机等应用，都需要部署海量传感器。这些传感器采集的大量数据，需要用 AI 算法进行处理，进而为科学决策提供服务。数字孪生城市会使今后的城市规划、建设与管理更科学、合理和人性化，同时数字孪生城市要求通信网络提供超高的带宽、接入密度、流量密度，无处不在的覆盖范围，以及超低延时，这些 5G 已经难以应对，需要依靠 6G 网络提供服务。

（5）移动服务全球覆盖

为了在全球任何地点提供无缝移动服务，6G 需要实现地面与非地面通信的一体化。在这种一体化系统中，一个移动用户只需一台设备就可以在城市和乡村，甚至在飞机和船舶上无缝使用移动宽带业务。这些场景中，能够在不中断业务的前提下对地面与非地面网络的最优链路进行动态优化。一体化的无缝高精度导航也让自驾爱好者面对任何地形都能获得好的驾驶体验。其他潜在应用场景还包括实时环境保护和精准农业作业，6G 会为这些场景提供广泛的物联网连接。

（6）分布式机器学习与互联 AI

6G 设计贯彻了两个原则，一是"面向网络的 AI"设计，另一个是"面向 AI 的网络"设计，因此，6G 的一个基础应用是面向全场景提供 AI 能力。一方面，AI 可以作为一项增强能力集成到 6G 的大部分功能与特性中，另一方面几乎所有 6G 应用都是基于 AI 的。分布式机器学习智能体是最重要的应用场景之一。这些智能体通过 6G 网络全面互联，在实现智能联网的同时更好地保护数据隐私。分布式机器学习和互联 AI 牵涉以下几个根本方面的问题：机器学习能力最大化的 6G 设计；支持网络边缘侧、分布式实时 AI 服务能力的网络架构；大容量、低延时、高可靠的 AI 推理和执行，为 6G 网络架构设计、智能控制、资源管理与网络运营提供了重要的技术保障。

移动通信在短短的四十年彻底地改变了世界。随着 5G 技术的逐渐落地，AIoT 开始了"万物互联"的征程。我们期待着 6G 使 AIoT 开创向"万物智联"迈进的新局面。

参考文献

[1]　兰巨龙，胡宇翔，张震，等 . 未来网络体系与核心技术 [M]. 北京：人民邮电出版社，2017.

[2]　杨峰义，谢伟良，张建敏，等 . 5G 无线接入网架构及关键技术 [M]. 北京：人民邮电出版社，2018.

[3]　刘光毅，方敏，关皓，等 . 5G 移动通信：面向全连接的世界 [M]. 北京：人民邮电出版社，2019.

[4]　万芬，余蕾，况璟，等 . 5G 时代的承载网 [M]. 北京：人民邮电出版社，2019.

[5]　彭木根 . 5G 无线接入网络：雾计算和云计算 [M]. 北京：人民邮电出版社，2018.

[6]　张传福，赵立英，张宇，等 . 5G 移动通信系统及关键技术 [M]. 北京：电子工业出版社，2018.

[7]　杨峰义，张建敏，王海宁，等 . 5G 网络架构 [M]. 北京：电子工业出版社，2017.

[8]　张平，李文璟，牛凯，等 . 6G 需求与愿景 [M]. 北京：人民邮电出版社，2021.

[9]　DAHLMAN E，PARKVALL S，SKÖLD J. 5G NR 标准：下一代无线通信技术 [M]. 朱怀松，王剑，刘阳，译 . 北京：机械工业出版社，2019.

[10]　ROMMER S，HEDMAN P，OLSSON M，et al. 5G 核心网：赋能数字化时代 [M]. 王剑，干菊英，译 . 北京：机械工业出版社，2020.

[11]　张平，陶运铮，张治 . 5G 若干关键技术评述 [J]. 通信学报，2016，37（7）：15-29.

第 6 章 ●──○──●──○──●

AIoT 核心交换层

TCP/IP 体系的成熟与应用的广泛，决定了 IP 在 AIoT 核心交换网组建中的重要地位。随着 AIoT 的高速发展，传统网络技术的不适应性问题已经逐渐暴露出来，研究新的网络重构技术——软件定义网络 / 网络功能虚拟化（SDN/NFV）已经势在必行。SDN/NFV 技术的应用将改变 AIoT 组网方法、网络功能与性能。

本章从分析 IP 与核心交换网的特点出发，介绍面向 AIoT 核心交换网的结构与设计方法；分析 SDN/NFV 技术研究的背景，系统地讨论 SDN/NFV 技术特征、研究的基本内容与应用前景。

6.1 核心交换网与网际协议

6.1.1 IP 的基本概念

AIoT 核心交换网主要使用的是网络层协议——IP。网络层的功能主要是通过路由选择算法，为 IP 分组从源节点到目的节点选择一条合适的传输路径，为传输层提供"端 – 端"分组数据传输服务。

最早描述 IPv4 的文档 RFC791 出现在 1981 年，那个时候互联网的规模很小，计算机网络主要用于科研与部分参与研究的大学，在这样背景下产生的 IPv4 不可能适应以后互联网规模的扩大和应用范围的扩张，对其修改和完善是必然的。伴随着互联网规模的扩大和应用的深入，作为互联网核心协议之一的 IPv4、IPv6 也一直处于一个不断补充、完善的过程，但是 IP 的核心内容一直没有发生实质性变化。实践证明，IP 是健壮和易于实现的，并且具有很好的可操作性。IP 已经受住了从一个小型的科研网络，发展到如此之大的全球性网际网的考验，这些都说明 IP 的设计是成功的。在 AIoT 核心交换网中沿用 IP 也是必然的。

IP 的特点主要表现在以下几点。

（1）IP 是一种提供无连接、不可靠的分组传输服务的协议

IP 提供的是一种无连接的分组传送服务，它不提供对分组传输过程的跟踪。因此，它提供的是一种"尽力而为"（best-effort）的服务。

- 无连接（connectionless）意味着 IP 并不维护 IP 分组发送后的任何状态信息。每个分组的传输过程是相互独立的。
- 不可靠（unreliable）意味着 IP 不能保证每个 IP 分组都能够正确地、不丢失地和顺序地到达目的主机。

分组在互联网上传输的过程是十分复杂的，IP 的设计者必须采用一种简单的方法去处理这样一个复杂的问题。IP 设计的重点应该放在系统的适应性、可扩展性与可操作性上，而在分组交付的可靠性方面只能做出一定的牺牲。

（2）IP 是"点 – 点"的网络层通信协议

网络层需要在互联网中为通信的两个主机寻找一条路径，而这条路径通常由多个路由器、"点 – 点"链路组成。IP 要保证数据分组从一个路由器到另一个路由器，通过多条路径从源主机到达目的主机。因此，IP 是针对源主机 – 路由器、路由器 – 路由器、路由器 – 目的主机之间数据传输的"点 – 点"链路的网络层通信协议。

（3）IP 屏蔽了互联的网络在数据链路层、物理层协议与实现技术上的差异

作为一个面向 Internet 的网络层协议，IP 协议必然要面对各种异构的网络和协议。在 IP 的设计中，设计者就充分考虑了这点。互联的网络可能是广域网，也可能是城域网或局域网。即使都是局域网，它们的物理层、数据链路层协议也可能不同。协议的设计者希望使用 IP 分组来统一封装不同的网络帧。通过 IP，网络层向传输层提供统一的 IP 分组，传输层不需要考虑 Internet 在数据链路层、物理层协议与实现技术上的差异，IP 使得异构网络的互联变得容易了。IP 对物理网络的差异起到了屏蔽作用（如图 6-1 所示）。

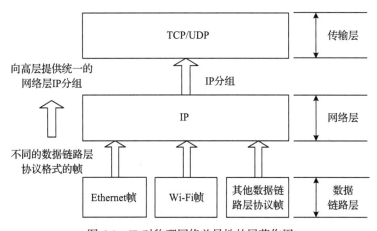

图 6-1 IP 对物理网络差异性的屏蔽作用

6.1.2　IPv4 发展与演变的过程

图 6-2 描述了 IPv4 向 IPv6 发展的过程。

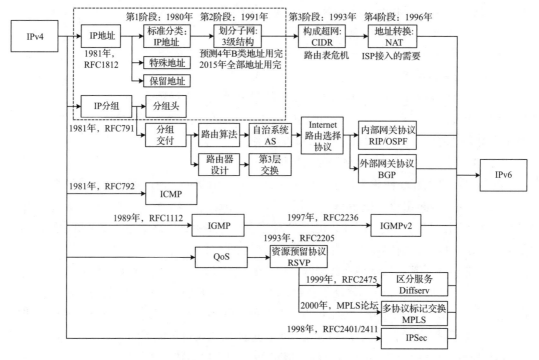

图 6-2　IPv4 向 IPv6 发展的过程

在讨论 IPv4 向 IPv6 的演变过程时，需要注意以下问题。

第一，最初设计的 IPv4 非常简单，只包括图 6-2 中虚线包围的部分，也就是仅规定了标准分类的 IPv4 地址与 IP 分组结构，其余部分都是在 Internet 发展过程中，不断根据需要采取 "迭代" 方式打的 "补丁"。

第二，IPv4 发展和迭代的过程可以从 "不变" 和 "变" 的两个角度去认识。IPv4 中对于分组结构与分组头结构的规定一直是 "不变" 的；"变" 的部分可以从 IP 地址分配方法、分组交付的路由算法与路由选择协议，以及如何提高协议的可靠性、服务质量与安全性等方面来认识。正是由于 IP 不是在完整的规划之下开发的，一直在不断地 "打补丁"，因此在一些重要的问题上，如在协议的安全性、网络地址分配的效率等问题上存在着 "先天" 的不足。

第三，凡事都有一个限度。当 Internet 规模发展到一定程度时，靠 "打补丁" 去完善 IPv4 已显得无济于事，最终人们不得不期待靠研究一种新的网络层协议，去解决 IPv4 面临的所有困难，这个新的协议就是 IPv6。

　　IPv4 地址方案的制定时间大致在 1981 年。那时候的网络规模比较小，用户通常使用终端设备，通过大型或中小型计算机接入 ARPANET。因为初期的 ARPANET 是一个研究性的网络，即使把美国大约 2000 所大学和一些研究机构，连同其他国家的一些大学都接入其中，总数也不会超过 16 000 个。

　　IPv4 的设计者当初没有预见到 Internet 会发展得如此之快，近年来人们对 IP 地址的匮乏极为担忧。1987 年，有人预言：Internet 的主机数量可能增加到 10 万个，大多数专家都不相信，然而在 1996 年第 10 万台计算机已经接入 Internet。

　　IPv4 的 A 类、B 类与 C 类地址的总数在当时是足够分配的。IPv4 的地址长度为 32 位，通常用点分十进制（dotted decimal）表示，即 x.x.x.x 的格式，每个 x 为 8 位，取值范围为 0～255，如"202.113.29.119"。这种地址分配方法效率很低，浪费了不少有用的 IP 地址。

　　到了 2011 年，国际 IP 地址管理部门宣布：在 2011 年 2 月 3 日的美国迈阿密会议上，最后 5 块 IPv4 地址被分配给全球五大区域 Internet 注册机构之后，IPv4 地址全部分配完毕。现实让人们深刻地认识到：IPv4 向 IPv6 的过渡已经迫在眉睫。

　　因此，在研究 AIoT 网络系统设计时，必须考虑以 IPv6 为基础。

6.1.3　IPv6 的特点

　　IETF 在组织 IPv6 研究时，要求尽量做到对上、下层协议的影响最小，并力求考虑得更为周全，避免不断做新的改变。1993 年，IETF 成立研究下一代 IP 的 IPng 工作组；1994 年，IPng 工作组提出下一代 IP 的推荐版本；1995 年，IPng 工作组完成 IPv6 的协议版本；1996 年，IETF 发起建立全球 IPv6 实验床 6BONE；1999 年，完成 IETF 要求的 IPv6 审定，成立 IPv6 论坛，正式分配 IPv6 地址，IPv6 成为标准草案。

　　我国政府高度重视下一代 Internet 的发展，积极参与 IPv6 的研究与试验，CERNET 于 1998 年加入 IPv6 实验床，2003 年启动下一代网络示范工程（CNGI），国内网络运营商与网络设备制造商纷纷研究支持 IPv6 的网络硬件与软件。2008 年，北京奥运会成功使用 IPv6 网络，我国成为全球较早商用 IPv6 的国家之一。2008 年 10 月，我国 CNGI 正式宣布从前期的试验阶段转向试商用阶段。目前，CNGI 已成为全球最大的示范性 IPv6 网络。

　　IPv6 的主要特点可以总结为：新的协议格式、巨大的地址空间、有效的分级寻址和路由结构、有状态和无状态的地址自动配置、内置的安全机制、更好地支持 QoS 服务。

　　对 IPv6 的 128 位地址，将每 16 位划分为一个位段，将每个位段转换为一个 4 位的十六进制数并用冒号隔开，这种表示法称为"冒号十六进制"表示法，典型的 IPv6 地址如"21DA::2AA:F:FE08:9C5A"。

　　IPv6 的地址长度定为 128 位，因此可以提供多达超过 3.4×10^{38} 个的 IP 地址。如果用十进制数书写可能有的 IPv6 地址数，那么可以写成 340 282 366 920 938 463 463 374 607

431 768 211 456。人们经常用地球表面每平方米可以获得多少个 IP 地址来形容 IPv6 地址的数量之多，地球表面面积按 $5.11 \times 10^{14} \text{m}^2$ 计算，则地球表面每平方米可以获得的 IP 地址数为 665 570 793 348 866 943 898 599（即 6.65×10^{23}）。这样，今后各类 AIoT 终端设备（如传感器、执行器、智能手机、可穿戴计算设备、智能机器人、智能网联汽车、智能家电、工业控制设备等）都可以获得 IP 地址，接入 AIoT 的设备数量将可以不受限制地持续增长。

6.2 AIoT 核心交换网的组网方法

6.2.1 计算机网络的分类

AIoT 组网基本方法可以分为两大类，一类是基于计算机网络技术，一类是基于 5G 技术，当然实际的 AIoT 网络系统中很可能是将两者结合起来。本章主要讨论基于计算机网络技术的 AIoT 网络规划设计方法。

研究 AIoT 网络系统设计与组网方法，必须要对计算机网络的分类，以及各类网络的主要技术特征有较为深入的认识。按照网络覆盖地理范围的不同，计算机网络可以分为 5 类：

- 广域网（Wide Area Network，WAN）
- 城域网（Metropolitan Area Network，MAN）
- 局域网（Local Area Network，LAN）
- 个人区域网（Personal Area Network，PAN）
- 人体区域网（Body Area Network，BAN）

理解网络分类与应用，需要注意以下几个基本的问题。

第一，局域网、个人区域网、人体区域网主要用于 AIoT 的接入网。目前获得大量使用的局域网中，典型的是属于有线接入网的 Ethernet 与属于无线接入网的 Wi-Fi 网络。城域网技术主要用于构建大型网络系统的汇聚网。广域网技术主要用于构建核心交换网。

第二，AIoT 的智能医疗发展催生了无线人体区域网（WBAN）与相关协议的发展。在 AIoT 应用中，关于局域网、个人区域网、人体区域网，我们需要更多注意的是无线局域网（WLAN）、无线个人区域网（WPAN）、无线人体区域网（WBAN）技术与协议。

第三，Ethernet 技术突破了传统局域网的局限，其应用领域快速扩展，重要性日益凸显。传统 Ethernet 在物理层采用 10Mbps 的传输速率，在 MAC 采用信道随机争用的 CSMA/CD 控制方法，无法保证数据传输的实时性，也注定无法用于 AIoT。但是，高性价比使得 Ethernet 成为目前在办公与家庭环境中应用最广的局域网技术。随着应用的发展，Ethernet 技术正在向虚拟化与高速方向发展。

第四，目前 Ethernet 传输速率可以达到 1Gbps、10Gbps、40Gbps 与 100Gbps。更重

要的是，高速 Ethernet 在物理层增加了两类标准：局域网物理层与广域网物理层标准。

- 局域网物理层（LAN PHY）标准：如采用多模光纤的 10GBASE-SR、10GBASE-LRM 标准，光纤最大长度分别为 300m 与 220m。高速 Ethernet 的局域网物理层标准能够适应组建 IDC/ 云计算中心网络系统的要求。
- 广域网物理层（WAN PHY）标准：如采用单模光纤的 10GBASE-LX4、10GBASE-LR、10GBASE-ER 与 10GBASE-ZR 标准，光纤最大长度分别为 10km、25km、40km 与 80km。高速 Ethernet 的广域网物理层标准能够适应组建核心交换网网络系统的要求。

第五，目前广泛应用的光以太网（Optical Ethernet）与城域以太网（Metro Ethernet），标志着 Ethernet 的应用已经从传统的局域网向城域网、广域网领域延伸。

很显然，未来 AIoT 网络的设计与组建中必然会用到高速 Ethernet 的标准与技术。

6.2.2　AIoT 核心交换网的基本设计方法

设计和组建 AIoT 核心交换网的方法基本分为两种：一种是自主组建独立的 AIoT 核心交换网，一种是租用现有的公共数据网（Public Data Network，PDN），采用虚拟专网（VPN）技术组建 AIoT 核心交换网。

自主组建独立的 AIoT 核心交换网必然会涉及广域网与城域网技术。广域网又称为远程网，所覆盖的地理范围为从几十千米到几千千米，可以覆盖一个国家、地区，或横跨几个洲，形成国际性的远程计算机网络。广域网的通信子网可以利用公用分组交换网、卫星通信网或无线分组交换网，它将分布在不同地区的计算机系统、城域网、局域网互联起来，实现资源共享与信息交互的目的。

初期广域网的设计目标是将分布在很大地理范围内的若干台大型机、中型机或小型机互联起来，用户通过连接在主机上的终端访问本地主机或远程主机上的计算与存储资源。随着 AIoT 应用的发展，广域网作为核心主干网的地位日益清晰，广域网的设计目标逐步转移到将分布在不同地区城域网的汇聚网、接入网互联起来，构成大型互联的网络系统。

随着 AIoT 技术的发展，广域网作为 AIoT 的宽带、核心交换平台，其研究的重点已经从开始阶段的"如何接入不同类型的异构 AIoT 网络"，转变为"如何提供能够保证 QoS/QoE 的宽带核心交换服务"。目前构成 AIoT 核心交换网的结构的特点是：

- 核心路由节点设备是高端路由器和多层交换机；
- 连接核心路由节点设备的是宽带光纤链路。

路由器是构建 IP 核心交换网的关键网络硬件设备。路由器的主要功能是：建立并维护路由表，提供网络间的分组转发功能。路由器实际上就是专门用于网络互联与分组转发的计算机系统。随着应用需求的不断提高，路由器的体系结构也在不断发生变化。这种变化主要集中在：从基于软件的单总线单 CPU 结构路由器，向基于硬件的高性能路由器方向发展。路由器的发展大致经历了四个阶段：

- 第一代路由器采用的是单总线单 CPU 结构；
- 第二代路由器采用的是多总线多 CPU 结构；
- 第三代路由器采用的是 CPU 交换结构；
- 第四代路由器采用的是多级交换结构。

AIoT 核心交换网的构建一定会用到高端路由器设备与宽带光纤链路。

6.2.3　AIoT 核心交换网与虚拟专网技术

租用现有的公共数据网（PDN），组建 AIoT 核心交换网必须采用虚拟专网（Virtual Privat Network，VPN）技术。

1. 虚拟专网的基本概念

第一种独立组建 AIoT 核心交换网的方案需要自己铺设或租赁光纤，购买路由器，招聘专职的网络工程师维护专网系统。第二种方案是在 PDN 之上，采用租用链路，用 VPN 技术来组建与公网用户隔离的 AIoT 虚拟专网。由于这种 VPN 是在 PDN 基础上组建的，因此它是一种"覆盖网"（Overlay Network）。显然，第一种方案的造价太高；第二种方案的造价虽低，但是网络的安全性受到质疑。任何网络系统的建设都必须考虑造价、安全性的平衡。除了政府大型电子政务网，以及一些对安全性要求极高的企事业大型 AIoT 应用系统，如智能电网、智能交通、智能医疗与智能工业的核心交换网采用独立建网的方案之外，其他投资受限的 AIoT 应用系统均采用 VPN 的方式组建核心交换网。

理解 VPN 的基本概念，需要注意以下几个问题。

第一，VPN 是指在 PDN（或 Internet 主干网）中建立虚拟的专用数据传输链路（或隧道），将分布在不同地理位置的子网互联起来，提供安全的"端 - 端"数据传输。

第二，VPN 概念的核心是"虚拟"和"专用"。

- "虚拟"：表示 VPN 是在 PDN 中通过建立隧道或虚电路的方式组建的一种"逻辑"子网。
- "专用"：表示 VPN 只为接入的特定网络与主机，提供保证 QoS 与安全性的数据传输服务。

第三，人们对 VPN 系统设计的基本要求是：保证数据传输安全性，保证网络 QoS，保证网络操作的简便性，保证网络系统的可扩展性。

目前，应用比较广泛的 VPN 技术主要有基于多协议标记交换协议的虚拟专网（MPLS VPN）与基于 IPSec 协议的虚拟专网（IPSec VPN）。我们以 MPLS VPN 为例来形象地说明 VPN 在构建 AIoT 核心交换网中应用的可行性。

2. MPLS VPN 技术特点

随着网络 QoS 越来越难以保证，网络流量工程的研究集中在资源预留协议（RSVP）、区分服务（DiffServ）与多协议标记交换（MPLS）服务等技术上。

多协议标记交换（Multi-Protocol Label Switching，MPLS）技术是一种快速交换的路由方案。IETF 于 1997 年初成立 MPLS 工作组，目标是开发一种通用、标准化的技术。2001 年，MPLS 工作组提出第一个 RFC3031 文档。

理解 MPLS 技术的基本概念，需要主要以下几个问题。

第一，"路由"是第三层网络层解决的问题，路由器根据所接收 IP 分组的目的 IP 地址、源 IP 地址，在路由表中找出要将分组转发到下一跳路由器需使用的输出端口。

第二，"交换"是第二层数据链路层解决的问题，它只需使用 MAC 层地址，通过交换机（第二层硬件）来实现快速转发。

第三，"三层交换"是将第三层网络层硬件路由器的"路由"与第二层 MAC 层硬件交换机的"高速交换"相结合，实现快速分组转发，保证网络 QoS，达到提高路由器性能的目的。

第四，MPLS 是实现基于三层交换的虚拟专网（L3VPN）技术，可以在 PDN 中组建 VPN。

第五，人们在讨论软件定义网络（SDN）的早期研究时常常会提到 MPLS 技术。实际上，研究人员是在 MPLS 技术中体会出 SDN 的思想，这也是早期 SDN 从研究向实用方向发展的一种示范。

3. MPLS 的基本工作原理

图 6-3 给出 MPLS 的基本工作原理示意图。支持 MPLS 功能的路由器分为两类：标记交换路由器（LSR）和边界路由器（E-LSR）。由 LSR 组成的实现 MPLS 功能的网络区域称为 MPLS 域（MPLS domain）。

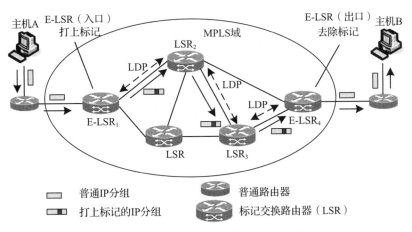

图 6-3　MPLS 的基本工作原理示意图

在讨论标记交换概念的时候，需要注意"路由"和"交换"的区别。

第一，"路由"需使用第三层的地址，即 IP 地址。

第二，"交换"只需使用第二层的地址，如 Ethernet 的 MAC 地址或者虚电路号。

第三，"标记交换"的意义在于：LSR 不是使用 IP 地址去路由器上查找下一跳的地址，而是简单地根据 IP 分组"标记"，通过交换机的硬件在第二层实现快速转发。这样，就省去分组到达每个节点时要通过软件去查找路由的费时过程。

理解 MPLS 工作原理时，需要注意以下几点。

第一，MPLS 域中 LSR 使用专门的标记分配协议（Label Distribution Protocol，LDP）交换报文，找出与特定标记对应的路径，即标记交换路径，如图 6-3 中主机 A 到主机 B 的路径（$E\text{-}LSR_1$—LSR_2—LSR_3—$E\text{-}LSR_4$），形成 MPLS 标识转发表。

第二，当 IP 分组进入 MPLS 域入口的边界路由器 $E\text{-}LSR_1$ 时，$E\text{-}LSR_1$ 为分组打上标记，并根据 MPLS 标识转发表，将打上标记的分组转发到标记交换路径的下一跳路由器 LSR_2。

第三，标记交换路由器 LSR_2 不是像普通的路由器那样，根据分组的目的地址、源地址，在路由表中找出要将分组转发到下一跳路由器需使用的输出端口，而是根据标识直接利用硬件以交换的方式将分组传送给下一跳路由器 LSR_3。LSR_3 利用同样的方法，将标记分组快速传送到下一跳路由器。

第四，当标记分组到达 MPLS 域出口的边界路由器 $E\text{-}LSR_4$ 时，$E\text{-}LSR_4$ 去除标记，将 IP 分组交付给非 MPLS 的路由器或主机。

MPLS 工作机制的核心是："路由"仍使用第三层的路由协议来解决，而"交换"由第二层的硬件去完成，这样就可以将第三层成熟的路由技术与第二层硬件的快速交换相结合，达到提高交换转发节点的性能和 QoS 的目的。

4. MPLS VPN 的应用

VPN 是在 PDN 中建立虚拟的专用数据传输通道，将分布在不同地理位置的网络或主机连接起来，提供安全的"端 – 端"数据传输服务的虚拟网络技术。MPLS 可以将面向连接的标记路由机制与 VPN 的建设需求结合起来，在所有连入 MPLS 网络的用户之间方便地建立第三层 VPN（L3VPN）。图 6-4 给出了 MPLS VPN 原理示意图。

理解 MPLS VPN 的主要特点，需要注意以下几个基本问题。

第一，在基于 MPLS 的 VPN 中，服务提供商为每个 VPN 分配一个路由标识符（RD）。这个路由标识符在 MPLS 网络中是唯一的。

第二，LSR 和 E-LSR 的标记转发表中记录了该 VPN 中用户 IP 地址与 RD 的对应关系。只有拥有相同 RD 的 VPN 用户之间才能通信。

第三，MPLS VPN 技术可以满足 AIoT 用户对数据通信安全性、网络 QoS 的要求。

目前云计算、CDN 系统与 AIoT 大型应用系统组建核心交换网时，已经有很多采用 MPLS VPN 或 IPSec VPN 技术的成功案例。

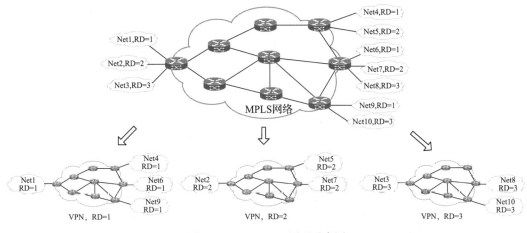

图 6-4　MPLS VPN 原理示意图

6.3　SDN/NFV 研究的背景

6.3.1　传统网络技术存在的问题

在讨论 SDN 与 NFV 等新的网络技术研究之前，我们有必要从几个方面认识传统 Internet 与电信网络的不适应问题。

随着 Internet、移动互联网与 AIoT 的发展，网络规模、覆盖的地理范围、应用的领域、应用软件的种类、接入网络的端系统类型都在快速发展。传统网络技术的不适应性不断显露出来。这种不适应具体表现在网络体系结构、计算模式、管理方法与硬件设备等几个方面。

传统 Internet 主干网络设计的特点是：

- 采用"分布控制、协同工作"的设计思路；
- 网络设备采用"软硬一体"的"黑盒子"结构；
- 网络设备之间通过 TCP/IP 实现通信。

典型的"黑盒子"结构的网络设备是如图 6-5 所示的路由器。这种固定结构的网络设备，极大地限制了网络功能的添加、协议的更新与网络应用的创新。

随着 AIoT 接入对象从"人、物"扩大到"智"，连网计算设备的规模从以亿计增长到以十亿、百亿计；访问网络从固定方式向移动方式转变；应用从"人与人"之间的信息共享、交互，扩大到"人与物""物与物"之间的信息交互与控制；网络应用的复杂程度不断提升，网络管理、故障诊断、QoS、网络安全等问题变得更加复杂。

路由器是 Internet 的核心硬件设备。传统的路由器由控制平面与数据平面组成。控制平面为分组转发制定路由选择策略，并通过路由表来决定传输路径。数据平面执行控制策略，完成对分组的接收、拆封、校验、封装与转发。传统路由器的设计思想是将控制平面与数据平面以紧耦合方式封装在一台"黑盒子"中，以封闭的硬件形态将其交付与部署。路由器的研究重点一直放在如何提高设备的分组转发效率，以及扩大路由器的端口密度、带宽和性能上。在提高路由器的性能与功能的过程中，研究人员必然采用将 IP 软件固化在专用芯片中的方法。路由选择算法由硬件实现的好处是可以提高性能，带来的负面影响是路由器的应用缺乏灵活性。另外，研究人员又希望能够为路由器增加功能，让其支持 QoSR、DiffServ、MPLS、NAT、防火墙、攻击检测与攻击防护等各种新的协议与功能，这就使得路由器设备结构越来越复杂，性能提升的空间越来越小。

图 6-5　路由器与其他网络硬件设备

Internet 建设需要使用大量的交换机、路由器、防火墙、攻击检测与攻击防护设备，以及嵌入网络设备中的各种网络协议与实现协议的软件。在组建一个网络时，网络工程师首先需要设计网络结构及控制策略，然后将这些控制策略转换为低层设备的配置命令，再用手工方式去配置交换机、路由器、防火墙等设备。大部分情况下，网络管理员需要预先编制得到静态路由表，然后以手工方式去配置路由器；网络设备的配置状态基本上是静态和不变的；当有新的网络应用需要部署时，可能要对这些网络设备进行重新设置，这是件非常麻烦的事。同时，不同厂商生产的网络设备采用的软件工具与配置命令通常是不同的，甚至同一厂商生产的不同型号设备的配置与管理方法也不一样，这就进一步造成了网络管理员工作的复杂性。

传统网络设备的功能与支持的协议相对固定，缺乏灵活性，使得网络新功能、新协议的试验与标准化过程漫长，新的网络设备的研发一定要经过"需求定义 – 协议设计 – 标准制定 – 厂商生产 – 入网测试 – 实际应用"几个阶段，要经历漫长的等待过程，网络设备研发过程漫长与网络应用快速增长间的矛盾，导致网络服务水平永远滞后于网络应用发展。

6.3.2　"重塑互联网"研究的提出

2007 年，美国斯坦福大学 Nick Mckeown 教授启动了"Clean-Slate"研究课题，目标是"重塑互联网"（Reinvent the Internet）。2008 年，Nick Mckeown 与合作者在 ACM SIGCOMM 上发表了名为"OpenFlow：Enabling Innovation in Campus Networks"的论文，提出了实现 SDN 的 OpenFlow 方案，并列举了 OpenFlow 应用的几种场景：校园网对实验性通信协议的支持，网络管理与网络控制，网络隔离与 VLAN，基于 Wi-Fi 的移动网络，非 IP 网络，基于网络分组的处理。2009 年，MIT Technology Review 将 SDN 评为年度十大前沿技术之一。

现实告诉我们，要把经过几十年、花费数千亿计的资金购置的传统 Internet 设备都更换下来，完全重构一个新的 Internet 主干网是不现实的。SDN 技术在理论上虽然可行，但是其能否真正进入实际应用，要看产业界是否能够接受这项技术。

有人说："SDN 源于高校，兴于 Google 的流量工程"。这句话很有道理。对 SDN 发展意义重大的几件事发生在 2012 年。ONF 发布了 SDN 白皮书 Software Defined Networking: The New Norm for Networks。在第二届开放网络峰会（Open Networking Summit）上，Google 公司宣布在全球 12 个数据中心之间的主干网 G-scale 上全面部署 SDN 的 OpenFlow 协议之后，采用流量工程与优化调度，通过定制的 OpenFlow 交换机、多控制器，使得主干网的链路利用率从 30% 提高到 95%。

网络运营商对于这个实验结果非常重视。因为网络设备的最大消费群体是网络运营商。网络运营商需要适应越来越多新的网络服务，而每当开通一种网络应用时，已有的网络设备就会不够用或不能适合新的应用需求，从而需要购买或开发大量新的网络设备，扩大容纳设备的机房，增加电力供应，这样做必然要增大资金投入。更严重的是，随着技术的进步，网络设备生命周期不断缩短，从而加快了网络设备更新速度，这直接影响网络运营商的利润增长。因此，网络运营商更加重视网络体系结构的革命化变革。Google 的实践证明了 OpenFlow 具有重大应用前景，进一步引发了网络运营商与设备制造商对 SDN 技术的兴趣。

6.3.3　网络可编程概念的提出

实际上，SDN 的概念并非突发奇想，它经历了一个逐步深化的认识过程。虚拟化是计算机操作系统的核心技术之一。NFV 是在操作系统对计算、存储等资源虚拟化基础上发展起来的。云计算也建立在对计算、存储、网络资源虚拟化的基础之上。

在计算机网络技术发展过程中，研究人员一直在开展网络虚拟化研究，如虚拟局域网（VLAN）、虚拟专网（VPN）、多协议标记交换（MPLS）以及主动网络（Active Network），这些研究为 SDN/NFV 的发展奠定了坚实的基础。我们可以通过回顾主动网络的"网络可计算"与"网络虚拟化"的研究过程，来诠释 SDN/NFV 概念的逐步形成过程和不断深化的认知过程。

20 世纪 90 年代，随着 Java 等与平台无关的语言出现，很多大学、公司与研究部门纷纷开展了主动网络研究。主动网络的路由器、交换机节点都是可编程的，可以执行用户定义的分组处理程序，网络节点不仅能够转发分组，而且能够通过执行附加的程序来处理分组，使新的网络体系结构可以灵活支持不同网络应用的需求。

理解主动网络研究的基本思路和特点，需要注意以下几个方面的问题。

第一，主动网络由两种节点组成：传统网络节点、具有智能的主动节点（active node）。

主动节点组成一个可编程的虚拟网络，以解决 VPN、拥塞控制、网络动态监控、节点移动、可靠多播等技术在传统网络应用中存在的问题。

主动网络允许用户向某些节点发送携带用户指令的分组。网络的主动节点按照用户指令的要求完成对网络数据的处理，从而实现对网络的编程控制。主动网络的结构与行为不再取决于网络的静态设置，而是根据网络状态动态变化。主动网络上执行的移动代码可以自动扩展或自动消失。

主动网络与传统网络最大的区别在于：传统网络的工作模式是直接将分组"存储–转发"，而主动网络的工作模式是"存储–计算–转发"。主动网络将设计重点放在如何使网络能自动增加新的服务功能，自适应地提高网络 QoS 上。

第二，尽管主动网络具有很多的优点，但是主动网络的研究成果并没有得到实际应用，究其原因主要是：目前广泛应用的网络设备（如路由器）是包含硬件、软件与操作系统的"黑盒子"，用户要想在传统的网络设备中增加可编程能力，必须得到网络设备生产商的支持，而这个过程必然是非常漫长与艰难的，研究人员只能绕过这个难题，另辟蹊径。

第三，从主动网络"网络可编程"（network programmability）概念发展出的 SDN 技术，为快速研发新的网络硬件设备与增加新的网络功能提供了一条捷径。

6.4 SDN/NFV 的基本概念

6.4.1 SDN 设计的基本思路

SDN 的基本设计思路是将数据平面与控制平面分离，通过研发开放的标准接口，打破数据平面与控制平面相互依赖、相互制约的局面。这样，研究人员就可以绕开传统网络设备制造商，从数据平面与控制平面这两个方向着手，分别、独立地推进网络可编程方法的研究。图 6-6 给出了传统网络设备与 SDN 设计思路的区别。

在采用 SDN 的思路之后，研究人员继承了主动网络从数据平面入手提升网络可编程能力的研究基础，同时做出了以下调整。

第一，借助于计算机操作系统中常用的资源虚拟化方法，进一步划分出物理资源、虚拟资源与虚拟网络的层次。

第二，研究通过软件定义更加通用化的数据平面。

第三，摆脱多种网络控制功能使用不同协议与控制模型的传统设计方法，建立能够适用于不同网络控制功能的抽象模型。

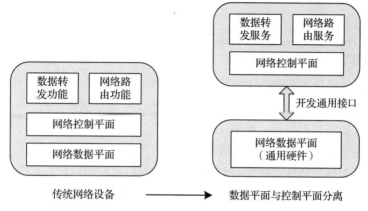

图 6-6　传统网络设备与 SDN 设计思路的区别

需要注意的是，图 6-6 中标注传统网络设备具有数据转发和网络路由"功能"，而在数据平面与控制平面分离中标注它需要提供数据转发和网络路由"服务"。这里，"功能"与"服务"的区别在于：

- "功能"是在网络设备设计与制造中预先设定好的，通常不能随着用户需求而改变；
- "服务"体现出它可由用户使用软件定义控制平面的方法，灵活增加各种网络功能，提供适合用户需求的网络服务。

控制平面与网络服务的特征如图 6-7 所示。

SDN 改变了传统网络设备将网络的控制平面与数据平面封闭在路由器、交换机等硬件网络设备中的模式，通过分离网络的控制平面与数据平面，得到的控制平面可编程。这种控制逻辑的迁移使得底层的网络基础设施能够从应用层面抽象出来。SDN 通过提供应用编程接口（API），使用户可以方便地实现路由、多播、带宽管理、流量工程、QoS/QoE、安全、访问控制、防火墙等网络功能，通过网络可编程推动了网络技术的创新。

需要注意的是，AIoT 处于快速发展阶段，不同行业、不同应用的 AIoT 应用系统的网络结构、规模，以及所需要

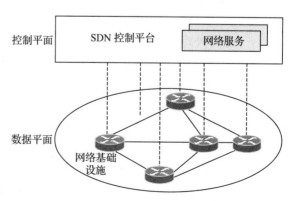

图 6-7　控制平面与网络服务

的网络设备类型、功能千变万化，传统的计算机网络组网模式已经显露出不适应的问题，而 SDN 技术恰恰能够为 AIoT 组网提供一种更加灵活、高性价比、可用软件编程定义的组网方式。

6.4.2　SDN 体系结构

1. 现代计算方法与现代组网方法

与计算机产业的快速发展相比，网络产业的创新发展相对缓慢，这与网络技术和产业的特点相关。网络是一种现代社会的信息基础设施，覆盖全世界的网络系统要花费巨资，经历数年时间才能够建设起来。连接在网络上的计算机为了顺畅地交换信息，就必须严格地遵守网络通信协议。任何一种网络应用的问世，都会涉及网络通信协议、修改协议、制定新的协议、公布标准协议、研发用于实现协议的网络硬件与软件，这些过程需要经历数年，花费大量的人力、物力、财力。计算机产业则不一样，无论是大型机、个人计算机还是移动终端设备，改变其结构、功能后的影响面都相对较小。

SDN 创始人、美国斯坦福大学 Nick Mckeown 教授曾对计算机产业快速创新发展做出如下分析：早期 IBM、DEC 等计算机厂商生产的计算机是一种完全集成的产品，它们有专用的处理器硬件、汇编语言、操作系统和专门的应用软件。在这种封闭的计算环境中，用户被捆绑在一个计算机厂商的产品上，用户开发自己需要的应用软件相当困难。现在的计算环境发生了根本性的变化，绝大多数计算机系统的硬件建立在 X86 及与 X86 兼容的处理器之上，嵌入式系统的硬件则主要由 ARM 处理器组成。这样就使得采用 C、C++、Java 语言开发的操作系统很容易移植。在 Windows、Mac 操作系统，以及 Linux 等开源操作系统中开发的应用程序很容易从一个厂商的平台迁移到另一个厂商的平台。

促进计算机从"封闭、专用的设备"进化为"开放、灵活的计算环境"，进而带动计算机与软件产业快速创新发展的四个因素是：
- 确定了面向计算的、通用的三层体系结构，即处理器 – 操作系统 – 应用程序结构；
- 制定了处理器与操作系统、操作系统与应用程序的开放接口标准；
- 计算机功能的软件定义方法带来了更灵活的软件编程能力；
- 开源模式催生了大量开源软件，加速了软件产业的发展。

现代计算环境的特点如图 6-8a 所示，它的体系结构具备专用的底层硬件、软件定义功能、支持开源模式的特点。

基于以上的分析，Nick Mckeown 教授建议参考现代计算方法的系统结构，将新的网络系统划分为如图 6-8b 所示的"交换机硬件 –SDN 控制平面 – 应用程序"3 个功能模块；同时制定了控制平面与交换机硬件、控制平面与应用程序之间的开放接口。

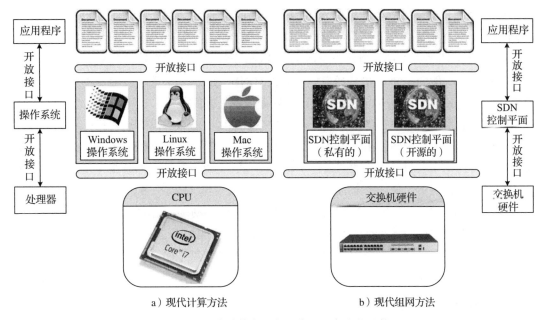

a）现代计算方法　　　　　　　　b）现代组网方法

图 6-8　现代计算方法与现代组网方法的比较

2. SDN 的工作原理

图 6-9 给出了 SDN 基本工作原理。

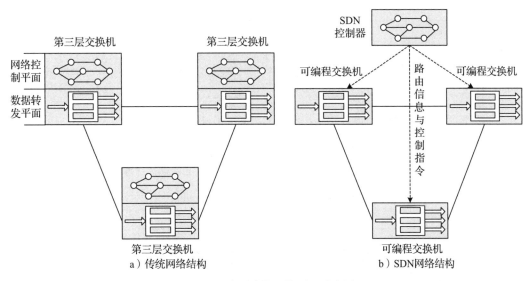

a）传统网络结构　　　　　　　　b）SDN 网络结构

图 6-9　SDN 基本工作原理示意图

传统路由器是一台专用的计算机硬件设备，它需要同时完成图 6-9a 所示的数据分组路由与转发功能，即同时具备数据转发平面与网络控制平面。SDN 是将传统的数据平面与控制平面解耦合的结构，如图 6-9b 所示，路由器的网络控制平面功能集中到 SDN 控制器上。SDN 路由器是可编程交换机。SDN 控制器通过发布路由信息和控制命令，实现对路由器数据平面功能的控制。SDN 通过标准协议对网络的逻辑进行集中控制，实现对网络流量的灵活控制和管理，为核心网络及应用创新提供了良好的平台。

在传统的网络结构中，路由器或交换机的控制平面只能从自身节点在拓扑中的位置出发，看到一个自治区域网络拓扑中一个位置的视图；然后从已建立的路由表中找出从这个节点到达目的网络与目的主机的"最佳"输出路径，再由数据平面将分组转发出去。几十年来，网络一直沿用这种"完全的分布式控制""静态"与"固定"的工作模式。

在 SDN 中，SDN 并不是要取代路由器与交换机的控制平面，而是以整个网络视图的方式加强控制平面，根据动态的流量、延时、QoS 与安全状态，决定各个节点的路由和分组转发策略，然后将控制指令推送到路由器与交换机的控制平面，由控制平面去操控数据平面的分组转发过程。

3. SDN 网络体系结构

图 6-10 给出了 SDN 网络体系结构，它由数据平面、控制平面与应用平面组成。在相关文件中，将控制平面与数据平面的接口、控制平面与应用平面的接口分别称为南向（south bound）接口、北向（north bound）接口；将控制平面内部的 SDN 控制器之间的接口称为东向接口与西向接口。

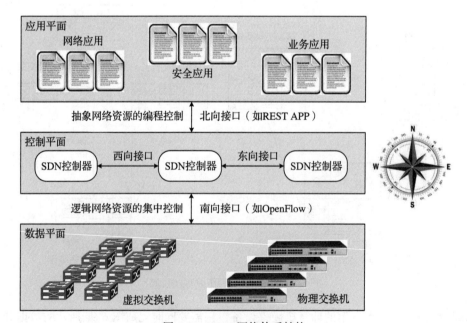

图 6-10　SDN 网络体系结构

多 SDN 域网络是将一个大型的企业网划分多个自治系统的大型网络结构。用户计算机以有线或无线方式接入办公室或家庭的接入网中，再通过城域的汇聚网、广域的核心交换网就可以接入云计算数据中心网络，这样一个具有层次性结构、由多级 SDN 域控制器控制的物联网网络系统结构如图 6-11 所示。

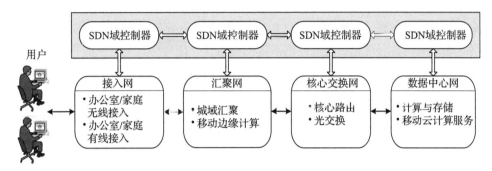

图 6-11　多级 SDN 域控制器组成的物联网网络结构示意图

理解多 SDN 域网络结构，需要注意以下两个问题。

第一，多 SDN 域网络结构中不同自治系统中的 SDN 域控制器虽然是分布部署的，但仍然是属于一个企业网内部的设备，地位是平等的，它们的功能与控制策略由企业网网络管理员统一制定、配置与管理。使不同自治系统中的多个 SDN 域控制器协同工作的算法与机制，是 SDN 域控制器与东西向接口协议标准研究的重要内容。

第二，层次型多级 SDN 结构的物联网网络系统中，不同层次的 SDN 域控制器可能分别归属组建网络的单位与网络运营商管理，每一个层次的内部网络结构、功能、规模与使用的技术都不相同。例如：

- 接入网的 SDN 域控制器主要完成接入网数据平面的数据转发控制；
- 汇聚网的 SDN 域控制器除了控制汇聚网大量接入的有线与无线接入点数据平面的数据汇聚与转发外，还要实现对移动边缘计算设备数据平面的控制；
- 核心网的 SDN 域控制器主要完成核心交换设备数据平面的高速转发，以及对光交换设备数据平面的控制；
- 数据中心的 SDN 域控制器要实现对计算、网络设备的数据平面的控制，同时要研究如何支持移动云计算的问题。

4. SDN 技术特点

理解 SDN 技术特点，需要注意以下几个主要问题。

第一，SDN 不是一种协议，而是一种开放的网络体系结构。SDN 吸取了计算模式从封闭、集成、专用的系统进化为开放系统的经验，通过分离传统封闭的网络设备中的数据平面与控制平面，实现网络硬件与控制软件的分离，制定开放的标准接口，允许网络软件开发者与网络管理员通过编程去控制网络，将传统的专用网络设备变为可通过编程定义的标准化通用网络设备。

第二，SDN 由三种抽象模型组成。SDN 的抽象模型分为：数据平面抽象模型、控制平面抽象模型与网络状态视图抽象模型。它们之间的关系是，控制平面抽象模型支持用户在其上通过编程去控制网络，而无须关心数据平面抽象模型实现的细节；通过统计分析网络状态信息，提供全局、实时的网络状态视图抽象模型，网络控制平面抽象模型能根据全局网络状态对路由进行优化、提高网络系统的安全性，使网络具有更强的管理能力、控制能力与安全性。

第三，可编程性是 SDN 的核心。编程人员只要掌握网络控制器 API 的编程方法，就可以写出控制各种网络设备（如路由器、交换机、网关、防火墙、服务器、无线基站）的程序，而无须知道各种网络设备配置命令的具体语法、语义；控制器负责将 API 程序转化成指令去控制各种网络设备。新的网络应用也可以方便地通过 API 程序添加到网络中。开放的 SDN 体系结构将使网络变得通用、灵活、安全，并且支持创新。

因此，SDN 的特点可以总结为：开放的体系结构、控制与转发分离、硬件与软件分离、服务与网络分离、接口标准化、网络可编程。

6.4.3 NFV 的基本概念

1. NFV 研究的背景

面对众多新的网络应用和日益增长的流量，电信运营商与网络服务提供商不得不部署大量昂贵的网络设备与通信线路，以满足服务需求。但是，传统网络设备软硬件一体化，扩展性受限，不能灵活适应各种新的网络应用，造成建网与运营成本不断上升。面对网络业务的大规模开展，电信运营商面临着沦为廉价"管道"的威胁。电信运营商与网络服务提供商急于打破传统网络封闭、专用、运营成本高、利用率低的局面，推动网络体系结构与技术的变革。

2012 年 10 月，包括中国移动、AT&T、BT、KDDI、NTT 在内的全球 13 家网络运营商发布了第一份 NFV 白皮书《网络功能虚拟化——概念、优势、推动者、挑战以及行动呼吁》。NFV 利用虚拟化技术将现有网络设备的功能整合到标准的服务器、存储器与交换机等设备上，以软件形式实现网络功能，取代目前网络中使用的专用、封闭的网络设备。NFV 的设想如图 6-12 所示。

传统的专用、封闭的网络设备主要包括：路由器、交换机、无线接入设备、防火墙、入侵检测系统 / 入侵防护系统（IDC/IPC）、网络地址转换器、代理服务器、CDN 服务器、网关等。NFV 中独立的软件厂商能够在标准的大容量服务器、存储器、Ethernet 交换机之上，开发协同、自动与远程部署的 NFV 软件，构成开放与统一的平台。这样，硬件与软件可以分离，根据用户需求灵活配置每个应用程序的处理能力。

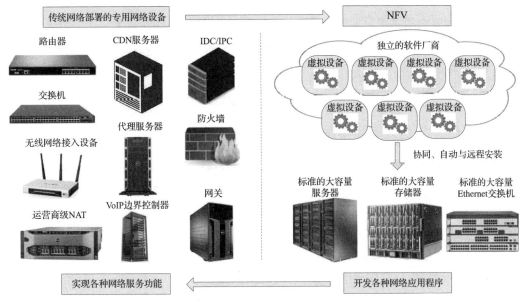

图 6-12 NFV 的设想

2. NFV 功能结构

NFV 功能结构如图 6-13 所示。NFV 技术框架由以下几部分模块组成：NFV 基础设施（NFV Infrastructure，NFVI）、虚拟化的网络功能（Virtual Network Function，VNF），以及 NFV 管理与编排。其中，NFVI 通过虚拟化层将物理的计算、存储与网络硬件资源，转换为虚拟化计算、存储与网络资源，并将它们放置在统一的资源池中。

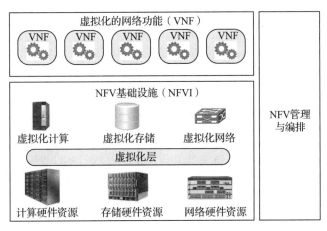

图 6-13 NFV 功能结构示意图

VNF 由虚拟计算、虚拟存储、虚拟网络资源，以及管理虚拟资源的网元管理（Element Management，EM）软件等组成，是可以组合的模块。每个 VNF 只能提供有限的功能。对于特定应用程序中的某条数据流，对多个不同的 VNF 进行编排与设置，即可组成一条完成用户所需网络功能的 VNF 服务链。NFV 管理与编排模块负责编排、部署与管理 NFV 环境中的所有虚拟资源，主要包括 VNF 应用实例的创建，VNF 服务链的编排、监视与迁移，以及关机与计费等。

6.4.4　5G 网络切片的基本概念

1. 网络切片的基本概念

近年来，产业界和学术界已经开展关于 5G 中 SDN/NFV 应用的研究，包括网络架构以及相关的物理层、MAC 层管理，其中希望以最精细粒度的 5G 网络切片来支持不同应用场景需求的研究引起了广泛的关注。

理解网络切片的基本概念，需要注意以下几个问题。

第一，网络切片是将物理网络划分为一组虚拟的"逻辑"网络。网络切片可以被分配给特定的应用程序、服务或业务模型，以满足其各自的需求。

第二，每个网络片可以使用自己的虚拟资源、网络拓扑、数据流量、管理策略和协议独立运行，确保了每个切片的可靠性，以及拥塞和安全问题不会影响其他切片。

第三，网络切片通常需要以"端－端"的方式实现，以支持异构系统间的共存，为大量互连设备之间的定制连接铺平道路，充分利用 SDN 和 NFV 的容量。

5G 中的网络切片将物理网络的资源共享到多个虚拟网络，可以使传统的网络架构根据环境进行扩展。由于所有网络切片共享一个包含多个虚拟网络的通用底层基础设施，因此它是在使用网络资源时降低资费和运营费用的最有效方法之一。

2. 5G 网络切片的通用框架

5G 网络切片的通用框架由网络基础设施层、网络功能与虚拟化层、服务与应用层，以及切片管理与编排组成，其结构如图 6-14 所示。

（1）网络基础设施层

网络基础设施层定义了切片中实际的物理网络架构。它包括从无线接入网到核心交换网，从边缘云到远程核心云的所有计算、存储与网络设备。通过不同的 SDN 技术，实现对核心交换网与无线接入网中相关资源的抽象。同时，网络基础设施层按照不同的策略来部署、控制、管理和编排底层基础设施。网络基础设施层将为网络切片分配计算、存储、带宽资源，使上层可以根据应用需求控制它们的处理权限。

（2）网络功能与虚拟化层

网络功能与虚拟化层通过执行 SDN、NFV 与不同的虚拟化操作，来管理虚拟资源和网络功能的生命周期。该层为满足特定服务或应用程序的特定要求，将网络切片放置到虚拟资源和多个切片连接的最佳位置；管理核心交换网与接入网中的各项功能，并可以有效地处理不同粒度的网络功能。

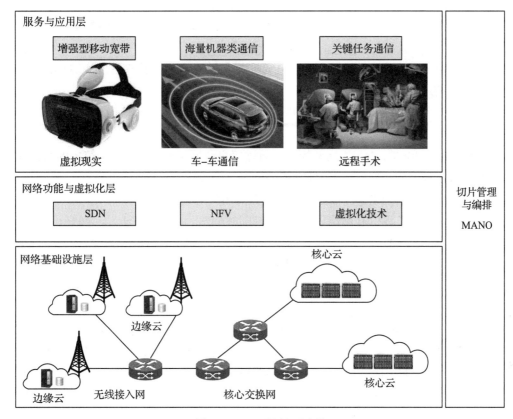

图 6-14　5G 通用切片框架

（3）服务与应用层

服务与应用层可以根据增强型移动宽带的虚拟现实应用、海量机器类通信的车－车通信应用、关键任务通信的远程手术应用，对服务或应用程序的要求或高级描述进行示范，虚拟化网络功能被映射到不同的物理资源之中，满足应用程序或服务的服务等级约定（SLA）。

（4）切片管理与编排

切片管理与编排模块监测和管理上述三层的功能。切片管理与编排模块的主要任务是：

- 利用网络基础设施层的功能在物理网络上创建虚拟网络实体；
- 将网络功能映射到虚拟化的网络实体中，以构建具有网络功能与虚拟化层关联的服务链；

- 维护服务和应用程序与网络切片框架之间的通信，以管理虚拟网络实体的生命周期，并根据不断变化的环境动态调整或扩展虚拟化资源。

5G 网络切片的逻辑框架仍然在不断发展中。在保留当前基本结构的基础上扩展该框架，以处理网络切片的未来动态是进一步完成 5G 标准化的潜在方法。

从华为提出的 5G 网络高层视角来看，5G 云本地（Cloud-Native）网络架构有以下四个特点：

- 在网络基础设施层提供基于云数据中心的架构和在逻辑上独立的网络切片，以支持不同的应用场景；
- 使用云无线接入网（C-RAN）架构构建无线接入网以提供大量连接，并实现 5G 所需的无线接入网功能的按需部署；
- 提供了更简单的核心交换网架构，并通过用户和控制平面的分离、统一的数据库管理和基于组件的功能，按需配置网络功能；
- 以自动方式实现网络切片服务，降低运营费用。

SDN/NFV 技术必将引起网络体系结构与组网方法、网络设备研发、网络设备功能、功能与性能的重大变化。伴随着 5G 快速发展的势头，传统电信网络的转型升级与网络重构已迫在眉睫，国内三大电信运营商（中国电信、中国移动与中国联通）基于 SDN/NFV 与云计算技术，分别制定了网络重构的战略目标，以适应未来 AIoT 时代的要求。

同时我们需要注意，基于 SDN/NFV 的网络重构给电信行业与计算机、软件、网络行业都带来历史性发展机遇，促进了以计算机、软件与网络为主体的信息技术行业与通信技术行业的跨界融合。在新技术应用过程中，AIoT 专业人员的知识结构也将受到影响，有些职位必将消失，同时会产生新的职位，必然对未来 IT 人才的岗位职能、知识结构与人才需求产生重大影响。

参考文献

[1] 朱常波，王光全 . SDN/NFV：重构下一代网络 [M]. 北京：人民邮电出版社，2019.

[2] 胡亮，付韬，车喜龙 . 软件定义网络：结构、原理与方法 [M]. 北京：高等教育出版社，2018.

[3] 张晨 . 云数据中心网络与 SDN：技术架构与实现 [M]. 北京：机械工业出版社，2018.

[4] 程丽明 . SDN 环境部署与 OpenDaylight 开发入门 [M]. 北京：清华大学出版社，2018.

[5] 李素游，寿国础 . 网络功能虚拟化：NFV 架构、开发、测试及应用 [M]. 北京：人民邮电出版社，2017.

[6] 杨泽卫，李呈 . 重构网络：SDN 架构与实现 [M]. 北京：电子工业出版社，2017.

[7] GORANSSON P，BLACK C，CULVER T. 深度剖析软件定义网络（SDN）：第二版 [M]. 王海，张娟，等译 . 北京：电子工业出版社，2019.

[8]　NADEAU T D，GRAY K. 软件定义网络：SDN 与 OpenFlow 解析 [M]. 毕军，单业，张绍宇，
　　　等译. 北京：人民邮电出版社，2014.

[9]　周伟林，杨芫，徐明伟. 网络功能虚拟化技术研究综述 [J]. 计算机研究与发展，2018，55（4）：
　　　675-688.

[10]　张朝昆，崔勇，唐翯祎，等. 软件定义网络（SDN）研究进展 [J]. 软件学报，2015，26（1）：
　　　62-81.

[11]　余涛，毕军，吴建平，等. 未来互联网虚拟化研究 [J]. 计算机研究与发展，2015，55（4）：
　　　2069-2082.

[12]　黄韬，刘江，张晨，等. 基于 SDN 的网络试验床综述 [J]. 通信学报，2018，39（6）：155-168.

[13]　柳林，周建涛. 软件定义网络控制平面的研究综述 [J]. 计算机科学，2017，44（2）：75-81.

第 7 章 ●─○─●─○─●

AIoT 应用服务层

AIoT 应用服务层为应用层的垂直行业应用提供包括云计算、数据融合、大数据、智能决策、智能控制、区块链与网络安全的共性服务，AIoT 应用层的应用程序可以根据需要调用这些服务。

本章将系统介绍云计算、数据融合、大数据、智能决策、智能控制与区块链的基本概念、功能与服务实现方法。

7.1 云计算在 AIoT 中的应用

云计算是 AIoT 应用系统的应用服务层与应用层软件的运行平台，因此了解云计算的基本概念与特点，对于理解应用服务层与应用层软件的工作模式至关重要。

7.1.1 云计算的基本概念

1. 云计算的定义

云计算并不是一个全新的概念，它是在分布式计算、集群计算、网格计算、服务计算基础上发展而来的新技术，是 AIoT 最重要的信息基础设施。云计算是一种按使用量付费的运营模式，支持泛在接入、按需使用的可配置计算资源池。图 7-1 给出了 NIST 在对云的定义中提出的"五种基本特征、三种服务模型、四种部署模型"的内容示意图。

云计算对于 AIoT 应用系统的开发是非常有价值的一种服务方式。一个 AIoT 应用系统刚刚开发出来时，用户不需要自己搭建网络与计算环境，而是可以租用云服务。用户可以将需求提交给云，云从云资源池中按需将资源分配给用户，用户连接到云并使用这些资源。当完成计算任务之后，这些资源将被释放出来，分配给其他用户使用。系统开发工程师可以在云计算平台上快速开发、部署、运行和管理 AIoT 应用系统。

2. 云计算的基本特征

云计算的特征主要表现在以下几个方面。

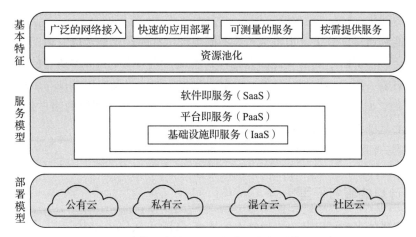

图 7-1　云计算基本特征、服务模型与部署模型示意图

（1）泛在接入

云计算中心规模庞大，一般的数据中心通常拥有数十台服务器，一些企业的私有云也会有几百台或上千台的服务器。云计算作为一种利用网络技术实现的随时随地、按需访问，以及共享计算、存储与软件资源的计算模式，用户的各种终端设备（例如 PC 机、笔记本、智能手机、可穿戴计算设备、智能机器人和各种移动终端设备）都可以作为云终端，随时随地访问"云"。所有资源都可以从资源池中获得，而不是直接从物理资源中获取。

（2）按需服务

云计算可根据用户的实际计算量与数据存储量自动分配 CPU 数量与存储空间大小，具有伸缩自如、弹性扩展的特点，可快速部署和释放资源，可避免由于服务器性能过载或冗余而导致服务质量下降或资源浪费。用户可以自主管理分配给自己的资源，而不需要人工参与。云服务通常依据服务水平协议（SLA）中签订的条款，来约定云服务提供商与云用户之间的服务质量（如云计算的可用性、可靠性与性能），以及云服务限制等内容。

（3）快速部署

云计算不针对某些特定类型的网络应用，并且能同时运行多种不同的应用。在"云"的支持下，用户可以方便地开发各种应用软件，组建自己的网络应用系统，做到快速、弹性地使用资源与部署业务。

（4）量化收费

云计算可监控用户使用的计算、存储等资源，并根据资源的使用量进行计费。用户无须在业务扩大时不断购置服务器、存储器设备与增大网络带宽，无须专门招聘网络、计算机与应用软件开发人员，无须花很大精力在数据中心的运维上，能从整体上降低应用系统开发、运行与维护的成本。同时，"云"采用数据多副本备份、节点可替换等方法，极大地提高了应用系统的可靠性。

（5）资源池化

云计算能够通过虚拟化技术将分布在不同地理位置的资源整合成逻辑上统一的共享资源池。虚拟化技术屏蔽了底层资源的差异性，实现了统一调度和部署所有的资源。云计算操作系统管理着一组包括虚拟的计算、存储、网络资源，以及应用软件与服务资源池在内的设施，并把它们按需提供给用户。云计算基础设施对于使用资源的用户来说是透明的，用户不必关心基础设施所在的具体位置。

云计算是一种新的网络资源管理模式与商业运作模式。

7.1.2　云计算的服务模型

云计算提供的服务可以分为三种基本的类型：IaaS、PaaS、SaaS。

1. IaaS 的特点

如果用户不想购买服务器，仅想通过互联网租用"云"中的虚拟主机、存储空间与网络带宽，那么这种服务方式体现出"基础设施即服务"（Infrastructure-as-a-Service，IaaS）的特点。

在 IaaS 应用模式中，用户可以访问云端底层的基础设施资源。IaaS 提供网络、存储、服务器和虚拟机资源。用户在此基础上部署和运行自己的操作系统与应用软件，实现计算、存储、内容分发、备份与恢复等功能。

在这种模式中，用户自己负责应用软件的开发与应用系统的运行与管理，云服务提供商仅负责云基础设施的运行与管理。

2. PaaS 的特点

如果用户不但租用"云"中的虚拟主机、存储空间与网络带宽，而且利用云服务提供商的操作系统、数据库系统、应用程序接口（API）来开发网络应用系统，那么这种服务方式体现出"平台即服务"（Platform-as-a-Service，PaaS）的特点。

PaaS 比 IaaS 更进一步，它是以平台的方式为用户提供服务。PaaS 提供用于构建应用软件的模块，以及包括编程语言、运行环境与部署应用的开发工具。PaaS 可作为开发大数据服务系统、智能商务应用系统，以及可扩展的数据库、Web 应用的通用应用开发平台。

在这种模式下，用户负责应用软件的开发与应用系统的运行与管理，云服务提供商负责云基础设施和云平台的运行与管理。

3. SaaS 的特点

如果更进一步，用户直接在"云"中定制的软件上部署网络应用系统，那么这种服务方式体现出"软件即服务"（Software-as-a-Service，SaaS）的特点。

在 SaaS 应用中，云服务提供商负责云基础设施、云平台和云应用软件的运行与管理。

SaaS 实质上是将用户熟悉的 Web 服务方式扩展到云端。用户与企业无须购买软件产品的客户端与服务器端的许可权。云服务提供商除了负责云基础设施和云平台的运行与管理，同时需要为用户定制应用软件。用户可直接在云上部署互联网应用系统，不需要在自己的计算机上安装软件副本，仅通过 Web 浏览器、移动 App 或轻量级客户端就可以访问云，能够方便地开展自身的业务。

4. IaaS、PaaS 与 SaaS 的比较

如果将一个互联网应用系统的功能与管理职责从顶向下划分为应用、数据、运行、中间件、操作系统、虚拟化、服务器、存储器与网络 9 个层次，那么在采用 IaaS、PaaS 或 SaaS 的服务模式中，用户与云服务提供商的职责划分的区别如图 7-2 所示。

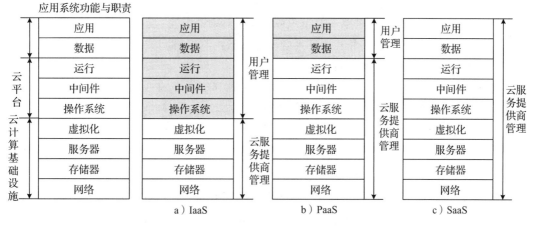

图 7-2　IaaS、PaaS 或 SaaS 的比较

在 IaaS 的服务模式中，云计算基础设施（虚拟化、网络、存储器、服务器）由云服务提供商负责运行和管理，而应用软件需要由用户自己开发，运行在操作系统上的软件、数据与中间件也需要由用户自己运行和管理。

在 PaaS 的服务模式中，云计算基础设施与云平台（由操作系统、中间件、运行构成）由云服务提供商运行和管理，用户仅需管理自己开发的应用软件与数据。

在 SaaS 的服务模式中，应用软件由云服务提供商根据用户需求定制，云计算基础设施、云平台以及应用软件都由云服务提供商运行和管理。用户只要将自己的注意力放在网络应用系统的部署、推广与应用上。用户与云服务提供商分工明确、各司其责，用户专注于应用系统，云服务提供商为用户的应用系统提供专业化的运行、维护与管理。

显然，IaaS 只涉及租用硬件，它是一种基础性的服务；PaaS 已经从租用硬件，发展到租用一个特定的操作系统与应用程序，自己进行网络应用软件的开发；而 SaaS 是在云端提供的定制软件上，直接部署自己的 AIoT 应用系统。

7.1.3 云计算的部署模型

云计算的部署模型包括四种基本类型：公有云、私有云、混合云与社区云。

（1）公有云

公有云（public cloud）是属于社会共享资源服务的云计算系统，"云"中的资源会开放给社会公众或某个大型行业团体使用，用户可通过网络免费或以低廉价格使用资源。

公有云大致可以分为：

- 传统电信运营商（包括中国移动、中国联通与中国电信）建设的公有云；
- 政府、大学或企业建设的公有云；
- 大型互联网公司建设的公有云。

（2）私有云

私有云（private cloud）是单一的组织或机构在其内部组建、运行与管理，内部员工可通过内部网或 VPN 访问的一个云计算系统。私有云由其拥有者或委托的第三方管理，云数据中心可以建在机构内部或外部。

组建私有云的目标是在保证云计算安全性的前提下，为企事业单位专用的网络信息系统提供云计算服务。私有云管理者对用户访问的云端数据、运行的应用软件有严格的控制措施。各个城市电子政务中的政务云、公安云、电力云都是典型的私有云。

（3）社区云

社区云（community cloud）具有公有云与私有云的双重特征。其与私有云的相似之处是：社区云的访问受到一定的限制。其与公有云的相似之处是：社区云的资源专门给固定的一些单位内部用户使用，这些单位对云端具有相同需求，如资源、功能、安全、管理需求。医疗云就是一种典型的社区云。

社区云由参与的机构或委托的第三方来管理，云数据中心可以建在这些机构内部或外部，所产生的费用由参与的机构分摊。

（4）混合云

混合云（hybrid cloud）由公共云、私有云、社区云中的两种或两种以上构成，其中每个实体都是独立运行的，同时能够通过标准接口或专用技术，实现不同云计算系统之间的平滑衔接。混合云通常用于描述非云化数据中心与云服务提供商的互联。

在混合云中，企业敏感数据与应用可部署在私有云中，非敏感数据与应用可部署在公有云中，行业间相互协作的数据与应用可部署在社区云中。当对私有云资源的短暂性需求过大，例如网站在节假日期间点击量过大时，可自动租赁公共云资源来平抑私有云资源的需求峰值。因此，混合云结合了公有云、私有云与社区云的优点，它是一种受到企业广泛重视的云计算部署方式。

四种云计算部署模型的比较如表 7-1 所示。

表 7-1　四种云计算部署模型的比较

比较项目	私有云	社区云	公有云	混合云
可扩展性	一般	一般	非常高	非常高
安全性	最安全	非常安全	比较安全	比较安全
性能	非常好	非常好	一般	较好
可靠性	非常高	非常高	一般	较高
成本	高	较高	低	较高

随着数字化转型进程加速，云计算正逐渐成为经济社会运行的数字化业务平台，边 – 云 – 网将加速一体化融合。更多基于 AIoT 的边缘计算数据中心与云计算数据中心连接在一起，实现智能终端、AIoT、Internet 和云计算高度融合的算力网。

2021 年 7 月，在 ITU-T 第 13 研究组（SG13）会议上，通过了由中国电信研究院网络技术研究所制定的算力网络框架与架构标准（Y.2501），成为国际标准化组织通过的首项算力网标准。算力网利用云 – 网融合与 SDN/NFV 技术，实现边缘计算节点、云计算节点与各类网络资源的深度融合，通过集中式控制或分布式调度方法，以及云计算节点的计算、存储与网络资源的协同，组成新一代信息基础设施，为用户提供灵活、可调度、按需的算力服务。

7.2　AIoT 大数据应用

7.2.1　AIoT 对推动大数据研究发展的贡献

如果我们将全球互联网、移动互联网所产生的数据快速增长看作一次数据"爆炸"，那么 AIoT 所引起的是数据"超级大爆炸"。AIoT 中大量的传感器、执行器与 RFID 标签每时每刻都在产生海量感知信息，智能工业、智能农业、智能交通、智能电网、智能医疗、智能物流、智慧环保、智能家居等智慧城市的各种应用与服务，都是造成数据"超级大爆炸"的重要原因。例如，在智能交通应用中，一个中等城市仅车辆视频监控的数据，3 年就累计到 200 亿条，数据量达到 120TB。在智能医疗应用中，一张普通的 CT 扫描图像数据量大约为 150MB，一个基因组序列文件大约为 750MB，标准的病理图的数据量大约为 5GB。如果将这些数据乘以一个三甲医院病人的人数和平均寿命，那么仅一个医院累计存储的数据量就可以达到几个太字节（TB），甚至是几个拍字节（PB）。其中，1PB = 1024 TB =1024 × 1024 GB=1 × 2^{50}B。

智慧城市的数据大致有三种来源。一是政府管理系统从社会各个层面调查、搜集数据，形成了政府在制定政策时辅助决策的民意数据；二是各级政府部门办公都会形成很多业务数据；三是政府部门通过各种智慧城市系统自动感知城市和农村的气象、地质、公路、水资源、陆地、海洋等实时动态的环境数据。因此，政府管理数据可以进一步细分为：民意数据、业务数据与环境数据（如图 7-3 所示）。

图 7-3 智慧城市大数据的组成示意图

这三类数据收集的方式不同，数据量不同，数据发展的速度也不同。它们之间存在一些交叉和重叠。有一些民意数据也同时是政府的业务数据，有一些对环境监控产生的数据也是某些政府部门的业务数据。随着 AIoT 应用的开展，环境数据增长会最快。环境数据包括各种传感器数据、RFID 数据与视频监控数据等感知数据，以及数字地图数据、遥感数据、GPS 数据、GIS 数据等空间数据。它们具有各种各样的形式与结构，具有不同的语义。数据增长的速度在加快。数据的多样化，新的数据种类与新的数据来源在不断增长。

预测 2025 年全球接入 AIoT 的设备数量将达到 252 亿个，AIoT 设备所产生的数据量将会远远超出人类的预想。

7.2.2　AIoT 大数据的主要技术特征

1. 大数据的特征

大数据并不是一个确切的概念。到底多大的数据是大数据，不同的学科领域、不同的行业会有不同的理解。目前对于大数据存在着多种定义。比较典型的有两种定义。第一种是从技术能力角度出发给出的定义：大数据是指无法使用传统和常用的软件技术与工具在一定的时间内完成获取、管理和处理的数据集。第二种定义是从数据是新的生产要素角度给出的：大数据是一种有大应用、大价值的数据资源。

对"大数据"的主观定义将随着技术发展而变化，同时不同行业对大数据的量的衡量标准也不会相同。目前，不同行业比较一致的看法是数据量在几百太字节到几十拍字节之间的数据集都可以叫作"大数据"。

数据量的大小不是判断数据是否是"大数据"的唯一标准，判断这个数据是不是"大数据"，要看它是不是具备以下"5V"的特征（如图 7-4 所示）。

第一个特征是大体量（Volume）：数据量达到数百太字节或数百拍字节，甚至艾字节的规模。

第二个特征是多样性（Variety）：数据可以有各种格式与各种类型，如结构化数据与非结构化的网页、文档、语音、图像与视频等。

第三个特征是时效性（Velocity）：数据需要在一定的时间限度下得到及时处理，例如要求有些 AIoT 应用系统（如无人驾驶汽车、工业机器人）在毫秒量级的时间内给出大数据分析结果。

第四个特征是准确性（Veracity）：处理结果要保证一定的准确性与预测性。

第五个特征是大价值（Value）：分析挖掘的结果可以带来重大的经济效益与社会效益。

对于大数据的认识需要注意以下几点。

第一，在提起"大数据"时人们特别重视数据量的"大"，但是这并不是问题的要害，重要的是我们能不能从太字节、拍字节量级的大数据中分析、挖掘有价值的知识。

第二，数据的大小也是相对的。同样大小的数据（如 1TB 数据），如果用智能手机处理就是大数据，而对于高性能计算机就算不上大数

图 7-4　大数据的"5V"特征

据。大数据应该是指"规模大、变化快、价值高"的数据。

第三，大数据除了具有"大小、多样性"特征之外，很多 AIoT 应用系统对于大数据能不能得到"实时"或"准时"处理的要求很高。例如智能交通、智能工业、智能电网等应用。我们可以想象一个场景：一个城市智能交通疏导系统的计算能力不足，只能在获取数据 5 分钟之后给出各个主管道路口的疏导方案，而城市交通瞬息万变，哪怕系统给出的疏导方案再完美，它也已经远远滞后于路况的变化，这样的处理结果是没有实际价值的。因此，产业界定义大数据的三要素是"大小、多样性、速度"。

第四，对于大数据研究的科学价值的认识，我们可以援引 2007 年图灵奖获得者吉姆·格雷的观点来说明。吉姆·格雷指出：科学研究将从实验科学、理论科学、计算科学，发展到数据科学。科学研究将从传统划分的三类（实验科学、理论科学与计算科学），发展到还有第四类"数据科学"。大数据将会对世界经济、自然科学、社会科学的发展产生重大和深远的影响。AIoT 大数据技术应用的深度与广度，直接影响到 AIoT 应用系统存在的价值。

2. AIoT 大数据与一般大数据研究共性的一面

AIoT 中的大数据与一般的大数据研究有共性的一面，也有个性的一面。它们共性的一面首先表现在大数据分析的基本内容上。大数据分析的五个基本内容是：可视化分析、数据挖掘算法、预测性分析能力、语义引擎、数据质量与有效的数据管理。这五个内容在 AIoT 大数据分析中依然存在，当然 AIoT 行业应用也有自己的特殊要求。

（1）可视化分析

AIoT 大数据可视化分析（Analytic Visualization）的结果将直接服务于 AIoT 应用系

统的行业用户。由于分析结果的可视化能够以非常直观的形式呈现给用户，更容易帮助不同行业的用户从中获取有价值的知识，帮助科学决策，因此大数据分析结果的可视化对于 AIoT 用户尤为重要。

（2）数据挖掘算法

大数据分析的理论核心是数据挖掘算法（Data Mining Algorithm），各种数据挖掘算法基于不同的数据类型和格式，才能更加科学地呈现数据自身具备的特点，挖掘有价值的知识。AIoT 行业应用，如智能电网、智能交通、智能医疗关系国计民生与生命安全，某些应用对于数据挖掘结果的时效性、可靠性与可信性要求很高，因此面对各行各业的 AIoT 应用系统，必须由大数据专家与行业专家合作研究数据挖掘的模型与算法。

（3）预测性分析能力

预测性分析能力（Predictive Analytic Capability）是大数据分析中最重要的研究内容之一。预测性分析是利用各种统计、建模、数据挖掘工具对最近的数据和历史数据进行研究，从而对未来进行预测。显然，对于 AIoT 智能电网、智能交通、智能环保、智能安防等应用，预测性分析十分重要。我们必须以应用为导向，针对特定的行业，组织覆盖行业专家、AIoT 专家与大数据专家的研究队伍，研究适应不同行业 AIoT 大数据的预测模型与算法。

（4）语义引擎

针对 AIoT 的语义网络和语义引擎（Semantic Engine）的研究将成为大数据研究的一个重要问题。建立适用于 AIoT 环境的语义数据模型，是实现对 AIoT 中数据、知识与服务的有效共享与管理的重要途径。AIoT 大量的非结构化数据给数据分析带来新的挑战：如何在 AIoT 结构化与非结构化数据上叠加语义映射层，使不同的 AIoT 用户用不同的方法处理同一个数据，并当数据存储在不同数据库时，不产生混乱和歧义。AIoT 需要一套新的理论与方法来对分布在不同地理位置的各种数据资源进行规范和灵活的组织，以实现对 AIoT 数据资源的有效共享与智能利用，方便用户通过关键词、标签关键词或其他输入语义的搜索，提高用户主动获取知识的能力。

（5）数据质量与有效的数据管理

数据质量与有效的数据管理是保证分析结果的真实性与和价值性的基础。汇聚不同传感器感知的原始数据，实现多维数据融合、多用户协同感知与数据质量管理，在大量验证的情况之下找出最适当的算法，使得处理之后的结果更能够高精度地反映物理世界的真实面貌，是 AIoT 大数据研究的重点。

3. AIoT 大数据研究个性的一面

我们需要注意 AIoT 产生的大数据与一般大数据不同的特点。AIoT 数据的特点主要是：异构性、多样性、实时性、突发性、颗粒性、非结构化与隐私性。

（1）异构性与多样性

AIoT 的数据来自不同的行业、不同的应用、不同的感知手段，有人与人、人与物、物与物、机器与人、机器与物、机器与机器等各种类型的数据，这些数据可以进一步分为状态数据、位置数据、个性化数据、行为数据与反馈数据，AIoT 数据的体量会更大，并且具有明显的异构性与多样性。AIoT 大数据研究需要注意到数据的异构性与多样性特点。

（2）实时性、突发性与颗粒性

AIoT 感知数据是系统制定控制命令与策略的基础，显然根据对于 AIoT 感知数据处理时间（可以是一毫秒、一秒钟、一分钟、一小时、一天或者是几天）的不同，它们的价值可能天差地别。不同 AIoT 应用系统的数据带有不同的时间、位置、环境与行为特征。当一个事件发生时，围绕着这个事件、来自不同角度的"一团"感知数据"突然"出现。感知数据呈现出明显的实时性、突发性与颗粒性特点。同时，因为事件发生往往很突然，并且超出我们的预判，我们事先无法考虑周全，所以 AIoT 感知设备从外部真实世界获得的数据很容易出现不全面和有噪声干扰的现象。AIoT 大数据的研究需要注意到数据实时性、突发性与颗粒性的特点，有些 AIoT 应用系统为了适应对事件处理的实时性要求，对数据传输延时、带宽与可靠性要求极高。

（3）非结构化与隐私性

AIoT 使用的传感器类型越来越多，因此会产生大量的图像、视频、语音、超媒体等非结构化数据，增加了数据处理的难度。同时，AIoT 应用系统的数据中隐含着大量企业重要的商业秘密与个人隐私信息，数据处理中的信息安全与隐私保护难度大。

通过以上分析，我们可以得出以下的结论。

第一，AIoT 中大量的传感器、执行器、各种各样的应用系统是造成数据"大爆炸"的重要原因之一。AIoT 大数据的整体体量会越来越大，数据类型会越来越多，对数据处理的实时性要求会越来越高。AIoT 为大数据技术的发展提出了重大的应用需求，成为大数据技术发展的重要推动力之一。

第二，AIoT 通过不同的感知手段获取大量的数据不是目的，如何通过大数据处理、提取正确的知识与准确地反馈控制信息才是 AIoT 大数据应用的初衷。

第三，AIoT 大数据分析的结果将作为应用系统反馈控制指令的依据，因此大数据分析的正确性与实时性直接影响 AIoT 应用系统运行的有效性与存在的价值。大数据应用的效果是评价 AIoT 应用系统技术水平的关键指标之一。

7.2.3　AIoT 数据分析的基本概念

理解 AIoT 大数据分析需要注意以下两个方面的问题。一是大数据分析的基本流程，二是 AIoT 数据分析的边缘云与核心云协同工作体系。

1. 大数据分析的基本流程

大数据分析是对数据执行复杂分析的过程，包括对数据进行分组、聚合与迭代的过程。典型的数据分析流程如图 7-5 所示。

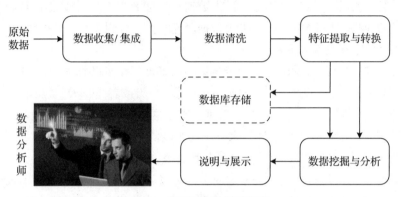

图 7-5　典型的数据分析流程

典型流程首先收集与集成来自多个感知源的数据，然后对数据进行清洗。数据清洗会使数据量显著地减少，使得数据分析的时间缩短，但是数据清洗的过程会耗费大量的时间。由于 AIoT 感知数据通常是非结构化的，并且不具有预定义的数据模型，也不是按预定义的方式组织的，因此流程的下一步是将非结构化的数据转化为半结构化或结构化的数据。数据清洗涉及检测与消除数据中的错误与不一致等问题，以提高数据质量。当需要集成多数据源的数据时，由于可能存在冗余数据，因此数据清洗更为重要。

数据处理中最重要的一步是数据的特征提取与数据值的正确性验证，最低要求是数据的数值要符合一组规则。数据不准确、丢失或无效将影响数据质量。基于规则的模型确定了数据分析工具如何处理数据。

AIoT 大数据处理最复杂的任务是数据挖掘与分析，大多数 AIoT 数据挖掘要提高机器学习算法来完成对数据的分析。

2. AIoT 数据分析的边缘云与核心云协同工作体系

AIoT 数据分析系统采用的是"端 – 边 – 云"的计算模式。雾计算从传感器与终端设备收集数据、处理数据、过滤数据，将部分数据存储在雾计算节点中；必要的数据或雾分析结果被传送到云计算平台，云计算负责完成离线、全局的集中数据处理任务，这种将本地雾分析与全局云分析相结合的工作模式非常适用于 AIoT。

3. 基于"端 – 边 – 云"结构的 AIoT 数据分析过程

AIoT 的数据处理需要根据系统结构的复杂程度，采用"端 – 边 – 云"的架构，每个层次所担负的数据分析和处理任务如图 7-6 所示。A. V. Dastjerdi 等在" Fog Computing:

Principles, Architectures and Application"文章中提出基于"端 – 边 – 云"的 AIoT 应用系统生命周期中的数据交互过程，以及在不同阶段数据处理任务的分配。

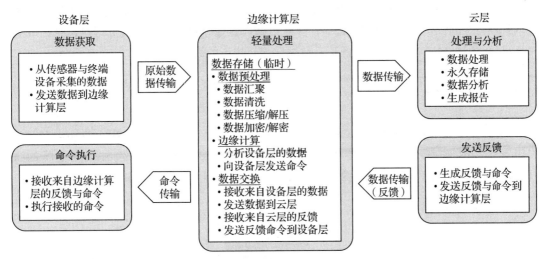

图 7-6　基于"端 – 边 – 云"架构的 AIoT 应用系统数据处理和分析过程

基于"端 – 边 – 云"架构的 AIoT 应用系统的数据处理与交互过程需要经过 6 个阶段：数据获取、轻量预处理、处理与分析、发送反馈、接收反馈与执行命令。

第一阶段：设备层数据获取。不同类型的终端设备与传感器获取环境或对象的数据后，可以直接将感知数据发送至边缘层，也可以通过汇聚节点或本地网关节点对数据进行汇聚后，再将汇聚后的感知数据发送到边缘层。

第二阶段：边缘层数据轻量预处理。边缘层有两类功能。一类是只对接收的感知数据进行临时性存储和轻量级处理，包括数据汇聚、数据清洗、数据压缩 / 解压，以及数据加密 / 解密。数据清洗是利用边缘层数据清理机制，如陈旧性数据清理或基于模型的数据清理规则，自动清除在精确性、准确性或读数上出现错误的感知数据。数据汇聚是在清除冗余、不正确或不明确的数据后，进行数据集成。另一类是除了轻量级预处理之外，可以在边缘计算设备中就近处理规定的感知数据，并形成反馈命令，实现对设备层或环境信息的实时处置。

第三阶段：云端数据处理与分析。边缘层需要将汇聚后的数据传送到云端的核心云。云完成数据采集之后，要确保数据安全，验证数据来源，确认数据未被篡改；进一步制定数据转发规则，实现数据转发；完成云端的数据处理、永久存储、数据分析、报告生成。

第四阶段：云端发送反馈。云端生成反馈命令，并将反馈命令回送到边缘层。

第五阶段：边缘层接收反馈。边缘层接收云端发送的反馈命令，并将命令传送到设备层。同时，应用程序也会根据系统设计的要求，赋予边缘层在接收到某些感知数据之后，就近在边缘层处理设备层数据，生成反馈命令，不通过云端直接将命令反馈给设备层的权利。

第六阶段：设备层执行命令。设备层在接收到边缘层生成的命令，或者是云端反馈的命令之后，执行器执行命令。增加了边缘层之后，对 AIoT 感知数据的处理不再仅仅依靠远端核心云的计算、存储资源，边缘计算可以在靠近数据源的位置就近处理对实时性敏感的数据，满足 AIoT 实时应用对低延时数据处理与响应的需求。

7.2.4 雾分析与云分析

我们可以参考 Cisco 的 Fog Data Services 概念，结合 F. Mehdipour 等在 "Towards big data analytics in the fog" 文章中有关雾引擎（Fog-Engine，FE）的研究，讨论雾分析的概念与实现方法。雾引擎"端－端"解决方案系统结构如图 7-7 所示。

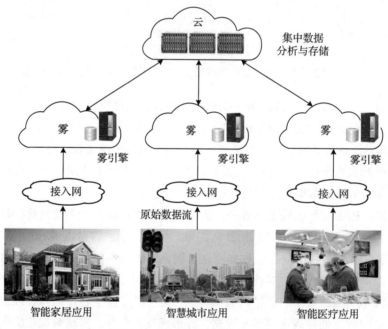

图 7-7　雾引擎在系统中的部署

雾引擎具有以下几个特点。

第一，雾引擎是一个集成到 AIoT 设备中的可定制的敏捷异构平台，它对用户是透明的。

第二，雾引擎与附近的雾引擎合作，形成一个本地的"点－点"网络，为数据迁移以及与云的数据进行交互提供便利。

第三，雾引擎使用的分析模型由云分析决定，根据云分析传达的策略进行更新。

第四，从软件的角度看，雾引擎由模块化的 API 组成，所有的雾引擎使用相同的 API。

第五，雾引擎使用的 API 可以在云中运行，这样可以保证 AIoT 开发人员在垂直应用开发中的连续性。

1. 雾分析

雾引擎的总体架构如图 7-8 所示。

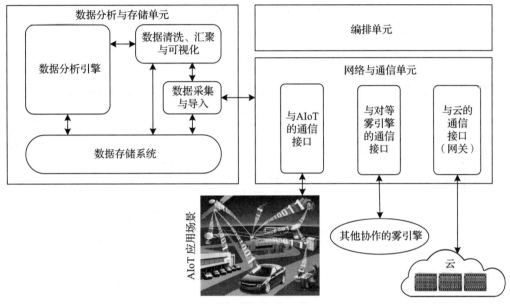

图 7-8　雾引擎的总体架构

雾引擎由三个单元组成。

- 数据分析与存储单元：该单元由数据采集与导入，数据清洗、汇聚与可视化，数据分析引擎，数据存储系统这几个模块组成。
- 网络与通信单元：该单元由与 AIoT 的通信接口、与对等雾引擎的通信接口，以及与云的通信接口（网关）组成。
- 编排单元：用以保持雾引擎之间，以及雾引擎与云之间的同步。

基于雾引擎的结构，在计算迁移到云计算之前，使用雾引擎对采集的数据进行采集、汇聚、清洗，并根据规则库进行特征提取与转换。数据可以在本地存储后送到或直接送到数据挖掘与分析模块，依据模型库的模型与算法进行分析，分析结果一部分以可视化的方法提供给用户；一部分连同原数据被传送到云端。雾分析过程及与云的关系如图 7-9 所示。

表 7-2 给出了雾引擎分析与云分析特点的比较。

从上表的比较中可以看出，雾引擎的设计需要注意以下几个问题。

- 由于雾引擎主要用于 AIoT 中的低端设备，因此雾引擎对于 AIoT 设备和用户应该是灵活与透明的，应尽量减少对低端设备的影响。

- 雾引擎可以采用各种类型的硬件，是异构的（如 CPU、GPU 或 FPGU），而不是像云计算那样，采用同质的服务器集群。
- 雾引擎使用由用户配置的固定硬件资源，但是这些资源不受用户的控制。
- 雾引擎可以集成移动 AIoT 节点（如汽车）的资源，多个邻近的雾引擎可以相互通信，交换数据。
- 雾引擎的容错能力很强，一旦发生故障，任务就需要转移到附近的雾引擎。
- 雾引擎一般使用电池供电，因此雾引擎节能对于实际应用至关重要。

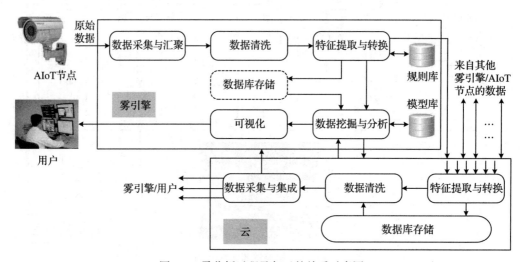

图 7-9　雾分析过程及与云的关系示意图

表 7-2　雾引擎分析与云分析特点的比较

特点	雾引擎分析	云分析
处理层次	本地数据分析	全局数据分析
处理方式	流中处理	批量处理
计算能力	GFLOPS	TFLOPS
网络延时	毫秒	秒
数据存储	GB	无限
数据生命周期	时 / 天	长期
容错	高	高
处理的资源与粒度	异构（如 CPU、GPU、FPGA），细粒度	同质（数据中心），粗粒度
多功能性	只有在需要时存在	长期存在的服务器
供应	受附近雾引擎数量的限制	无限，有时延
节点移动性	可能移动（如在汽车中）	不移动
成本模型	支付一次	按使用量付费
功率模型	电池供电 / 电力	电力

7.2.5　AIoT 数据处理的最佳位置

从系统设计的角度出发，需要考虑数据的性质、特点、对处理实时性要求的高低，以及重要性与安全性等因素，将不同的数据迁移到边缘计算与迁移到云中去处理，形成一个协作和有效率的数据处理体系。表 7-3 给出了 Mahdavinejad 等人在研究智慧城市场景时，根据不同类型数据的性质选取了不同的最佳数据处理位置，分别是边缘云、核心云，或者边缘云与核心云协同的方案，可供在设计其他 AIoT 应用系统时参考。

表 7-3　AIoT 数据类型与对应的最佳处理位置

应用场景	数据类型	最佳处理位置	应用场景	数据类型	最佳处理位置
智能交通	流 / 海量数据	边缘云	智能空气控制	流 / 海量数据	云
智能医疗	流 / 海量数据	边缘云 / 云	智能公共场所监控	历史数据	云
智能环保	流 / 海量数据	云	智能人员互动控制	历史数据	边缘云 / 云
智能天气预报	流数据	边缘云	智能用户	流数据	云
智能家居	流 / 历史数据	云			

7.2.6　机器学习在雾分析与云分析中的应用

1. 多层雾计算系统架构

B. Tang 等人在 "A hierarchical distributed for computing architecture for big data analysis in smart cites" 文章中，结合智慧城市应用场景，给出了一个多层的雾计算架构（如图 7-10 所示）。

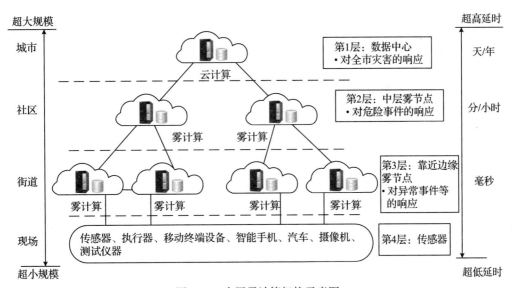

图 7-10　多层雾计算架构示意图

多层雾计算架构中的不同层次担负着不同的功能与计算任务，形成一个分布式协同工作系统。以图 7-10 所示的智慧城市应用为例,最低的第 4 层由分布在城市各个观测点现场的传感器、执行器等设备组成,也是数据的产生源;第 3 层是设置在街道、靠近数据源的边缘雾节点,它对数据采集、处理与异常事件的响应时间在毫秒量级;第 2 层是设置在社区的中层边缘雾节点,它对危险事件的响应时间在分 / 小时量级;最高的第 1 层是城市数据中心的云计算平台,它对全市灾害做长期预测,响应时间在天 / 年量级。

2. 机器学习在雾计算中的应用

从以上讨论中可以看出,在多层雾计算结构中数据分析可以是反应性的,也可以是预测性的。接近边缘的雾节点可以进行反应性的数据分析,以提高数据处理的实时性;远离边缘的雾节点可以用到机器学习方法,进行预测性分析。可以在核心云中创建机器学习的模型,然后将模型下载到执行预测性分析的雾节点上。

第 3 层包含了从传感器获取原始数据的雾节点。该层的雾节点具有两个功能,一个功能是使用机器学习方法去分析来自传感器数据中潜在的安全威胁;另一个功能是执行特征提取算法,将更重要的数据向高层传送。

第 2 层包含从不同的第 3 层收集到的数据,这些数据可能来自分布于不同地理位置的数百个传感器,在数据分类中用隐马尔可夫模型(HMM)与最大后验(MAP)算法,发现危险事件时发出报警信息。

研究者总结出了在不同的雾层使用的机器学习算法,如表 7-4 所示。

表 7-4　不同的雾层使用的机器学习算法

层次	灾难响应	机器学习算法
第 4 层(传感器)	无	无
第 3 层(街道的雾节点)	对异常事件等的响应	KNN、朴素贝叶斯、随机森林、DBSCAN
第 2 层(社区的雾节点)	对危险事件的响应	HMM、MAP、回归、ANN、决策树
第 1 层(云)	对全市灾害的响应	ANN、深度学习、决策树、强化学习、贝叶斯网络

3. 集成学习的基本概念

在很多情况下,由于 AIoT 数据类型不同,单一类型的算法可能无法给出最佳的预测结果,因此会组合使用不同的算法,以便获得更为准确的预测结果。集成学习如图 7-11 所示。

在分类与回归树(CART)中,数据被不断地分为单独的分支,直至到达输出标签或值。尽管用于回归的树与用于分类的树具有一定的相似性,但是它们在某些方面是不相同的,例如用于确定分类位置的算法。

随机森林训练多棵树而不是单棵树。算法输出一个类别,该类别是训练类别的模式或训练值的平均值。

自举汇聚(bootstrap aggregation)是一种通用过程,可用于减少具有高方差算法的方差。CART/ 决策树就是一种具有高方差，且对训练数据敏感的算法。

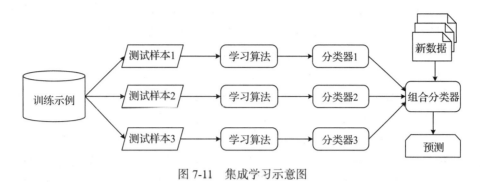

图 7-11　集成学习示意图

7.2.7　AIoT 数据分析中的机器学习算法

1. AIoT 深度学习框架

随着以深度学习为代表的机器学习技术的不断发展，越来越多的开源深度学习框架应运而生，为 AIoT 系统的智能化提供丰富的、个性化的组件来完成 AIoT 数据分析问题。不同的框架有着不同的特点以及应用场景，支持的 AIoT 应用系统的应用领域也各不相同。在 AIoT 的系统设计中，需要根据 AIoT 系统和服务用户的需求来选择合适的深度学习框架与算法，这样能够有效降低 AIoT 系统智能化的开发成本和时间。比较有代表性的深度学习框架有以下几种。

（1）TensorFlow

TensorFlow 是由谷歌人工智能团队 Google Brain 在神经网络算法库 DistBelief 的基础之上开发的一款用于数值计算的深度学习框架，本质上是一个基于数据流进行编程的符号数学系统。它使用 Python API 编写，并利用 C/C++ 进行引擎加速，是目前人工智能领域应用最为广泛的深度学习框架之一，已经用于 AIoT 系统中的语音识别、图像识别、自然语言处理、计算机视觉等领域。TensorFlow 的最大优势是拥有丰富的库函数和接口，包括 TensorFlow Hub、TensorFlow Research Cloud 等，可以为训练深度神经网络等提供需要的计算工具，如矩阵乘法和自动微分；同时，其核心使用了 C/C++ 编程，这使得模型运算的速度很快，不需要担心因为高度封装而耗费大量额外的时间和资源。

虽然是深度学习框架，但 Tensor Flow 不局限于深度学习，它还支持强化学习和其他算法，具有广泛的应用范围。TensorFlow 的缺点是内存占用较大，运行速度明显低于其他框架。

（2）CAFFE

CAFFE（Convolutional Architecture for Fast Feature Embedding）是由美国伯克利大学

开发的一个工业级深度学习框架，它以表达式、速度和模块化为核心，具有出色的卷积神经网络实现。其核心由 C++ 编写而成，支持 Python、MATLAB 和命令行接口，可以实现 CPU 和 GPU 之间的无缝切换，目前广泛应用于 AIoT 系统中的计算机视觉等领域，例如人脸识别、图片分类、位置检测、目标追踪等。CAFFE 框架内的网络结构都是以配置文件形式定义的，用户无须深入理解深度学习知识，也无须重新编写任何代码。同时，CAFFE 提供了 Python 和 MATLAB 接口，用户可以根据熟悉程度选择语言部署算法。CAFFE 的底层是基于 C++ 的，因此可以在各种硬件环境编译并具有良好的移植性。

CAFFE 能够快速训练新型的模型和大规模的数据，并且 CAFFE 将功能组件模块化，方便用户拓展应用到新的模型和学习任务上。由于 CAFFE 最初是为图像领域而开发的，所以缺少对语音和视频等时间序列数据做分析的支持。

（3）PyTorch

PyTorch 是由 Facebook 公司在 Torch 的基础之上，利用 Python 语言开发的全新深度学习框架。它具有功能强大的 GPU 加速的张量计算，且可以根据计算需要实现动态的神经网络，具有较大的应用空间。目前，PyTorch 多应用于 AIoT 系统中的自然语言处理、计算机视觉、控制等领域，如机器翻译、问答系统、图像识别、工业控制等。

与其他主流的深度学习框架相比，PyTorch 的主要优势在于其能够建立动态的神经网络，这样在进行代码调试时可随时通过控制流操作构建图。PyTorch 简洁高效，仅利用张量、变量以及神经网络模块这三个抽象层次相互联系，就可以同时进行修改和操作。PyTorch 继承了 Torch 的设计，符合人们的思维模式，开发速度快。PyTorch 的缺点是复用 Python 的执行模型，导致模型无法把整个 Python 函数变成一个 GPU Kernel 整体放入 GPU 中执行，必须频繁切换回 CPU 以使其在 CPU 上成功执行。

（4）MXNet

MXNet 是分布式机器学习社区 DMLC 开发的一款轻量可移植的开源深度学习框架，它通过让用户可以混合使用符号编程模式和指令式编程模式，来使效率和灵活性最大化。MXNet 支持 C++、Python、R、Scala、Julia、MATLAB 及 JavaScript 等语言，也支持命令和符号编程，可以在 CPU、GPU、集群、服务器、台式计算机或者移动设备上运行，目前是亚马逊官方使用的深度学习框架，可以应用于 AIoT 系统中的图像分类、目标检测、图像分割等领域。MXNet 还支持 CPU、GPU 分布式计算，且具有巨大的内存、显存优势，在分布式环境下的扩展性能明显优于其他框架。另外，MXNet 的一个优点是支持多种语言的 API 接口，可方便不同用户使用。MXNet 有预训练的模型，微调这些模型即可出色地完成一些任务。MXNet 的缺点是不支持自动求导，也不适合循环网络。

（5）Theano

Theano 是由蒙特利尔理工学院为处理大型神经网络算法所需的计算而专门设计的开源深度学习框架。Theano 出现的时间比较早，因此被视为深度学习研究和开发的行业标准。

Theano 利用 Python 以及 Numpy 搭建深度学习框架，可以将用户定义、优化以及评估的张量数学表达式编译为高效的底层代码，装载至 GPU 等平台，并连接用于加速的库，比如 BLAS、CUDA 等，可应用于 AIoT 中各个与深度学习相关的应用领域，比如图像识别、语音识别和流程控制。Theano 由于集成了 Numpy，因此可以直接使用 NumPy 的 NDArray，API 接口简单，易于上手，并且计算稳定性好，可以精准地计算输出值很小的函数。Theano 可以动态地生成 C/CUDA 代码，用于编译成高效的机器代码。

Theano 的缺点是开发的时间比较早，因此只能支持单个 GPU，没有实现分布式；同时对于大型模型的编译而言，需要将用户的 Python 代码转换成 CUDA 代码，再编译为二进制可执行文件，花费的时间可能较长。

除了上述几种深度学习框架以外，还有很多类似的框架，如谷歌的 Keras、百度的 Paddlepaddle、Eclipse 的 Deeplearning4j、Chainer、Lasagna 等。这些框架都可以作为 AIoT 系统的可选组件。

2. 常用的机器学习算法

AIoT 中机器学习算法与应用场景如图 7-12 所示。

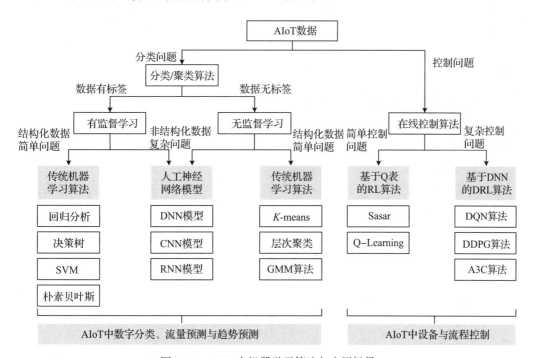

图 7-12　AIoT 中机器学习算法与应用场景

在 AIoT 应用系统架构比较简单或数据量比较小的情况下，传统的数理统计模型分析算法可以为 AIoT 的趋势预测和决策提供参考。当 AIoT 应用数据日渐复杂，并且 AIoT 系统动态性增加时，统计分析模型的价值随之降低。为了解决复杂的数据分析与控制，深度学习算法应用历史或实时数据，通过学习训练数据集，发现模型的参数，并找出数据中隐含的规则，从而对 AIoT 数据进行分析和评估。所以，如何选择和组合人工智能算法与模块来处理 AIoT 中产生的海量数据信息，成为实现 AIoT 智能化的关键。

数据分析可以分为离线分类 / 聚类与在线控制两大类，其中离线分类 / 聚类是指基于已有的历史数据对新数据（如温度、湿度、压力、速度等感知数据，以及工厂过程和控制数据）进行预测和分类。离线回归 / 分类 / 聚类是传统的数据分析问题，广泛存在于智慧工业、智慧农业、智能交通等 AIoT 应用场景中。这类问题的解决方式通常是通过学习大量的形式为 < 特征，标签 >（<feature, label>）的历史数据来训练智能模块。以图片识别为例，要找出新图片的类型标签，如风景、花卉、建筑物，必须要有大量历史图片和对应的类型标签。如果所有的历史图片都有类型标签，则可按照分类思路使用有监督学习方法；如果没有类型标签，则以聚类的思路使用无监督学习方法。根据数据的结构化性和问题的复杂度，又可以选择使用传统的机器学习算法或者神经网络的相关算法。

在线控制是一类新的问题和解决思路，是指在没有历史数据或经验的基础上让智能体学会与系统交互，从而实现基于现有的系统状态来控制系统行为的目的。这类问题中智能体通常从零学起，无须积累大量的历史数据。以交通控制为例，在线控制算法通过探索不同的红绿灯控制方案，产生正反馈（拥堵缓解）/ 负反馈（拥堵加剧）命令，再传递到交通控制模块更新控制方法。这类算法可以广泛应用到智慧工厂控制、交通控制等场景。

3. AIoT 数据分析中机器学习算法应用范例

Mahdavinejad 等在《基于 AIoT 数据分析的机器学习：调研报告》中和 Misra 等在《释放 AIoT 的价值———种平台方法》中对 AIoT 数据分析中的机器学习算法应用进行了总结。

（1）医疗保健

医院与家庭中的医疗保健系统具有监测患者或周围环境的传感器，可以使用机器学习算法来优化远程监控、药物治疗、疾病管理与健康预测等测量指标。使用的机器学习算法主要是：

- 分类算法，可用于根据患者的健康状况将患者分为不同的组；
- 异常检测算法，可用于识别某人是否有需要查看的问题；
- 聚类算法（如 *K*-means），可用于对具有相似健康状况的人进行分组以创建个人资料；
- 前馈神经网络，可用于根据患者在疾病期间不断变化的情况进行快速决策。

（2）公共事业

公共事业的电、水、燃气数据来自智能电表、智能水表与智能燃气表，这些数据可以用于电、水、燃气使用量预测、需求供应预测、负载平衡和其他场景。使用的机器学习算法主要是：

- 线性回归算法，可用于预测特定日期或时间的能源使用情况；
- 分类算法，可用于将客户使用率分为高、中或低；
- 聚类算法，可用于将具有相似个人信息的消费者分为一组并分析其使用模式；
- 如果某些区域的使用量激增，则人工神经网络可用于动态平衡负载。

（3）制造业

制造业在很多设备上部署连续监控的传感器，以便跟踪生产量的统计，保证生产安全。处理后的感知数据结果，可以帮助管理者快速地诊断系统潜在的问题、预测故障，以便管理者提前采取规避措施，以及检测安全漏洞。使用的机器学习算法主要是：

- CART/ 决策树，可用于诊断机器的问题；
- 线性回归算法，可用于预测失败；
- 异常检测算法，可用于检测安全漏洞或任何不寻常的情况。

（4）保险业

保险业对汽车或人员与事故的关联性感兴趣，很多数据通过汽车传感器来获得。保险公司要根据对这些数据的分析来确定保费，了解家庭或汽车使用的模式，预测财产损失，远程评估损害等。使用的机器学习算法主要是：

- 聚类算法（如 K-means 或 DBSCAN），可用于创建具有相似驾驶模式的用户的个人信息；
- 分类算法（如朴素贝叶斯算法），可用于将客户分类为有风险或无风险客户，并预测其是否应获得保险；
- 决策树，可用于对用户进行分类或得出要收取的费用或要给予的折扣；
- 异常检测算法，可用于确定财产的失窃或破坏。

（5）交通管理

城市交通数据可以通过汽车传感器、移动电话、道路摄像头与路边基础设施来获得。机器学习算法可用于预测交通、识别交通瓶颈、检测与预测事故。使用的机器学习算法主要是：

- DBSCAN，可用于识别交通拥堵率高的道路和交叉路口；
- 朴素贝叶斯，可用于识别道路是否需要维护或是否容易发生事故；
- 决策树，可用于将用户转移到交通拥堵较少的道路上；
- 异常检测算法，可用于确定道路上是否发生事故。

（6）智慧城市

智慧城市中市民和公共场所的状态监控至关重要。这些数据主要来自智能手机、ATM、自动售货机、交通摄像头、公共汽车 / 火车站的监控设备。机器学习算法可以预测人的出行模式、某些地方的人口密度、异常行为、能耗、对公共基础设施（如住房、交通等）的需求。使用的机器学习算法主要是：

- DBSCAN，可用于识别城市中在一天的不同时间具有高密度人群的地方；
- 线性回归或朴素贝叶斯算法，可用于预测能源消耗或改善公共基础设施的需求；
- CART，可用于实时预测乘客出行以及识别出行模式；
- 异常检测算法，可用于确定异常行为，如恐怖主义或金融欺诈；
- PCA，可用于降维以简化分析，因为城市中的多个设备将生成规模巨大的数据。

（7）智能家居

智能家居领域的 AIoT 设备数量在过去十年中增加了数倍。智能家居通过智能电表、智能温控设备、智能灯泡、智能开关、健身手环、智能锁、摄像头等，通过机器学习算法利用多个传感器以及所生成数据来提供有价值的信息，如占用感知、入侵检测、燃气泄漏、能耗预测、电视观看偏好等。使用的机器学习算法主要是：

- K-means，可用于分析能源的负载和消耗频率；
- 线性回归或朴素贝叶斯算法，可用于预测能耗或设备占用；
- 异常检测可用于确定入侵检测、设备篡改、入室盗窃、设备故障等。

（8）智能农业

随着人口的增长，人们对食物的需求也在增加，大型农场开始在田地中使用传感器、无人机其他 AIoT 设备，以优化资源使用、更快地检测作物病害以及预测产量。农业技术是一个不断发展的活跃的研究领域。使用的机器学习算法主要是：

- 朴素贝叶斯算法，可用于确定作物是否健康；
- 异常检测算法，可用于确定是否存在漏水、水供应不均匀的情况；
- 神经网络，可用于分析无人机拍摄的照片，以识别杂草生长或田间斑块增长的速度。

在很多方面，机器学习和 AIoT 存在共生关系。AIoT 为机器学习提供了大量数据，机器学习可以使简单设备更加智能化，彻底改变了 AIoT。

7.2.8 AIoT 大数据应用示例

基于 AIoT 的大数据应用所能够产生的经济与社会效益将是非常巨大的，我们可以举一个智能工业中的例子来说明这一点。在 AIoT 智能工业应用中，研究人员将视线汇聚到航空发动机产业。安全是航空产业的命脉。发动机是飞机的心脏，对于飞机的飞行安全至关重要。研究 AIoT 大数据对于飞机发动机安全问题意义重大。

图 7-13 显示了在出故障早期发现故障的重要性。任何一台机器在长期使用过程中都会出现故障，并且故障的发生会有一个渐变的过程。例如一台发动机在使用过程中有出现故障的苗头时，故障会以一种信号（如噪声或震动）的形式出现，之后逐步增大。在早期信号 1、早期信号 2、早期信号 3 阶段，人主观上感觉不到故障，下一阶段人可以听见噪声或震动，再往后设备或某个部件过热，最终会出现故障，造成发动机损坏。如果我们通

过传感器持续监测发动机的运行状态，就可以在早期噪声出现阶段预测故障的发生，及时采取维修措施，避免安全事故的发生。对于像飞机发动机这样造价昂贵，一旦发生故障就有可能酿成重大事故的关键设备，采用 AIoT 故障预测技术是非常必要的。

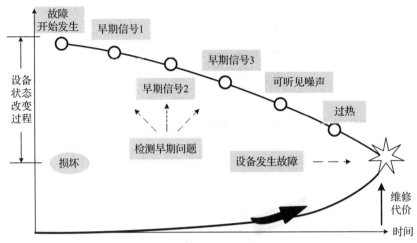

图 7-13　故障早期发现的重要性

根据国际飞机信息服务研究机构提供的数据，全球在 2011 年就有大约 21 500 架商用的喷气式飞机，有 43 000 台喷气式发动机。每一架飞机通常采用双喷气发动机的动力配置。每一台喷气式发动机包含涡轮风扇、压缩机、涡轮机 3 个旋转设备，这些设备都装有测量旋转设备状态参数的仪器仪表与传感器。每架飞机一天大约起飞 3 次，每年平均要飞行 2300 万次。美国通用电气公司 GE 旗下的 GE 航空，为了确保飞机飞行安全，建立了一个覆盖每一台喷气式发动机从生产、装机、飞行到维修整个生命周期健康状态监控的 AIoT 大数据应用系统，其结构如图 7-14 所示。

用于发动机健康状态监控的 AIoT 大数据系统记录了每一台发动机的生产数据，以及安装到每一架飞机的记录。飞机在每一次正常飞行的过程中，每一台喷气式发动机中每个旋转设备的传感器与仪表将实时测量飞行状态数据，通过卫星通信网把测量的数据发送到大数据分析中心，保存在发动机状态数据库中。假设大数据分析中心工作人员使用数字孪生技术，对每一台物理发动机的设计运行数据与另一台在云计算环境中的虚拟发动机软件中的仿真数据进行比较与分析，评价发动机性能与健康状况，发现潜在的问题，预测可能发生的故障，快速、精准、预见性地针对每一台发动机制定日常维护与维修计划，包括维修时间、地点、预计维修需要的时间以及航班的调度。制定好维修计划之后，大数据分析中心与航空公司、机场进行协调，在待维修的飞机降落之前，就在相应的机场安排好维修技术人员与备件。GE 航空将这种服务叫作"On-Wing Support"。推出这项服务之后，如果一架从美国芝加哥飞往上海的飞机发动机需要维修，那么在飞机降落在上海的机场后，最多只需要 3 个小时就可以完成维修任务，使飞机安全地飞回芝加哥。AIoT 大数据技术在飞机发动机日常维护中的应用，可以大大地提高飞机飞行的安全性，缩短飞机维修时间，减少发动机备件库存的数量，节约飞机维护成本，提高飞机运行效率。

图 7-14　AIoT 大数据技术在飞机发动机日常运行维护中的应用

GE 航空的前身是 GE 公司旗下的飞机发动机公司（GE Aircraft Engine），公司原来只制造飞机发动机。在开展"On-Wing Support"业务之后，公司改名为 GE 航空（GE Aviation）。改名之后的 GE 航空标志着公司发展的转型，它已从一家单纯的"生产型"企业转型为"生产 + 服务型"企业。公司的业务在单纯的制造业基础上，增加了基于产品大数据分析的延伸服务，为企业创造了新的价值。这家公司产业转型的思路告诉我们：将 AIoT 大数据技术应用在飞机发动机日常维护中，这家公司就不仅仅是只制造发动机、卖发动机的航空发动机制造商了，同时它也是一家航运信息管理服务商，它的业务从飞机发动机的制作、销售，扩展到运维管理、能力保障、运营优化、航班管理的信息服务。

实际上，很多公司在需求发展的过程中，都考虑和尝试过企业转型升级，只是在 AIoT 与大数据技术没有发展到实际应用阶段时，企业转型的很多创新想法受到了限制。当技术发展到一定阶段时，这种创新、转型、升级将呈现井喷的趋势。

7.3　AIoT 智能控制

7.3.1　AIoT 智能控制与数字孪生

1. 数字孪生研究的背景

提到"孪生"一词人们自然会想到一对外貌相像的双胞胎，但"数字孪生"这个术语大家可能会感觉很陌生。其实，"数字孪生"的设想最初出现在科幻电影中。看过电影《钢铁侠》的读者能够很好地理解"数字孪生"的概念。《钢铁侠》的主人公托尼·斯塔克为自己量身打造了一个钢铁战甲，去惩奸除恶。影片中托尼·斯塔克设计、改进和修理钢铁侠战甲的过程都不是在图纸或实物上进行操作的，而是通过一个虚拟的影像用增强现实的方法呈现出来，整个过程完全是通过"数字孪生"的"镜像"技术来实现的。

有关空间领域应用数字孪生的科幻片描述的场景是：当地面测控中心向太空飞船上的宇航员发出一项舱外修复指令时，宇航员没有时间和空间进行预演，也没有经验可以借鉴。太空环境复杂，机会只有一次。宇航员立即在计算机中输入外部环境、故障现象、时间、温度等数据，计算机模拟出与现实的太空一模一样的、"孪生"的虚拟环境；宇航员在虚拟环境中反复实验，直到找出最佳的操作方式与流程，然后将最佳方案输入太空机器人的程序中；太空机器人以精准的动作和正确的流程，顺利地完成了舱外修复任务。

"孪生体 / 双胞胎"概念在实际工程中的应用最早可以追溯到 NASA 的阿波罗项目。NASA 在阿波罗项目中制造了两个完全一样的空间飞行器，即"双胞胎"的物理实体，一个在天空运行，一个留在地球上。留在地球上的空间飞行器的"孪生体"用来做空间飞行器的运行状态的镜像仿真。NASA 的阿波罗项目为日后出现的"数字孪生体"研究打下了坚实的基础。随着将数字孪生技术应用于制造业研究的发展，科学家进一步提出了"产品数字孪生体"与"数字纽带"（Digital Thread）的概念。图 7-15 给出了航天领域对数字孪生概念描述的示意图。

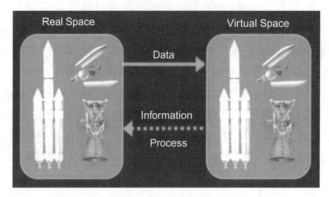

图 7-15 航天领域数字孪生概念示意图

2. 控制理论与技术发展的过程

研究控制理论的学者总结了控制技术发展的四个阶段：第一阶段发生在"二战"前后，工程师认识世界与改造世界的"三论"是系统论、控制论与信息论；第二个阶段是在机械化、电气化快速发展时期，自动控制理论从经典控制逐步发展成现代控制、计算机控制；第三个阶段是从计算机控制发展到智能控制；第四阶段出现在"工业 4.0"时代，数字孪生将推动系统建模与仿真应用的快速发展。

AIoT 应用系统的一个重要特点是：可反馈、可控制。AIoT 采用边缘计算与核心云计算相结合的计算模式，将需要实时处理的传感器感知数据就近在边缘计算平台中完成处理，边缘计算根据数据处理的结果，将控制指令快速反馈给执行器。远端的核心云主要用于承担大计算量、长期性和预见性的数据分析处理任务，应用层根据数据处理结果决定控制策略，并发出控制指令。控制指令由核心交换网、接入网传送到现场的执行器，由执行器完成控制指令。智能控制是 AIoT 一个重要的研究问题。

因此，数字孪生的概念始于科幻电影，因感知控制而起，以新技术集成创新而兴。数字孪生已经成为 AIoT 研究领域一个新的技术术语和研究热点。在 AIoT 时代，人类要将科幻片中的"数字孪生"幻想变成现实。

7.3.2 数字孪生的基本概念

1. 数字孪生概念的提出

2003 年，美国密歇根大学 Michael Grieves 教授第一次提出"数字孪生"的概念。数字孪生概念模型如图 7-16 所示。

Michael Grieves 教授在产品生命周期管理课程中提出了"与物理产品等价的虚拟数字化表达"的概念，虽然这个概念没有被称为"数字孪生体"，在 2003 年到 2005 年被称为"镜像的空间模型"，在 2006 年到 2010 年被称为"空间镜像模型"，但是它们讨论的内容都是数字孪生体的组成元素，即物理空间、虚拟空间，以及两者的关联与接口，因此被认为"数字孪生体"的雏形。

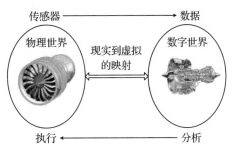

图 7-16　数字孪生概念模型示意图

"数字孪生体"扩展了"孪生体"的概念，研究"数字孪生体"的技术与方法叫作"数字孪生"。这种扩展表现在以下几个方面。

- "孪生体"是两个一模一样的物理实体，是一对"双胞胎"；"数字孪生体"一个物理实体，一个是虚拟实体。
- "数字孪生体"引入虚拟空间，建立虚拟空间与物理空间的关联，两个空间彼此可以进行数据与信息交互。
- "数字孪生体"的工作过程直观地体现了"虚实融合""以虚控实"的研究思路。
- "孪生体"概念除了扩展到产品之外，还扩展到了智能制造、智能工厂与产业链。

限于当时的科技水平，2003 年提出的"数字孪生"概念并没有引起学术界与产业界的重视。2011 年，美国空军研究实验室（AFRL）在制定未来 30 年愿景规划时，采纳了数字孪生的概念，希望在交付未来每一架战机的同时交付一个数字孪生体，并提出了"机体数字孪生体"的概念。

2. 数字孪生在产业中的应用

数字孪生概念虽然起源于制造业与航空航天领域，但是它的先进理念正在被很多行业吸取和借鉴。2017 年国际知名咨询机构 Gartner 将数字孪生列入 2019 年十大战略性技术趋势中，认为它具有巨大的颠覆性潜能，未来 3 ~ 5 年内将会有数亿件的物理实体以数字孪生状态呈现。未来将有大量的 AIoT 平台使用某种数字孪生技术来实现智能控制，少数城市将率先利用数字孪生技术进行智慧城市的管理。

工业 4.0 的推进带动了云计算、大数据、智能技术与 AIoT 的融合，为数字孪生的发展注入了强劲的动力；数字孪生为 AIoT 大规模应用中复杂智能系统的控制设计提供了一种新的思路和方法。

2019 年 2 月，在世界最有影响力的医疗信息技术行业大型展会上，西门子公司研发的旨在用数字技术了解患者健康状况和预测治疗方案效果的 AI 驱动数字孪生技术成为这次展会关注的焦点。2019 年 3 月又有一架波音客机坠毁，在不到半年的时间里就发生两次重大的空难，这种现象使产业界与学术界对飞机日常维护变得高度重视，并对把数字孪生用于客机安全与日常维护以提供准确的分析和预测能力寄予厚望。社会的反应很直接，股市上所有与数字孪生相关的概念股全部涨停，数字孪生技术已经受到社会广泛的关注。

研究数字孪生的学者都深刻地认识到：数字孪生利用物理模型、传感器连续感知运行全过程的数据，形成了涉及多物理量、多尺度、多概率的仿真过程，并在虚拟空间中完成映射，从而描写出对应的实体装备在全生命周期过程的状态。因此，数字孪生本身就是一个涉及多学科的复杂系统。研究人员的戏言是：说起来容易，有本事拿出模型来看看；能说算不上什么，有本事拿出代码来看看。数字孪生的难点是如何设计出合理的模型，数字孪生的重点是如何写出实现模型算法的软件。之所以说数字孪生的难点是模型，是因为模型的建立需要多领域的专家合作才有可能完成。

目前从事数字孪生研究的科研人员关注的问题是：如何与新一代信息技术融合，使数字孪生技术从理论走向落地应用。从事 AIoT 研究的科研人员的理解是：AIoT 应该是数字孪生研究中提出的新一代信息技术的主要内容，AIoT 为数字孪生的实现提供了运行环境，数字孪生为复杂的 AIoT 智能控制提供了一种新的设计思路和实现方法。AIoT 与数字孪生复杂系统的融合可以加速数字孪生从理论研究走向落地应用的过程，可以进一步提高 AIoT 的智能技术应用水平和应用效果。

AIoT 时代已经具备支持数字孪生技术落地应用的需求和条件，这些条件是：

- 基于 AIoT 的虚实互联与集成；
- 基于 AR/VR 的虚实映射与可视化显示；
- 基于云平台的数字孪生存储与共享服务；
- 基于大数据与人工智能的数据分析、融合与智能决策。

因此，推动 AIoT、云计算、大数据、人工智能与数字孪生的无缝连接，是 AIoT 应用发展的必然选择。从 2016 年起，Gartner 连续四年都将"数字孪生"列为当年的十大战略科技发展趋势之一。2020 年，我国国家发改委和中央网信办印发的《关于推进"上云用数赋智"行动培育新经济发展实施方案》中，提出夯实数字化转型技术支撑，支持在具备条件的行业领域和企业范围探索数字孪生与大数据、人工智能、云计算、5G、AIoT 和区块链等新一代数字技术应用和集成创新。

7.3.3 数字孪生的定义

1. 数字孪生的定义与内涵

学术界与产业界从不同的角度对数字孪生给出了多种定义。

学术界对数字孪生的一般定义是：数字孪生是针对物理世界的物体，通过数字化的手段构建一个在数字世界中一模一样的虚拟物体，实现对物理实体的了解、分析和优化。

从现代技术融合的角度出发对数字孪生的定义是：数字孪生集成人工智能（AI）与机

器学习（ML）、AIoT 与大数据技术，将数据、算法与决策分析结合起来，建立物理对象的虚拟映射，监控虚拟模型中物理对象的变化，诊断基于人工智能的多维数据复杂处理与异常分析，预测潜在的风险，合理地规划相关设备的维护工作。

工业 4.0 对于数字孪生的定义是：利用先进的建模与仿真工具构建的，覆盖产品全生命周期与价值链，从基础材料、设计、工艺、制造、使用与维护全部环节，集成并驱动以统一模型为核心的产品设计、制造与保障的数字化数据流。

对比不同的定义，可以归纳出数字孪生涵盖的几个基本要点。

- 数字孪生是形成物理世界中物理实体在数字世界中镜像的虚拟物体的过程与方法。
- 数字孪生以数字化形式对物理实体过去、现在的行为与流程进行动态呈现。
- 数字孪生在产品设计和制造过程中建立，在全生命周期中持续演进和增长。
- 数字孪生可以分为产品数字孪生、生产数字孪生、设备数字孪生。
- 对于同一个实体，在不同的阶段可能会出现多个数字孪生体。
- 数字孪生体现了"虚实融合，以虚控实"的技术路线。

7.3.4　数字孪生与 AIoT

现代产品系统、生产系统、企业系统本质上都属于复杂系统。为了优化复杂系统的性能，需要一个可观测的数字化模型，以及一个对产品有着综合性、多物理性描述的数学表示，以便在产品的整个生命周期中维护和重复使用在产品设计与制造期间生成的数字信息。多物理性是指数字孪生体是基于物理特性的实体产品的数字化映射模型，不仅需要描述产品的几何特性（如形状、尺寸与公差），还需要描述实体产品的结构动力学模型、热力学模型、应力分析模型等物理特性。产品一旦投入现场使用，则生成的全生命周期数字信息包括：状态数据、传感器读数、操作历史纪录、构建和维护配置状态、序列化部件库存、软件版本，以及服务与产品数据。

通过数字孪生可以分析产品当前状态和性能，以调度预防和预测维护活动，包括校准和工具管理。通过维护管理软件系统，数字孪生可以管理维修部件库存，并指导技术人员完成现场修理、升级或维修。通过积累数据库中足够多的实例，工业大数据分析工程师可以评估特定系统设备及其部件，并反馈给产品设计与工艺设计人员，用于产品与工艺的持续改进，最终形成闭环数字孪生。数字孪生的工作过程如图 7-17 所示。

从以上讨论中可以看出以下两点。

- 数字孪生产品是"创意"，数字孪生生产是"实现"，数字孪生设备是"使用"。数字孪生覆盖了从产品创意、实现与使用到维护的全过程。
- 运行一个数字孪生软件的计算规模与弹性很大，数字孪生需要在云端运行。数字孪生的产品状态数据来自于 AIoT 传感器，产生的控制指令也需要传送到执行器去执行，AIoT 要为物理物体与虚拟物体之间的数据交互提供可靠的通信环境。

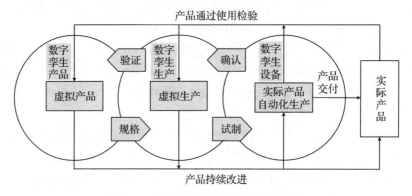

图 7-17 数字孪生协同工作过程示意图

因此，数字孪生在 AIoT、云计算、大数据与智能技术的支撑之上，通过对产品全生命周期的迭代优化和"以虚控实"，彻底改变了传统的产品设计、制造与运行维护。数字孪生与云计算、大数据、智能、AIoT 的关系如图 7-18 所示。

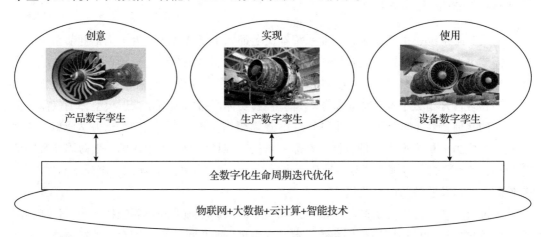

图 7-18 数字孪生应用示意图

需要注意的是，为了适应 AIoT 结构的变化与实时性应用的需求，很多研究工作不再局限在核心云中运行数字孪生的工作模式，提出了两种新的研究思路，一种是核心云与边缘云协同工作的混合模式，另一种是基于边缘云运行数字孪生的模式。基于边缘云运行数字孪生的模式是开发在边缘计算节点中运行的数字孪生软件，直接在边缘计算平台上完成对传感器数据的分析和控制指令的反馈，数据不需要传送到远端的核心云。

陈根在《数字孪生》一书中描述的数字孪生在"数据"转变成"知识"过程中的作用如图 7-19 所示。

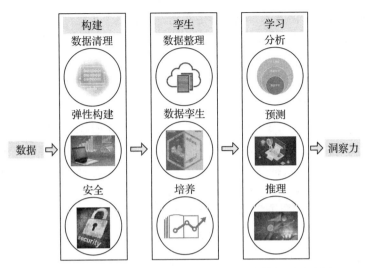

图 7-19　数字孪生在数据转变为知识过程中的作用示意图

7.3.5　数字孪生概念体系结构

数字孪生概念体系架构如图 7-20 所示。

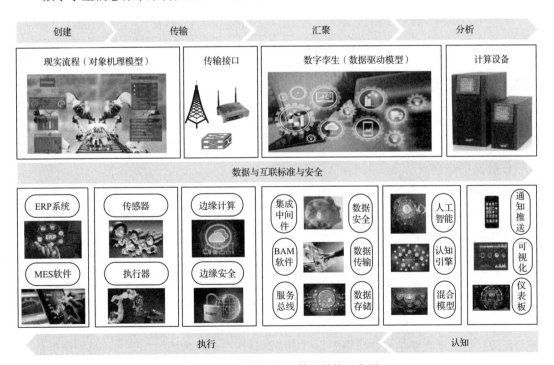

图 7-20　数字孪生概念体系结构示意图

数字孪生概念体系结构描述了数字孪生实现过程的六个步骤。

第一步：创建。创建是在现实的物理生产流程中配备大量的传感器，检测并获取现实生产过程、物理环境数据。传感器将检测到的数据转换为数字信息，传输到数字孪生系统。感知信息还包括制造执行系统、企业资源计划 ERP 系统、计算机辅助设计 CAD 模型，以及供应链系统的流程所产生的信息。它们为数字孪生系统提供大量持续更新的数据。

第二步：传输。接入网与核心交换网实现了现实生产流程和数字虚拟环境之间的无缝、实时、双向的数据传输。传输阶段涉及三个问题：边缘计算、传输接口与边缘安全。边缘计算利用在靠近传感器与执行器的边缘部位部署的计算与存储设备，实现对实时性、带宽、可靠性要求高的数据的快速处理；传输接口实现传感器、执行器、网络与数字孪生系统的连接；边缘安全采用防火墙、加密/解密及身份认证等安全措施。

第三步：汇聚。汇聚是将获得的数据聚合并存入数据库中，为数据分析做好准备。数据汇聚可以在现场设备、边缘云或核心云中完成。

第四步：分析。分析是根据模型对数据进行比较、判断和挖掘，对分析结果做可视化处理。数据科学家和分析人员可利用数据分析平台完成数据分析过程。

第五步：认知。在认知过程中，通过机器学习与增强学习、认知引擎，发掘有用的知识，将结果通过仪表板与可视化图表，用一维或多维方式显示物理对象机理模型与数据驱动模型之间的差异，标明可能需要调查或更换的区域与内容。

第六步：执行。执行是将认知阶段形成的执行指令反馈到执行器、企业资源计划 ERP、制造执行管理系统 MES 与计算机辅助设计 CAD 软件，实现数字孪生的闭环控制作用。

7.3.6 数字孪生技术体系

数字孪生技术体系按照从基础数据采集到顶端应用的顺序可以分为四层，包括数据保障层、建模计算层、功能层与沉浸式体验层，其结构如图 7-21 所示。

1. 数据保障层

数据保障层是整个数字孪生技术体系的基础，支撑着整个上层体系的运作。数据保障层由传感器数据采集、高速数据传输和全生命周期数据管理三个功能模块构成。

智能传感器与传感器网络是整个数字孪生技术体系感知与准确采集外部物理世界数据的基础实施，也是数字孪生系统运行的基石。智能传感器感知与采集数据的实时性与准确性，决定了整个数字孪生系统的有效性与价值。5G、近场网络、工业现场总线与光纤传输技术为泛在接入、超短延时、高可靠与高可信的感知数据获取与传输提供了技术保障。

由边缘云、核心云组成的分布式云存储体系，为全生命周期数据的存储和管理提供了平台保障；高效率存储结构和数据检索结构为海量历史运行数据的存储和快速提取提供了重要保障，为基于云存储和云计算的系统体系提供了历史数据基础，使大数据分析和计算中的数据查询与检索阶段能够快速可靠地完成。

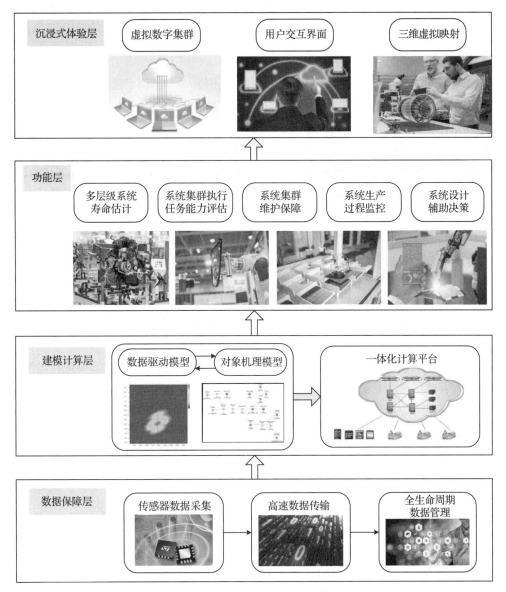

图 7-21　数字孪生技术体系示意图

2. 建模计算层

建模计算层主要由数据驱动模型、对象机理模型，以及一体化计算平台构成。建模算法充分利用机器学习与增强学习方法，实现对数据的深度特征提取和利用，通过采用多物理、多尺度的方法对传感数据进行多层次的解析、挖掘和学习，可以发掘其中蕴含的相互联系、逻辑关系与主要特征，实现对系统的超现实状态的表征和建模，预测系统的未来状态和寿命，依据对当前和未来健康状态的分析，评估系统存在的潜在风险和提出解决方法。

3. 功能层

功能层针对实际的系统设计、生产、使用和维护需求，提供系统应具有的相应功能。功能层包括多层级系统寿命估计、系统集群执行任务能力评估、系统集群维护保障、系统生产过程监控、系统设计辅助决策这些功能模块。

- 针对复杂系统在使用过程中存在的异常和退化现象，在功能层开展针对系统关键部件和子系统的退化建模和寿命估计，为系统健康状态的管理提供指导和评估依据。
- 对于需要协同工作的复杂系统集群，功能层为其提供协同执行任务的可执行性评估和个体自身状态感知，辅助集群任务对执行过程的决策。
- 在对系统集群中每个个体的状态深度感知的基础上，可以进一步依据系统健康状态实现基于集群的系统维护保障，节省系统的维修开支及避免人力资源的浪费，实现系统群体的批量化维修保障。
- 数字孪生技术体系的最终目标是实现基于系统全生命周期健康状态的系统设计和生产过程优化改进，使系统在设计生产完成后能够在整个使用周期内获得良好的性能表现。

作为数字孪生技术体系的直接价值体现，功能层可以根据实际系统需要进行定制，在建模计算层提供的强大信息接口的基础上，功能层可以满足高可靠性、高准确度、高实时性及智能辅助决策等多个性能指标，提升产品在整个生命周期内的表现性能。

4. 沉浸式体验层

沉浸式体验层主要是为使用者提供良好的智能人机交互环境，让使用者可以便捷地通过语音和肢体动作访问功能层提供的信息，获得分析和决策方面的信息支持；能够获得身临其境的应用体验，从而了解和掌握复杂系统的特性和功能。

将增强现实引入产品设计、生产、使用、维护的全过程，在实际场景的基础上融入全三维的沉浸式虚拟场景平台，通过虚拟外设，可使开发人员、生产人员在虚拟场景中的感知与在实际物体所处物理世界中的感知完全同步。增强现实通过增强见、闻、触、听，打破现实世界与虚拟世界的边界，让用户了解和学习真实系统场景本身不能直接反映的系统属性和特征，达到了"虚实融合，以虚控实"的目的。

沉浸式体验层是直接面向用户的层级，以用户可用性、便捷性与交互的友好性为主要评价指标。使用者通过学习和了解在实体对象上接触不到或采集不到的物理量和模型分析结果，能够获得对系统场景更深入的理解，激发对设计、生产、使用、维护等方面的创新灵感。

7.3.7　数字孪生核心技术

数字孪生核心技术包括多领域与多尺度融合建模、数据驱动与物理模型融合的状态评估、数据采集与传输、生命周期数据管理、虚拟现实呈现、高性能计算等。陈根在《数字孪生》一书中对数字孪生核心技术做了较为全面的总结。

1. 多领域与多尺度融合建模

当前大部分建模方法是先在特定领域进行模型开发，然后在后期采用集成、数据融合的方法，将来自不同领域的独立模型融合为一个综合的系统级模型。这种方法的融合深度不够并且缺乏合理解释，限制了对来自不同领域的模型进行深度融合的能力。

多领域建模是指在正常和非正常情况下，从最初的概念设计阶段开始实施，从不同领域、深层次的机理层面，对物理系统进行跨领域的设计理解和建模。

多领域建模的难点在于，多种特性的融合会导致系统方程具有很大的自由度，同时传感器为确保基于高精度传感测量的模型动态更新，要使采集的数据与实际的系统数据保持高度一致。多领域建模必须有多个领域的专家参与、合作才能够高质量完成。

2. 数据驱动与物理模型融合的状态评估

在数据驱动与物理模型融合的状态评估上，通常难以建立精确可靠的系统级物理模型，因此单独采用目标系统的解析物理模型对目标系统进行状态评估，无法得到最佳的评估效果。相比之下，采用数据驱动的方法能利用系统的历史数据和实时运行数据，对物理模型进行更新、修正、连接与补充，融合系统机理特性和运行数据特性，能够更好地结合系统的实时运行状态，获得动态实时跟随目标系统状态的评估系统。

现有的工业复杂系统和装备复杂系统全生命周期状态无法共享、全生命周期内的数据无法有效融合，数字孪生发展要建立在机器学习、深度学习的基础上。随着研究的深入，将会发现越来越多的工业状态监测数据或数学模型可用于替代难以构建的物理模型，但同时也会带来对象系统过程或机理难以刻画，所构建的数字孪生系统表征性能受限等问题。

因此，有效地提升或融合复杂装备或工业复杂系统前期的数字化设计及仿真、虚拟建模、过程仿真，进一步强化考虑对复杂系统的构成和运行机理、信号流程及接口耦合等因素的仿真建模，是构建数字孪生系统必须突破的瓶颈。

3. 数据采集与传输

数字孪生系统是物理实体系统的实时、动态、超现实映射，数据的实时采集传输和更新对数字孪生系统具有至关重要的作用。高精度传感器数据的采集和快速传输是整个数字孪生系统的基础，各个类型的传感器性能，包括温度、压力、振动等都要达到最优状态，以复现实体目标系统的运行状态。传感器的分布和传感器网络的构建以快速、安全、准确为原则，通过分布式传感器采集的系统的各类物理量信息来表征系统的状态。同时，必须构建快速可靠的接入网、核心交换网，将系统状态树安全、实时地传输到高层系统是十分重要的。

4. 生命周期数据管理

复杂系统的全生命周期数据存储与管理是对数字孪生系统的重要支撑。采用边缘云、核心云协同的机制，对海量数据进行分布式存储与管理，实现数据的实时处理、快速检索与冗余备份，为数据智能分析算法提供了可靠的数据保障。

全生命周期数据可以为数据分析和可视化提供更充分的信息资源，使系统具备历史状态回放、结构健康退化分析，以及任意历史时刻状态的智能分析功能。海量的历史运行数据为数据挖掘提供了丰富的样本信息，通过提取数据中的有效特征、分析数据间的关联，可以获得很多未知却具有潜在利用价值的信息，加深对系统机理与数据特性的理解和认知，实现数字孪生体的超现实属性。由于数字孪生系统对数据的实时性要求很高，因此如何优化数据的分布架构、存储方式和检索方法，获得实时可靠的数据读取性能，是全生命周期数据应用于数字孪生系统面临的挑战，尤其应考虑工业数据安全及装备领域的信息保护，构建以安全私有云为核心的数据中心或数据管理体系，这是目前较为可行的技术解决方案。

5. 虚拟现实呈现

虚拟现实与增强现实技术可以将系统的制造、运行、维修状态呈现为超现实的形式，对复杂系统的各个子系统进行多领域、多尺度的状态监测和评估，将智能监测和分析结果附加到系统的各个子系统、部件中，在完美复现实体系统的同时将数字分析结果以虚拟映射的方式叠加到所创造的孪生系统中，从视觉、声觉、触觉等各个方面提供沉浸式的虚拟现实体验，实现实时、友好的人机互动。虚拟现实技术能够帮助使用者通过数字孪生系统迅速地了解和学习目标系统的原理、构造、特性、变化趋势、健康状态等各种信息，并能启发其改进目标系统的设计和制造，提供比实物系统更加丰富的信息和选择，为优化和创新提供灵感。

复杂系统的虚拟现实技术难点在于需要大量的高精度传感器采集系统的运行数据来为虚拟现实技术提供必要的数据来源和支撑。在现实的工业数据分析中，往往忽视数据呈现的研究和应用，随着日趋复杂的数据分析任务以及高维、高实时数据建模和分析需求，需要加强对数据可视化技术应用的关注，这是提升数字孪生应用效果的重要环节。

6. 高性能计算

数字孪生系统复杂功能的实现在很大程度上依赖其背后的计算平台，实时性是衡量数字孪生系统性能的重要指标。因此，提升基于分布式计算的边缘云与核心云平台的计算、存储能力，优化数据结构、算法结构等提高系统的任务执行速度，以及保障系统实时性是支撑数字孪生系统运行的重要保障。如何综合考量由数字孪生系统搭载的计算平台的性能、网络带宽与延时特性，以及云计算平台的计算能力，设计最优的计算架构，满足数字孪生系统的实时性分析和计算要求，是决定数字孪生应用效果的重要条件。

数字孪生除了应用于工业 4.0 的智能产品、智能制造、智能工厂等领域之外，目前的研究工作已经扩展到智慧城市、智能医疗、智能家居、智能物流、智能电网，以及航空航天等领域。数字孪生目前处于研究的初始阶段，有很多技术难题只有在实际工作过程中才会不断地显现出来，这也给 AIoT 研究人员提供了很多新的研究课题。

从以上的讨论中，我们可以得出三点结论。

第一，AIoT 通过各种感知手段采集大量的数据不是目的，AIoT 的终极目标是从海量数据中提取对外部环境认知的有用知识。大型 AIoT 应用系统属于复杂大系统，传统的控制理论与控制方法已经不能够满足复杂系统的控制需求，亟待研究新的智能控制理论与技术。

第二，尽管目前数字孪生技术研究仍处于起始阶段，但是数字孪生已经展现出广阔的应用前景，数字孪生与 AIoT 研究的共性特征与协同工作关系已经清晰。数字孪生急需从理论研究向落地应用阶段过渡，同时也为 AIoT 智能控制提供了新的设计理念与方法。

第三，如何实现 AIoT 与数字孪生的多学科技术融合，在推动 AIoT 应用发展的过程中促进数字孪生应用落地，是 AIoT 与数字孪生共同的需求，也是下一阶段研究的重点。可以预见，过几年之后会有一大批 AIoT 应用系统以各种形式应用数字孪生技术。

7.4　区块链技术与 AIoT

目前，区块链在智能工业、供应链管理等领域有一些比较成熟的应用。但是，智慧城市、智能交通、智能医疗、网上支付、供应链管理、物流与物流金融、溯源防伪等领域的应用仍处于研究和实验阶段。

本章从区块链基本概念出发，对区块链在 AIoT 中的应用进行系统性讨论。

7.4.1　区块链的基本概念

了解区块链在 AIoT 中的应用，首先需要回顾区块链产生的背景与发展的过程。

Internet 用户的账户被盗是经常发生的事，实际上没有一种预防措施是绝对安全的。我们需要做到的是：检测有人查看了用户的账户并做了修改，保证与用户相关的信息不被滥用。区块链恰恰能够做到这两点。

区块链的概念源自 2009 年 1 月问世的比特币（Bitcoin）开源项目，其初衷是避免第三方处于任何金融交易。2009 年出版的 *Bitcoin：A Peer-to-Peer Electronic Cash System* 白皮书（以下简称为白皮书）描述了致力于开发一个允许一方与另一方的在线交易，无须通过金融机构中介的平台的机制。比特币是一种电子货币，复制且公布数字化数据并不困难，这就会造成数字货币被重复消费的现象。区块链可以预防这种现象的出现。基于区块链的比特币网络融合了现代密码学与分布式网络等技术。在之后的数年里，在无中心的纯分布应用场景下，比特币网络稳定地支持了海量转账交易，使人们认识到看似极为简洁的区块链数据结构居然能够满足分布式记账的基本需求。随之很多基于区块链的分布式记账技术开始涌现。

2013 年，参与比特币研究的程序员 Vitalik Buterin 在白皮书上首次描述了一种分散的网络，能够在分布式环境中运行的应用程序——以太坊（Ethereum），它向平台提供了自定义区块链系统的方法，成为最成熟的区块链之一。

2014 年开始，金融与科技领域的专家开始关注区块链技术。2014 年初，瑞士 Ethereum GmbH 公司开发了第一款以太坊软件。

2015 年年底，包括 IBM、Intel、Cisco 等的 IT 企业与金融领军企业联合发起了超级账本（Hyperledger）的开源计划，并由中立的 Linux 基金会进行管理。该项目遵循 Apache V2 许可（商业友好），旨在打造一个开源社区。目前超级账本社区已经发展到覆盖 16 个顶级项目，拥有 280 个全球企业会员，开发了众多应用案例的程度。

7.4.2 区块链的基本工作原理

区块链具有分布式、可信与不可篡改的特点。区块链的基本工作原理如图 7-22 所示。

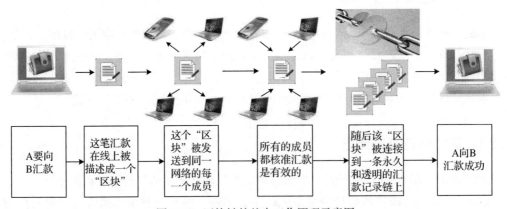

图 7-22 区块链的基本工作原理示意图

区块链的基本工作过程可以形象地描述为：如果客户 A 要给客户 B 汇款，那么他的这笔汇款信息在网上会被描述成一个称为"区块"的数据块；这个"区块"被发送给同一网络中的每个成员；所有成员都核准这笔货款是有效的；随后，这个"区块"被记录到一条永久和透明的汇款记录链上；这个区块链体系保证客户 A 向客户 B 汇款是成功的。

理解区块链基本工作原理，需要注意以下几个问题。

第一，区块链涉及三个基本概念：交易（transaction）、区块（block）与链（chain）。

- 交易是指一次对账本的操作，如添加一条转账记录，导致账本状态的一次改变。
- 区块是指对当前状态，即记录的一段时间内发生的所有交易和状态结果的一次共识。
- 链是指由一个个区块按照发生顺序串联而成，记录账本状态日志的线性链表。

如果将区块链系统看作一个状态机，那么每一次交易意味着一次状态改变；账本只允许添加，不允许删除；生成的区块就是参与者对其中交易导致的状态变化结果形成的共识。

第二，区块链网络是由多个独立的称作"节点"的计算机组成的网络。与传统的集中式数据库服务器上存储全部信息的数据库不同，区块链节点利用管理员的角色来保存整个数据库的副本。这样，即使一个节点发生错误，也仍然可以从剩余的节点获得相应的信息。当节点加入区块链网络时，它会下载最新的区块链账本。每个节点负责用已校验的区块来管理和更新账本。

第三，为了防止参与者对交易记录进行篡改，区块链引入了哈希算法（或散列算法）作为验证机制。哈希算法（或哈希函数）是网络安全中常用的一种保护任何类型数据（如文本、图像、视频、语音）完整性的算法。哈希算法为给定的输入字符串生成固定长度的"哈希值"，即"消息摘要"。一个区块链只使用一个特定的哈希函数，例如在电子货币领域，流行的哈希函数是 SHA-256。哈希函数用来生成"消息摘要"，以保护特定的输入数据或敏感信息。输入数据如果有很小的变化，则对应的哈希值（即"消息摘要"）会发生显著的改变。

第四，多个交易捆绑在一起形成一个"区块"（block），区块本质上是一个数据结构。每个数字货币都有带特定属性的区块链。例如，比特币的区块链每 10 分钟生成一个区块，每个区块大小为 1MB。以太坊的区块链每 12 ～ 14 秒生成一个区块，每个区块大小为 2kB。

第五，区块链是一个按时间顺序排列的账本，节点将整个账本排列在按时间顺序连接的区块上，其结构如图 7-23 所示。

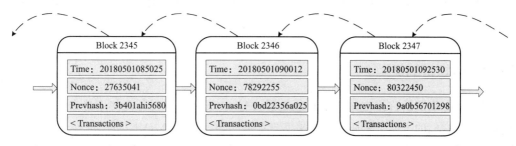

图 7-23　区块链结构示意图

区块链的核心算法是哈希函数。为了确保账本不会被篡改，每一个区块都依赖于前一个区块。没有前一个区块的哈希值，就无法生成新的区块。在账本中添加新的区块时，必须通过区块链中多数节点的验证。攻击者无法通过篡改一个节点的区块，哪怕是对某一个区块的微小更改，而影响到整个区块链，除非它同时感染或攻击了区块链中数以百万计的节点。

7.4.3 区块链的特点

区块链的特点可以归纳为以下几个方面。

第一，去中心化（decentralized）。整个网络中没有中心化的管理节点与机构，所有节点之间的地位、权利与义务都平等；某个节点的损坏与丢失不会影响整个系统运行。

第二，去信任（trustless）。系统节点之间进行数据交互无须让第三方确认彼此的信任关系，整个系统的运行过程是公开和透明的，所有的数据内容都是公开的。在系统规定的时间与规则范围内，节点之间不可能也无法欺骗对方。

第三，集体维护（collectively maintain）。开源的程序保证账本与商业规则可以被所有节点审查。系统中的数据块由所有具有维护功能的节点来共同维护，任何人都可以成为具有维护功能的节点。

第四，可靠数据库（reliable database）。整个系统采用的是分布式数据库的形式，每个参与节点都能获得一份完整的数据库副本。单个节点对数据库内容的修改是无效的，也无法影响其他节点保存的数据内容。因此，攻击者难以对区块链系统进行攻击。

这种通过分布式集体运作方式实现的不可篡改、可信任的机制，通过计算机程序在全网记录所有交易信息的"公开账本"，任何人都可以加入和使用。区块链可以用来再造各行各业的信任体系。

制造商可以借助区块链技术，追溯每一个零部件的生产厂商、生产日期、制造批号以及制造过程的其他信息，以确保产品生产过程的透明与可信，有效提升整体系统与零部件的可用性；借助区块链特有的共识机制，支持通过对等方式将各个设备相互连接，各个设备之间保持共识，不需要中心验证，这样就确保了当一个节点出现问题时，不会影响网络的整体安全性。

7.4.4 区块链的类型

多年来区块链的许多变体在不断地发展，有 1000 多家初创公司使用分布式区块链应用程序发布它们的产品，并通过迭代来实现业务价值。区块链从诞生的第一天开始，一直不需要许可，无一例外地向公众开放。然而，部署区块链的企业确实存在着巨大的挑战。区块链在商业领域的应用的确存在着一些严重的问题。因此，企业会对私有链更感兴趣。目前区块链可以分为三种基本的类型。

- 公有链。公有链是每一个人都可以看到所有交易的区块链，任何人都可以使他们的交易出现在区块链上，并且任何人都可以参与到达成共识的过程之中。
- 私有链。私有链通常在一个系统内部使用，并且只允许特定的成员访问区块链，并执行交易。私有链的优势在于具有更快的交易验证和网络通信、修复错误和反向交易，以及限制访问和减少外来攻击的能力。
- 联盟链。联盟链不允许每个人都参与达成共识的过程，只有有限的节点允许这样做。例如在由 20 家单位组成的联盟中，必须有 15 家单位同意之后，才能使一个区块链有效。联盟链与私有链的区别体现在限制与控制的级别上。

7.4.5　区块链的安全优势

区块链是一种帮助用户维护集体、可靠和分散的数据库内容的底层技术。它可以永久性地不断扩大记录列表，其中的所有记录都可以被溯源，每个区块主要包括与事务相关的区块的加密散列信息和时间戳，这些特点使得区块链具有以下安全优势。

（1）有利于隐私保护

实际上，区块链是一个分布式网络数据库系统。每笔交易的发生都得到所有节点的认证和记录，可以供第三方查验，交易的历史记录按时间顺序排列，并且不断累积在区块链体系中。这种在计算机之间建立"信任网络"，使交易双方不需要第三方信任中介的机制，降低了交易成本。区块链以共同的规则为基础，不同节点之间交换信息都遵循统一规则，交易不需要公开个人身份，在保证成功交易的前提下，有利于用户匿名与隐私保护。

（2）防止数据篡改

区块链形成了一个去中心化的对等网络，采取公钥密码体系对数据进行加密，每个新的区块需要获得全网 51% 以上节点的认可后才能加入区块链中，对存储在区块链中的数据信息不能随意更改。加入区块链的网络节点越多，节点计算能力越强，整个系统的安全性就越好。

（3）提高网络容错能力

区块链上的数据分布在对等节点中。区块链上的每个用户有权生成并维护数据的完整副本。这样做尽管会造成数据冗余，但是极大地提高了可靠性，并增强了网络容错能力。某些节点受到攻击或遭到损害，也不会对网络的其余部分造成损害。

（4）防止用户身份被盗

根据 2017 年的一项研究，过去 50 年中因用户身份被盗用而造成的经济损失达到 1000 亿美元之多。这些事件大多与信用卡诈骗、金融欺诈相关。基于区块链的身份管理平台在用户身份验证方面具有先天优势。区块链将过去对人的信任改变为对机器的信任，防止用户身份被盗用，减少人为因素对网络安全的影响。

（5）防止网络欺诈

电子商务中基于区块链的智能合约利用系统中的数据块是由所有节点共同维护，节点之间不可能也无法欺骗对方的特点，有效防止了网络欺诈与抵赖现象的发生。

（6）增强网络防攻击能力

区块链中的每个节点都可以按照自治的原则，开启安全防护机制，对网络攻击采取自我防护，网络安全防护的效果将随着网络规模的扩大而增强。

7.4.6　区块链在 AIoT 中的应用示例

目前，区块链在 AIoT 安全研究方面的应用主要聚焦在密码算法、安全监管、资产管理三大领域，重点在能源电力、电子发票、数据保全、资产管理、电子政务等领域构建安全可信体系。在密码算法方面，依托国产密码算法重构区块链底层框架，提高安全性与自主可控性。在安全监管方面，推出面向行业的安全风险监控平台，完善区块链监管体系。我们可以设想几个利用区块链技术建立 AIoT 信任体系的范例。

1. 传感器 / 执行器节点账户与信任体系

对于 AIoT 应用系统来说，感知数据是它的源数据，是高层工作的基础。如果感知数据出现问题，则高层的所有工作都变为无效，系统将一片混乱。执行指令是体现 AIoT 决策和控制意图的数据，如果执行指令数据出现差错，那么将造成不可估量的后果。恰恰传感器节点与执行器节点的分布范围广，一般设置在室外或边缘现场环境中，节点结构追求简单、低造价，自身安全保护措施相对薄弱，严格的安全保证措施难以实施，目前已经成为攻击者攻击的重点。因此，如何将传感器节点、执行器节点组织成可信的体系，使得攻击者难以伪造或插入节点、删除或篡改数据，已经成为网络安全研究的重点问题。

在 AIoT 应用系统的部署过程中，必须要为每个传感器节点设置节点名、序号、地址，要记录传感器节点的各种信息，如型号、功能、监测对象、数据类型、数据精度、部署的位置、部署的时间、归属的子系统、与相邻传感器和执行器的关系、采集数据的高层节点、高层节点的权限（只读、只写或读 / 写）、数据采集的频率、突发事件发生时感知数据如何通知高层节点，以及紧急状况下传感器或执行器应该采取的动作。部署 AIoT 应用系统时必须建立传感器与执行器的账户，并且不断监测、维护该账户。可以设想一下，如果我们仍然使用传统的数据库技术去建立包含以上内容的传感器与执行器参数文件，那么攻击者总有办法去修改数据库文件中的内容，一旦攻击者入侵行为得逞，很容易就会引起系统的混乱，甚至造成系统崩溃。

区块链技术可以为建立可信的传感器节点与执行器节点账户和信任体系提供技术支持。应用区块链的优点体现为系统越复杂，节点数越多，安全系数越高；网络审计可以从试图对区块链记录进行访问又出现失败的记录中发现攻击行为，进一步采取溯源或陷阱技术，追踪攻击源。

2. 边缘计算节点与信任体系

边缘计算的复杂性主要表现为以下几点。

- 边缘计算中的计算、存储和网络资源节点分布在经过核心交换网到达远端云计算中心的路径中，具有一定的不确定性。
- 边缘资源节点类型复杂，可以是智能手机、个人计算机、可穿戴智能设备、智能机器人、无人车与无人机等嵌入式用户端设备；也可以是 Wi-Fi 接入点、蜂窝网络基站、交换机、路由器等网络基础设施；还可以是雾计算、微云与移动云计算服务器等。
- 边缘计算就是要将数量众多、相互独立、分散在底层数据源周围的具有计算、存储与网络资源的边缘节点组织起来，形成分布式协同工作系统。

攻击者利用边缘计算的复杂性伪装成任何一种边缘计算节点，都有可能很容易地入侵 AIoT 应用系统，实施攻击。因此我们需要研究如何利用区块链技术，建立 AIoT 边缘计算资源与分布式协同工作系统的信任体系。

2020 年 6 月，中国移动 5G 联合创新中心与中兴通讯、区块链技术与数据安全工业和信息化部重点实验室、北京大学新一代信息技术研究院合作，共同发布了《区块链＋边缘计算技术白皮书（2020 年）》。白皮书聚焦于区块链与边缘计算技术和应用的结合点，讨论区块链如何促进不同的边缘节点之间和"端－边－网－云－用"各方之间的协作同步，帮助建立边缘计算系统的完整性保障和防伪存证支撑资源，推动终端、数据、能力的开放共享，为垂直行业提供"信息＋信任"区块链服务，提出了通用性的服务模式与部署方案；预言 5G 时代区块链与边缘计算的结合，将助力运营商面向产业开拓新市场。

3. AIoT 用户与信任体系

任何一种 AIoT 应用系统，如智能电网、智能交通、智能医疗、智能家居、智能环保等，都有各种类型、不同权限的用户。理解 AIoT 用户的概念需要注意以下几个角色。

（1）AIoT 用户

AIoT 用户是 AIoT 服务的最终用户，可以分为人与数字用户。这里所说的"人"是指使用 AIoT 服务的个人。个人可以通过注册和定制服务，管理和配置连接，通过终端设备连接到 AIoT 服务平台，接受系统提供的服务。数字用户包括代表人执行的自动化服务，实现 M2M 通信、远程故障检测与自动服务发现，按照服务授权来接受系统提供的服务。

（2）AIoT 服务提供商

AIoT 服务提供商的职责是管理和操作 AIoT 服务。AIoT 服务提供商根据 AIoT 应用系统的需要，可以为业务经理、服务交付管理员、系统操作员、安全分析师、运营分析师与数据科学家。

- 业务经理负责整个服务团队的管理。

- 服务交付管理员要确保系统整体服务交付质量符合与客户签订的服务级别要求。
- 系统操作员负责系统的日常运行。
- 安全分析师负责通过主动检测威胁和防止违规的操作，以降低系统安全风险。
- 运营分析师负责分析产品线中特定资产与服务的可用性。
- 数据科学家了解行业数据分析的算法，对使用分析结果的应用提出建议。

（3）AIoT 服务开发商

参与 AIoT 服务开发的技术人员包括总体架构师、开发管理者、应用程序开发工程师、设备开发工程师与系统集成工程师。

AIoT 应用系统从规划、设计、开发到运行的整个过程中，涉及的用户类型很多，他们能够接触应用系统的时间与权限各不相同，如何管理好系统的最终用户，以及在后台负责支持系统运行的各类人员，对于 AIoT 应用系统的安全、平稳运行至关重要。如何通过区块链技术，建立 AIoT 用户信任体系是当前需要研究的一个重要课题。

4. 物流、供应链与信任体系

物流与供应链一直是区块链研究的一个重要方向，同时也是 AIoT 智能物流、智能工业、智能农业、智能制造等应用领域中都会涉及的问题。据 Gartner 调查，有 60% 的物流企业希望使用分布式账本技术。

在多个实体，如企业、用户、银行、仓储、运输业、商家、零售商之间存在大量的物流、资金流与信息流，时刻有大量交易在发生，实体之间存在着错综复杂的关系。在传统的模式下，不同的实体之间保存着各自的供应链信息，相互之间信息不透明，造成较高的时间与经济成本，发生冒领、假货、丢失事件时难以查找和溯源。

应用区块链技术，可以在各方之间建立一个透明可靠的统一信息平台，有关方可以随时查看状态信息，以降低成本，追溯货物生产、配送与签收的全过程，提高系统运行效率与企业的信誉度。

2017 年 8 月，国际物流区块链联盟（Blockchain in Transport Alliance，BiTA）正式成立。BiTA 旨在推动区块链技术在物流行业的应用，并探索制定新的行业标准。

5. 智能制造与信任体系

在智能制造中，一件大型机器可能由上万个零件组成。在规划机器组装的过程中，需要准备一张零件表，表中记录上万个零件的参数：名称、编号、规格、制造材质、加工精度、安装顺序、安装工位、安装工具、安装要求、允许安装公差等数据。这张零件表连同配套的组装文件要准确无误地传送到不同工位的控制计算机中。零件表、组装文件、控制计算机节点就组成了一个机器组装网络。

如果攻击者非法获得这个网络的访问权限，实施了破坏行为，如恶意修改、添加或删除零件表中任何一项数据，用同样的规格、不同的材质或质量替代预先设计的零件指标，使零件表与配套的组装文件对应项出现差错，将零件表与配套的组装文件传送到错误工位的控制计算机，那么其后果轻则使机器组装自动化过程无法实现，整个厂区供应链与组装线出现混乱，重则出现重大的产品质量隐患，这样的机器会酿成重大安全事故。

因此，研究人员正在考虑通过应用区块链技术，在智能制造的自动组装系统中建立一个零件表、组装文件、控制计算机节点协同工作的可信体系。类似的问题在智能电网、智能交通、智能农业、智能医疗中还有很多。目前，各国科学家正在研究将区块链技术应用于 AIoT 的云存储、医疗、通信、社交网络、资产管理，以及社区能源共享、大数字共享、网络游戏、权限管理与溯源等领域。

加快区块链与 AIoT、人工智能、大数据、5G、云计算等前沿信息技术的深度融合，推动集成创新和融合应用，加快 " AIoT+ 区块链"产业生态建设，是当前我国 AIoT 研究与发展的重要任务之一。

参考文献

[1]　杨正洪 . 大数据技术入门 [M]. 2 版 . 北京：清华大学出版社，2020.

[2]　王桂玲，王强，赵卓峰，等 . 物联网大数据：处理技术与实践 [M]. 北京：电子工业出版社，2017.

[3]　王见，赵帅，曾鸣，等 . 物联网之云：云平台搭建与大数据处理 [M]. 北京：机械工业出版社，2018.

[4]　陈根 . 数字孪生 [M]. 北京：电子工业出版社，2020.

[5]　高艳丽，陈才，等 . 数字孪生城市 虚实融合开启智慧之门 [M]. 北京：人民邮电出版社，2019.

[6]　梁乃明，方志刚，李荣跃，等 . 数字孪生实战 基于模型的数字化企业 [M]. 北京：机械工业出版社，2019.

[7]　LAROSE D T，LAROSE C T. 数据挖掘与预测分析：第 2 版 [M]. 王念滨，宋敏，裴大茗，译 . 北京：清华大学出版社，2017.

[8]　斯特科维卡，利系特，曼萨，等 . 大数据与物联网：企业信息化建设新时代 [M]. 刘春荣，译 . 北京：机械工业出版社，2016.

[9]　张霖，陆涵 . 从建模仿真看数字孪生 [J]. 系统仿真学报，2021，33(5):1-10.

[10]　刘大同，郭凯，王本宽，等 . 数字孪生技术综述与展望 [J]. 仪器仪表学报，2018，39(10):1-10.

[11]　冯升华 . 数字孪生与 AI 技术的融合应用 [J]. 人工智能，2020，2:29-37.

[12]　王爱民 . 面向智能生产管控的数字孪生技术 [J]. 人工智能，2020，2:12-20.

第 8 章 ●─○─●─○─●

AIoT 应用层

应用是推动 AIoT 发展的原动力。我国政府高度重视 AIoT 应用的发展，确定了智能工业、智能农业、智能物流、智能交通、智能电网、智能环保、智能安防、智能医疗与智能家居九大重点发展的应用领域。

本章在讨论 AIoT 应用层基本概念与应用系统设计方法的基础上，重点讨论 AIoT 在智能工业、智能电网、智能交通、智能医疗、智慧城市中的应用，并以数字孪生在这些场景中的应用为例，对 AIoT 应用技术进行系统的总结。

8.1 AIoT 应用层的基本概念

8.1.1 设置 AIoT 应用层的必要性

有的读者问：既然已经设置了应用服务层，为什么还要另外设置应用层？既然应用服务层与应用层软件都要运行在云平台，那么为什么还要专门设置应用层？

我们可以从以下几个方面来回答这个问题。

第一，应用是 AIoT 存在的理由。AIoT 的价值要体现在对社会进步、产业发展的贡献，以及为大众提供智能化服务上。

第二，每个应用领域可以细分为多个应用方向，每个方向又需要进一步划分为不同的应用场景，每一种应用场景都要实现一种或多种服务功能，实现服务功能必须制定一系列用户与系统交互、系统内部运行过程中组成单元之间信息交互的通信协议。

我们可以通过分析如图 8-1 所示的智能交通涵盖的内容，来形象地说明这个问题。

AIoT 在智能交通应用中的研究涉及公共交通管理、动态交通信息服务、道路电子收费、区域交通控制以及无人驾驶车辆五大方向；每一个方向，如区域交通控制又进一步分为交通信息动态获取、区域交通控制、交通控制优化配时计算三大研究方向；每一个研究方向可能存在不同的应用场景；每一个应用场景在不同城市又需要考虑这个城市的具体情况，采用不同的体系架构与不同的技术。要实现不同场景下的 AIoT 应用，需要制定很多具体的通信与信息交互协议，实现满足不同协议功能的应用程序。

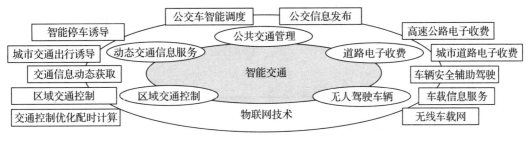

图 8-1　智能交通涵盖的基本内容

AIoT 应用类型十分复杂，功能需求差异很大，必须将 AIoT 应用需求与实现需求应该采用的技术分开层次形成递进的关系。这也正体现了针对复杂系统采用"化整为零"与"协议分层"技术路线。

第三，智能工业、智能农业、智能物流、智能电网、智能环保、智能安防、智能医疗与智能家居都存在与智能交通共性的问题，因此设置应用层就是从功能的角度出发，将各种领域、不同应用项目实现的功能，与支撑这些功能实现的技术区分开来，用层次结构的方法明晰 AIoT 应用系统的功能与实现时采用的技术，帮助 AIoT 系统架构师开展 AIoT 应用系统的结构设计，规划技术架构，细化设备选型、系统集成、软件开发与运行维护的阶段划分。

8.1.2　应用层与应用服务层的关系

AIoT 应用具有多样化、规模化与行业化的特点，使得 AIoT 涉及的技术门类非常多，差异性很大。每种通信与信息交互协议都要由相应的功能软件去实现；应用服务层包含数据融合、大数据、人工智能、智能控制、区块链、网络安全，以及数字孪生与人工智能的各种算法及软件；应用层与应用服务层的软件都会在云计算平台中运行。

面对用于实现应用系统功能的复杂软件结构，以及应用层软件与应用服务层应用软件之间相互调用、反复进行数据交互和性能优化的错综复杂关系，必须采取"以简单的方法去处理复杂问题"的思路；借鉴 Internet 体系结构设计中"化整为零，分而治之"的成功经验，用"层次""接口"与"协议"的概念，将看似"无法驾驭"的 AIoT 的复杂功能、协议、软件与数据交互关系从"无序"变得"有序"。

因此，从应用服务层与应用层功能的角度看，按照应用层为最终用户提供服务，而应用服务层为应用层实现服务功能提供技术支撑的分工，来区分应用层与应用服务层，明确应用层与应用服务层的分工是：

- AIoT 的应用层应该是 AIoT 各种应用协议的集合；

- AIoT 的应用服务层应该是 AIoT 应用层所采用共性技术的集合。

应用层为最终用户提供服务，应用层的低层是应用服务层；应用服务层为应用层提供技术支持与服务。这也正体现了网络层次结构模型中，高层通过接口使用低层提供的服务，低层为高层提供服务的设计思想。

8.1.3 AIoT 应用系统设计的基本方法

1. AIoT 应用系统协议体系设计的原则

AIoT 应用系统协议体系设计需要考虑以下几个基本原则。

（1）AIoT 节点类型与网络层、数据链路层、物理层的关系

AIoT 应用系统协议体系设计的基本原则是要考虑 AIoT 节点是资源受限的受限节点，还是资源不受限的不受限节点，这样就可以确定网络层是不是使用 IP。相应的高层（传输层、应用层）协议也要与接入网的低层协议相协调。

如果 AIoT 节点设备属于类型 0 与类型 1，那么它通常不可能运行完整的 IP，是受限节点；网络层不能够运行 IP，数据链路层、物理层就需要考虑选择资源消耗比较小的受限的接入网，让网络层无须直接使用 IP。节点类型 2 设备能够完整地运行 IP，接入 IP 网络，但是由于资源相对较少，因此一般要对 IP 及其高层的协议进行优化。

传输层、应用层等高层协议的选择，向下必须考虑网络层、数据链路层与物理层等低层所采用的协议，向上需要考虑 AIoT 应用场景的特殊性以及垂直行业的实际应用需求。

（2）传输层协议的选择

传统的 IP 网络在传输层可以选择的协议有 TCP 或 UDP 协议。在 AIoT 应用系统的传输层协议选择中，主要考虑所选协议对上下层协议栈的影响。

TCP 是面向连接的、可靠的传输层协议，传输层使用 TCP 协议的源节点与目的节点在交换数据包之前需要进行"三次握手"来建立 TCP 连接，在数据包传输结束时要进行"四次挥手"来释放 TCP 连接。在 TCP 数据包传输的过程中，为了保证数据包传输的可靠性，需要使用流控制、窗口调整与重传机制，因此 TCP 协议执行过程比较复杂，它以消耗节点的计算、存储与带宽资源，以及增加延时为代价，来换取网络系统数据传输的可靠性。UDP 是无连接的传输层协议。设计 UDP 时遵循的原则就是简单、运行快捷。一个 TCP 数据包的固定首部长度为 20B，一个 UDP 数据包的包头长度是 8B。TCP 协议如此大的开销，AIoT（尤其是受限节点与受限网络）是无法承受的。因此，新的 AIoT 应用协议几乎都使用 UDP 协议。工业物联网的应用层协议通常比较旧，新的工业物联网应用层协议也是优化和采用 UDP 协议。

（3）应用层协议的选择

AIoT 应用层协议类型很多，有很多办法可以在网络上传输应用层程序的数据。我们

在选择应用程序的数据传输方法时，有时需要考虑与已有的 AIoT 特定应用程序和工业物联网协议的兼容性，有时需要考虑更为现代的应用层协议的数据传输需求，这就需要对应用层的应用程序传输方法进行分类。

2. AIoT 应用系统设计方法分类

综合目前的 AIoT 应用系统开发方法，可以将应用程序传输方法分为四类：不采用标准协议的体系结构、传统工业控制协议与 TCP/IP 融合的体系结构、基于 Web 的体系结构、基于 AIoT 应用层协议的体系结构。

（1）不采用标准协议的体系结构

受功能、部署位置、体积、结构、电源，以及成本等因素的约束，类型 0 受限节点（如简单的感知节点）功能有限，可能每次只能发送几个字节的感知数据，它的计算、存储与网络资源通常严格受限，无法实现完全结构化的 TCP/UDP、IP 网络协议体系，甚至在应用层也无法采用标准化的协议。从经济性的角度出发，这类规模小、功能单一，由受限节点组成的应用系统不需要实现一个健壮的协议栈。一般采用数据代理，而不采用结构化、标准化协议的 AIoT 应用系统体系结构如图 8-2 所示。

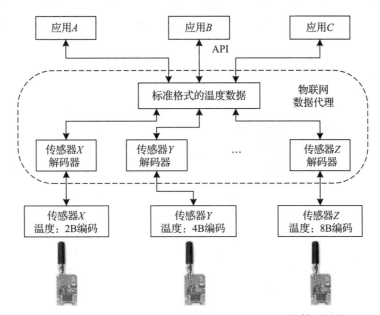

图 8-2　不采用结构化、标准协议的 AIoT 应用系统体系结构

图 8-2 给出的例子中，低层使用的是不同厂家的低成本温度传感器，传感器 X 用 2B 表示感知的温度，传感器 Y 用 4B 表示感知的温度，传感器 Z 用 8B 表示感知的温度。实际使用的温度传感器可能有成百上千个，但是单个传感器最多只发送 8B 的温度数据。一种简单可行的方案是采用软件中间件技术，通过数据代理模块将不同厂家提供的温度感知

数据转换成标准格式的温度数据，应用程序使用轮询的方法向传感器发送读取指令，传感器向应用程序发送感知的温度数据。

这是一种不采用结构化、标准化网络协议的应用系统。它的优点是简单可行，适合小型、特定、局部领域的应用；缺点是不同系统之间没有共同的标准，系统互联困难，数据无法共享，系统难以得到推广应用。

（2）传统工业控制协议与 TCP/IP 融合的体系结构

比较有代表性的传统工业控制系统——数据采集与监视控制（Supervisory Control And Data Acquisition，SCADA）系统出现在 20 世纪 70 年代，它是以计算机为基础的分布式控制系统，目前已经广泛应用于电力、冶金、石油、化工、燃气、铁路、公共事业与工业制造等领域，尤其是在我国电力调度、电气化铁路的运行管理方面一直在发挥重要的作用。SCADA 技术发展比较早，它在物理层采用的是速率很低的 RS-232、RS-485 串行链路。到了 20 世纪 90 年代，Ethernet 与 TCP/IP 在工业领域的应用，推动了 SCADA 系统向 TCP/IP 的演进，IEEE 1815-2010 电力系统通信标准——分布式网络协议（DNP3）的出现，标志着传统的串行协议也能够适应 IP 与 TCP/UDP 协议，这就使得对工业控制领域内已经建立的分布式控制系统的硬件、软件与通信基础设施的投资能够得到保护，已建立的系统能够继续运行。在 IP 网络上传输串行 DNP3 SCADA 的协议栈结构如图 8-3 所示。

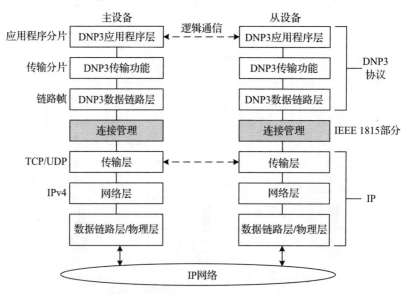

图 8-3　IP 与 DNP3 SCADA 相结合的体系结构

DNP3 SCADA 中采用主/从结构。主设备（主机）是分布式控制系统的控制中心计算机，从设备（分站）是一些分布在各个控制站点的远程设备。从设备负责采集被控设备的状态数据（如电源开/关、电压、电流、温度）；在主设备查询数据时，从设备向主设备发送数据，从设备在系统出现异常时向主设备发送事件报告与警告。

IEEE 1815-2012 指定在传输层的注册端口号 20 000 上使用 TCP 或 UDP，在 IP 网络上传输 DNP3 消息；定义了 DNP3 与 TCP/IP 的连接管理、网络参数配置方法，将 DNP3 与 IP 连接起来。IP 层对于 DNP3 层是透明的，DNP3 用户在使用中并不会感觉到 TCP/UDP 与 IP 的存在。IP 与 DNP3 SCADA 协议的无缝连接，有助于解决 AIoT 应用系统与传统工业控制系统的衔接问题。

（3）基于 Web 的体系结构

Web 因图形用户界面、"联想"式的思维、"交互"与"主动"的信息获取方式而与人类的行为方式和认知规律相符。Web 服务的核心技术是：超文本传输协议（Hyper Text Transfer Protocol，HTTP）、超文本标记语言（Hyper Text Markup Language，HTML）与统一资源定位符（Uniform Resource Locator，URL）。已获得成熟和广泛应用的 Web 技术必然是 AIoT 应用系统软件开发的重要模式之一。基于 XML 或 JavaScript 的数据载荷可以通过 HTTP/HTTPS 或 WebSocket 传输，这使得 AIoT 应用程序可以采用类似于 Web 应用程序的软件环境进行开发。

HTTP/HTTPS 的客户端 / 服务器模型是 Web 的基础。具有高级功能的嵌入式 Web 服务软件在某些情况下可以只需要几十千字节的内存。这样就可以在一些受限设备上使用嵌入式 Web 服务软件。当考虑在 AIoT 设备上实现 Web 服务时，必须仔细权衡是连接客户端还是连接服务器端。对于仅将数据推送到应用程序的 AIoT 设备，如向天气应用程序报告数据的感知节点，可以在客户端实现 Web 服务。而对另外一些 AIoT 设备，如视频监控摄像机，就需要在服务器端实现 Web 服务了。

在 AIoT 应用系统中经常会看到简单对象访问协议（Simple Object Access Protocol，SOAP）与表述状态转移（Representational State Transfer，REST）被用作 Web 服务访问协议。SOAP 可以和现存的多种互联网协议、格式结合使用，其中包括 HTTP、SMTP 与 MIME，同时支持从消息系统到远程过程调用（RPC）的应用程序。REST 是基于 HTTP、URI、XML、JSON 等标准和协议，支持轻量级、跨平台、跨语言的架构。为了支持语音和视频、即时消息、聊天室和 AIoT 设备的实时通信工具之间的信息交互与协同应用，需要采用可扩展消息和呈现协议（Extensible Messaging and Presence Protocol，XMPP）。

在不受限网络环境中，AIoT 应用层协议如果需要占用较多的带宽则可以在系统设计中进行带宽分配。但是当网络中同时存在不受限网络与受限网络时，应用层协议需要根据受限网络与受限节点的实际情况进行优化。

（4）基于 AIoT 应用层协议的体系结构

在考虑大规模部署受限节点与受限网络时，AIoT 行业必须研究新的轻量级协议。目前最流行的两个轻量级应用层协议是受限应用协议（Constrained Application Protocol，CoAP）与消息队列遥测传输（Message Queuing Telemetry Transport，MQTT）。

基于 CoAP 与 MQTT 的 AIoT 协议栈结构如图 8-4 所示。这种协议栈结构的特点有以下几点。

- 应用层 CoAP 与 MQTT 在传输层分别使用 UDP 与 TCP 协议。
- 网络层使用 IPv6。
- 网络层之下使用基于 IPv6 的 6LoWPAN（IEEE 802.15.4 协议）。
- 6LoWPAN 在 IEEE 802.15.4 的 MAC 层与网络层之间加入 6LoWPAN 协议，作为数据链路层与网络层之间的适配层，同时在传输层采用精简的 TCP/UDP 协议。

CoAP	MQTT
UDP	TCP
IPv6	
6LoWPAN	
802.15.4 MAC	
802.15.4 PHY	

图 8-4　基于 CoAP 与 MQTT 的 AIoT 协议栈结构

- MAC 层使用 IEEE 802.15.4 MAC 协议，物理层使用 IEEE 802.15.4 PHY 协议。

3. CoAP 与 MQTT 的特点

（1）CoAP 的特点

CoAP 是 IETF CoRE 工作组为受限节点与受限网络的应用程序开发制定的一个通用框架。CoAP 框架定义的协议使得对传感器与执行器节点、数据与设备的管理更加便捷，为此 IETF CoRE 工作组发布了多种 CoAP 标准规范。

CoAP 消息格式结构很简洁，目的是方便节点之间通过 UDP 交换消息。CoAP 消息格式包括一个固定长度为 4B 的头字段，长度可变（0 ~ 8B）的标志字段，可选的 8B 选项字段，还有载荷字段。简单灵活的 CoAP 消息开销小，适用于受限节点与受限网络。

目前，IETF CoAP 工作组正在研究其他传输机制，包括 TCP、安全 TLS 与 WebSocket，以及用于在蜂窝移动通信网上传输关于 AIoT 设备管理的短消息服务（SMS）的轻量级机器对机器（LWM2M）协议等。

（2）MQTT

1999 年，IBM 和 Arcom 公司的工程师在寻找一种适合石油与天然气行业使用的轻量级即时通信协议的过程中，考虑到石油与天然气行业的环境恶劣，以及存在大量的受限节点，并且野外无线网络属于受限网络、无线信道受环境的影响较大、带宽有限、数据传输延时不稳定这些因素，决定必须设计一个非常简单的、只有几个选项的协议。这个协议就是 MQTT。这个协议现在由结构化信息标准促进组织（OASIS）进行标准化。

MQTT 协议采用的是基于 TCP/IP 体系的客户端 / 服务器与发布 / 订阅框架，其结构如图 8-5 所示。

图 8-5 中左端的 MQTT 客户端可以是温度传感器，它作为发布者，向作为消息代理的 MQTT 服务器发送数据或应用程序消息。右端的 MQTT 客户端作为发布者发布数据的

订阅者，从 MQTT 服务器接收来自发布者的传感器感知数据。MQTT 服务器负责接收发布者发送的数据与应用程序消息，管理订阅与取消订阅过程，将应用程序数据推送到订阅者。MQTT 服务器可以在出现网络故障时缓冲和缓存信息；发布者和订阅者可以互不限制对方的工作状态，这就意味着发送者与订阅者可以不必同时在线。这种工作模式与社交网络应用程序 Twitter 类似。

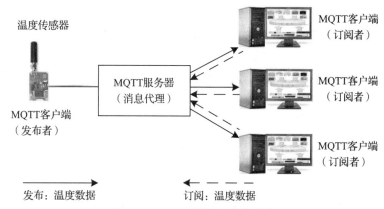

图 8-5　MQTT 的发布 / 订阅框架

MQTT 协议的特点可以归纳为以下几点。

第一，在传输层的注册端口号 1883 上使用 TCP，确保 MQTT 客户端和 MQTT 服务器之间有一个有序和无损的字节流。

第二，在传输层的注册端口号 8883 上使用 TLS，通过加密 / 解密等手段，保护 MQTT 报文传输的安全。

第三，RFC6455 文档定义了 MQTT 协议可以使用 WebSockct。MQTT 是一种轻量级协议，每个控制报文有一个 2B 的固定包头，头字段与载荷长度可选。控制包载荷长度最多可以达到 256MB。

第四，MQTT 定义了 3 个 QoS 级别，其中 QoS 0 提供最多一次的尽力而为的数据传输服务；QoS 1 提供至少一次的消息传输服务，如果订阅者未确认，则重发该消息；QoS 2 提供"恰好一次"交付的"保证服务"。

近年来基于 MQTT 的应用呈现爆炸式增长的趋势。我们可以用一个成功应用 MQTT 的案例来说明其中的原因。

IBM 和 St. Jude 医疗中心根据 MQTT 协议框架开发了一套 Merlin 系统，该系统使用了用于家庭保健的传感器。St. Jude 医疗中心设计了一个叫作 Merlin@home 的心脏装置，用于监控那些已经植入复律 – 除颤器和起搏器两种传感器的心脏病患者。该装置利用 MQTT 协议，将患者信息及时传送给医生 / 医院，实现患者心脏生理指标的实时更新，帮助医生及时掌握患者的病情。病人不用亲自去医院检查，医生可以随时查看病人的数据，及时给出医疗建议。这是一个典型的 AIoT 智能医疗的应用场景。

由于 MQTT 协议具有简单、高效、开放、安全的优点，因此目前已经扩展出了多种 MQTT 服务器程序。很多企业都使用 MQTT 作为 Android 手机客户端与服务器端推送消息的协议。MQTT 的开放源代码、耗电量小等特点，使其在 AIoT 某些特定领域有着很好的应用前景。

8.2 AIoT 在智能工业中的应用

8.2.1 工业 4.0 与《中国制造 2025》

1. 工业 4.0 的基本概念

有人说：AIoT 应用的核心是智能制造。这是有道理的。因为制造业是国民经济的主体，是立国之本、强国之基。了解工业 4.0 的基本概念，可以回顾一下世界工业革命经历的四个阶段。

第一次工业革命（工业 1.0）是以蒸汽机为代表的"蒸汽时代"。工业 1.0 产生在英国，它使英国成为当时最强大的"日不落帝国"。

第二次工业革命（工业 2.0）是以大规模生产的流水线为代表的"电气时代"。

第三次工业革命（工业 3.0）是软硬件结合的"自动化时代"。

工业 2.0 与工业 3.0 产生在美国、德国等发达国家，使美国、德国进入了世界第一工业大国方阵。

从技术角度看，前三次工业革命从机械化、规模化、标准化与自动化生产方面，大幅度提升了生产力。

进入 21 世纪，制造大国的发展动力不再单纯依赖于土地、人力等资源要素，而是更多地依靠互联网、AIoT、云计算、大数据、智能硬件、3D 打印、新材料，以创新为驱动力。工业革命进入了第四个阶段——智能化时代。

2012 年，美国提出"工业互联网"的发展规划。2013 年，德国提出"工业 4.0"的发展规划。世界上两大制造强国开始了无声的角力赛。2015 年，我国提出《中国制造 2025》的发展规划。工业革命发展的四个阶段如图 8-6 所示。

工业 4.0 改变了传统的工业价值链，它从用户的价值需求出发，不再大规模定制批量的化的产品与服务，并以此作为整个产业链的共同目标，在产业链的各个环节实现协同化。

工业已经从土地、人力资源等要素驱动，转换为科技型创新驱动。随着定制生产的推行，工厂将从某一类型产品的生产单元，变成全球生产网络的组成单元；产品不再只由一个工厂生产，而是全球生产。创造附加值的不再只是产品制造，而是"制造 + 服务"。未来企业之间的竞争已经从产品的竞争向商业模式的竞争转化。

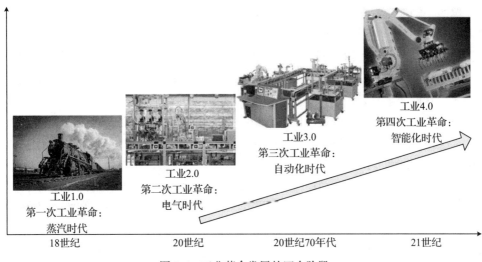

图 8-6　工业革命发展的四个阶段

传统的制造业根据自身对市场需求的判断去组织产品的批量生产，在 AIoT 时代制造业将按照客户的需求定制产品，实现从"制造"向"制造 + 服务"模式的转型。

工业 4.0 是一个关于创新制造模式、商业模式、服务模式、产业链与价值链的革命性概念，带动了制造业的全面转型，实现了从大规模生产到个性化生产的转型、从制造型生产到服务型制造的转型、从要素启动到重新启动的转型。工业 4.0 带动了制造业的全面转型。

8.2.2　工业 4.0 涵盖的基本内容

工业 4.0 的五大特点：互联、数据、集成、创新、转型。根据"工业 4.0"提出的设想，将运用信息物理融合系统（CPS）技术，升级工厂中的生产设备，实现智能化，将工厂变成智能工厂。

图 8-7 给出了工业 4.0 的技术框架。工业 4.0 依靠由工业物联网、云计算、工业大数据组成的信息基础设施；依靠两大硬件技术，即 3D 打印、工业机器人；依靠两大软件技术，即工业物联网安全、知识工作自动化；依靠面向未来发展的两大技术，即虚拟现实、智能技术。工业 4.0 的核心是：智能工厂、智能制造与智能物流。

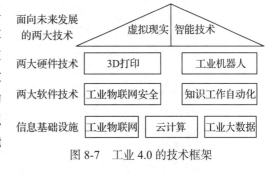

图 8-7　工业 4.0 的技术框架

智能工厂呈现出高度互联、实时、柔性化、敏捷化、智能化的特点。以汽车制造业的智能工厂为例，自动化几乎覆盖了从原材料到成品的全部生产过程。现代汽车的定位并非只是简单的一辆电动汽车，而是一个大型可移动的智能终端，具有全新的人机交互方式，它接入 AIoT 就成为了一个包括硬件、软件、内容与服务的用户体验工具。

工业机器人是生产线的主要力量。几百台机器人分别配置在冲压生产线、车身中心、烤漆中心与组织中心。车身中心的"多工机器人"（Multitasking Robot）是目前最先进的工业机器人。它们大多只是一个巨型的机械臂，能够完成多种不同的任务，包括车身冲压、焊接、铆接、胶合等工作。它们可以先拿起钳子进行点焊，然后放下钳子拿起夹子胶合车身板件。这种灵活性对于小巧、有效率的作业流程十分重要。

在车体组织好之后，位于车体上方的运输机器人就要将整个车体吊起，并运到喷漆中心的喷漆区。在那里，具有弯曲机械臂的喷漆机器人根据订单的颜色要求，将整个车身都喷上漆。

喷漆完成后，车体由运输机器人送到安装中心。安装机器人安装好车门、车顶，然后将定制的座椅安装好。同时，位于车顶的相机拍下车顶的照片，传送给安装机器人。安装机器人计算出天窗的位置，再把天窗玻璃黏合上去。

在车间里，运输机器人按照工序流程，根据地面上事先用磁性材料铺设好的行进路线，游走在各道工序的机器人之间。在流程执行的过程中，运输机器人、加工机器人、喷漆机器人与组织机器对车体与部件的位置必须控制到丝毫不差。要做到这一点就必须要对机器人进行"训练"和"学习"。而 AIoT 感知的海量数据，为工业机器人的"学习"提供了丰富的数据资源。从目前的技术水平看，前期"训练"机器人的时间大约需要 1 年多。

从以上介绍中可以看出：智能工厂运用 CPS、AIoT 与智能技术，升级生产设备，加强生产信息的智能化管理与服务，减少对生产线的人为干预，提高生产过程的可控性，优化生产计划与流程，达到高效、节能、绿色、环保、人性化的目的，实现人与机器的协调合作。制造汽车的智能工厂车间如图 8-8 所示。

图 8-8　智能工厂车间示意图

智能制造包括产品智能化、装备智能化、生产方式智能化、管理智能化与服务智能化（如图 8-9 所示）。

（1）产品智能化

产品智能化是指将传感器、处理器、存储器、网络与通信模块和智能控制软件融入产品之中，使产品具有感知、计算、通信、控制与自治的能力，实现产品的可溯源、可识别、可定位。

（2）装备智能化

装备智能化是指通过对先进制造、信息处理、人工智能、工业机器人等技术的集成与融合，形成具有感知、分析、推理、决策、执行、自主学习与维护能力，以及自组织、自适应、网络化、协同工作的智能生产系统与装备。

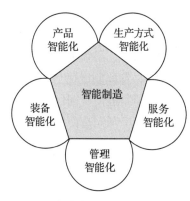

图 8-9　智能制造涵盖的主要内容

（3）生产方式智能化

生产方式智能化是指个性化定制、服务型制造、云制造等新业态、新模式，本质是重组客户、供应商、销售商以及企业内部组织的关系，重构生产体系中的信息流、产品流、资金流的运作模式，重建新的产业价值链、生态系统与竞争格局。

（4）管理智能化

管理智能化可以从横向集成、纵向集成和端到端集成三个角度去认识。

横向集成是指从研发、生产、产品、销售、渠道到用户管理的生态链的集成，企业之间通过价值链与信息网络实现资源的整合，实现各企业之间的无缝合作、实时产品生产与服务的协同。

纵向集成是指从智能设备、智能生产线、智能车间、智能工厂到生产环节的集成。

端到端集成是指：从生产者到消费者，从产品设计、生产制造、物流配送到售后服务的产品全生命周期的管理与服务。

（5）服务智能化

服务智能化是智能制造的核心内容。工业 4.0 要建立一个智能生态系统，当智能无处不在、连接无处不在、数据无处不在的时候，设备与设备、人与人、物与物，以及人与物之间最终会形成一个系统性的系统。智能制造的生产环节是研发系统、生产系统、物流系统、销售系统与售后服务系统的集成。

8.2.3　《中国制造 2025》的特点

我国政府高度重视新一轮世界制造业的转型升级这一历史机遇，于 2015 年 5 月 8 日颁布了《中国制造 2025》的发展规划。

规划明确指出，经过几十年的快速发展，我国制造业规模跃居世界第一位，建立起门类齐全、独立完整的制造体系，成为支撑我国经济社会发展的重要基石和促进世界经济发展的重要力量。持续的技术创新，大大提高了我国制造业的综合竞争力。但是，我国仍处于工业化进程中，与先进国家相比还有较大差距。制造业大而不强，自主创新能力弱。建设制造强国，必须紧紧抓住当前难得的战略机遇，积极应对挑战，加强统筹规划，突出创新驱动，发挥制度优势，动员全社会力量奋力拼搏，更多依靠中国装备、依托中国品牌，实现中国制造向中国创造的转变，中国速度向中国质量的转变，中国产品向中国品牌的转变，完成中国制造由大变强的战略任务。智能制造是新一轮科技革命的核心，也是制造业数字化、网络化、智能化的主攻方向。

立足国情，立足现实，我国政府确定了通过"三步走"，实现制造强国的战略目标。

第一步：力争用十年时间，迈入制造强国行列。到 2020 年，基本实现工业化，制造业大国地位进一步巩固，制造业信息化水平大幅提升。掌握一批重点领域关键核心技术，优势领域竞争力进一步增强，产品质量有较大提高。制造业数字化、网络化、智能化取得明显进展。重点行业单位工业增加值能耗、物耗及污染物排放明显下降。到 2025 年，制造业整体素质大幅提升，创新能力显著增强，形成一批具有较强国际竞争力的跨国公司和产业集群，在全球产业分工和价值链中的地位明显提升。

第二步：到 2035 年，我国制造业整体达到世界制造强国阵营中等水平。创新能力大幅提升，重点领域发展取得重大突破，整体竞争力明显增强，优势行业形成全球创新引领能力，全面实现工业化。

第三步：新中国成立一百年时，制造业大国地位更加巩固，综合实力进入世界制造强国前列。制造业主要领域具有创新引领能力和明显竞争优势，建成全球领先的技术体系和产业体系。

《中国制造 2025》是全面提高我国制造业发展质量与水平的重大战略决策，也给智能 AIoT 技术研究与产业带来了重大的发展机遇。

为加快我国工业互联网发展，推进工业互联网产学研用协同发展，在工业和信息化部的指导下，2016 年 2 月 1 日由工业、信息通信业、互联网等领域百余家单位共同发起成立工业互联网产业联盟（AII）。

2020 年 4 月，工业互联网产业联盟发布了《工业智能白皮书》，深入解读了工业智能的背景与内涵，分析了工业智能的主要类型，并从应用、技术和产业等方面分析了工业智能发展的最新状况，以及对未来发展方向的预见。

2023 年 1 月，工业互联网产业联盟发布了《工业智能白皮书》（2022），继续从体系、技术、产业和应用等维度对工业智能进行了阐述。体系方面：对目前工业智能面临的问题进行了总结，提出了涵盖三个视角的工业智能发展体系。技术方面：梳理了工业智能技术发展现状，围绕核心赋能技术创新与工程化突破这两个技术发展路径进行了深入分析。产业方面：梳理了工业智能产业现状与发展趋势，对支撑工业赋能的核心技术产品进行了分析。应用方面：总结工业智能应用发展的历程，从应用场景、国内外应用与行业应用三个角度开展细化分析。

8.2.4 智能工业与数字孪生

1. 智能工业与数字孪生技术的关系

智能工业是 AIoT 最重要的应用。智能工业的核心是：智能工厂、智能制造与智能物流。智能工厂的"高度互联、实时系统、柔性化、敏捷化、智能化"特征，就标志着智能工厂一定是一个复杂的"系统级系统"的总集成。智能工业控制对象的复杂度已经远远超出了数控机床、工业过程、计算机集成制造系统（CIMS）。智能工厂、智能制造与智能物流研究的对象是复杂大系统。智能工业要实现，必须寻找新的控制理论与方法。数字孪生运用全数字化生命周期迭代优化，通过并行工程与快速迭代，最终形成闭环数字孪生（Closed Loop Digital Twin）。数字孪生概念的出现，为智能工业的实现提供了新的理论与方法，引发了多领域技术的集成创新。

支持数字孪生应用落地的技术主要是：

- 基于 AIoT 的虚实互联与集成；
- 基于云计算的数字孪生数据存储与共享服务；
- 基于大数据与人工智能的数据分析、融合与智能决策；
- 基于虚拟现实与增强现实的虚实映射和可视化技术的应用。

目前，支持数字孪生落地应用的技术条件都已经成熟，智能工业为数字孪生技术提供了前所未有的发展空间。这种历史性的机遇促进了智能工业与数字孪生的融合、创新和发展。

数字孪生在制造行业的应用示意图如图 8-10 所示，数字孪生可以覆盖制造业的产品设计、工艺规划、产品制造、设备与人员状态监控、质量管理，以及供应链的全过程。在设计阶段可以针对产品的虚拟原型进行调整和测试以不断优化设计方案，大大节省从设计到生产的时间和成本。数字孪生可以优化生产设备、设备布局、厂房布局。数字孪生模型可以对生产过程中每个步骤的产品进行建模、识别与计算，优化生产工艺、改进加工流程、控制能耗、提高产品质量，实现对实物生产过程的动态控制和优化，达到在虚拟世界实时控制物理世界生产过程的目的。

2. 数字纽带与产品数字孪生体

（1）数字纽带的概念

把"孪生体/双胞胎"的概念应用于制造业最早可以追溯到 NASA 的阿波罗项目。随着将数字孪生技术应用于制造业研究的发展，科学家进一步提出了"产品数字孪生体"与"数字纽带"（Digital Thread）的概念。

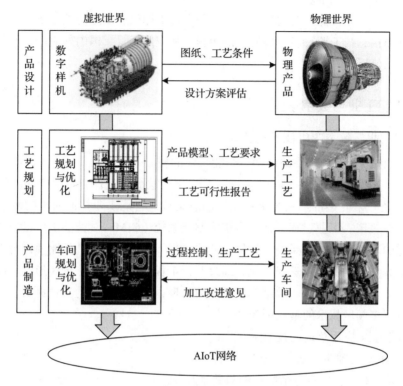

图 8-10　数字孪生在制造行业的应用示意图

理解数字纽带的概念，需要注意以下几点。

第一，数字纽带是利用先进建模和仿真工具构建的，覆盖产品全生命周期与全价值链，从基础材料、设计、工艺、制造到使用维护的全部环节集成并驱动以统一模型为核心的产品设计、制造和保障的数字化数据流。

第二，数字纽带也是一个允许可连接数据流的通信框架，并提供一个包含生命周期各阶段孤立功能视图的集成视图。

第三，数字纽带为在正确的时间将正确的信息传递到正确的地方提供了条件，使得产品生命周期各环节的模型，能够及时进行关键数据的双向同步和沟通。

第四，数字纽带在整个系统的生命周期中无缝加速企业的数据、信息和知识之间的相互作用，在初步设计、详细设计、制造、测试、使用、维护过程中采集各阶段的动态数据，实时评估产品在当前和未来的状况。

第五，数字纽带为产品数字孪生体提供产品生命周期与价值链的结构，实现全面追溯、双向共享 / 交互信息、价值链协同，最终实现了闭环的产品全生命周期数据管理和模型管理。

产品数字孪生体是对象、模型和数据，而数字纽带是方法、通道、连接和接口，通过数字纽带交换、处理产品数字孪生体的相关信息。庄存波等在"产品数字孪生体的内涵、体系结构及其发展趋势"一文中讨论了数字孪生理论与方法。图 8-11 给出了产品数字孪生体结构示意图。

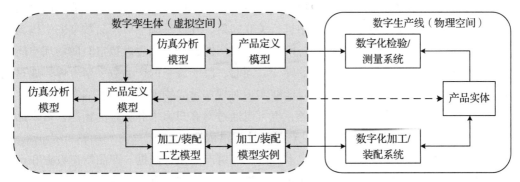

图 8-11　产品数字孪生体结构示意图

虚拟空间的仿真分析模型的参数可以传送到全三维的产品定义模型，然后一路在传送到加工 / 装配工艺模型、加工 / 装配模型实例之后，传送到物理空间的数字化加工 / 装配系统，形成真实的产品实体；另一路在传送到仿真分析模型、产品定义模型后，传送到物理空间的数字化检验 / 测量系统。产品实体通过在线的数字化检验 / 测量系统反馈到产品定义模型、仿真分析模型中。以上通过数字纽带实现了产品生命周期阶段间的模型和关键数据的双向交互，使得产品生命周期各阶段的模型和数据保持一致。

（2）产品数字孪生体的作用

产品数字孪生体的主要作用是：模拟、监控、诊断、预测和控制。

- 模拟：通过建立物理实体的数字虚拟映射，建立实体的三维模型，并运用可视化方法，表现出模拟零部件、线路、接口装配的过程，从中发现问题，可以对产品进行预防性维护。

- 监控：利用数字孪生，可以将实体模型与虚拟模型联系起来，通过数字模型与实体设备的精准匹配，实时获取设备监控系统的运行数据。通过虚拟模型反映实体对象的变化，进行对故障的预判和维护，实现远程监控。

- 诊断：在产品制造 / 服务过程中，制造 / 服务数据（如最新的产品制造 / 使用状态数据、制造 / 使用环境数据）会实时反映在产品数字孪生体中。通过产品数字孪生体可以实现对物理产品制造 / 服务过程的动态实时可视化监控，并基于所得的实测监控数据及历史数据实现对物理产品的故障诊断、故障定位等。

- 预测：通过构建的产品数字孪生体，可在虚拟空间中对产品的制造过程、功能和性能测试过程进行模拟、仿真和验证，预测潜在的产品设计、功能与性能缺陷。针对存在的缺陷，通过修改产品数字孪生体中的对应参数，对产品的制造过程、功能和性能测试过程再次执行仿真，直至问题得到解决。

监控与预测阶段的区别是：监控阶段允许调整控制输入，但是不对产品设计进行修改；预测阶段允许调整设计输入，进而对系统设计进行调整和优化。

通过数字纽带技术，在产品全生命周期的各阶段，对产品开发、产品制造、产品服务等各个环节的数据在产品数字孪生体中进行关联映射，在此基础上以产品数字孪生体为单一产品数据源，实现产品全生命周期各阶段的高效协同，最终实现虚拟空间向物理空间的决策控制，以及数字产品到物理产品的转变。同时，基于统一的产品数字孪生体，通过分析产品制造数据和产品服务数据，不仅能够实现对现实世界物理产品状态的实时监控，为用户提供及时的检查、维护和维修服务；也可以通过对客户需求和偏好的预测、对产品损坏原因的分析，为设计人员改善和优化产品设计提供依据。

基于产品数字孪生体和数字纽带技术，可实现对产品设计数据、产品制造数据和产品服务数据等产品全生命周期数据的可视化统一管理，并为产品全生命周期各阶段所涉及的工程设计和分析人员、生产管理人员、操作人员、供应链上下游企业人员、产品售后服务人员、产品用户等提供统一的数据和模型接口服务，使得企业能够在产品实物制造以前就在虚拟空间中模拟和仿真产品的开发、制造、使用过程，避免或减少产品开发过程中存在的物理样机试制和测试过程，从而降低企业进行产品创新的成本、时间及风险，解决企业开发新产品通常会面临的成本、时间和风险三大问题，极大地驱动企业进行产品创新。基于产品数字孪生体的产品创新将成为企业未来的核心竞争力。

3. 数字孪生在大型设备全生命周期管理中的应用

工程技术人员除了研究数字孪生在智能工厂、智能制造、智能物流中的应用之外，另一个研究的重点是大型设备全生命周期管理中的应用。我们可以通过对将数字孪生应用于飞机发动机维护的分析，来说明这个问题。

在传统的生产方式中，虽然也提出了产品全生命周期管理（Product Lifecycle Management，PLM）的概念，但是就一个产品的设计、制造、售后服务全过程而言，制造后期的管理一般很薄弱，导致大量产品一旦出厂，制造商就无法获得产品运行期间的状态数据，无法根据 PLM 对产品全生命过程的数据进行跟踪与管理。数字孪生的问世将从根本上改变这种状态。

飞机发动机结构复杂、运行周期长、工作环境恶劣、对安全性要求极高。实现飞机发动机的故障诊断、失效预测、维修维护，保证飞机发动机的高效、可靠、安全运行，是保障飞行安全至关重要的问题。故障预测与健康管理技术需要通过实时、连续采集安装在飞机发动机中传感器的数据，对设备的状态监测、故障预测、维修决策等进行综合考虑与集成，从而提升设备的使用寿命与可靠性。传统的航空发动机管理模式已经不能够满足日益发展的航空事业的要求，世界各大航空制造巨头提出并致力于数字孪生研究，实现虚拟世界与现实世界的深度交互和融合，推动着企业向协同创新、生产与服务转型。

2011 年，美国空军研究实验室（AFRL）将数字孪生应用到飞机机体寿命预测中，提出了一个飞机机体的数字孪生体概念模型。模型包括飞机在实际生产过程中的公差、材料的微观组织结构特性。借助于高性能计算机，机体孪生体能够在飞机实际起飞之前，进行大量的虚拟飞行实验，发现非预期失效模式来修正原设计；通过在实际飞机上布置的传感器，实时采集飞机飞行过程中的参数，如六自由度加速度、表面温度和压力，并输入数字孪生机体中来修正模型，进而预测实际机体的剩余寿命。AFRL 将数字孪生应用到飞机机体寿命预测的方法如图 8-12 所示。

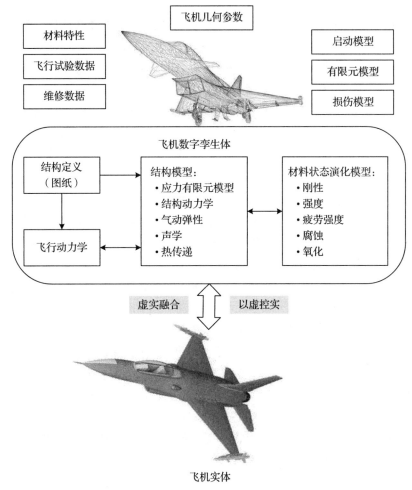

图 8-12　AFRL 利用数字孪生技术解决飞机机体维护问题

AFRL 正在开展的结构动力学项目，旨在研究高精度结构损伤发展和累积模型，研究热 – 动力 – 应力多学科耦合模型，这些技术成熟后将被逐步集成到数字孪生机体中，进一步提高数字孪生机体的保真度。

NASA 的专家研究了一种降阶模型（ROM），以预测机体所受的气动载荷和内应力。将 ROM 集成到机体寿命预测模型中，能够进行高保真的应力历史预测、结构可靠性分析和机体寿命监测，提升对飞机机体的管理。上述技术实现突破后，就能形成初始（低保真度）的数字孪生机体。图 8-13 给出了将数字孪生应用于飞机起落架运行维护中的系统结构与工作原理示意图。

我国航空航天科学家与世界各大航空制造商都在基于自身业务，提出与之对应的数字孪生应用模式，致力于在航空航天领域实现虚拟与现实世界的深度交互和融合，推动企业向协同创新研制、生产和服务转型。

为了直观地描述将 AIoT 支持的数字孪生技术应用在飞机发动机运行维护中的重要性与研究的基本内容，本书参考北京航空航天大学科研团队与沈阳飞机工业集团合作的基于数字孪生的起落架载荷预测辅助优化项目方案，讨论相关的故障预测与健康管理（Prognostics and Health Management，PHM）系统的研究与设计方法。

飞机发动机数字孪生体的研究需要考虑发动机制作过程的实际参数、发动机在实际使用前的模拟试验中的数据，以及飞机发动机运行维护中传感器实时采集的发动机运行参数和环境参数等多种因素。

在飞机发动机制作过程中，需要引进影响发动机寿命预测的数字孪生模型的参数。根据实际发动机制造过程中的公差、装配间隙、应力应变与材料微观结构，以及发动机推动比、耗油率、效率与可靠性等数据，快速构建设计阶段的超写实、完整的仿真模型。

发动机在实际使用前，进行代码模拟试验台、高空模拟实验台、飞行模拟实验台等虚拟飞行，通过在实际飞机发动机的不同位置部署传感器，实时采集发动机飞行实验过程中的六自由度加速度、不同位置的温度与压力等量化的综合实验数据，借助于高性能计算或云计算平台，修正仿真模型。

在飞机发动机的运行维护中，基于传感器在飞行过程中实时采集的发动机运行参数和环境参数，如气动、热、循环周期载荷、振动、噪声、应力应变、环境温度、环境压力、湿度、空气组成等数据，数字孪生系统对飞行数据、历史维修数据与其他相关信息进行数据挖掘，来不断地修正自身的仿真模型，完整地透视实际飞行中发动机的运行状况，实时地预测发动机性能与判断磨损情况，进行故障诊断与报警。数字孪生系统还借助于 VR/AR 技术，实现专家与维修人员的沉浸式交互，合理地安排维修时间，在发动机故障前进行预测与监控。

因此，在产品服务阶段，可以根据产品实际状态、实时数据、使用和维护记录数据对产品的健康状况、寿命、功能和性能进行预测与分析，并对产品质量问题提前预警。同时，当产品出现故障和质量问题时，能够实现产品物理位置的快速定位、故障和质量问题的记录及原因分析、零部件的更换、产品的维护与维修。

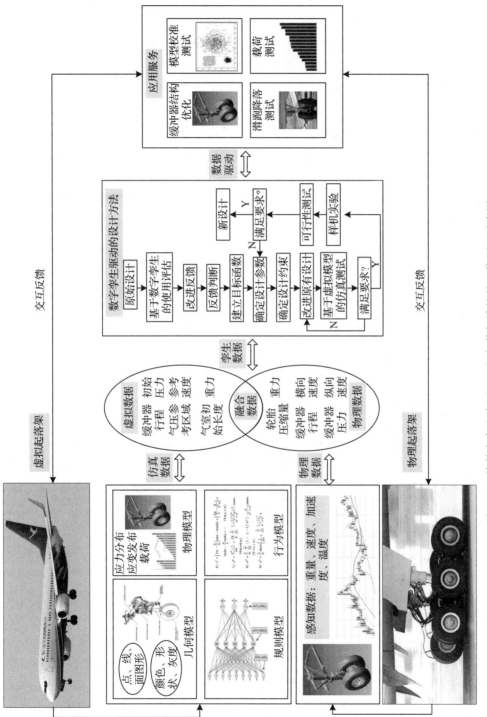

图 8-13　将数字孪生应用于飞机起落架维护的工作原理示意图

物理空间采用 AIoT 的感知与通信技术将与物理产品相关的实测数据，如最新的传感数据、位置数据、外部环境感知数据，以及产品使用数据和维护数据等关联映射到虚拟空间的产品数字孪生体。虚拟空间采用模型可视化技术实现对物理产品使用过程的实时监控，并结合历史使用数据、历史维护数据、同类型产品相关历史数据，采用动态贝叶斯、机器学习等数据挖掘与机器学习方法，实现对产品模型、结构分析模型、热力学模型、产品故障和寿命预测与分析模型的持续优化，使产品数字孪生体和预测分析模型更加精确，使仿真预测结果更加符合实际情况。对于已发生故障和质量问题的物理产品，采用追溯技术、仿真技术实现对质量问题的快速定位、原因分析、解决方案生成及可行性验证等，最后将生成的最终结果反馈给物理空间，用于指导对产品质量的排查和溯源。

数字孪生应用在飞机发动机维护中的研究，对提升航空航天飞行器的安全性有着重大意义，将在航空航天与相关领域的智能化制造、运行、维护与服务领域，产生颠覆性的集成创新成果。

4. 数字孪生生产的发展趋势

陈根将数字孪生生产的发展趋势总结为拟实化、全生命周期化、集成化、与增强现实技术的融合四个方面。

第一，拟实化。产品数字孪生体是物理产品在虚拟空间的真实映射，产品数字孪生体在工业领域应用的成功程度，取决于它的逼真程度，即拟实化的程度。产品的每个物理特性都有其特定的模型，包括计算流体动力学模型、结构动力学模型、热力学模型、应力分析模型、疲劳损伤模型及材料状态演化模型，如材料的刚度、强度、疲劳强度演化等，如何将这些基于不同物理属性的模型关联在一起是建立产品数字孪生体，继而充分发挥其模拟、诊断、预测与控制作用的关键。多物理集成模型的仿真结果能够更加精确地反映和镜像物理产品在现实环境中的真实状态和行为这一现象，使在虚拟环境中检测物理产品的功能和性能替代物理样机成为可能，并且能够解决基于传统方法预测产品健康状况和剩余寿命所存在的不足。因此，多物理建模将是提高产品数字孪生体映射的拟实性，充分发挥数字孪生体作用的重要技术手段。

第二，全生命周期化。现阶段有关产品数字孪生体的研究主要侧重于产品设计或售后服务，较少涉及产品制造。而 NASA 和 AFRL 通过构建产品数字孪生体，在产品使用 / 服务过程中实现对潜在质量问题的准确预测，使产品在出现质量问题时能够实现精准定位和快速追溯。

未来产品数字孪生体在产品制造阶段的研究与应用将是一个热点问题。基于 AIoT 的实时采集和处理生产现场产生的过程数据，如仪器设备运行数据、生产物流数据、生产进度数据、生产人员数据等，并将这些过程数据与产品数字孪生体、生产线数字孪生体进行关联、映射和匹配，能够在线对产品制造过程的生产执行进度、产品技术状态、生产现场物流以及产品质量做精细化管控，结合机器学习算法，实现对生产线、制造单元、生产进度、物流、质量的实时动态优化与调整。

第三，集成化。数字纽带技术作为产品数字孪生体的关联协作技术，用于实现产品数字孪生体全生命周期各阶段模型和关键数据的双向交互，是实现单一产品数据源和产品全生命周期各阶段高效协同的基础。数字纽带是数字制造最重要的基础技术和关键性技术。当前工业产品设计、工艺设计、制造、检验等各个环节之间仍然存在着断点，不完全具备实现产品全生命周期数字化的条件。因此，数字纽带和数字孪生体的集成，各生产环节之间无缝连接与集成的完善是未来需要重点解决的问题。

第四，与增强现实技术的融合。将增强现实技术应用于产品的设计过程和生产过程，在实际场景的基础上融合一个全三维的浸入式虚拟场景平台，通过虚拟外设，使开发人员、生产人员在虚拟场景中看到和感知的均与物理空间中的实体完全同步，由此可以通过操作虚拟模型来影响物理模型，实现对产品设计、工艺流程制定、产品生产过程的优化控制。设备 /制造工艺优化场景中，采用深度学习方法对设备运行、工艺参数等数据进行综合分析并找出最优参数，能够大幅提升运行效率与制造品质（参数优化过程如图 8-14 所示）。

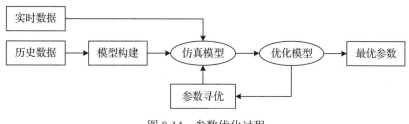

图 8-14　参数优化过程

工业智能是实现工业互联网数据优化闭环的关键。在全面感知、泛在连接、深度集成和高效处理的基础上，工业智能基于计算与算法，将以人为主的决策和反馈转变为基于机器或系统自主建模、决策、反馈的模式，为工业互联网实现精准决策和动态优化提供更大的可能性。工业智能实现了从数据到信息、知识、决策的转化，挖掘了数据潜藏的意义，摆脱了传统认知和知识边界的限制，为决策支持和协同优化提供了可量化依据，最大化发挥了工业数据的隐含价值，成为工业互联网发挥使能作用的重要支撑。增强现实技术与产品数字孪生体的融合，将使数字化设计与制造技术、建模与仿真技术实现"虚实融合，以虚控实"的目标。

8.3　AIoT 在智能电网中的应用

8.3.1　智能电网的基本概念

世界各国都十分重视智能电网建设项目。2001 年美国电力科学研究院提出了"智能电网"（IntelliGrid）的观念；2003 年提出了《智能电网研究框架》；2005 年欧洲推出了《欧洲智能电网技术框架》，提出了超级智能电网（Super Smart Grid）的概念。美国能源部发布了 Grid2030 计划，通过采用先进的材料技术、超导技术、电力电子技术，重点研究电力控制、广域测量、实时仿真、可再生能源发电等技术，来构建涵盖全美骨干电网、区域电网与地方电网的多层电力网络，争取在 2030 年建成自动化、高效能、低投资、安全可靠和灵活应变的输配电系统，以保证整个电网的安全性、稳定性，提高供电的可靠性与服务质量。

电力是国家的经济命脉，是支撑国民经济的重要基础设施，也是国家能源安全的基础，电力系统的发展程度与技术水平是衡量一个国家国民经济发展水平的重要标志。进入 21 世纪，全球资源环境的压力日趋增大，能源需求不断增加，而节能减排的呼声越来越高，电力行业面临着前所未有的挑战。我国政府一直重视智能电网的技术研究与建设工作。2009 年，我国国家电网公司提出了"坚强智能电网"的概念。我国智能电网建设总计将创造近万亿的市场需求。智能电网与 AIoT 的建设将拉动两个产业链的完善与发展，横向拉动从智能电网的发电、输电、变电、配电到用电的产业链，纵向拉动由 AIoT 芯片、操作系统、软件、传感器、嵌入式测控设备、中间件、网络服务组成的产业链。

能源主要有煤、石油、天然气、水能、风能、太阳能、海洋能、潮汐能、地热能、核能等。传统的电力系统是将煤、天然气或燃油通过发电设备转换成电能，再经过输电、变电、配电的过程将电能供应给各种用户。电力系统是由发电、输电、变电、配电与用电等环节组成的电能生产、消费系统。电力网络将分布在不同地理位置的发电厂与用户连成一体，把集中生产的电能送到分散的工厂、办公室、学校、家庭等场所。

智能电网本质上是 AIoT 技术与传统电网"融合"的产物，它能够极大地提高电网信息感知、信息互联与智能控制的能力。AIoT 技术能够广泛应用于智能电网从发电、输电、变电、配电到用电的各个环节，可以全方位地提高智能电网各个环节的信息感知深度与广度，支持电网的信息流、业务流与电力流的可靠传输，实现对电力系统的智能化管理。图 8-15 给出了智能电网应用的覆盖范围与研究内容示意图。

AIoT 在智能电网中的作用可以归结为以下几点。

（1）深入的环境感知

随着 AIoT 应用研究的深入，在未来智能电网中，从发电厂、输电站、配电站到用电场所的全过程电力设备都可以使用各种传感器对电能生产、传输、配送与用户使用过程的内外部环境进行实时监控，从而快速地识别环境变化对电网的影响；通过对各种电力设备的参数监控，可以及时、准确、全面地在线监控全过程电力设备，实时获取电力设备的运行信息，及时发现可能出现的故障，快速管理故障点，提高系统安全性；利用网络通信技术，整合电力设备、输电线路、外部环境的实时数据，对信息进行智能处理，以提高设备的自适应能力，进而实现智能电网的自愈能力。

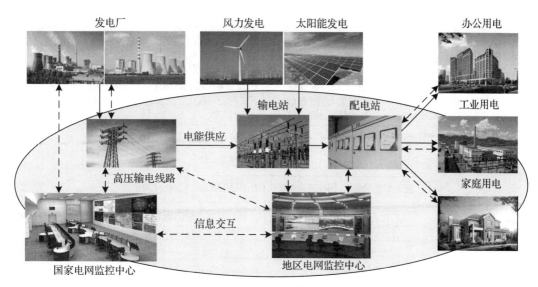

图 8-15　智能电网应用的覆盖范围与研究内容

（2）全面的信息交互

AIoT 技术可以将电力生产、输配电管理、用户等各方有机地联结起来，通过网络实现对电网系统中各个环节数据的自动感知、采集、汇聚、传输、存储，全面的信息交互为数据的智能处理提供了条件。

（3）智慧的信息处理

基于 AIoT 技术组建的智能电网系统，可以采集电能生产、配电调度、安全监控与用户计量计费全过程的数据，这些数据反映了从发电、输变电、配电到用电全过程的电网状态，管理人员可以通过数据挖掘与智能信息处理算法，从大量的数据中提取对电力生产、电力市场智慧处理有用的知识，以实现对电网系统资源的优化配置，达到提高能源利用率、节能减排的目的。

8.3.2　数字孪生技术在发电厂智能管控系统中的应用

发电设备不可避免会发生故障，因此实现发电厂设备的健康平稳运行，从而保证电力的稳定供给与电力系统的可靠性和安全性具有重要的意义，我国科学家与相关企业一直致力于对数字孪生技术在发电厂智能管控系统中应用的研究。其中有代表性的是北京必可测科技公司开发的基于数字孪生技术的发电厂智能管控系统，其结构如图 8-16 所示。该系统可以实现汽轮发电机组轴系的可视化智能实时监控、可视化大型转机的在线精密诊断、地下管网的可视化管理及可视化三维作业的指导等应用服务。

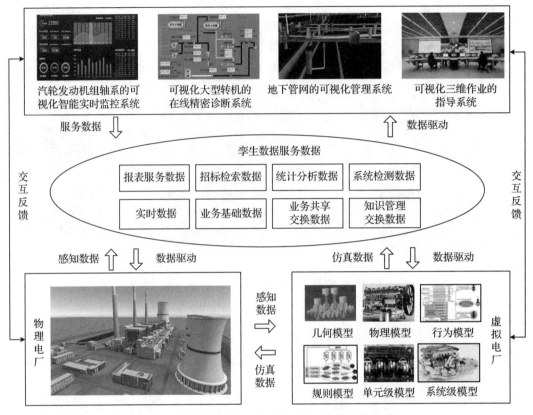

图 8-16　基于数字孪生技术的发电厂智能管控系统

（1）汽轮发电机组轴系的可视化智能实时监控系统

该系统基于采集的汽轮发电机组轴系实时数据、历史数据及专家经验等，在虚拟空间构建了高仿真度的轴系三维可视化虚拟模型，从而能够观察汽轮发电机内部的运行状态。该系统能够对汽轮发电机状态进行实时评估，从而准确预警并防止汽轮机超速、汽轮机断轴、大轴承永久弯曲、烧瓦、油膜失稳等事故；帮助优化轴承设计、优化运行参数，从而大大提高汽轮发电机组的运行可靠度。

（2）可视化大型转机的在线精密诊断系统

该系统基于构建的大型转机虚拟模型及孪生数据分析结果，可以实时远程地显示设备状态、元件状态、问题严重程度、故障描述、处理方法等信息，能够实现对设备的远程在线诊断。工厂运维人员能够访问在线系统因报警发出的电子邮件、页面和动态网页，并能够通过在线运行的虚拟模型查看转机状态的详细情况。

（3）地下管网的可视化管理系统

该系统运用激光扫描技术并结合平面设计图，建立完整、精确的地下管网三维模型。该模型可以真实地显示所有扫描部件、设备的实际位置、尺寸大小及走向，且可对管线的图形信息、属性信息及管道上的设备、连接头等信息进行录入。基于该模型实现的地下管网可视化系统不仅能够三维地显示、编辑、修改、更新地下管网系统，还可对地下管网有关的图形、属性信息进行查询、分析、统计与检索等。

（4）可视化三维作业的指导系统

该系统基于设备的实时数据、历史数据、领域知识及三维激光扫描技术等建立完整、精确的设备三维模型。该模型可以与培训课程联动，形成生动的培训教材，从而帮助新员工较快掌握设备结构；可以与检修作业指导书相关联，形成三维作业指导书，规范员工的作业；可以作为员工培训和考核的工具。

8.3.3　数字孪生技术在风力发电机组故障预测中的应用

复杂机电装备具有结构复杂、运行周期长、工作环境恶劣等特点。实现复杂机电装备的失效预测、故障诊断、维修维护，保证复杂机电装备的高效、可靠、安全运行，对整个电力系统极为重要。PHM 技术可利用各类传感器及数据处理方法，对设备状态监测、故障预测、维修决策等进行综合考虑与集成，从而提升设备的使用寿命与可靠性。

现阶段的 PHM 技术存在模型不准确、数据不全面、虚实交互不充分等问题，导致这些问题的根本原因是缺乏信息与物理实体的深度融合。将数字孪生五维模型引入 PHM 中，首先要对物理实体建立数字孪生五维模型；然后基于模型与交互数据进行仿真，对物理实体参数与虚拟仿真参数的一致性进行判断；再根据二者是否一致，分别对渐发性与突发性故障进行预测与识别；最后根据故障原因及动态仿真验证设计维修策略。

在物理风机的齿轮箱、电机、主轴、轴承等关键零部件上部署相关传感器可进行数据的实时采集与监测。基于采集的实时数据、风机的历史数据及领域知识等可构建虚拟风机的几何 – 物理 – 行为 – 规则多维虚拟模型，实现对物理风机的虚拟映射。基于物理风机与虚拟风机的同步运行与交互，可通过对物理与仿真状态的交互和对比、对物理与仿真数据的融合分析，以及对虚拟模型的验证分别实现面向物理风机的状态检测、故障预测及维修策略设计等功能。这些功能可封装成服务，并以应用软件的形式提供给用户。基于数字孪生五维模型的 PHM 方法可利用连续的虚实交互、信息物理融合数据，以及虚拟模型仿真验证增强设备状态监测与故障预测过程中的信息物理融合，从而提升 PHM 方法的准确性与有效性。

我国科学家与多家公司就如何将 PHM 方法应用于风力发电机的健康管理进行了探讨。图 8-17 给出了典型的基于数字孪生技术的风力发电机组故障预测系统结构示意图。

从以上的讨论中我们可以得出三点结论。

第一，智能电网的建设涉及实现电力传输的电网与实现信息传输的通信网络的基础设施建设，同时要使用数以亿计的各种类型传感器，实时感知、采集、传输、存储、处理与控制从电能生产到最终用户用电设备的环境、设备运行状态，以及安全相关的海量数据，AIoT

与云计算技术能够为智能电网的建设、运行与管理提供重要的技术支持。同时，在 AIoT 众多应用领域中，智能电网也是最具实现基础、要求最明确、需求最迫切的一类应用。

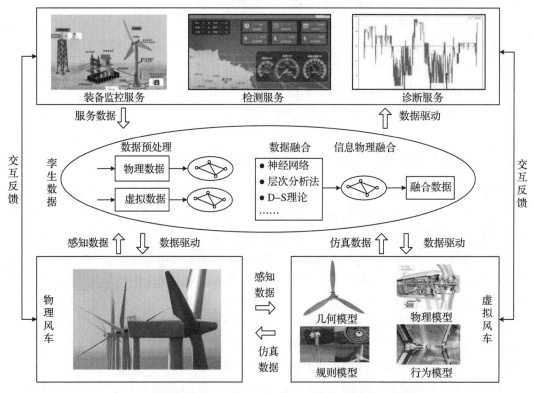

图 8-17　基于数字孪生技术的风力发电机组故障预测示意图

第二，数字孪生技术可以应用于智能电网关键设备的透视化监测、故障精密远程诊断、可视化管理及员工作业精准模拟，能够满足设备的状态监测、远程诊断、运维等各项需求，并实现了与用户之间直观的可视化交互，可以大大提升智能电网的运行效率与安全性。

第三，智能电网对社会发展的作用越大，重要性越高，受关注的程度就越高，所面临的信息安全形势也就越严峻。从近年来发生的对电网信息系统的攻击情况就明显地反映出了这一点。在发展智能电网技术的同时，必须高度重视智能电网信息安全技术的研究。

8.4　AIoT 在智能交通中的应用

8.4.1　智能交通的基本概念

传统的智能交通研究主要集中在城市公共交通管理、交通诱导与服务、车辆自动收费等问题上。这一阶段研究与应用的特点是：城市公共交通管理相对比较成熟，应用比较广泛；交通诱导与服务开始从研究逐渐走向应用；车辆自动收费已经在很多高速公路出入口得到应用。

需要注意的是：城市交通涉及"人"与"物"。"人"包括：行人、驾驶员、乘客与交警。"物"包括：道路、机动车、非机动车与道路交通基础设施。"人、车、路"构成了交通的大"环境"。面对"人、车、路、基础设施"这四个因素复杂交错的局面，传统的智能交通一般只能抓住其中一个主要问题，采取"专项治理"的思路去解决。例如，用交通信号灯来控制交通路口的通行秩序，防止交通事故的发生。在这里，行人与车辆是相对独立的，我们只能要求行人与车辆驾驶员各自遵守秩序，人与车辆之间的交互只能通过行人与驾驶员的"道德"去规范；出现事故通过交警来处理。

智能交通的研究思路则是：面向城市交通的大系统，利用智能交通的感知、传输与智能技术，实现人与人、人与车、车与路的信息互联互通，实现"人、车、路、基础设施与计算机、网络"的深度融合。在"人与车"这一对主要矛盾中，抓住"车"这个矛盾的"主要方面"，通过提高车辆主动安全性，达到进一步提高车与人通行的安全性，以及道路通行效率的目的。最典型的研究工作是"智能网联汽车"与"车联网"（如图 8-18 所示）。

图 8-18　智能网联汽车与车联网的研究

智能交通研究预期达到的目标主要有以下几点。

- 环保的交通。智能交通系统应该能够大幅度降低温室气体与其他各种污染物的排放量，降低能源消耗，提供能源利用效率。
- 便捷的交通。智能交通系统应该通过移动通信网、互联网，及时将与交通相关的气象、道路、拥塞、最佳路线等信息，以图像方式和语音提示方式直观地提供给用户。
- 安全的交通。在智能交通系统中，每辆汽车除了有传统的紧急刹车辅助系统 EBA、电子稳定程序 ESP、安全气囊之外，还通过车联网与智能网联汽车的技术手段，如 AIoT、云计算、大数据与人工智能技术，提高车辆、驾驶员、乘客与行人的主动安全性。
- 高效的交通。智能交通系统应该能够实时依托互联网进行交通数据的采集、分析和预测，优化精通调度与管理，最大化交通流量。
- 可视的交通。智能交通系统应该能够将所有的公共交通工具与私家车、共享单车、共享汽车服务整合在一个系统中，以进行统一的数据管理，提供整体环境中的交通网络状态视图。
- 可预测的交通。智能交通系统应该能够持续地进行数据分析与建模，根据各种实时感知与采集的数据，进行交通状态的预测，并根据预测结果来规划和改善基础设施建设。

2020 年 4 月，百度发布了《Apollo 智能交通白皮书》。白皮书提出了"自动驾驶、车路协同、高效出行"（Autonomous Driving、Connected Road、Efficient Mobility，ACE）的概念，将人工智能、大数据、自动驾驶、车路协同、高精地图等新一代信息技术都融入 ACE 框架之中。"ACE 交通引擎"采用了"1+2+N"的系统架构模式，即"一大数字底座、两大智能引擎、N 大应用生态"，城市交通运营商可以通过一大数字底座（包括小度车载 OS、飞桨、百度智能云、百度地图支撑的"车""路""云""图"等能力及应用）解决交通中的基本车端和路端智能化。白皮书给出的发展愿景是：预计到 2025 年，车路智行完成数字化升级；到 2035 年，车路智行完成网联化转型；到本世纪中叶，车路智行完成自动化变革，世界前列的车路智行系统全面建成，车路智行基础设施规模质量、技术装备、科技创新能力、智能化与绿色化综合实力位居世界前列。

8.4.2 智能网联汽车的研究与发展

1. 从无人驾驶汽车到智能网联汽车

在汽车产业过去 100 多年的发展历程中，还没有发生过颠覆性的变革。在人类手握方向盘一个多世纪之后，机器即将在道路上代替人类来驾驶汽车。消费者也将逐步从根本上转变对汽车的态度。虽然未来的汽车销售市场需求还不完全明确，但是新的商业模式将带来的可观利润，这也受到了众多投资者的青睐。利用人工智能技术整合传统行业所形成的新商业模式，无疑将主导汽车产业的未来发展走向。目前，纯电动汽车、自动驾驶汽车、网联汽车，或者自动驾驶技术与纯电动汽车结合为一体的智能网联汽车都成为了热门的话题。

现有的无人驾驶汽车与智能交通都受到一系列限制，未来的发展既不是单车的智能，也不是完全靠云端单独控制的智能，而是两者的融合，必须将车联网与智能交通系统融合，形成新一代智能交通系统与新一代智能汽车系统。要实现这个目标首先要解决"协同感知"与"融合感知"问题，实现车载传感器、车载移动边缘计算、路边边缘计算、核心云计算、智能交通、高精度地图之间的协作，做到"实时""全局"与"协同"感知与控制，这个目标需要通过智能网联汽车（Intelligent Connected Vehicle，ICV）来实现。智能网联汽车的研究与发展将会导致整个社会交通体系的革命性改变。图 8-19 给出了智能网联汽车运行的示意图。

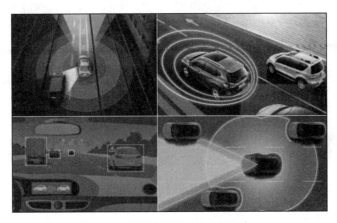

图 8-19　智能网联汽车运行的示意图

2017 年 6 月，国内首个国家级智能网联汽车（上海）试点示范区封闭测试区启动，可以模拟 100 种用于测试的复杂道路状态。我国工业与信息化部在 2017 年 6 月正式向社会征求"国家车联网产业标准体系建设指南（智能网联汽车）"的意见，为颁布无人驾驶标准做准备。

2. 智能网联汽车研究的基本内容

智能网联汽车的定义是：搭载先进的车载传感器、控制器、执行器等装置，并融合现代通信与网络技术，实现车与 X（人、车、路、云等）的智能信息交换、共享，具备复杂的环境感知、智能决策、协同控制等功能，可实现"安全、节能、高效、舒适"行驶，并最终实现替代人来操作的新一代汽车。

智能网联汽车是信息通信、AIoT、大数据、人工智能等新技术与汽车、交通运输跨界融合的产物，是全球产业创新的热点，也是未来发展的制高点。

8.4.3　智慧公路的研究与发展

2018 年 3 月，交通部发出《关于加快推进新一代国家交通控制网和智慧公路试点的通知》，决定加快推进新一代国家交通控制网和智慧公路试点，重点推进智慧高速试点、路网运行监测、AIoT道路运政服务系统等项目的建设，营造智能、绿色、高效、安全的交通出行环境。交通部的通知让"智慧公路"概念浮出水面。智慧公路示意图，如图8-20所示。

图8-20　智慧公路示意图

智慧公路必须具备以下几个重要的特征。

- 全面支持自动驾驶。通过在智慧公路两侧架设5G通信设施，为自动驾驶车辆提供能够满足自动驾驶需要的低延时、高带宽的无线通信信道，构成"驾驶员–道路–车辆–网络"的协同感知与控制体系。
- 边行驶边充电。通过太阳能发电、路面光伏发电与移动无线充电技术，使公路像一个大型的充电器，电动车辆可以一边行驶一边充电，推动绿色交通的发展。
- 道路设施自动感知安全状态。智慧公路的路段、桥梁与隧道能够自动感知、分析安全状态，通过通信网络向控制中心实时报告道路设施安全数据，及时预报安全隐患与安全事故，保证车辆行驶的安全。
- 通过大数据分析提高速度与安全性。建立大数据驱动的智能云控平台，通过将高精度定位、车路协同、无人驾驶、智能车辆管控等系统接入智能云控平台中，提高车辆运行速度、运行效率与安全性。
- 边行驶边计费。通过视频识别系统，根据车辆特征自动核定车辆行驶里程与收费标准，计算并实现移动收费，不需要通过收费站收费。

智慧公路将AIoT、云计算、大数据、人工智能、5G、无人驾驶技术与光伏、无线充电技术跨界融合，最终实现全面支持自动驾驶，营造一种全新的"智能、安全、绿色、高效"的交通出行环境。

8.4.4　数字孪生技术在车辆抗毁伤性能评估中的应用

作为人类一种重要交通工具的车辆，在运行过程中材料的疲劳老化、结构性疲劳、部件运行的磨损，以及交通事故，都有可能造成它性能下降与毁伤。车辆抗毁伤性能评估需要从材料、结构、零部件与功能等方面，对车辆毁伤等级、毁伤影响进行综合性的评价。目前对车辆抗毁伤性能的评价一般采用物理模拟毁伤的方法获得，这种方法代价大、精度低、可信度不高。陈根给出了基于数字孪生的车辆抗毁伤性能评估系统，其结构与工作原理如图 8-21 所示。

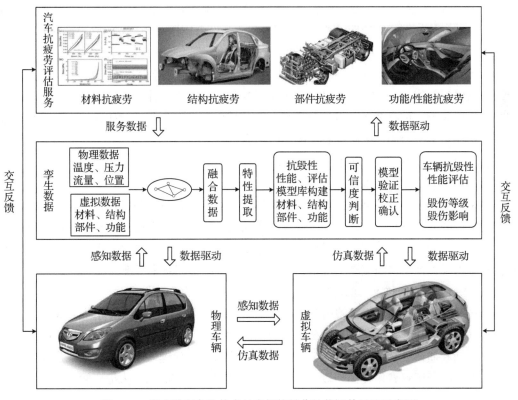

图 8-21　基于数字孪生技术的车辆抗毁伤性能评估过程示意图

基于数字孪生技术的车辆抗毁伤性能评估系统利用物理车辆与虚拟车辆的实时感知数据与仿真数据的双向交互反馈，对车辆抗毁伤性能进行精确评估。物理车辆配置的传感器实时感知车辆不同位置的温度、压力、流量、位置等与车辆性能相关的数据；虚拟车辆根据车辆性能模型（如几何模型、物理模型、行为模型、规则模型等），计算出不同条件下对应的材料、结构、部件、功能等虚拟数据。车辆抗毁伤性能评估软件将根据物理车辆与虚拟车辆的数据，结合历史数据，以及同类车辆的相关数据进行分析、处理、评估、验证，从车辆处理、结构、零部件、功能等多方面进行多维度的综合分析，给出更为科学和精确的对车辆毁伤等级、毁伤影响的评价结论。这些评价数据的积累，可以帮助设计工程师不断改进和优化新车型的设计与制造。

8.5 AIoT 在智能医疗中的应用

8.5.1 智能医疗的基本概念

进入 AIoT 发展阶段，人工智能、大数据等新技术在智能医疗中的应用进一步推动智能医疗向"无处不在的医疗"（Care Anywhere）、"全生命周期关怀"（Care Anytime）、"精准医疗"（Care Individuality）的目标迈出了一大步。

2020 年 9 月罗兰贝格管理咨询公司发表的《人工智能医疗白皮书》指出，AI 技术将是医疗 AI 发展的核心要素。AI 将实现医疗服务的线上线下一体化，将从疾病治疗拓展到主动式健康管理，助推各级医院实现一致的、精准的、体验良好的健康管理服务，真正推动无处不在、全生命周期的医疗服务体系的形成。

AI 在智能医疗中的应用具体表现在以下几个方面。

（1）临床辅助决策应用

临床辅助决策系统在基层医院与三级医院的应用前景广泛，将按照从全科到专科、从工具到平台的方式进行演进，与临床进行深度融合。对于基层医院，AI 辅助诊断能够有效减少医生的误诊、漏诊情况，提升医生诊疗水平，提高医疗服务质量；对于三级医院，AI 可通过数据反馈推动诊断变得更规范合理，提升医生的诊断效率与准确性。

（2）"AI+ 大数据技术"的应用

依托医疗体系，打通患者院内外全生命周期数据，实现主动式健康管理。AI 将实现智能化疾病预防指导，对疾病和个人健康进行实时动态监测和评估，为用户提供个性化行为干预，推动高质高效、低成本的康复护理、慢性病管理等保健服务，可降低疾病风险、防患于未然，降低医疗费用支出。以"AI+ 大数据技术"为核心的个人健康管理平台将成为关键。

（3）AI 覆盖药品、医疗器械全价值链

AI 在研发环节能够缩短研发周期、降低研发成本、提高研发成功率；在生产环节能够提质增效；在应用环节能够加速临床进程、辅助临床策略制定，促进精准医学、个性化诊疗与精准用药。

（4）AI 推动医疗生态圈的变革

AI 将帮助实现控制医保费用、智能风控、减少欺诈等目标，促进支付方、医疗服务提供方及药品、器械提供方形成新的协同关系，最终目标是以医疗价值为导向，提升医疗服务、药品以及器械的质量水平并节约支出。

（5）医学自然语言处理和知识图谱的应用

自然语言处理对于病历结构化、实现虚拟助理和辅助诊断等应用至关重要；知识图谱是临床辅助支持系统的底层核心，是实现智能化语义检索的基础和桥梁，在疾病风险评估、智能辅助诊疗、医疗质量控制、医学科研辅助、院管决策支持等智慧医疗领域都有着良好的发展前景。

（6）提供"端 – 端"解决方案

医疗 AI 供给方将从提供基于固定价格的通用性产品，向基于价值的个性化解决方案演进；将在政策驱动下从基于信息化预算获取直接收入的模式，向在以人为本的趋势下通过节省费用或数据变现，进行价值创造的模式与收费模式演进；除了医疗需求方之外，会更加关注医疗健康生态圈的更广阔市场。

8.5.2　AI 与医疗服务全流程的关系

在 IoT 发展阶段，智能医疗以医院信息系统（Hospital Information System，HIS）为基础，以患者基本信息、治疗过程、医疗经费与物资管理为主线，通过覆盖全院所有医疗、护理与医疗技术科室的管理信息系统，同时接入区域智能医疗网络平台，来实现医疗信息服务、医院事务管理，以及在线医疗咨询预约、远程医疗培训与远程医疗服务。

在 AIoT 发展阶段，AI 将赋能医疗服务提供方在诊前、诊中、诊后全流程与 AI 医疗服务结合，在诊前、诊中、诊后各个环节演化出丰富的应用场景，能够实现多方面价值，包括提高服务质量、提升患者体验、节约医疗成本、强化医院运营管理等。AI 在智能医疗服务全流程的应用如图 8-22 所示。

（1）AI 医学影像

医学影像已成为重要的临床诊断方法，传统的人工读片工作量大，误诊 / 漏诊率较高，AI 将极大提升医学影像用于疾病筛查和临床诊断的能力。AI 医学影像是计算机视觉技术在医疗领域的重要应用，能大幅增强图像分割、特征提取、定量分析、对比分析等能力，可以实现病灶识别与标注、病灶性质判断、靶区自动勾画、影像三维重建、影像分类和检索等功能。

AI 可以提供对一些参数的定量测量和对比，包括结合患者历史数据进行纵向对比分析，以及与标准情况、其他患者数据进行横向对比分析，辅助医生结合临床经验进行判断。AI 医学影像是当前医疗 AI 最为成熟的应用场景。

（2）AI 辅助诊断

医学的不断发展促进其专业划分得越来越细，这导致临床医生对自己专业范围外的疾病知识掌握有限。然而，真实临床环境中的疾病通常是涉及多学科多领域的复杂情景，需要临床医生具备综合诊断能力。AI 为解决这些问题提供了极大的帮助。

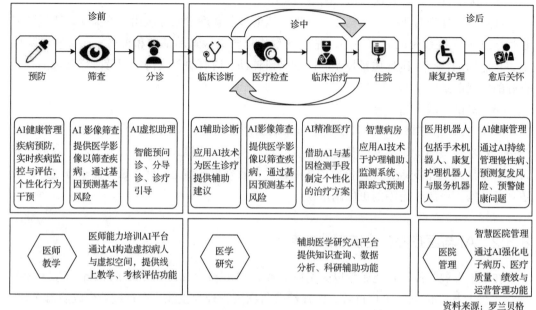

资料来源：罗兰贝格

图 8-22　AI 在智能医疗服务全流程的应用

AI 能提供综合诊断能力，从而提高医疗质量。AI 辅助诊断提供的是决策支持，而不是简单的信息支持。AI 不依赖于事先定义好的规则，能够保证证据更新的时效性，快速智能地处理临床数据和医生反馈，拓宽查询以外的应用场景，能在一定程度上弥补临床医生所掌握医学知识的局限性，帮助其做出恰当的诊断决策，改善临床诊断效果。

（3）AI 健康管理

健康管理应当是贯穿诊前、诊中、诊后全生命周期的专业化精准服务，AI 通过智能化手段有助于实现这一目标。传统的医疗路径为"患病后治病"，而在未来的医疗健康生态体系下，医疗对健康结果的达成将超越对诊疗项目数量的关注，包括注重诊前疾病预防，帮助人们长期保持健康，并通过预防性筛查和重点关注高危人群来提升国民健康水平，以成本更低但更有效的方式管理慢性病，为不同人群提供不同的健康方案。

对于诊前健康管理来说，通过基因检测、智能硬件等途径获取基因、代谢等数据，应用 AI 技术对获取的数据进行分析，进而可对用户或患者进行个性化行为干预，为用户提供饮食、起居等方面的健康生活建议，帮助用户规避患病风险。

对于诊后健康管理来说，依托 AI 构建智能管理平台，通过持续追踪随访、监测和效能评定来推算疾病复发和再患病的风险，能延长医疗服务半径，有效缓解医院门诊压力，释放优质医疗资源，为患者提供最新的合理治疗方案，有助于在慢性病、肿瘤等需要长期随访和治疗指导的领域，满足患者的面诊购药、复诊续方、康复指导等诊后服务需求。

（4）AI 虚拟助理

AI 的应用极大提高了诊前效率，改善了患者体验。预问诊、分导诊、挂号等场景往往需要大量重复和简单的人力工作，而 AI 虚拟助理采用智能机器人、人脸识别、语音识别、远场识别等技术，结合自然语言处理和知识图谱等认知层能力，可以根据患者的情况描述和诊疗需求进行分析，完成诊疗前分导诊、预问诊、诊疗引导等工作，大幅提高效率。

（5）AI 精准医疗

基因检测在精准医疗中发挥着重要作用。传统基因检测中，基因组数量庞大，人工实验费时费力且耗费成本巨大、检测准确率低。对于精准医疗来说，包括预测疾病风险和制定个性化的诊疗方案在内，都迫切需要对大量的计算资源及数据进行深度挖掘。AI 基于强大的计算能力，能快速完成海量数据的分析，挖掘并更新突变位点和疾病的潜在联系，强化人们对基因的解读能力，因而提供更快速、更精确的疾病预测和分析结果，实现患病风险预测、助诊断、制定靶向治疗方案、诊后复发预测等功能。

同时，辅助医学教学平台通过 AI、VR/AR 等技术，构造虚拟病人、虚拟空间，模拟与患者沟通、手术解剖等医疗场景，辅助医学教学，提供逼真的练习场景，帮助医生缩短训练时间、提升教学效果，打通从海量数据中提取精准定量诊疗关键信息的层层壁垒，使得诊疗经验得到积累与传承，提高了医疗服务的精准化水平。智慧医院管理可以通过实时数据追踪、分析、预测来优化医院管理。管理内容包括电子病历管理、质量管理（如用药质量、临床路径、医技检查质量、绩效管理、精细化运营）。

8.5.3　AIoT 远程医疗系统与医疗机器人

1. 远程医疗

远程医疗（Telemedicine）是一项全新的医疗服务模式。它将医疗技术与计算机技术、多媒体技术、AIoT 技术相结合，可以提高诊断与医疗水平，降低医疗开支，满足广大人民群众对健康与医疗的需求。

广义的远程医疗包括：远程诊断、远程会诊、远程手术、远程护理、远程医疗教学与培训。目前，基于互联网的远程医疗系统已经从初期的电视监护、电话远程诊断技术发展到利用高速网络实现实时图像与语音的交互，实现专家与病人、专家与医务人员之间的异地会诊，使病人在原地、原医院即可接受多个地方专家的会诊，并在其指导下进行治疗和护理。同时，远程医疗可以使身处偏僻地区和没有良好医疗条件的患者（如农村、山区、野外勘测地、空中、海上、战场等地的患者）也能获得良好的诊断和治疗。远程医疗共享宝贵的专家知识和医疗资源，可以大大地提高医疗水平，为保障人民群众健康发挥重要的作用。

2007 年 7 月 23 日对于远程医疗技术发展是具有重要意义的一天。远程机器人在互联网的支持下辅助外科完成了一例针对"胃－食道回流病"的手术。一位55岁的男性病人患有严重的胃－食道回流病，躺在多米尼加共和国一家医院的手术室。"主刀"医生是世界著名的外科专家Rosser，他处于数千英里之外的美国康乃迪格州，面对的是远程医疗系统中的一台计算机。手术十分复杂，当地医生经验不足。在手术现场有两台机器人协助，一台是利用语音激活的机器人用于控制手术辅助设备，另一台是用于控制腹腔镜内摄像机的机器人。由机器人控制摄像机是为了保证从内窥镜获得清晰的图像。耶鲁医学院的两名医生作为Rosser的助手在现场协助监督机器人工作。Rosser利用称为"Telestrator"的设备，通过置于病人体内的摄像机观察病人腹部，指挥手术活动。这次远程手术是前瞻性技术的展示，也是医学和现代信息技术结合的成功范例，充分体现出基于互联网的医学技术的广阔应用前景。图8-23描述了远程医疗的工作场景。

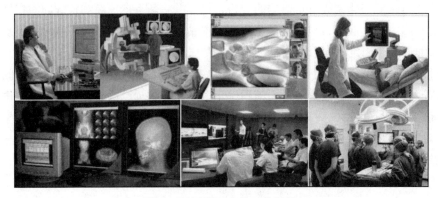

图8-23　远程医疗的工作场景

远程医疗技术的应用很广泛，决定了这项技术具有巨大的发展空间。目前，我国一些远程医疗中心通过与合作医院共建"远程医疗中心合作医院"的方式，整合优质资源，构建区域医疗服务体系，帮助基层医院提高医疗水平，带动合作医院的整体发展，为加速医院发展和解决患者就医难问题提供了一条有效的解决途径。

2. 医疗机器人

医疗机器人的发展可以追溯到1985年利用工业机器人辅助定位完成的神经外科活检手术。这次手术首次将机器人技术与医学相结合，开启了医疗机器人的新纪元。

医疗机器人根据应用场景可以分为手术机器人、康复机器人、服务机器人、辅助机器人四类。手术机器人是最主要的类别，占医疗机器人的37%左右。手术机器人可以克服人的生理局限，具有操作精度高、操作可重复性高、操作稳定性高等特点，被用在有高精度要求的微创手术中，为患者带来显著临床益处。根据手术类型，手术机器人可以细分为神经外科机器人、骨科机器人、腹腔镜机器人、血管介入机器人。随着智能医疗的发展，全球医疗机器人发展迅速、市场规模快速增长。图8-24给出了多种医疗机器人的图片。

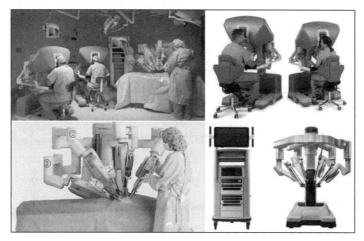

图 8-24　各种医疗机器人

8.5.4　医疗大数据与机器学习算法的应用

1. 医疗大数据的基本概念

了解医疗大数据首先要知道个人健康大数据。个人健康大数据是指一个人从出生到死亡的全生命周期中，因免疫、体检、门诊、治疗、住院等涉及个人健康的活动产生的大数据。个人健康大数据一般由医疗卫生部门、金融保险部门与公安部门整理归档，医疗卫生部门留存的数据属于医疗大数据。

医疗大数据主要涵盖诊疗数据、患者数据与医药数据三个方面。其中，诊疗数据主要来自每个人在医院就诊时生成的电子病历、各种检测单（如常规化验单、CT 报告、透视结果、免疫结果、生化检测单等），以及基因检测数据等；这一部分数据来自医院，数据比较完整、规范，所占比例可以达到 90%。患者数据显得比较少，只占 6%；这一部分数据可能来自可穿戴医疗设备、智能手机，以及各种网络医疗行为（如挂号预约、网络购药、与医患及病友的交流等）数据。医药数据来源于医药研发与科研部门，主要有药物与医疗器材部门在临床前、临床及上市后对大量人群进行疗效跟踪从而获取的临床测试数据，以及科研机构公布的数据，所占比例大约为 4%。表 8-1 给出了医疗大数据的来源、数据量与特点等内容。

表 8-1　医疗大数据的来源、数据量与特点

数据种类	数据量	数据特点	细分	主要来源
诊疗数据	最多 90%	完整性、结构化、标准化有待提高	病历：病史、诊断结果、用药信息等	医院、诊所
			传统监测：影像、生化、免疫等	医院、检测机构、云存储公司
			新兴监测：DNA 测序等	医院、第三方检测机构、科研机构

（续）

数据种类	数据量	数据特点	细分	主要来源
患者数据	少量 6%	完整性、结构化、标准化有待提高	体征类健康管理数据	可穿戴计算设备、智能手机
			网络医疗行为：寻医问药、网络购药、挂号问诊、与医患及病友的交流	互联网医疗公司终端
医药数据	少量 4%	完整性、结构化、标准化程度高	医药研发数据：临床前、临床与上市后对大量人群进行疗效跟踪从而获取的临床测试数据	医药研发企业、医院、科研机构
			科研数据	科研机构

2. 医疗大数据的应用

医疗大数据主要的应用领域，如图 8-25 所示。

（1）临床诊断

医疗大数据在临床诊断中的作用可以表现在：基于患者特征数据和疗效数据，比较各种治疗方法的有效性从而找出针对该患者的最佳治疗方案；为医生提出诊疗建议，如药物不良反应、潜在的危险；对患者病历做深度分析，找出治疗某一类疾病的不同方法效果的比较；以个人基因信息为基础，结合蛋白质组、

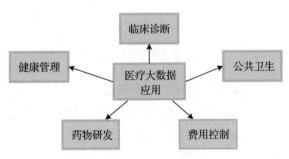

图 8-25　医疗大数据主要的应用领域

代谢组等内环境信息，量身定制最佳治疗方案，达到精准治疗的目的。

（2）健康管理

医疗大数据在健康管理中的作用主要表现在：结合个人生理参数与卫生习惯，利用各类可穿戴医疗设备和装置，连续、实时监控用户健康状态，提供个性化的保健方案，做到"未病先防"；发现健康问题，及时对"准患者"进行干预，做到"已病早治"；对慢性病患者实现远程监控，做到"既病防变"。

（3）公共卫生

病毒不断发生变异，并且传播速度很快，而人类缺乏有效的药物、疫苗和预防措施，因此流行病预测成为困扰医学界的一大难题。利用大数据预测流行病为公共卫生中的流行病预报开辟了新的研究思路和方法。

（4）药物研发

医疗大数据在药物研发中的作用主要表现在：在新药研发开始阶段，可以通过大数据建模和分析方法，为研究工作提出最佳的技术路线；在新药研发阶段，可以通过统计工具和算法，提出优化的临床实验方案；在新药临床试验阶段，可以根据对临床实验数据与患

者记录的分析，确定药品的适应性与副作用。同时，通过对疾病模式与趋势的分析，为医疗产品企业与研究部门制订研发计划提供科学依据。

（5）费用控制

大数据分析可以在医疗的各个环节对比不同的治疗方案，减少医疗成本，避免过度治疗；基于疾病、用药等建立的模型，能够降低医药研发需投入的人力、财力、物力与时间，降低医药研发成本，提高药价制定的透明性与合理性。

2018 年我国卫健委发布了《国家医疗健康大数据标准、安全和服务管理办法（试行）》，为推动医疗大数据平台建设提供了政策保障。

3. 医疗大数据的应用示例

（1）医疗大数据在健康服务中的应用

随着社会经济与技术的发展，现代医疗服务理念也在不断地改变。传统的健康服务模式是被动和单向的，现代的健康服务模式"以健康为中心"，是主动和互动的。医疗个性化服务已经在主动医疗健康服务体系中占主导地位。主动、互动和个性化的 AIoT 智能医疗健康服务系统结构如图 8-26 所示。

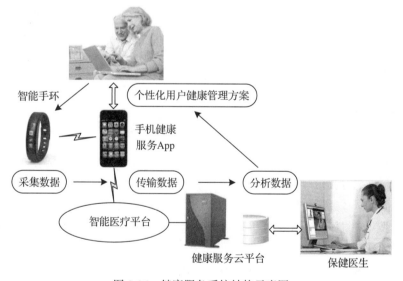

图 8-26　健康服务系统结构示意图

现代医疗健康服务系统由用户移动终端设备、健康服务云平台与医生终端设备三部分组成。用户通过移动终端设备（如智能手环），连续监测血压、脉搏、行走的步数，通过近距离无线通信信道（如蓝牙技术），将数据传送到手机健康服务 App；由智能手机健康服务 App 计算行走的距离和消耗的热量。这些数据连续、动态地通过移动通信网发送到互联网上的健康服务云平台。保健医生结合每年的体检报告，分析用户的动态健康数据，给出合理的个性化健康管理方案，以实现"未病先防"的目的。

（2）医疗大数据在慢性病管理中的应用

慢性病以心血管疾病与糖尿病居多。患有慢性病的患者如果没有其他的技术手段可助力，只能经常到医院看病。这给患者和家属带来很大的经济负担与精神压力，也给医院带来很大的压力。医院也一直在寻找办法，希望既能给予患者随时随地的关注，又能够减少患者的返诊率。一种智能医疗慢性病医疗管理系统应运而生。慢性病医疗管理系统结构如图 8-27 所示。

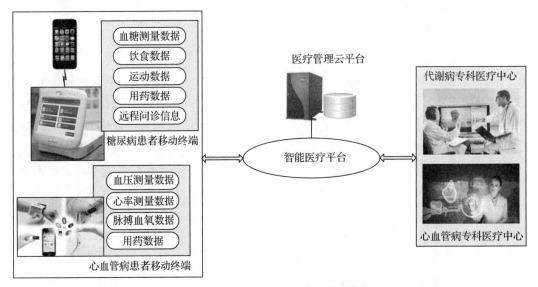

图 8-27　慢性病医疗管理系统结构示意图

对于糖尿病患者，医用移动终端设备可以定时地测量患者的血糖数据、运动数据，配合智能手机上的专用 App 软件，可以连续获取患者的血糖、运动、用药数据，以及医生远程问诊的信息。这些数据将传送到医疗管理云平台的数据库中。代谢病专科医疗中心的专家将根据数学模型与体检情况，分析采集到的患者日、周、月的血糖数据、血糖曲线，指导患者调整饮食、运动与用药。

对于心血管病患者，医用移动终端设备可以定时地测量患者的血压数据、心率数据、脉搏血氧数据，配合智能手机上的专用 App 软件，可以连续获取患者的血压、心率、脉搏和用药数据，以及医生远程问诊的信息。这些数据将传送到医疗管理云平台的数据库中。心血管病专科医疗中心的专家将根据数学模型，结合体检数据，分析采集到的患者血压、脉搏与心率的变化，判断患者病情，指导患者用药。

（3）机器学习在医疗影像分析中的应用

医疗信息系统中存在大量患者的医疗影像，医护人员可以从患者的医疗影像（如 X 光片和胃镜图像）中看出疾病类型和发病状态。传统的医疗系统依靠医生的经验来读取所有的医疗影像，不仅速度慢，而且判断准确率受医生经验的影响较大。在智能医疗系统中可以利用卷积神经网络来建立一个智能医疗影像分析模块。该模块的开发者调用和组合已经封装好的模型定义和网络，构建卷积层、池化层，通过组合和参数设定可实现自定义的神经网络模型，并按照医疗影像数据的类型、大小和精度来改变卷积层的层数、神经元的个数等分析参数，实现影像分析和疾病的自动分类分级。在智能医疗影像分析模块的构建过程中，开发者需要根据疾病的严重度和致死率，来调整训练的次数和对分析的精度要求。随着训练轮次的增加，智能医疗图像分析模块的准确率会不断提高，直至达到预设的精度要求。这样智能医疗影像分析模块就可以被广泛地使用到对患者的疾病诊断中。

　　每当医疗信息系统将患者的医疗影像传送到智能医疗影像分析模块之后，系统将医疗影像送入卷积神经网络，经过填充、卷积、激活函数、池化、全连接和分类等过程的分析，最后产生疾病的分类和分级结果，再将结果写回医疗信息系统中并供医护人员参考。医疗影像分析的过程如图 8-28 所示。

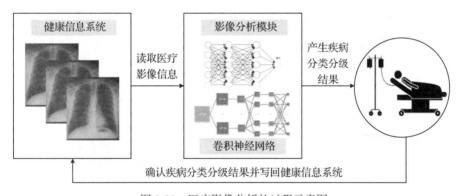

图 8-28　医疗影像分析的过程示意图

　　讨论了大数据与机器学习在医疗影像分析中的应用的案例之后，有一点需要说明。在一个真实存在的智能医疗应用系统中，医疗影像分析的全过程都是在云计算环境中完成的，但是需要分清一点，即健康信息系统是应用层的一部分，而医疗影像分析软件应该是应用服务层的一部分。智能医疗系统的最终用户是医生，他们通过应用层提出医疗影像分析的需求，应用层软件通过调用应用服务层的医疗影像分析软件来完成分析任务，最后的分类分级诊断结果将被返回应用层，为医生确诊病情提供依据。按照计算机网络层次结构模型的设计原则，AIoT 的最高层（应用层）会使用相邻低层（应用服务层）的服务；AIoT 应用服务层会为它的高层（应用层）提供服务。这个例子也再一次佐证了设置应用服务层与应用层的必要性。

8.5.5 数字孪生技术在智能医疗中的应用

科学家们设想，未来每个人都可以拥有自己的人体数字孪生体。数字孪生利用真实个人与虚拟个人之间生理指标的实时交互，及时地评估个人健康状况，快速地对出现的问题进行处置。数字孪生智能医疗系统将成为个人健康管理、健康医疗服务新的平台和实验手段，随时随地守护人们的健康。我国科学家基于数字孪生五维模型设计的智能医疗系统结构与基本工作原理如图 8-29 所示。

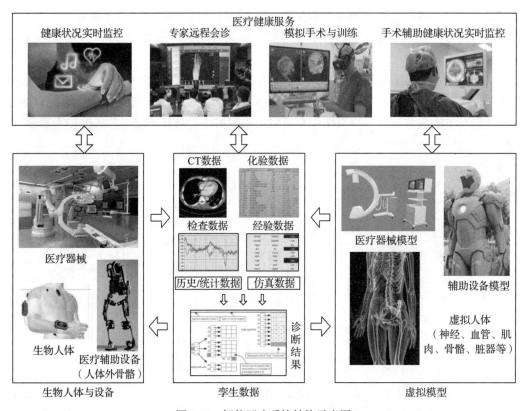

图 8-29 智能医疗系统结构示意图

基于数字孪生五维模型设计的智能医疗系统主要由以下部分组成。

（1）生物人体

通过各种新型医疗检测和扫描仪器以及可穿戴设备，可以对生物人体进行动静态多源数据的采集。

（2）虚拟人体

基于采集的多时空尺度、多维数据，通过建模可完美地复制出虚拟人体。其中，由几何模型体现人体的外形和内部器官的外观与尺寸；由物理模型体现神经、血管、肌肉、骨骼等物理特征；由生理模型体现脉搏、心率等生理数据和特征；而生化模型是最复杂的，要以组织、细胞和分子的多空间尺度，甚至毫秒、微秒数量级的多时间尺度展现人体生化指标。

（3）孪生数据

医疗数字孪生数据有来自生物人体的数据，包括 CT、核磁、心电图、彩超等医疗检测和扫描仪器检测的数据，以及血常规、尿检、生物酶等生化数据；也有虚拟仿真数据，包括健康预测数据、手术仿真数据、虚拟药物试验数据等；此外，还有历史 / 统计数据和医疗记录等。这些数据相融合就产生了诊断结果和治疗方案。

（4）医疗健康服务

基于虚实结合的人体数字孪生，医疗系统提供的健康服务包括健康状态实时监控、专家远程会诊、模拟手术与训练、医生培训、手术辅助健康状况实时监控、药物研发等。

（5）实时数据连接

实时数据连接保证了物理与虚拟的一致性，为诊断和治疗提供了综合数据基础，提高了诊断准确性、手术成功率。基于人体数字孪生，医护人员可通过各类感知方式获取人体动静态多源数据，以此来预判人体患病的风险及概率。依据反馈的信息，人们可以及时了解自己的身体情况，从而调整饮食及作息。一旦出现病症，各地专家无须见到患者，即可基于数字孪生模型进行可视化会诊，确定病因并制定治疗方案。当需要手术时，数字孪生协助术前拟定手术方案；医学实习生可使用头戴显示器在虚拟人体上对预定的手术方案进行验证，如同置身于真实手术场景，可以从多角度及多模块尝试手术过程以验证可行性，并进行改进直到满意为止。

借助人体数字孪生还可以训练和培训医护人员，以提高医术技巧和治疗成功率。在手术实施过程中，数字孪生可增加手术视角及警示危险，预测潜藏的出血隐患，有助于临场的准备与应变。

在人体数字孪生体上进行药物研发，结合分子细胞层次的虚拟摸拟进行药物实验和临床实验，可以大幅度缩短药物研发周期。医疗数字孪生还有一个愿景，即从孩子出生就采集数据，形成人体数字孪生体。伴随孩子同步成长，作为孩子终生的健康档案和医疗实验体。

从以上讨论中，我们可以得出以下几点结论。

第一，智能医疗应用可以建立集"保健、预防、监控与救治"于一体的健康、养老服务管理与远程医疗服务体系，使得广大患者能够得到及时的诊断、有效的治疗。

第二，智能医疗将逐步变"被动"的治疗为"主动"的健康管理，智能医疗的发展对于提高全民医疗保健水平意义重大。

第三，基于 AIoT 的云计算、大数据、人工智能、机器人、数字孪生等新技术在智能医疗中的应用，可以大大提升医疗诊断、救治、手术、康复与保健技术水平，造福于人类。

第四，智能医疗关乎全民健康管理、疾病预防、患者救治，是政府与民众共同关心、涉及切身利益的重大问题。因此，智能医疗一定会成为 AIoT 应用中优先发展的技术与产业。

8.6 AIoT 在智慧城市中的应用

8.6.1 智慧城市的基本概念

在讨论了智能工业、智能电网、智能医疗、智能交通等典型的 AIoT 应用之后，再讨论智慧城市的问题就方便多了，因为这些应用都属于智慧城市研究的主要内容。

智慧城市是一个涵盖内容极为丰富的概念，因此我们很难给智慧城市一个准确的定义。社会目前形成的共识是：智慧城市是在一个城市中将政府职能、城市管理、民生服务、企业经济融为一体的大平台。采用信息化、物联化、智能化的科技手段，对城市的社会经济、综合管理与社会服务资源，进行全面整合和充分利用，为城市的社会经济可持续发展，为城市的综合管理和社会民生服务，为保障我国城镇化健康的发展、建立和谐社会提供一个可实施的途径和强有力的技术支撑。因此，智慧城市是"运用新一代信息技术，促进城市规划、建设、管理、服务智能化的新理念与新模式"。

理解智慧城市的概念，需要注意以下几个问题。

第一，现代城市的"三个空间"与"三种资源"。社会学家总结出的规律是：在工业化社会，城市建设主要考虑物理空间，比如土地、水资源有多少，以及相应的生活空间，即承载的人口、产业结构等。进入信息化社会，现代城市建设考虑的是如何融合三个空间与三种资源，三个空间是物理空间、生活空间、数字空间，三种资源是物质资源、人力资源、数据资源。智慧城市就是以三个空间与三种资源为基础，创新城市建设的新理念。

第二，数据成为智慧城市建设的战略资源。数据利用能力是人类社会进步的重要标志，而数据资源的多少、利用水平的高低、配置与共享能力的强弱，将成为城市的核心竞争力。数据对现代城市建设的重要性逐渐呈现出替代传统的土地、资金、能源的效应，成为智慧城市建设至关重要的战略资源。

第三，多种新技术在智慧城市建设中呈现出融合集成创新的局面。AIoT、5G、云计算、大数据、人工智能、区块链、数字孪生等新技术开始应用到智慧城市建设之中。AIoT 使城市中的"万物互联"成为现实；5G 成为覆盖城乡、连接世界的"信息高速公路"；云计算成为城市重要的"信息基础设施"；大数据成为城市发展重要的"战略资源"；人工智能成为城市新的"数字生产力"；区块链成为重塑城市"信任体系"的利器；城市数字孪生体与物理城市精准映射，实现"虚实融合""以虚控实"的功能。多种新技术在智慧城市建设中呈现出"集成、融合、创新"的新格局。

8.6.2 数字孪生城市的基本内涵

人类几千年的文明史，也是人口不断向城市集中的历史。伴随着城市人口的快速增长，其与城市建设面积紧缺、资源匮乏、环境恶化的矛盾日益突出。在深刻总结国内外发展经验教训、深入分析国内外发展趋势的基础上，我国政府提出了"创新、协调、绿色、开放、共享"的发展理念，学术界提出了建设智慧城市的五大发展思路。

- 新目标：以城乡一体、人与自然一体的"绿色协调"发展为智慧城市的长远目标。
- 新思路：以"创新一体化机制"为推进智慧城市建设的基本思路。
- 新原则：将以人民为中心作为智慧城市建设的基本内涵。
- 新内涵：以信息数据等社会资源"开放共享"为基本原则。
- 新方法：以坚持"分级分类"作为推进智慧城市建设的基本方法。

智慧城市建设的核心问题是：在顶层设计与规划的基础上，将多个关乎经济与社会发展、惠及民生的智能城市服务系统融合起来，实现对城市各类数据信息的实时采集、融合、处理和利用。数字孪生城市为智慧城市的建设指出了新的研究方向。

借助数字孪生技术，参照数字孪生五维模型，构建数字孪生城市，将极大地改变城市面貌，重塑城市基础设施，实现城市管理决策的协同化和智能化，确保城市安全、有序运行。数字孪生城市的基本概念如图 8-30 所示。

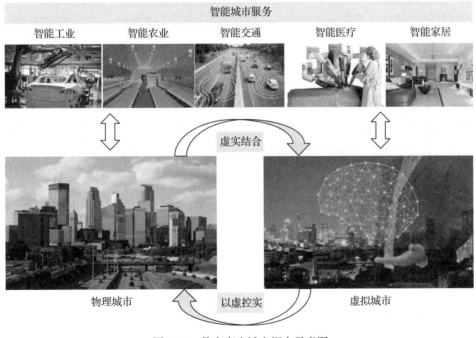

图 8-30　数字孪生城市概念示意图

8.6.3　数字孪生城市研究的基本内容

数字孪生城市研究包括以下几个基本问题。

（1）物理城市

通过在城市的空间、地面、道路、桥梁、建筑物、地下管道、水域、河道等各个部位部署的大量传感器与执行器，对城市中人与物、交通与能源、环境与治安状态进行监测，实现对城市运行状态的实时感知与动态监测。

（2）虚拟城市

通过数字化建模建立与物理城市相对应的虚拟城市，虚拟城市可全方位仿真物理城市中真实环境下的人、事、物、交通、环境等；仿真使用不同管理方法与服务措施得到的不同效果；分析、预测城市工农业生产与服务业的近期与远期发展趋势；预警可能发生的公共安全与公共卫生突发事件，以及相应的对策与处置方案。

（3）城市大数据

将城市经济、文化、社会发展、政府管理，及交通、资源、环境、治安、健康、工农业生产、公共基础设施的静态与动态数据汇聚成城市大数据，形成虚拟城市在信息维度上对物理城市中精确信息的表达与映射。

（4）虚实交互

城市规划、建设及民众的各类活动，不但存在于物理空间中，而且在虚拟空间中得到了极大扩充。在未来的数字孪生城市中，可以搜索到城市实体空间可观察的各种信息，包括城市规划、建设、民情的各类数据都能够在虚拟空间中得到极大扩充，形成虚实交互、以虚控实的城市发展新模式。

（5）智能服务

通过数字孪生对城市进行规划设计，指引和优化物理城市的市政规划、生态环境治理、交通管控，改善市民服务，赋予城市生活"智慧"。通过数字空间再造一个与物理城市完全对应的数字城市，实现城市全要素的数字化与虚拟化、全状态的实时化与可视化、运行管理的协同化与智能化，实现物理城市与虚拟城市的虚实融合与并行运转。

数字孪生技术是实现智慧城市的有效技术手段，借助数字孪生技术，可以提升城市规划质量和水平，推动城市设计和建设，辅助城市管理和运行，让城市生活与环境变得更好。

8.6.4　数字孪生城市研究的发展与面临的挑战

1. 我国数字孪生城市研究的发展

中国政府高度重视城市信息化的建设，从 1995 年的"九五"计划开始，经历了 20 多年建设，投入了大量人力与物力，推动了城市信息基础设施的建设与信息技术应用的发展。《物联网"十二五"发展规划》确定和推动了智能工业、智能农业、智能物流、智能交通、智能电网、智能环保、智能安防、智能医疗与智能家居九大领域的应用，奠定了智慧城市建设的坚实基础。

随着云计算、大数据、人工智能技术的集成创新的发展，我国政府将数字孪生城市作为实现智慧城市的必要途径和有效手段，坚持数字城市与现实城市的同步规划、同步建设。

我国科技界与产业界都高度重视数字孪生城市的理论研究与工程实践。2018 年，阿里云研究中心发布的城市大脑探索《"数字孪生城市"白皮书》(以下称为"白皮书")提出通过建立数字孪生城市，以云计算与大数据平台为基础，借助 AIoT、人工智能等技术手段，实现城市运行的生命体征感知、公共资源配置、宏观决策指挥、事件预测预警等，赋予"城市大脑"(ET)。

白皮书指出，一个城市最具战略价值的应是数据，城市治理的本质是网络协同。近 20 年来我国在智慧城市建设方面花费巨资，却没有根治"城市病"。单一的硬件投入解决不了的三大问题是：数据多但是效果差，单点强但是全局弱，技术新但是落地少。

白皮书提出成为"城市大脑"三个标准是：

- 整体认知，能够实时处理人所不能理解的超大规模全量多源数据；
- 机器学习，能够从海量数据中洞悉人所没有发现的复杂隐藏规律；
- 全局协同，能够制定超越人类局部次优决策的全局最优策略。

随着我国城镇化的发展，提升城市密度是必由之路。2016 年发布的《世界城市报告》指出，未来 20 年全球发展中国家的城市，每年都会新增近 7500 万人口。为了满足这些人的需求，城市的规模、密度、复杂度将持续上升，若想在多变的挑战中创新突破，实现广大老百姓期盼的"生活不费心，出行不费脑，城市有温度"，智慧城市急需升级到"最强大脑"。

一个城市最具战略价值的资源，不是房地产、不是税收，不是人口，而是数据。在智能时代，数据是政府的治理依据，更是政府与每一位市民之间的感情纽带。数据会告诉我们市民在想什么、需要什么，政府做好哪项工作就能有效地改进服务质量和管理水平。白皮书提出未来的城市大脑拥有全面、全量、实时的多源大数据，将成为人类认知城市、改造城市、运营城市的强大助手，拥有超越人类的四种"超能力"。这四种"超能力"是：机器视觉认知能力、全量数据平台建设能力、交通网络协同与交通博弈预测能力、城市大脑开放平台能力。

第一，机器视觉认知能力，提升城市视频数据价值与感知能力。

- 全面识别路况，"百事通"全景认知。
- 全量视频激活，"算无遗策"全局视野。
- 实时分析事件，"秒懂"安防闪电战。

第二，全量数据平台建设能力，提升城市"数据密度"与"微粒管理水平"。

- 拥有全面、全量、实时的多源大数据。
- 多源数据融合为城市大脑分析奠定基础。
- 数据模型促进城市大脑指标体系的建立。

- 数据工具配套数据治理。

第三，交通网络协同与交通博弈预测能力，大规模动态拓扑网络下的实时计算。

- 城市动态路网的"蝴蝶效应"分析能力。
- 应急车辆在动态交通网络上实现精确路线规划。
- 全城车辆调度与信号灯系统的实时协同。

第四，城市大脑开放平台能力，赋能全球网络人才与城市数字经济产业带。

- 开放的城市大脑平台有助于招商引资，筑巢引凤。
- 开放生态能够真正解决城市全局治理问题。
- 城市大脑生态圈有利于优化产业结构。

目前阿里云 ET 已在杭州、衢州、澳门、吉隆坡等 11 个城市先后落地。作为全球最大规模的人工智能公共系统，将孵化出一系列世界领先的技术。

2. 数字孪生城市面临的挑战

数字孪生城市交互囊括了迄今为止几乎所有的信息技术，是一种极其复杂的技术集成创新项目。数字城市孪生对于未来城市规划、建设与管理意义重大，也绝非一蹴而就的事。

数字孪生城市对物理城市必须实现以下五个层次的功能。

第一层：模拟。建立物理对象的虚拟映射。

第二层：监控。通过 AIoT 感知和采集城市各个参数的变化。

第三层：诊断。对多维的大数据进行分析、诊断，以免城市发生异常事件。

第四层：预测。对可能发生的公共安全事件或公共卫生事件进行预测和预警。

第五层：控制。实现对城市管理与服务的赋能与管控。

数字孪生城市需要有系统的理论研究基础，需要重点研究数据、模型、体系结构等核心问题。理论研究工作者总结出以下具体研究的问题，主要包括：仿真城市运行与政府管理模式的城市全要素建模方法、空间语义数据的表示与解析、全域数字化标识的规则、全域前端传感器与执行器部署规则、感知信息采集规则与使用权限、城市边缘计算节点设置规则、核心交换网性能需求、多云计算平台协同机制、政府服务模型与各种社会服务模型、实时信息分析与应急处置模型、中长期城市发展预测模型等。

由于我国正处在城镇化建设阶段，我们对城市、人与社会、资源、功能、管理、民情之间的关系本身认识就有待深化，因此要开展数字孪生城市的规划、设计与建设，必然要经历一个不断探索、深入与演进的漫长过程。

参考文献

[1] 曾凡太，刘美丽，陶翠霞 . 物联网之智：智能硬件开发与智慧城市建设 [M]. 北京：机械工业出版社，2020.

[2] 杨建军，郭楠，韦莎 . 物联网与智能制造 [M]. 北京：电子工业出版社，2020.

[3] 方娟，陈锁，张佳玥，等 . 物联网应用技术（智能家居）[M]. 北京：人民邮电出版社，2021.

[4] 陶雄强，等 . 物联网与智慧农业 [M]. 北京：电子工业出版社，2021.

[5] 李道亮 . 物联网与智慧养老 [M]. 北京：电子工业出版社，2021.

[6] 王云鹏，严新平，鲁光泉，等 . 智能交通技术概论 [M]. 北京：清华大学出版社，2020.

[7] 陈宇航，侯俊萍，叶昶 . 人工智能 + 机器人入门与实战：用树莓派 +Python+OpenCV 制作计算机视觉机器人 [M]. 北京：人民邮电出版社，2020.

[8] KURNIAWAN A. 智能物联网项目开发实战 [M]. 杜长营，译 . 北京：清华大学出版社，2018.

[9] 尾木藏人 . 工业 4.0：第四次工业革命全景图 [M]. 王喜文，译 . 北京：人民邮电出版社，2017.

[10] 韩青，高昆仑，赵婷，等 . 边云协同智能技术在电力领域的应用 [J]. 物联网学报，2021，5（1）：62-71.

[11] 李杰，李响，许元铭，等 . 工业人工智能及应用研究现状及展望 [J]. 自动化学报，2020，46（10）：2031-2044.

第 9 章 ●━━○━●━━○━●

AIoT 安全技术

网络安全是一种伴生技术。只要网络上出现新的技术与应用，就一定会产生新的安全威胁，随之也会出现用于应对的新网络安全技术，这正体现了"魔高一尺，道高一丈"的朴素哲理。伴随着 AIoT 技术与应用的发展，AIoT 安全技术也必将有所发展。AIoT 能不能大规模推广应用，最终要看 AIoT 应用系统运行的安全性能不能达到要求。

本章将从网络安全的基本概念出发，系统地讨论 AIoT 安全技术研究的基本内容，重点放在 AIoT 安全的特殊问题的研究上。

9.1 AIoT 安全的基本概念

9.1.1 从 AIoT 的角度认识网络安全概念的演变

"信息安全""网络安全"与"网络空间安全"是当前信息技术与互联网应用讨论中出镜率最高的三个术语，并且交替出现，似乎它们之间没有区别，术语之间的逻辑关系并不清晰。但是，任何一个新概念与术语的出现都跟技术和应用的发展紧密相连。如果我们将这三个术语放到计算机、计算机网络、互联网、移动互联网与 AIoT 发展的大背景之下去看，就可以清晰地认识到它们的区别与联系，以及传承和发展的关系。

1. 信息安全

术语"信息安全"最早出现在 20 世纪 50 年代。当计算机开始应用于科学计算、工程计算与信息处理时，计算机科学家就意识到必须研究保护计算机硬件系统、计算机操作系统、应用软件、数据库与存储在计算机系统中信息的技术。

随着 20 世纪 80 年代个人计算机与局域网的广泛应用，信息安全的研究内容进一步扩大到对如何保护联网个人计算机的信息安全，以及如何防治计算机病毒与恶意代码攻击的研究上。

2. 网络安全

20 世纪 90 年代，随着 Internet 的广泛应用，网络攻击、网络病毒、垃圾邮件愈演愈烈，造成严重的网络安全问题。面对 Internet 的网络安全威胁，在早期针对计算机系统信息安全研究的基础上，研究人员进一步将研究的重点转移到防病毒、防攻击、身份认证、网络入侵检测、网络安全审计、网络诱骗与取证、网络协议安全等问题上。在这样的背景之下，出现"网络安全"的概念与术语也就很容易理解了。

早在 2000 年 1 月 7 日，美国政府在《信息系统保护国家计划》给出这样一段话："在不到一代人的时间内，信息革命和计算机在社会所有方面的应用，已经改变了我们的经济运行方式，改变了我们维护国家安全的思维，也改变了我们日常生活的结构"。《下一场世界战争》一书预言："在未来的战争中，计算机本身就是武器，前线无处不在，夺取作战空间控制权的不是炮弹和子弹，而是计算机网络里流动的比特和字节。"，由此可见，网络安全的重要性已经上升到国家安全的层面。

3. 网络空间安全

进入 21 世纪，Internet 技术与应用也向移动互联网、物联网方向发展。互联网、移动互联网的应用已经渗透到社会的方方面面与各行各业；AIoT 网络基础设施正在向"空天地"一体化的方向演进；AIoT 应用的应用场景也经历从城市到农村，从工业到农业，从水下、地下、地面到空间，从生产到生活的变化，覆盖了人类经济、社会、文化、科技、教育、生产、军事的各个方面。

2010 年，美国国防部在发布的《四年度国土安全评估报告》中，将网络安全列为国土安全五项首要任务之一。2011 年，美国政府在《网络空间国际战略》的报告中，将"网络空间"（Cyberspace）看作与国家"领土、领海、领空、太空"四大常规空间同等重要的"第五空间"。近年来，世界各国纷纷研究和制定国家网络空间安全战略，成立网络部队与网络战司令部，研究网络攻防武器，一场网络空间军备竞赛悄然开始。在这样的大背景之下，出现"网络空间安全"的概念也就很容易理解了。

图 9-1 描述了从信息安全、网络安全到网络空间安全的发展过程。

从以上的讨论中，我们可以清晰地认识到以下几点。

第一，将"信息安全""网络安全"与"网络空间安全"概念和术语放到"计算机""计算机网络""互联网""移动互联网"应用，以及"物联网"应用的大背景之下，就会发现它们之间存在着密切的传承与自然的发展关系。从"信息安全""网络安全"发展到"网络空间安全"，研究的范围更广泛，内容更加丰富。

第二，在讨论 Internet "网络安全"时注意考虑机密性、完整性与不可否认性等基本的信息安全保障原则，而 AIoT 已经不再局限于这几个方面。因为 AIoT 要保护的是"虚实结合，以虚控实"的复杂大系统的安全问题。AIoT 拥有真实的实体与虚拟的实体，现实世界或虚拟世界的实体受到攻击都会造成危及人身与财产安全，甚至引发社会动乱的严重后果。因此，将"网络空间安全"放在 AIoT 应用的大环境中去认识，更能够体会其内涵的丰富与定位的准确性。

第三，在不同的网络应用场景下，人们用"信息安全""网络安全"或"网络空间安全"来表述的概念与基本问题是相同的，一般不会产生歧义。

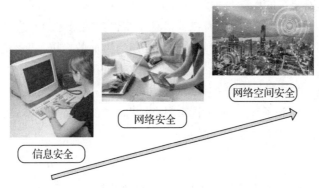

图 9-1　从信息安全、网络安全到网络空间安全的发展过程

9.1.2　AIoT 安全的特点

AIoT 是在 Internet 的基础上发展起来的，它们在核心技术与系统设计方法上有很多相同之处，从这一点上认识 AIoT 安全与 Internet 安全的传承和发展关系也就很容易了。

随着网络应用所处的环境从互联网、移动互联网发展到物联网、智能物联网，网络安全威胁、网络攻击的动机与形式也会发生变化。网络攻击动机已经从最初的恶作剧、显示能力、寻求刺激，向"趋利性"和"有组织"犯罪方向发展，进一步演变成国与国之间政治、军事斗争的工具。

AIoT 安全问题出现新的特点主要表现在以下几个方面。

1. AIoT 将成为网络战的主战场

国际著名的俄罗斯网络安全实验室——卡巴斯基实验室（Kaspersky Labs）于 2012 年 5 月发现了一种攻击多个国家工业系统的恶意程序，并将其命名为火焰（Flame）病毒。火焰病毒是一种后门程序和木马病毒程序的结合体，同时具有蠕虫病毒的特点。一旦计算机系统被感染，只要操控者发出指令，火焰病毒就能在网络、移动设备中进行自我复制。火焰病毒程序将开始进行一系列复杂的破坏行动，包括监测网络流量、获取截屏画面、记录蓝牙语音对话、截获键盘输入等。被感染计算机系统中所有的数据都将传送到病毒指定的服务器。火焰病毒被视为迄今为止发现的规模最大、最为复杂的网络攻击病毒软件。

据卡巴斯基实验室统计，迄今发现感染该病毒的案例已有 500 多起，其中主要发生在某个敏感地区。火焰病毒设计得极为复杂，能够避过 100 多种防病毒软件。一般的恶意程序都设计得比较小，以便隐藏。但是火焰病毒程序很庞大，代码程序有 20MB、20 个模块，是迄今发现的最大的病毒程序。病毒软件的结构设计得非常巧妙，其中包含着多种加密算法与压缩算法，隐藏得很好，使得防病毒软件几乎无法追查到它。火焰病毒主要感染局域网中的计算机、U 盘、蓝牙设备，可以利用钓鱼邮件、受害网站进行传播。

火焰病毒早在 2010 年 3 月就开始活动，直到 2012 年 5 月卡巴斯基实验室发现之前，没有任何的安全软件检测到这种病毒程序，网络安全人员估计这种破坏力极强的超级病毒可能潜伏在目标系统中已长达 5 年。卡巴斯基实验室的专家认为，从攻击的发生过程、目标、效果与复杂度来看，应该有国家角色的参与，是"某个国家专门开发的网络战武器"。攻击的后果有可能导致战争的爆发。因此，对工业控制系统的攻击被视为"网络珍珠港事件"，而火焰病毒攻击只是"小试牛刀"。

2016 年 9 月至 10 月，互联网 DNS 服务提供商 Dyn 遭受大规模的 Mirai 僵尸病毒的分布式拒绝访问（DDoS）攻击，造成美国超过半数以上的 Internet 网站瘫痪了 6 个小时，其中个别网站瘫痪时间长达 24 小时，最大的攻击流量超过 1Tbps，超过已知网络攻击中规模最大的网络流量。而攻击流量来自家用路由器、监控摄像头等 IoT 设备，是第一次出现利用 IoT 的硬件节点向 Internet 展开大规模的 DDoS 攻击。

2017 年年初又有人发出警告："忘记 Miari 吧，新的'变砖'病毒会让 IoT 设备彻底完蛋"。新的"变砖"病毒是指升级版的"僵尸物联网"病毒"BrickerBot"。

2018 年 12 月，名为"MiraiXMiner"的新型物联网僵尸网络，融合了 Mirai 物联网僵尸网络病毒、MyKings 僵尸网络病毒、远控木马、挖矿等病毒的特征，利用有线电视的 IoT 设备漏洞、MSSQL 漏洞、RDP 爆破和 Telnet 爆破等开展网络攻击。

2019 年 3 月，发现了 Mirai 物联网僵尸网络的一个新变种，这次的变种是针对商业环境中嵌入式物联网设备的，它改变默认密码，实施毁灭性的 DDoS 攻击，也被称作"物联网僵尸网络攻击"或"僵尸物联网"。

2020 年 7 月，网络安全公司发布消息称，Mirai 物联网僵尸网络病毒仍然在频频攻击安全防范措施薄弱的摄像头等物联网设备。

在没有出现物联网僵尸病毒攻击之前，网络安全研究人员一直在警惕和研究攻击者如何利用 Internet 僵尸病毒去攻击物联网。当第一次出现攻击者反过来利用 IoT 的硬件漏洞攻击 Internet 时，网络安全研究人员非常震惊。2016 年 10 月发生的号称"互联网 9.11 事件"的僵尸物联网攻击中，被利用的"肉鸡"包含看上去好像与传统网络安全的 AIoT 硬件设备完全无关，如网络摄像头与硬盘录像（DVR）等 AIoT 终端设备。2017 年，美国《麻省理工科技评论》将"僵尸物联网"列为十大突破性技术之一。

利用物联网僵尸病毒实施 DDoS 攻击的原理并没有发生本质性的改变，只是利用了过去我们不太关注的 AIoT 底层存在漏洞的硬件设备。物联网僵尸病毒攻击的结构与过程如图 9-2 所示。

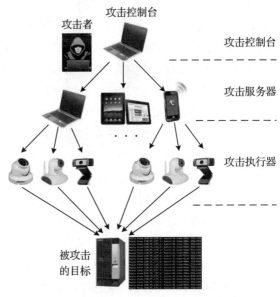

"网络战司令部"与"网络战部队"的出现，标志着一场涉及国家或利益集团的网络战（Cyberwar）已经正式登台。网络战的特点主要有以下几点。

第一，"不宣而战"，不知道是什么时候开始的，但是随时随地都在展开着。

第二，易攻难防，攻击代价小，造成危害大，很难追踪攻击者。

第三，不分军与民，也不分前线与后方，攻击无边界。

网络战的特点与 AIoT 自身的弱点，决定了 AIoT 将成为未来网络战的主战场。

2. AIoT 智能控制系统已经成为新的网络攻击重点

图 9-2 利用 AIoT 实施 DDoS 攻击过程示意图

进入 20 世纪以来，从"震网病毒""火焰病毒""方程式病毒"到"WannaCry 勒索风暴"，一桩桩曾在人类世界掀起"轩然大波"的网络事故都在告诉我们一个事实：在当今的网络安全格局中，"漏洞"与"病毒"已成为网络世界致命的威胁。

2010 年，卡巴斯基实验室发现了震网（Stuxnet）蠕虫病毒。2010 年 6 月，大小为 500kB 的 Stuxnet 蠕虫病毒感染了某个国家包括铀浓缩工厂在内的 14 个工业生产系统，这次网络攻击摧毁了 984 台离心机。

Stuxnet 蠕虫病毒是指有人通过 U 盘将病毒传播到某一台计算机，并伪造了一个可信数字证书躲过了自动检测系统。Stuxnet 蠕虫病毒可以通过 USB 接口传输，也可以通过局域网和受感染的安全隔离计算机进行传播。这种病毒针对使用 Windows 操作系统的机器与网络，检查工业控制系统（ICS）是否由 Siemens Step7 控制。Siemens Step7 是一种基于 Windows 的应用程序，用来控制核电站的离心机。如果是使用 Siemens Step7 控制 ICS，则病毒攻击离心机的 PLC 控制器。Stuxnet 蠕虫病毒很奇妙地利用了几个零日漏洞，如 Windows 的文件快捷方式 LNK、局域网共享打印机后台程序的漏洞，以及权限提升漏洞等。控制器系统一旦感染 Stuxnet 蠕虫病毒，就会将错误的反馈信息传递到上游控制器，从而病毒可以逃避安全监测。

2010 年 6 月发现的 Stuxnet 病毒是第一个将目标锁定在工业控制网络的病毒。2011 年 9 月发现的 Duqu 是一种复杂的木马病毒，其主要功能是充当系统后门，窃取隐私，盗取机密信息，从事网络间谍活动。更加可怕的是：这些病毒之间存在着深层次的内在关联，应该是出自同一个病毒炮制者之手。

人们惊呼："工业病毒"时代已经到来。AIoT 应用系统，如电力控制系统、通信管理平台、城市交通系统、航空管制系统、工业控制系统、无人驾驶汽车、无人机、智能医疗与可穿戴计算设备，甚至飞机自动驾驶与导航系统都会成为攻击者关注的主要目标。这是由于一旦攻击得逞，其后果将十分严重。

3. Internet 信息搜索功能为 AIoT 的攻击者提供了帮助

美国程序员 John Matherly 出于对 Internet 连接的网络设备精确数量的好奇，经过十多年的努力，建立了暴露在线联网设备的搜索引擎 Shodan。

Shodan 搜索引擎主页上写道，暴露的联网设备：网络摄像机、路由器、发电厂、智能手机、电冰箱、网络电话。Shodan 搜索引擎目前已经搜集到的在线网络设备数量超过 1000 万个，搜索到的信息包括这些设备的准确地理位置、运行的软件等。

Shodan 搜索软件研究的初衷并无恶意，但是这里存在着一个非常严重的问题：Shodan 已经成为"黑客的谷歌"。Shodan 可以搜索到与 Internet 连接的工业控制系统，这些之前人们认为相对安全的系统目前正处在危险之中，它们随时可能遭到来自网络的攻击。恰恰 AIoT 的智能工业、智能农业、智能交通、智能医疗、智能家居、智能安防、智能物流等应用中，会接入很多工业控制系统与各种类型的智能控制系统，一旦系统设计有缺陷，就有可能被 Shodan 搜索到。AIoT 智能控制系统在 Shodan 中的出现，大大丰富了 Shodan 搜索引擎的内容，却给 AIoT 带来了严重的安全隐患。

4. 传统的 Internet 安全保护体制在 AIoT 中已经不能完全适用

Internet 与移动互联网环境中，采用的是用防火墙、攻击检测与攻击防范等网络安全设备构成安全区域的设计思路，而这种思路在 AIoT 环境中已经不能完全适用。比较 Internet 与 AIoT 的体系结构与组成原理，我们会发现两者最大的区别体现在 AIoT 的设备层和应用层。

AIoT 的设备层有一个涉及海量数据、分布广、结构简单、安全保护能力相对薄弱的传感器与执行器节点，同时存在着随时处于移动状态的终端设备，如无人车、无人机与可穿戴计算设备。我们没有办法保证各种传感器、执行器节点和设备都部署在有防火墙保护的安全边界内，能够得到良好的物理保护和在安全的环境中运行。因此，AIoT 中广泛部署、泛在接入、结构简单、造价低廉的终端设备与应用系统的高安全性要求之间的矛盾非常突出，用传统的网络安全技术去应对复杂的 AIoT 安全问题已经显得很困难，AIoT 安全研究正是要面对这样的矛盾状态。同时，AIoT 应用层需要根据大数据分析的结果实施闭环控制。任何对智能控制系统的攻击，以及对控制指令的截获、篡改、伪造与破坏，都会造成无法估量的后果。

5. 安全意识薄弱是造成 AIoT 攻击愈演愈烈的主要原因

造成近年来利用 AIoT 终端设备频频发起 DDoS 攻击的原因主要有两个，一是技术原因，那就是接入 AIoT 的设备数量剧增，而设备的安全防范措施不完备；二是人为原因，那就是安全意识薄弱。很多接入 AIoT 的家用路由器、网络监控摄像头长期使用默认用户名和口令，不会定期更换。

AIoT 接入设备多种多样，有简单的温度传感器、摄像头、智能门锁与智能开关，也有复杂的嵌入式设备、可穿戴计算设备、智能医疗设备和系统。大量消费类 AIoT 系统使用的终端设备，如智能开关、智能灯泡、摄像头都不是定制的设备，是可以在市场上采购的通用产品。攻击者只要知道设备型号就可以从市场上购买到同类产品。非定制产品的默认口令一般很简单（如出厂时统一设为 111111 或 000000），缺乏用户身份认证与数据加密／解密措施。例如，AIoT 应用系统中大量使用了智能开关，攻击者只要知道一个智能开关的默认口令，就等于知道了这种型号的所有智能开关的默认口令。智能开关中只要有一个没有修改默认口令，就有可能成为可利用的漏洞。攻击者可以从这个智能开关侵入，达到操纵所有同类智能开关的目的。

AIoT 发展初期的产业链中，芯片制造商的着眼点放在如何快速生产便宜的芯片上；设备制造商主要根据性价比去选择芯片，而对芯片内在的安全性，以及硬件设备的安全性设计考虑不足是初期阶段普遍存在的问题。2017 年，MPI 集团做了一个调查。他们发现只有 47% 的 AIoT 产商在规划或设计阶段考虑了安全问题，21% 的 AIoT 产商在生产阶段考虑安全问题，18% 的 AIoT 产商在质量管理阶段才考虑安全问题。有些产品甚至连最低等级的安全措施都没有采用。在充满威胁的环境中，接入 AIoT 的设备中哪怕只有一个存在一个漏洞，攻击者就可以迅速地以这台设备为跳板，很容易地入侵 AIoT 应用系统。

AIoT 发展的初期阶段也正是 AIoT 技术、产品与系统要经受安全性考验的关键阶段。AIoT 安全体系理论与安全保护工具仍处于研究阶段。AIoT 的协议标准化工作刚刚起步，根据初步制定的 AIoT 协议编写的网络软件没有经过大量实际应用的检验，AIoT 智能硬件设备必然会存在大量的漏洞，目前也没有什么很好的办法来修复这些漏洞。同时，对大量、分散部署的 AIoT 设备定期修改默认用户名和口令，的确是一件烦琐和困难的事；要求家庭用户也能够像专业人员一样，做到定期修改无线路由器、无线网关、网络摄像头，甚至是家庭智能开关、智能灯泡的默认用户名和口令，似乎是不现实的事。在这样的大背景下，已经有数以亿计的设备连接到 AIoT 应用系统中。

2020 年 2 月，云安全提供商 ZScaler 指出：客户现在每月在 Zscaler 云中产生超过 10 亿次的 AIoT 交易，对比 2019 年 5 月增加了 15 倍；通过分析 Zscaler 云的两周流量，发现了来自 212 家制造商的 21 个类别的 553 种不同的 AIoT 设备，其中有相当比例的是不需要经过密码就可以访问的 AIoT 设备，这些设备包括数字家庭助理、电视机顶盒、IP 摄像机、智能家居设备、智能电视、智能手表、汽车多媒体系统。同时 ZScaler 发现：针对 AIoT

设备的新攻击层出不穷，如 RIFT 僵尸网络一直在网络摄像头、IP 摄像头、数字视频录像机与家庭路由器中寻找漏洞。同时，基于 AIoT 的交易中 83% 的数据使用的是非加密的纯文本方式，只有 17% 的交易使用了 SSL 安全协议。AIoT 恶意软件攻击规模呈指数级增长。

2020 年第一季度，Zscaler 每个月大约阻止了近 14 000 次针对 AIoT 应用系统的恶意软件和漏洞攻击，对比 2019 年 5 月增加了 7 倍多。

OWASP 在 http://www.owasp.org/images/7/71/Internet_of_Things_Top_Ten_2014-OWASP.pdf 中发布 IoT Top 10 漏洞信息。

在 AIoT 发展初始阶段，由于设备生产商、软件制造商、网络与通信提供商、系统集成商与最终用户，尤其是用户的安全意识薄弱，因此攻击者可以很容易地利用硬件、软件与系统使用中的漏洞，发动对 AIoT 的攻击。实际上，僵尸网络 Bashlight 就是利用默认用户名和口令，入侵了上百万台 AIoT 设备；Marai 与 Remaiten 则是搜索提供 Telnet 服务的设备，然后对识别出的设备展开字典攻击，破译用户名和口令；Darlloz 病毒利用的是程序员常用的编程语言 PHP 的一个漏洞，以此来发动攻击。

因此，网络安全意识薄弱和安全防范技术不严是造成 AIoT 攻击愈演愈烈的主要原因。

9.1.3　AIoT 潜在的被攻击目标

目前随着 AIoT 的出现，网络攻击也发生了变化，图 9-3 描述了攻击者针对 AIoT 可能发起的攻击，其将覆盖从设备层到应用层的所有层次，被攻击对象的类型与数量将远远超过 Internet。与传统的针对 Internet 的攻击相比较，问题突出地表现在最低层（设备层），以及最高层（应用层），即 AIoT 应用系统的高、低两端。

AIoT 应用正处于快速发展阶段，网络安全技术不成熟，网络攻击具体会出现在哪个层次、哪个设备，以及会以什么形式出现，我们由于经验不足、技术积累不够尚且预测不了。AIoT 正处在"道高一尺，魔高一丈"与"魔高一尺，道高一丈"的博弈阶段。网络安全技术人员一直处于高度

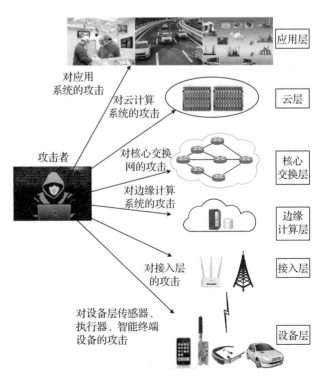

图 9-3　针对 AIoT 的网络攻击

戒备与积极探索之中。网络安全技术人员与攻击者双方的博弈正在激烈地进行中，其状态如图 9-4 所示。

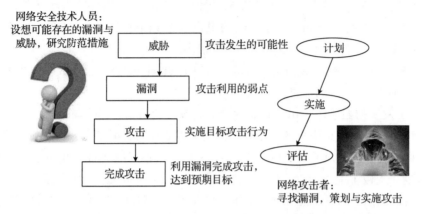

图 9-4 网络安全技术人员与攻击者双方的博弈

网络安全技术人员设想可能存在的漏洞和威胁，注意应用系统中出现的各种问题，发现安全隐患，主动对网络软件、硬件与协议进行测试，找出漏洞及时修补，有针对性地研究防范措施。网络攻击者也在寻找漏洞，策划攻击方法，准备攻击工具，寻找攻击时机实施攻击，评估攻击结果。网络安全技术人员与攻击者双方的博弈一直在进行之中，永远不会停止。

9.1.4 AIoT 安全产业的发展趋势

《物联网白皮书（2020 年）》中指出，AIoT 安全面临新形势和新风险。随着 AIoT 规模化应用的不断落地，AIoT 安全事件频出，安全性成为应用方决策是否部署 AIoT 应用的关键要素，将对 AIoT 进一步的规模化拓展产生重大影响。各国政府与产业巨头都高度重视 AIoT 安全。

AIoT 安全形势的严峻性，必然会催生出庞大的 AIoT 安全产业。跟据市场调研机构 Markets and Markets 发布的"物联网安全市场"预测数据，全球 AIoT 安全市场规模预计将从 2020 年的 125 亿美元增长到 2025 年的 366 亿美元，年复合增长率为 23.9%。

从以上的讨论中，我们应该清醒地认识到以下几点。

第一，AIoT 安全已经上升到"全球性、全局性和战略性"层面，必须从关系国家安全与社会稳定的高度去认识。

第二，AIoT 面临着严峻的网络安全威胁。首先要解决的问题是：提高对 AIoT 网络安全形势严重性的认识，全面提升网络安全意识。

第三，各国必须立足于自身的技术力量，解决 AIoT 关键安全技术的研发与安全产品的生产问题，自主发展 AIoT 安全产业。

9.2　AIoT 生态系统的安全研究

9.2.1　AIoT 生态系统的安全威胁与对策研究

2015 年 IBM 公司在"The IBM Point of View：Internet of Things Security"报告中描述了 AIoT 生态系统面临的安全威胁及保护方法。借鉴 IBM 对 AIoT 生态系统安全威胁及对策的研究思路，可以给出如图 9-5 所示的 AIoT 生态系统面临的安全威胁及对应的保护方法。

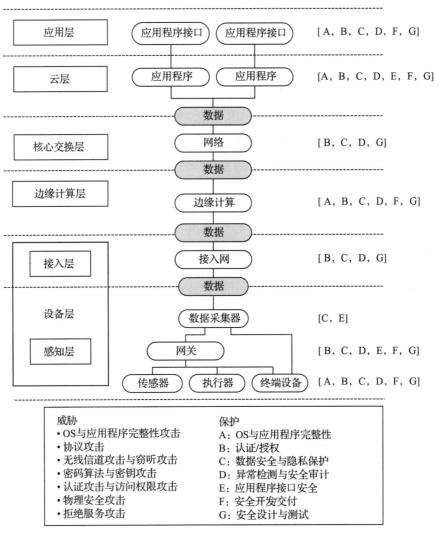

图 9-5　AIoT 生态系统面临的安全威胁及对应的保护方法

理解 AIoT 生态系统面临的安全威胁及对应的保护方法，需要注意以下几个问题。

（1）AIoT 系统的整体安全性

即使我们在设备层、边缘计算层、核心交换层、云层与应用层都能够提供可靠的安全保护，也仍然不能保证 AIoT 生态系统的安全性，因为 AIoT 行业应用系统的业务数据在移动通信网的传输过程中，对于移动通信供应商来说是透明的。要保证 AIoT 生态系统整体的安全性，还需要使用密码技术，保证数据在整个系统传输中各个环节的保密性、完整性与不可伪造和篡改。

（2）用户终端设备的安全性

对于 AIoT 海量数据，我们可以将用户终端设备分为两大类。一类称作 A 类终端，如传感器、RFID 节点，它们属于电池供电、资源受限、成本低廉、安全防范能力较弱、数量巨大的微小单元；另一类称作 B 类终端，如智能手机、PDA、笔记本计算机等。A 类终端的安全性属于设备层安全问题。B 类终端具有两个特点，一是在设备层充当 A 类终端的数据采集器、控制器、网关，二是有一部分 B 类终端处于移动状态，可能是用户自带的设备。任何一个 B 类终端被攻击者植入病毒软件或窃取，都有可能导致该终端控制的所有 A 类终端及相关设备被非法控制。这样攻击者无须入侵 AIoT 应用系统，也可以无须破解其中的安全技术，就可以通过攻击 B 类终端达到对系统攻击的目的。

（3）数据共享与应用需求

AIoT 应用系统追求的目标之一是信息的有效共享。应用系统要根据应用需求与安全性要求，为不同的用户分配不同的访问权限；拥有不同访问权限的用户对同一组数据的访问可能会得出不同的结果。例如在智能交通应用中，同样是路口视频数据，用于城市道路交通规划时由于只需要知道城市交通拥堵的大致情况，因此只需要较低分辨率的视频数据；用于交通管制时就需要及时发现哪里发生了交通事故，以及事故现场的详细情况，因此需要较高分辨率的视频数据；用于刑事案件侦查时需要识别车型、车牌、车内驾驶员与乘客的详细图像，因此要求视频越清晰越好。AIoT 内部不同的功能之间，以及 AIoT 系统与外部协作单位之间的信息共享要求不同、关系复杂，如何在方便地提高数据共享效率的前提下保护信息安全，是对 AIoT 安全的一个挑战。

（4）数据共享与隐私保护

AIoT 应用系统中保存着很多涉及企业运行、生产与销售状况、知识产权等的商业秘密，同时也涉及很多用户的个人财务、日常生活、消费、健康状况、社会关系，以及位置信息。要保护企业与个人的隐私信息，必须研究和制定以下的安全机制。

- 有效的数据访问控制与内容审查机制。
- 身份隐私保护与位置隐私信息保护机制。
- 及时发现、追踪信息泄露与取证机制。
- 安全的硬件、软件知识产权保护机制。

在 AIoT 生态系统中，各层受到的安全威胁不同，所需要采取的安全保护措施也不相同。

9.2.2　AIoT 设备安全

1. AIoT 设备可能存在的安全威胁

在 AIoT 系统中，设备层由传感器、执行器与用户终端设备组成。传感器是 AIoT 数据的源头，是整个系统正常运行的基础。执行器用于整个系统运行结果的最终体现。执行器如果做出错误动作，将导致严重的后果。因此，保证感知器与执行器的安全性至关重要。

（1）物理安全

涉及物理安全的威胁主要是：利用设备层感知、执行节点分散和无人监管的状态，捕获、盗窃或移动传感器节点的位置，破坏 WSN 正常工作或劫持 WSN；插入伪装的复制节点，提供错误感知数据，造成系统数据混乱；实施功耗攻击，破坏设备供电系统、机房，或耗尽节点电源能力，使传感网与节点失效；在节点中植入病毒软件，迫使节点参与 DDoS 攻击。NIST SP 800-53（NIST-PE）文档的物理和环境保护部分，对物理安全有明确的要求。

（2）通信安全

涉及通信安全的威胁主要是：利用设备层节点之间无线通信信道与通信协议的漏洞，实施信号干扰、屏蔽，或中间人攻击，使节点之间通信不正常或丧失通信能力；实施电磁泄露攻击，窃听与破译节点之间传输的数据，窃取敏感的源数据；通过篡改数据或插入错误数据，造成通信混乱。

（3）运行安全

涉及运行安全的威胁主要是：寻找设备硬件的漏洞，利用未加密的嵌入式设备伪装成合法用户，入侵嵌入式系统；利用嵌入式 AIoT 操作系统的漏洞，传播恶意代码与病毒，使节点成为僵尸节点，遭受 AIoT 僵尸网络攻击。

（4）数据安全

涉及数据安全的威胁主要是：漏洞攻击与流量分析攻击。例如，利用用户终端设备漏洞，获取用户名与口令；利用合法的用户名与口令，非法读取、复制、篡改或重放数据；实施位置跟踪，将用户 GPS 位置与相关的用户数据结合起来，分析用户行踪，窥探用户隐私；利用合法的用户名与口令，窃取用户的财产；通过流量分析，破解加密数据的长度规律，通过在短数据报之后添加多余位与加密字段将其伪造成正常数据包，破坏数据传输的安全性。

（5）网关安全

由于传感器资源受限，不具备分析数据流量，以及发现运行状态异常的能力，因此需要通过网关采集数据流量与设备状态数据，并上传到边缘云或与云数据中心，由高层利用数据分析能力进行分析，并根据分析结果下发相应指令。很显然，网关一定会成为黑客攻击的重点。针对网关节点的攻击主要有以下几种基本的形式：

- 实施 DoS 攻击，使网关不能正常工作；
- 非法入侵，获取或篡改网关配置，使设备层不能正常工作；
- 非法劫获、篡改或伪造感知数据，或向执行节点发出错误指令；
- 传播病毒，将网关变成攻击服务器或攻击执行器，使之参与 DDoS 攻击。

2. 设备层安全保护措施

针对传感器、执行器与用户终端设备可能面临的安全威胁，可以采取以下的安全防范措施。

（1）轻量级密码算法与轻量级认证技术

鉴于 AIoT 感知设备具有计算、存储与能量资源受限的特点，因此其数据机密性、完整性与身份认证只能采用轻量级密码算法保证。轻量级密码本身并没有一个统一的定义，由于国际 RFID 标准委员会规定，RFID 标签中需要留出 2000 门电路或相当的硬件资源用于密码算法，因此产业界相应地将轻量级密码算法定为 2000 门电路的硬件资源可以实现的密码算法。当然，这只是一个参考数值。由于 AIoT 实际应用需求强烈，因此近年来对轻量级密码算法的研究非常活跃。欧洲的 ECRYPT II 项目专门设置了轻量级密码算法研究的专题。目前，轻量级密码算法正在从研究走向实用阶段。例如，PRESENT 最先发布的分组密码 CHES 2007，还有 Clefia 发布的分组密码 FSE 2007，已经成为 ISO/IEC 标准轻量级密码算法。

设备的认证技术分为两类：对消息本身的认证，对用户身份和设备身份的认证。对消息本身的认证是用以数据传输完整性为目标的保护，对用户身份的认证是为了防止非法用户的侵入，对设备身份的认证是为了保证数据来源的合法性。用户身份认证用于通信双方身份的合法性确认。身份认证常常会伴随着会话密钥的建立，在移动通信中身份认证协议称为身份认证与密钥协议（Authentication and Key Agreement，AKA）。传统的 Internet 在这几个方面已经做过深入的研究，产生了很多应用成果。但是，由于 Internet 认证算法的复杂性使其无法直接用于 AIoT 环境，因此必须针对不同的 AIoT 应用场景去研究相应的轻量级认证技术。

（2）硬件安全组件

采用硬件安全组件和防篡改等硬件保护措施，抵制逆向分析与未授权访问。

- 在 AIoT 系统中采用硬件安全组件。用片上系统（SoC）实现轻量级密码算法与认证机制，采用硬件安全组件在物联网平台创建安全运行环境，提供设备认证、可信执行环境、安全引导、安全无线传输、安全内存保护、安全密钥存储服务。
- 采用防篡改机制，发现蓄意的物理入侵后立即报警与做紧急处置。防篡改机制可以防止针对 AIoT 组件的逆向分析和篡改。防篡改机制应该能够实现：篡改防护、篡改检测、篡改响应与篡改取证。

（3）数据安全

端节点数据是整个 AIoT 应用系统运行的基础，任何对上下文敏感的破坏数据完整性的行为都会危及系统的价值。端节点的数据主要有原始的感知数据、配置信息、日志文件、加密信息、软件与二进制可执行文件。这些数据可以分为三类：静态数据（DAR），包括存储的数据；使用中的数据（DIU），包括运行时使用的文件或数据资源；动态数据（DIM），包括离开了设备的数据。

传统的数据完整性验证采用 CRC 校验和方法，可以检查出数据是否被更改。但是，在 AIoT 环境中 CRC 校验和方法已经不够用了，因为攻击者可以修改校验和。在 AIoT 环境中，需要采用以下的方法。

- 对于静态数据，可以将加密数据安全存储到硬件中，或借助由对称密钥加密的专用软件存储加密数据；对称加密的密钥可以由受保护的种子主密钥导出函数来动态生成。
- 对于使用中的数据，可以采用的方法是：基于策略文件的黑白名单；通过保护内存区域免受未授权的访问，来控制内存保护权限；进程运行时的完整性验证。
- 对于动态数据，可以采用的方法是：采用适当的编码技术，检查缓冲区溢出保护，以及检查输入输出。

（4）使用隔离技术，提高端设备的安全性

AIoT 设备的硬件和软件存在漏洞是不可避免的，在硬件、软件域虚拟化环境中实施隔离技术，可以将来自不同区域的攻击影响降低到最小。可以采用的隔离方法包括以下三种。

- 进程隔离：操作系统将业务、操作功能组件与安全组件隔离开来。
- 容器隔离：在硬件容器中可以对物理上的同一个芯片、同一块电路板或同一个物理平台上分离的计算元件实施隔离；在软件容器中通过操作系统强化资源边界的隔离。
- 虚拟隔离：在虚拟或虚拟机管理程序模型中，虚拟机管理程序在物理平台上运行的各种虚拟实例之间的隔离。

（5）漏洞挖掘

AIoT 漏洞挖掘主要关注两个方面，一个是网络协议的漏洞挖掘，一个是嵌入式操作系统的漏洞挖掘，先于攻击者发现并及时修补漏洞能够有效减少来自黑客的威胁，提升系统的安全性。AIoT 设备多使用嵌入式操作系统，如果这些嵌入式操作系统遭受攻击，那么将会对整个设备造成很大的影响。对嵌入式操作系统的漏洞挖掘也是一个重要的 AIoT 安全研究方向。

9.2.3　AIoT 接入安全

1. 接入网可能存在的安全威胁

AIoT 接入网所采用技术的复杂性，决定了暴露给攻击者的漏洞会越多，遭受的网络安全威胁也就越严重。对接入网的安全威胁归纳起来主要有以下几种基本的形式。

- 利用无线信道进行信息窃听，篡改、伪造发送的信息。
- 采用软件无线电技术，利用通信协议漏洞去攻击 AIoT。
- 发送电磁干扰信号，破坏无线通信系统的正常工作。
- 伪装成合法用户，向系统传输错误数据或指令。
- 伪装成基站，发动中间人攻击。

2. 对无线信道的攻击与保护

（1）NFC 安全威胁与安全保护

近场通信（Near Field Communication，NFC）是近距离非接触式的一种无线通信方式，对其常见的攻击方法如近距离截获无线信道传输的数据、干扰无线信道、伪造合法用户登录，以及中间人攻击。

由于 NFC 技术通信的有效距离为 10cm 以内，可以有效地防止通信数据被其他接收器劫持、恶意读取或篡改，因此这个应用场景在很大程度上保证了 NFC 的通信数据的安全。同时，移动终端进行近场支付时，POS 机和手机之间交互的交易信息，都是经过某种加密算法的运算后变成密文进行传输，这样就保证了用户账户、交易信息等敏感数据的安全性。因此，目前 NFC 硬件和架构都具备较高的安全性，可以提高移动终端上应用的安全性。

（2）ZigBee 安全威胁与安全保护

基于 ZigBee 构建的 Mesh 网络具有低功耗的特点，因此广泛用于智能家居、智慧楼宇、工业控制领域，是 IoT 常用的无线通信技术之一。

研究人员可以利用 KillerBee 对数据包的嗅探功能，对 ZigBee 与 IEEE 802.15.4 网络进行安全分析。利用这些工具，可以识别 KillerBee 和相关工具的可用接口，实时捕捉和查看网络数据，实现重放攻击，搜索 ZigBee 流量，可追踪和定位 IEEE 802.15.4 无线信号发射器。同时，KillerBee 默认能够提供多款可用于攻击 ZigBee 和 IEEE 802.15.4 网络的工具。

（3）BLE 安全威胁与安全保护

低功耗蓝牙（BLE）是智能家居、智能医疗设备、可穿戴计算设备、智能手机、计算机最常用的无线通信技术。

每台蓝牙设备都有一个独特的设备地址，和 Ethernet、Wi-Fi 的设备地址类似，蓝牙设备的地址是同一个注册机构 IEEE Registration Authority 分配的。理论上，蓝牙设备地址在设备的生命周期中是固定的，而且蓝牙设备在工作时会使用公开的广播信道向其他设备广播自己的存在，因此蓝牙设备是可能被追踪的。利用 BLE 数据包嗅探、捕获和分析工具，可以获取 BLE 设备地址，截获传输的数据包，分析 BLE 流量。利用 BLE 暴露的漏洞，很容易发动对 BLE 网络的攻击。

（4）NB-IoT 安全威胁与安全保护

在 NB-IoT 的应用中，需要用到移动通信中的用户终端卡（SIM 卡）。随着智能设备对空间充分利用的需求，SIM 卡的尺寸也越来越小。但是考虑到一些 AIoT 设备本身的大小与能量受限，并且 AIoT 设备在生命周期内一般不会更换 SIM 卡，因此可以将 SIM 卡与设备本身合为一体。但是，SIM 卡的制造商一般属于移动通信运营商，AIoT 设备的制造非常复杂，因此很难将这两部分整合到一个硬件中。故而研究人员提出了 e-SIM 和 SoftSIM 技术，用软件技术来替代硬件 SIM 卡。e-SIM 由全球移动通信系统联盟（GSMA）提出，其实现技术和商业目标与传统的硬件 SIM 卡有很大差别，但是在身份认证与数据保护方面的流程是一样的。NB IoT 支持软件和固件通过无线空口升级。升级包需要数字签名和公钥加密，设备在接收到升级包时，同样需要进行解密与签名验证的过程，以保证升级软件与固件的合法性。

9.2.4　AIoT 边缘计算安全

随着边缘计算产业从产业共识走向落地实践的发展，边缘计算的安全性逐渐成为产业界与学术界研究的重点。2018 年 11 月，边缘计算联盟（ECC）与工业互联网产业联盟（AII）在联合发布的"边缘计算参考架构 3.0"的"安全服务"一节中，给出了边缘计算架构的安全设计原则、特殊性与边缘计算安全服务架构。2019 年 11 月，ECC 与 AII 又联合发布《边缘计算安全白皮书》。

1. 边缘计算层可能存在的安全威胁

（1）物理安全

贴近用户的现场级边缘计算设备一般部署在无人值守的机房或用户现场，处于不受电信运营商控制的开放环境，容易受到人为的各种物理攻击；同时要考虑遭受突发事件、自然灾害影响时的维护与抢修问题。

（2）边缘计算平台的安全威胁

针对边缘计算平台的安全威胁主要包括以下几个方面。

- 伪装成合法用户，向边缘计算系统发送伪造的感知数据。
- 伪装成合法计算节点，篡改源感知数据，造成整个系统数据的混乱与差错。
- 向边缘服务器发起 DDoS 攻击，造成边缘计算系统不能正常工作或者瘫痪。
- 将恶意计算节点伪装成合法节点，收集相邻 AIoT 设备生成的数据，发送伪造的数据，破坏节点之间的信任机制。
- 第三方软件缺陷给边缘计算层带来的安全性隐患。
- MEC 平台的部署环境相对较差，容易受到物理入侵与逻辑入侵。

2. 边缘计算层安全保护

边缘层计算安全架构的研究内容主要包括物理安全、平台安全、通信安全与数据安全。

（1）物理安全

在具体选择现场级边缘计算节点位置与设备，以及网络、电力、空调等基础设施时，一定要重视防盗、防破坏；防止攻击者侵入系统，修改操作系统与基础设施硬件、软件配置；防止信息泄露。

（2）平台安全

边缘计算平台的安全技术研究要考虑到虚拟化软件安全、虚拟机/容器安全；管理软件与核心云、核心云与网络侧边缘云通信的安全性问题；运营商的网元 UPF 等设备物理安全性、数据安全与访问控制安全，防止攻击者利用协议漏洞通过 UPF 攻击核心云；提供接入端的边缘计算节点与用户应用的隔离、区分用户业务运维和安全管理，避免用户数据丢失与数据泄露；及时检测和发现恶意节点、虚假边缘中心。

有一种针对移动边缘计算服务器的攻击类似于针对 Internet 的传统 DDoS 攻击。攻击者首先通过伪造移动用户地址，向移动边缘服务器发送大量的服务请求；边缘计算服务器会在一个时间段里接收到大量服务请求，其中有一些正常的用户服务请求，由于一时间接收到的服务请求太多而来不及处理，此时会出现应答延迟和拥塞的现象。同时，攻击者会伪装成边缘服务器向移动用户发送服务请求应答包，让真正等待移动边缘计算服务的用户认为收到了正确的应答包，就将数据与计算任务迁移到修改后地址指向的虚假边缘服务器，造成数据的外泄。如果用户收到的应答包中隐含着恶意代码或病毒，就有可能使接收应答的用户终端设备成为 DDoS 的肉鸡，参与新的 DDoS 攻击。这个过程如图 9-6 所示。

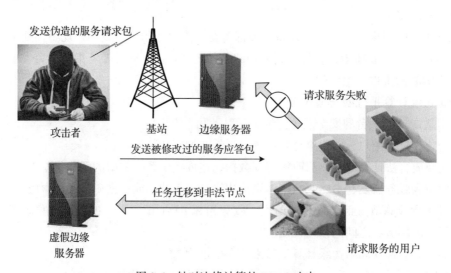

图 9-6　针对边缘计算的 DDoS 攻击

（3）通信安全

攻击者也可能利用无线网络协议的漏洞，制造伪基站，通过伪基站向移动用户发送信号，用户移动终端设备有可能选择信号最强的伪基站，与伪基站建立链接。伪基站会向用户终端设备发送包含垃圾邮件公告、网络钓鱼链接、高收费优惠的虚假信息，或传播病毒与恶意软件。

（4）数据安全

在边缘计算环境中，除了需要关注传统的信息系统数据加密存储和传输安全问题，还需要考虑由边缘计算自身特点所带来的数据安全风险问题。

用户将数据上传到边缘计算设备，设备需要对部分数据进行存储和分析计算，数据存储与计算从统一的云端分散到多个边缘计算节点。在这个环节中，边缘计算的应用属于不同的应用服务商，接入网属于不同的运营商，这就可能导致边缘计算中出现多安全域共存，及多种格式数据并存。在这种环境下保证数据的安全存储和处理成为影响边缘计算安全的重要因素。

首先，用户数据被外包，用户对数据的控制权交给边缘设备，数据源在物理上不再拥有数据，使得一些传统的密码学算法也不适用于边缘计算，因为这些算法都需要对本地数据的副本进行完整性校验。其次，数据在传输或存储过程中可能发生被偶然或蓄意删除、修改、伪造等现象。如果在边缘设备上对数据完整性进行校验，则在完整性校验过程中，恶意攻击者很可能会非法获取存放用户数据的物理设备、物理位置等敏感信息。而且边缘中数据的存储是动态变化的，使得传统的数据完整性校验方法并不能完全适用于边缘计算环境。最后，边缘设备上需要存储多用户数据，而目前混合存储及数据隔离技术不是很成熟，使得攻击者仍然可以通过程序漏洞实现一定程度的非授权访问。由于边缘计算设备计算能力有限，节点数量较多，需要支持实时交互，因此设计适用于边缘计算系统的低延迟、动态操作的安全存储系统存在新的挑战。

移动边缘计算系统是一个典型的分布式系统，在具体实现过程中需要将其落地到一个计算单元平台上，各个边缘平台之间需要相互协作以提高效率。当一个边缘设备同时处理大量计算的时候，边缘设备可以将部分计算外包给其他边缘设备，以实现资源利用率的最大化。但是如何实现安全的外包是对边缘计算安全提出的严峻考验。

9.2.5　AIoT 核心交换网安全

1. AIoT 核心交换网安全的复杂性

AIoT 核心交换网的结构比较复杂。AIoT 核心交换网总体可以分为两种类型，一种是基于 IP 的核心交换网，另一种是基于 5G 的无线核心网。基于 IP 的核心交换网又可以进一步分成几种类型。一类是产业类 AIoT 应用系统，根据安全性的需要，它的核心交换网可能采用自建的 IP 专网、在公共数据网中传输组件的 VPN 网络；也可能有一部分对安全性要求比较低，或与外部用户、合作伙伴间的数据传输是在 Internet 上进行的。另一类是消费类 AIoT 应用系统，它是借助于 Internet 的核心交换网实现数据传输与交互的。

5G 未来在 AIoT 中的应用非常广泛。无论是自建的 IP 专网、VPN 网络，还是利用 Internet 组建的 AIoT 应用系统都不可避免地要与 5G 网络互联互通。现在的 3G/4G 无线通信网的核心交换网（电信界称为核心网）已经实现了 IP 化，也就是基站到城市数据交换中心的路由器、城市到城市数据交换中心的路由器基本上都采用了 IP 与光纤传输系统。未来的 5G 核心网将采用 SDN/NFV 的组建技术。目前各国的电信运营商都在部署用 SDN/NFV 组建核心网的实施方案。

核心交换网除了会遇到与传统网络相同的安全威胁之外，由于 AIoT 结果的复杂性、设备接入链路的脆弱性、网络协议标准的不一致，还会遇到以下的几种攻击。

- 基于通信协议的攻击：包括基于路由的欺骗攻击，基于 DNS 的欺骗攻击，基于 RIP 与 ICMP 的欺骗攻击等。
- 基于数据传输的攻击：包括在数据传输过程中获取加密信息、攻击传输数据的完整性，以及假冒和伪造身份类的发送源欺骗攻击等。
- 基于服务可用性的攻击：如 DoS 与 DDoS 攻击等。

技术的变化必然会带来网络安全威胁的变化，网络安全技术必然要跟上形势的变化。AIoT 核心交换网安全技术正处在快速变化的局面之中，很多变化目前仍然难以预料，这也给网络安全研究人员提出了很多研究课题。

2. 基于 TCP/IP 的核心交换网安全

（1）基于 IP 的核心交换网的安全威胁

基于 IP 的核心交换网的安全威胁来自两个方面，一方面是内部的威胁，另一方面是外部的威胁。来自内部的威胁主要来自内部用户。这类用户分为两种，一种是混入网络管理员队伍的恶意人员，另一种是个别不遵守内网使用规范或做了误操作的用户。恶意人员会蓄意制造攻击行为，而不遵守内网使用规范的用户同样会引发网络安全事故。来自外部的威胁主要是各种网络攻击。

（2）网络攻击的特点

法律对攻击的定义是：攻击仅仅发生在入侵行为完全完成时，并且入侵者已在目标网络内。但是对于网络安全管理员来说，一切可能使网络系统受到破坏的行为都应视为攻击。

目前网络攻击大致可以分为：
- 系统入侵类攻击
- 缓冲区溢出攻击
- 欺骗类攻击

- DDoS 攻击

系统入侵类攻击的最终目的都是获得主机系统的控制权，从而破坏主机和网络系统。这类攻击又分为信息收集攻击、口令攻击、漏洞攻击。缓冲区溢出攻击是指：通过往程序的缓冲区写超出其长度的内容，造成缓冲区的溢出，从而破坏程序的堆栈，使程序转而执行其他指令。缓冲区攻击的目的在于扰乱那些以特权身份运行的程序的功能，使攻击者获得程序的控制权。欺骗类攻击的主要类型有：IP 欺骗、ARP 欺骗、DNS 欺骗、Web 欺骗、电子邮件欺骗、源路由欺骗、地址欺骗与口令欺骗等。

（3）网络安全技术体系

从 Internet 传承下来的网络安全技术可以归纳为：网络安全体系结构、网络安全防护技术、密码应用技术、网络安全应用技术，以及系统安全技术等。这些安全技术在长期的Internet 应用中不断地得到完善，内容很丰富，技术相对比较成熟，目前都会用到 AIoT 应用系统中，只是实现的方式与保护的对象可能不同。

3. 5G 安全需求

（1）5G 核心网的安全风险

一方面 5G 的高性能将促进 AIoT 的发展，另一方面 5G 也会给 AIoT 带来很多新的安全风险。这种风险主要表现在以下几个方面。

- 5G 网络越来越多地依赖软件技术，软件技术自身的缺陷将会给 AIoT 带来新的安全问题。网络攻击者可以驾轻就熟地使用传统的漏洞攻击手段，通过 5G 网络展开对AIoT 应用系统的攻击。
- 5G 采用了很多新技术，如 SDN 与 NFV 技术，由于 SDN/NFV 技术尚不成熟，因此会进一步增加 AIoT 潜在的安全隐患。
- 5G 网络通过"网络切片"技术将要实现的功能划分为不同功能的切片，网络切片使用的软硬件技术缺陷，以及网络功能在不同切片之间的共享，有可能成为对 AIoT攻击新的入口。

针对基于 IP 的核心交换网与 5G 核心网存在的安全威胁，需要采取认证 / 授权、数据安全与隐私保护、异常检测与安全审计、安全设计与测试等保护措施。

（2）5G 网络安全研究

作为 5G 研究工作的一个重要组成部分，安全需求的研究工作也在并行进行。目前，一些知名的国际通信组织或企业，如 3GPP、5G PPP、NGMN、ITU-2020 推进组、爱立信、诺基亚、华为纷纷发布了各自的 5G 安全需求白皮书，并通过安全需求白皮书表达各自对5G 安全需求的理解与展望。从目前的众多安全需求来看，尽管不同安全需求白皮书的侧重点有所差异，但核心问题仍然集中于 4G 部分安全需求的演进以及由新技术、新服务驱动的新的安全需求。

延续 4G 的安全需求作为 5G 系统的安全需求，因为 5G 首先应该至少提供与 4G 同等的安全性，这些基本的安全需求主要包括：用户和网络的双向认证、用户数据的机密性保护、安全的可视性和可配置性、基于 USIM 卡的密钥管理与信令消息的机密性和完整性保护等。

5G 需要在传统接入安全、传输安全的基础上，考虑新技术驱动和垂直服务产业下灵活多变和个性化的服务安全，以实现不同利益群体在不同应用场景下的多级别安全保障。因此，5G 安全是一个复杂的系统工程。当前很多电信企业、通信联盟与网络安全公司都已经认识到 5G 安全对整个系统演进的重要性，并通过一系列会议、白皮书和标准草案，对一些关键安全问题进行了讨论，旨在探索和寻求相应问题的具体解决方案。

9.2.6 AIoT 云计算安全

1. 云安全的基本概念

随着 AIoT 应用的发展，云计算已经成为 AIoT 主要的信息基础设施。越来越多的 AIoT 应用系统将一些敏感数据、计算任务与存储任务迁移到云端。当数据与应用迁移到公有云、混合云中时，AIoT 应用系统对这些敏感数据的保密性、完整性、可用性与隐私保护受到了严峻的挑战。研究人员总结出的云计算面临的十大挑战中，排在第一的是云安全。

云安全是指一系列用于保护云计算数据、应用和结构的相关策略、技术与控制方法。云计算系统已成为当前 Internet 重要的信息基础设施。世界各国政府在推动"云优先战略"的同时，也在加紧研究、制定云安全方面的政策、标准。

2. 云安全威胁与对策

云安全联盟（Cloud Security Alliance，CSA）在 2013 年的一份报告" The Notorious Nine Cloud Computing Top Threats in 2013"中列举了云计算的九大顶级安全威胁，其中最主要的有以下几点：

- 云计算的滥用和恶意使用
- 不安全的接口和 API
- 内部人员的恶意行为
- 共享技术问题
- 数据丢失或泄露
- 账号泄露或服务劫持

在使用云计算服务时，用户需要将很多可能影响安全的控制权交给云服务提供商。同时，用户必须关注和明确自身在风险管理过程中的角色。如果企业、部门用户中有人不遵守安全使用与隐私保护规则，就可能为云计算系统造成很大威胁。相应的对策主要是：严格执行用户访问云端时的身份认证；发现云端存在的安全隐患，不断完善安全策略，增加安全防护设备；对特定信息加强监测与审计。

3. 云计算"安全即服务"的基本概念

云服务提供商在 IaaS、PaaS 与 SaaS 的基础上，进一步提出了"安全即服务"（SECaaS）的概念。

对于云服务提供商来说，SECaaS 是为用户提供的一个安全服务包，它包括用户身份鉴别、网络防病毒、防恶意代码与间谍软件、入侵检测与防护，以及安全事件管理等服务。在云计算场景中，SECaaS 包含在云服务提供商所提供的 SaaS 服务中。

云安全联盟下的 SECaaS 工作组致力于"云安全指南"的研究工作。2009 年 4 月发布"云安全指南"V1.0，2009 年 12 月发布 V2.0，2011 年 11 月发布 V3.0，2017 年 7 月发布 V4.0。"云安全指南 V4.0"与 V3.0 相比，在结构和内容上有较大改动，从架构（architecture）、治理（governance）和运行（operation）三个方面的 14 个领域对云安全和支持技术提供了指导意见。"云安全指南"定义了 12 种云安全服务类型，涉及从云基础设施到软件、从云到用户部署的系统、从数据安全到运行维护安全的研究内容。在当前还没有一个获得业界广泛认可的国际性云安全标准的情况下，"云安全指南"无疑是云安全研究领域最有影响力的指导文件。

SECaaS 的潜在问题表现在：SECaaS 由云服务提供商提供，很多数据与事件的发生，用户是不可见和不知情的；SECaaS 仍没有统一的标准，不同的云服务提供商提供的服务差异较大；用户对数据被泄露的顾虑很难消除；虽然更换 SECaaS 提供商比替换本地部署的硬件、软件更容易，但是必须关注在更换云服务提供商的过程中数据与访问请求的丢失可能造成的影响，以及对历史数据的处理等问题。

9.2.7　AIoT 应用安全

AIoT 应用通常是将智能设备通过网络连接到云端，然后借助 App 与云端进行数据分析，形成对外部环境与对象的操作，并向核心交换网、边缘层、接入层发送指令，实现对执行器的远程控制。

AIoT 安全技术正在快速发展之中，更多的安全威胁往往来自内部管理与外部攻击。如果 AIoT 应用系统内部管理机制不完善、系统安全防护措施不配套，那么一个小小的技术或管理漏洞就有可能使 AIoT 应用系统或整个 AIoT 生态彻底崩溃。而外部势力利用社会工程学的非传统网络攻击始终存在，一旦系统成为目标，那么再完善的防护措施都有可能由于外部的渗透和内部安全措施的不完善而功亏一篑。

9.3 AIoT 隐私保护

9.3.1 AIoT 面临的隐私泄露挑战

个人隐私是指个人生活中不愿让他人知道的秘密，这些信息包括姓名、年龄、职业、电话号码、家庭住址、家庭成员、经济状况、健康状况、宗教信仰、社会关系、电子邮箱地址、网络身份等。隐私是属于公民的个人权利，其他人无权干涉。在信息社会，对于个人的隐私信息，其他人不得随意传播和泄露。但是，人们在日常生活中经常收到一些电话、短信、微信，有些广告、推销，甚至诈骗信息，很多是针对个人状况精准定制的，很显然个人隐私信息已经被泄露。隐私保护已经成为信息社会人们关注的焦点。

AIoT 作为一种"人 – 机 – 物"泛在互联的网络系统，面临着隐私泄露的严重挑战。AIoT 中存有大量通过各种感知手段获取的用户个人的数字、语音与视频信息，对这些数据进行挖掘一定能够获取更加丰富的个人隐私信息。例如在智慧城市系统中保存着所有市民的个人与家庭信息，并且这些信息会在城市管理与服务部门的信息系统中传输和共享。智能物流系统中保存着用户完整的姓名、电话、家庭住址、工作单位、购物清单、消费状况与银行账户信息。智能医疗系统中保存着每一位就诊患者的个人信息、病历、诊断资料与医保信息。智能家居实时监控家庭的安全状况，在家的老人、小孩的情况，并通过无线网络与用户保持联系。智能交通系统在为用户提供导航服务的同时，记录了每一个人、每一辆汽车每时每刻的位置信息。城市安防系统的摄像头一直在摄录城市不同位置、不同时间的行人的图像和视频。很显然，无论攻击者侵入任何一个系统的任何一个环节后，都可以采用数据挖掘方法，很容易地获得更多涉及个人隐私的信息。因此，AIoT 面临着更为严重的隐私泄露问题，隐私保护是 AIoT 安全技术研究的重要课题。

理解 AIoT 隐私保护，需要注意以下几个问题。

第一，隐私保护不仅是一个涉及个人信息安全的技术问题，还涉及法律、社会稳定与国家安全。解决隐私保护问题必须从技术、法律法规、道德与教育等多个方面着手。2017年 6 月 1 日我国开始实施的《中华人民共和国网络安全法》，已经将个人隐私信息列入法律保护范围。相关的法律法规明确规定：非法获取、出售或跟踪轨迹信息、通信内容、征信信息、财产信息等 10 种行为均属违法。

第二，隐私保护技术应该考虑到发布数据的可用性。片面地强调数据的匿名性将导致数据过度失真，失去数据共享的价值，以及大数据分析结果的可用性。研究隐私保护技术需要在数据可用性与隐私性之间寻求良好的平衡。因此，一个隐私保护方案应该有明确的隐私保护目标与信息可用性目标。

第三，隐私保护技术包括两方面：去隐私化和隐私数据挖掘。去隐私化的目的是使含个人隐私信息的数据在经过处理后，看上去不再含有个人身份信息。要使 AIoT 中隐私信息之间完全不具有关联性是很难做到的。隐私数据挖掘则是从大量不同的数据中找到关联，使得那些看上去不包含个人身份信息的几个数据关联后，能够恢复出个人身份信息。去隐私化和隐私数据挖掘是互相矛盾的，这对矛盾的技术向隐私保护提出了技术挑战，特别在大数据时代要实现绝对的隐私保护是困难的。如果能够做到让攻击者采取隐私挖掘的方法去获取个人隐私信息后付出惨痛的代价，那么攻击将难以得逞，从而可以有效地保护隐私。

9.3.2　隐私保护技术研究

隐私保护的相关技术研究包括基于身份匿名的隐私保护、基于数据关联的隐私保护、面向数据收集的隐私保护、面向数据传输的隐私保护和基于位置的隐私保护。

1. 基于身份匿名的隐私保护

（1）身份匿名的基本概念

身份匿名是用户隐私信息保护的一种重要技术手段。匿名认证技术是指用户可以根据具体的应用场景要求，向 AIoT 服务提供者证明其拥有的身份凭证属于某个拥有特定访问权限的用户集合，但服务提供者无法识别用户具体是集合中的哪一个用户。

（2）身份匿名中的密码学技术

身份匿名也可以通过密码学技术实现，如群签名、环签名、零知识证明等技术。

1987 年 Desmedt 提出了群体密码学（Group-Oriented Cryptography）的概念，它是面对一个组织和群体中所有成员的密码体系。在群体密码体系中，存在一个公钥，群体之外的人用这个公钥向群体成员发送加密的数据。密文收到后要由群体内部成员的子集来共同进行解密。群签名（group signature）是群体密码学研究的一个分支。群签名的特点是：

- 只有群体中的成员能够代表群体签名；
- 接收到签名的人可以用公钥去验证群签名，但不知道是由群体中哪些成员签名的；
- 发生争议时，可由群体的成员或可信赖机构识别群体签名的成员。

群签名是指针对签名者实现无条件的保护，且能够防止签名者的抵赖，因此又称作"匿名签名"（anonymity signature）。随着群签名研究的深入，出现了不少与群签名相关的数字签名形式，如群盲签名、分级多群签名、多群签名和子群签名等。

环签名（ring signature）是以一定的规则由用户组成一个环的签名方式来实现的。环中的一个成员利用它的私钥和其他成员的公钥进行签名，但不需要征得其他成员的允许，而验证者只知道签名来自这个环，但不知道谁是真正的签名者。环签名可以被视为一种特殊的群签名，它没有可信中心，对于验证者来说签名者是完全匿名的。

环签名与群签名相比，群签名的生成需要群成员的合作，群管理者可以确定签名人的身份，而环签名没有群管理员，环中所有成员的地位相同，成员没有组织结构程序，不用协调一致，克服了群签名中群管理员权限过大的缺点，实现了对签名者的无条件匿名。随着研究的深入，目前出现了代理环签名、盲环签名和门限环签名等。

（3）身份匿名的应用场景

AIoT 应用系统中认证的身份隐私保护是以匿名凭证系统为主体的，同时具有隐私保护特性和属性证明能力，可以直接应用到具有隐私保护需求的认证与访问控制系统中，以获得较强的匿名特性，达到用户身份隐私保护的目的。匿名凭证系统可以应用到电子证件系统与在线订阅、电子票据系统。

电子身份证（eID）与传统的电子证件系统相比，具有覆盖范围广、应用多样化、信息高度集中等特点。eID 系统的应用也使得对应用服务的管理由集中式向着分布式的方向发展，进一步增加了用户身份隐私数据泄露的风险。在这种情况下，将匿名凭证相关技术应用于 eID 中，增强 eID 的隐私保护能力，是一种切实有效的选择。

在线订阅、电子票据等系统中使用匿名凭证系统，可以很好地满足应用对隐私保护的安全需求，同时解决当前电子票据系统中可通过用户身份信息对用户行为进行追踪的隐私泄露问题。Idemix 系统和 U-Prove 在设计时就考虑到电子票据系统的应用，并提供了相关的原型系统。

2. 基于数据关联的隐私保护

许多可能涉及个人隐私的信息如果不与个人身份相关联是没有意义的。例如，知道一个电话号码并没有太大的意义；一个人的姓名泄露的个人隐私信息有限，因为重名的人可能很多；如果将一个电话号码与用户的姓名相关联，就可以唯一确定某个人的个人身份，并由此可以挖掘出很多涉及个人隐私的信息。

我们可以用一个例子来说明这个问题。国外一家移动数据研究中心发起了一项"移动数据挖掘"的研究计划。研究的内容主要是：如何通过对移动用户通信数据的挖掘来获取用户的相关信息；如何分析与预测社交网络，以及移动通信过程中用户的位置。他们在一个地区招募了一百多名数据采集志愿者，这些志愿者包括各个年龄段和职业阶层的移动用户，他们之间存在着一些社交活动。研究中心给数据采集小组的每位志愿者配置了同一种型号的智能手机。研究中心要求志愿者同意从他们的手机中采集数据，作为数据挖掘使用的数据样本。数据采集的时间为一年。

采集的移动数据主要分为两类。第一类是用户手机使用的各项记录，如用户打电话、发短信的数量，通信录的使用情况、连接的手机基站号、音乐和多媒体文件使用记录、手机软件进程记录、手机充电和静音等数据。第二类是手机后台收集的用户行为数据，如GPS、Wi-Fi 定位信息与加速度传感器数据。在实验中为了保护数据采集者的隐私，所有的数据只能在当地移动通信网存储的数据中提取，并且对特定用户的信息采取匿名处理。

数据采集之后，研究工作要完成以下三项任务。

- 地点预测：根据用户在某个地点的移动通信数据来推断这个地点的类型。这个任务给出了 10 种不同类型的地点，如家庭、学校、工作单位、朋友家、车辆上、户外使用手机的地点，以及乘坐公交车的位置等。
- 下一地点预测：已知用户在某个时间、某个地点打电话或其他访问移动网络服务的相关数据，推断用户下一个要去打电话或访问移动网络服务的地点。
- 用户特征分析：从用户的移动通信数据中推断用户的性别、职业、婚姻状态、年龄与家庭人口。

研究中心组织了一百多支数据挖掘研究团队，耗时半年，尝试着用不同的算法对采集的海量数据进行分析。研究结果表明：无论是基于位置服务、社交网络活动的分析与预测结果，还是涉及用户个人隐私信息的分析结果，都与采集到的数据吻合得非常好。

从这个例子可以看出，数据挖掘是从大量的、不完全的、有噪声的、模糊的，甚至是随机的数据中，提取隐含在其中的、人们事先不知道的，但是又有潜在价值的信息和知识的过程。对于数据挖掘来说，隐私信息分为两类。一类隐私信息是原始数据本身所具有的，如个人姓名、电话号码等；另一类隐私信息是可以从原始数据中挖掘的更多涉及个人隐私的信息。数据分析人员在使用数据挖掘算法对用户的数据进行分析时，往往能够挖掘出非敏感信息与敏感信息之间的关联，导致个人隐私信息暴露，严重地威胁人们的正常生活。

近年来，人们逐渐认识到隐私保护的重要性，越来越多人不愿意为数据分析者提供自己的数据。而在大数据时代，数据分析是非常重要的工作。为了处理好隐私保护和数据分析之间的矛盾，需要对含有隐私信息的数据进行去隐私化处理。

去隐私化处理是对数据中可能造成隐私泄露的数据进行适当处理，使数据的公开不容易造成隐私泄露。常用的去隐私化技术主要包括以下几种。

- 删除隐私信息：把姓名、住址、联系电话等能直接指向某个特定人的信息删除。
- 使用随机数或假信息替换隐私信息：把信息中的真实姓名、住址、联系电话用虚构的假信息替代。
- 数据加密：对信息中的姓名、住址、联系电话等敏感数据进行加密，保证在数据分析过程中不会泄露用户隐私信息。
- 模糊处理：对信息中的姓名、住址、联系电话等进行模糊处理，隐藏真实数据。

需要注意的是，无论使用哪种去隐私化技术，去隐私化的程度越高，数据的可用性就越低；去隐私化程度越低，数据的可用性就越高，隐私暴露的机率就越大。如何在隐私保护和数据分析利用上达到一个合理的折中，在不泄露个人隐私信息的前提下挖掘出数据中有用的知识，是 AIoT 隐私数据挖掘研究中亟待解决的问题。

3. 面向数据收集的隐私保护

从移动通信数据分析的例子中我们也可以看出，对于同一组数据的数据挖掘结果，带有不同目的的人有着不同的认知角度与使用价值。

- 对于移动通信运营商：他们通过对以上移动数据挖掘结果的分析，可以了解用户对移动通信应用的喜好；分析不同位置手机用户的密度、通信流量、延时；对当前基站的分布状况进行分析，以及确定近期需要增加基站的位置与带宽分配规划。
- 对于位置服务提供商：他们可以根据数据挖掘的结果，了解客户的需求，根据不同消费群体有针对性地开发新的服务类型。
- 对于当地政府的官员：他们可以根据数据挖掘的结果，了解不同社区人群的结构、经济状况、消费特点，以及对政府工作的意见与诉求，寻求更合适于不同社会阶层人员的沟通渠道，提高政府的服务水平。
- 对于数据分析师：他们可以根据从不同的应用场景中采集的数据的特点，研究、比较和改进特定的数据分析算法。
- 对于心怀叵测的黑客：数据挖掘的结果无疑暴露了很多用户的个人与家庭隐私，为他们从事非法活动提供了极为重要的情报。

因此，AIoT 感知数据是否会造成隐私泄露，关键要看数据采集、分析的目的，以及分析结果的用途。

由 W3C 组织倡导的 P3P 是目前影响最大的隐私保护数据收集协议，它的目的在于让 Web 上的服务器端与网络用户达成隐私偏好的认同，从而让服务器按照这种认同来收集用户隐私数据。P3P 协议采用的方法是：服务器端先呈现一段机器可读的 P3P 提议，通常是用基于 XML 的语言描述的，其中表明了服务器端将对用户哪些隐私数据进行收集，数据用途、存储方式和时间，以及数据后续发布策略等。用户代理（如网页浏览器）负责与服务器端，或者其他用户代理进行异步协议匹配，以及对 P3P 策略进行翻译，然后与用户已经制定好的隐私偏好策略进行比较，当两者匹配时达成一个 P3P 认同，并依次指导接下来的数据共享。用户隐私数据一般存放在可信的第三方机构的个人数据仓库中。

4. 面向数据传输的隐私保护

利用数据在网络传输过程中截获数据是攻击者常用的方法，也是网络安全技术研究最基本的问题之一。面向数据传输的隐私保护主要有两种方法，一是匿名通信，二是数据加密。

匿名通信是让通信的双方对第三方保持匿名。匿名通信的基本思路是：如果用户 A 给用户 B 发送的数据包已经被攻击者盯上，那么用户 A 不直接将数据包发送给用户 B，而是发送给用户 C；用户 C 接收并重新封装后转发给用户 D；用户 D 接收并重新封装后再转发给用户 A。每经过一次转发，发送的数据包的源地址和目的地址都在改变，如果不拆开封装在最内层的数据包，那么是不会知道这个数据包真正的源地址是 A、目的地址是 B 的。

当然对传送的数据包进行加密是比较好的方法，其中数字信封是比较典型的保护方法。图 9-7 给出了数字信封的基本工作原理示意图。

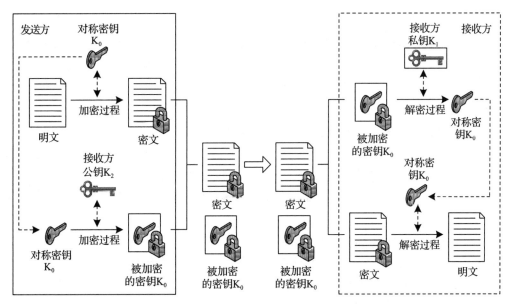

图 9-7　数字信封工作原理示意图

传统的对称加密算法运算效率高，但是密钥不适合通过公共网络传递。而非对称加密算法的密钥传递简单，但加密算法的运算效率低。数字信封技术将传统的对称加密与非对称加密算法结合起来，它利用了对称加密算法的高效性与非对称加密算法的灵活性，保证了信息在传输过程中的安全性。

在数字信封保护方法中需要有两个不同的加密解密过程：明文本身的加密解密与对称密钥的加密解密。首先，它使用对称加密算法对发送的明文进行加密；然后，利用非对称加密算法对对称密钥进行加密，其过程包括以下几步。

- 在需要发送信息时，发送方生成一个对称密钥 K_0。
- 发送方使用自己对称加密的密钥 K_0 对发送数据进行加密，形成加密的数据密文。
- 发送方使用接收方提供的公钥 K_2，对发送方的密钥 K_0 进行加密。
- 发送方通过网络将加密后的密文和加密的密钥传输到接收方。
- 接收方用私钥 K_1 对加密后的发送方密钥 K_0 进行解密，得到对称密钥 K_0。
- 接收方使用还原出的对称密钥 K_0 对数据密文进行解密，得到数据明文。

数字信封保护方法使用两层加密体制，在内层利用了对称加密技术，每次传送信息都可以重新生成新的密钥，保证了信息的安全性。在外层利用非对称加密技术加密对称密钥，保证密钥传递的安全性，实现了身份认证。数字信封保护方法中，数字签名的作用能够保证数据包的完整性、身份认证与不可抵赖性，数据加密的作用可以保证传输数据内容的秘密性。

5. 基于位置的隐私保护

从上面列举的移动数据挖掘的例子中可以看出，根据移动通信数据可以分析出用户是在家庭、学校、工作单位、朋友家、车辆上、户外使用手机的地点，还是在乘坐公交车的位置信息；可以根据用户在某个时间、某个地点打电话，或其他访问移动网络服务的相关数据，推断用户下一个要给谁打电话，或者是将要访问移动网络服务的地点。

从这个例子可以看出，位置隐私泄露方式可以分为以下几种类型：具体空间标识泄露、定位跟踪泄露与关联性泄露。相应的位置隐私保护可以分为：基于用户身份标识的位置隐私保护、基于位置信息的位置隐私保护、轨迹隐私保护。人们一边享受基于位置的服务（LBS）带来的福利，一边又害怕由于位置隐私泄露带来的危害。基于位置的隐私保护是隐私保护研究的主要内容之一。

（1）基于用户身份标识的位置隐私保护

用户身份标识（ID）是位置隐私的重要组成部分。基于用户身份标识的位置隐私保护可以通过采用随机的用户 ID，如假名技术、匿名技术等技术来隐藏位置和真实用户之间的联系，达到保护位置隐私的目的。

假名技术是指每个用户使用一个假名来达到隐藏真实 ID 的目的。恶意的攻击者或者位置服务器虽然可以获得对象的准确位置信息，但是不能准确地将特定位置信息与用户的真实 ID 联系起来，这对于拥有海量用户的位置服务器或者恶意的攻击者来说，增加了它们定位到具体对象的难度，从而达到保护位置隐私的目的。

匿名技术是假名技术的扩展，对象使用其他用户的名称或者使用公用名称来标识自己。在此情况下，位置服务器定位到具体实体的难度和在假名技术情况下一样。其中，匿名是指一种状态，在这种状态下，很多对象组成一个集合。从集合外向集合内看，无法区别组成集合的各个成员，这个集合称为匿名集。匿名技术关注的是将用户的位置信息与用户的真实 ID 信息分开。位置匿名技术最早由 Marco Grutese 提出，其基本思想是使得在某个位置的用户至少有 k 个，这 k 个用户之间不能直接通过 ID 来区别。这样，即使恶意攻击者获取了某个用户的位置信息，也不能准确地从这 k 个用户中定位到该用户。

（2）基于位置信息的位置隐私保护

基于位置信息的位置隐私保护方法允许服务器知道用户的真实 ID 信息，而通过降低用户位置信息的准确度来达到位置隐私保护的目的。位置信息隐私保护技术主要分为三类：虚假位置信息、路标位置信息和模糊化位置信息。

虚假位置信息技术采取的是用户发送多个位置信息给位置服务器的方法，其中只有一个是该用户的准确位置，其他的都是虚假位置信息。这样做的目的是增加攻击者确定用户真实位置信息的难度，但是也增加了位置服务器的存储空间与位置计算的开销。一般来说，虚假位置信息距离真实位置越远，客户端越需要较大空间开销才能提供准确的判断；反之同理。

路标位置信息技术是虚假位置信息技术的一个特例，它要求用户发送给位置服务器的不是自身的真实位置信息，而是某个路标，或是其他某个标志性对象的名称。这种方法虽然在一定程度上保护了用户的位置隐私，但是需要用户具备一定的位置信息处理能力，能从位置服务器返回的信息中过滤出需要的内容，增加了客户端的处理负担。该方法中隐私保护程度和服务质量，与路标位置和真实位置的距离有关。路标位置距离真实位置越远，服务的质量越差，但隐私保护程度越高；反之同理。

模糊化位置信息技术的基本思想是将用户的精确位置用一个包含该用户真实位置的空间来替代，使得位置服务器只能缩小用户所在的位置空间，而不能定位到用户的准确位置。区域的形状不限，可以使用任意形状的凸多边形，普遍使用的是圆形和矩形，这个匿名的区域被称为匿名框。攻击者只能知道用户在这个空间区域内，但无法确定是在整个区域内的哪个位置点。

为了更好地对位置信息进行隐私保护，目前对匿名区域的构造主要采用 k- 匿名的思路。用户提供给位置服务器的匿名区域不仅需要包括该用户的位置数据，还要包含 k 个用户的位置数据。

（3）轨迹隐私保护

轨迹数据是按某个移动对象的位置信息依时间排序的序列。分析和挖掘轨迹信息可以发现个人的活动规律、行为模式、兴趣爱好、健康状况、政治倾向、社交范围等敏感的隐私信息；同时，根据一个人的轨迹数据，可以计算推理出其他相关联人的个人信息。因此，轨迹隐私保护需要解决以下几个关键问题。

- 保护轨迹上的敏感或频繁访问的位置信息不被泄露。
- 保护个人和轨迹之间的关联关系不被泄露。
- 防止由于受用户的最大速度、停留点等相关参数限制，而泄露用户轨迹隐私。

位置轨迹隐私保护技术源自数据库隐私保护，同样以 k- 匿名理论为基础。位置与轨迹隐私保护的特殊之处在于，位置轨迹数据同时具有准标识符与隐私数据双重性质。如果将所有的位置轨迹数据当作准标识符进行处理，则数据失真严重，会极大地影响数据的可用性；而一条轨迹数据中可能包含着大量相互关联的点，仅对部分数据进行处理将难以满足 k- 匿名隐私保护的要求。

在轨迹数据发布中，发布的轨迹数据要提供给第三方去进行数据分析和使用，轨迹隐私保护技术要在保护轨迹隐私的同时有较高的数据可用性；在基于位置的服务中，轨迹隐私保护技术既要保护用户的轨迹隐私，又要保证移动用户获得较高的服务质量；要保护轨迹上的敏感、频繁访问位置不被泄露，以及保护个人与轨迹之间的关联关系不被泄露。

9.4　区块链在 AIoT 安全中的应用

区块链具有透明、不可篡改、可追溯等技术属性，在制造业、零售业、医疗慈善公益等一些数据信息追踪、需要公开透明的领域将得到率先突破。2020 年 12 月，中国信息通信研究院发布的《区块链白皮书》指出，区块链应用空间巨大，并且正逐步走进现实商业和生活。"区块链＋"业务已成为区块链行业的发展重点。AIoT 与 5G、区块链技术的融合，将为 AIoT 提供更强大的安全运行环境。

9.4.1　区块链的机密性、完整性与可用性

当区块链应用于金融、银行、物流与供应链、AIoT 时，区块链的机密性、完整性与可用性就变得尤其重要。机密性是指非授权用户不能够访问被保护的文件，完整性是指不允许非授权用户篡改被保护文件的数据，可用性是指合法用户能够及时地访问被保护的文件。

（1）区块链的机密性

区块链技术起源于比特币，它从来就没有任何权限的概念。因为它设计的基本思想就是让任何人都可以通过安装了区块链软件的计算机，自由地参与区块的生成过程。区块链的机密性最初体现为对未参与区块链网络的用户屏蔽交易信息，可信链可以保证只有预授权的参与者才能够访问分布式账本的数据。但是在参与者之间交易信息往来时，不仅要考虑共享多少信息，还需要考虑在什么样的条件下访问哪些信息的问题。受区块链开放性与信任机制的制约，要求区块链达到更好的机密性是非常困难的。

（2）区块链的完整性

区块链使用加密哈希算法来防止账本内容被篡改，哈希函数的单向性决定了从哈希结果或消息摘要中复原数据在原理上是不可能的。目前广泛使用的哈希函数主要是：以太坊使用的 Keccak-256 哈希算法与比特币使用的 SHA-256 哈希算法。

（3）区块链的可用性

区块链是一个运行在云计算平台上的应用程序，也是一个去中心化的应用（dApp）。区块链去中心化的特点使得攻击者破坏这类应用程序比较困难。在区块链中即使一个节点崩溃，由于其他节点都保留着账本的完整和最新副本，所有其他的节点也仍然可以访问账本，整个系统故障从理论上是不可能出现的。

区块链的业务可用性应体现在有效和成功的交易上。对于企业或 AIoT 应用来说，记录所有的交易是区块链的核心功能，这些交易可以是用户条目、数据交互条目、资产条目、供应链管理记录等。

9.4.2　区块链在用户身份认证中的应用

无论是企业网络或 AIoT 的各种应用程序与数据库，用户使用个人身份认证信息（如用户名、密码）登录系统，即可访问网络数据与应用。据 Verizon 2016 年的数据泄露报告显示，超过 63% 的入侵行为与用户身份认证信息泄露相关。Verizon 2022 年的数据泄露调

查报告显示，23 896 起安全事件中，有 82% 的违规行为涉及人为因素。为了实现有效和可靠的身份认证，身份认证系统经历了三次演变。

第一次是单因子身份认证（SFA）。SFA 即由用户名与密码组成的个人识别码（PIN）来完成身份识别，这种方法显然问题很大。

第二次是双因子身份认证（2FA）。为了克服用户容易忘记 PIN，或嫌麻烦而设置简单、容易被窥探的 PIN 带来的问题，双因子身份认证应运而生。2FA 最简单的应用例子是用户通过智能手机使用电子商务或在线银行服务时，服务提供商通常会向用户的手机发送一个一次性密码（OTP）。通过首先查验第一层手机持有者的身份信息，再查验第二层的一次性密码的方法，来提高用户身份验证的可信性。

第三次是多因子身份认证（MFA），增加了通过语音、人脸识别、指纹识别、热图像等生物特征识别，以及地理位置的身份认证方法，进一步提高了用户身份认证的可信性。

由于 2FA 适用于移动用户状态的身份认证，因此在 AIoT 中将会有更多的应用。图 9-8 给出了 2FA 身份认证方案的两种实现方法，一种是基于云的实现方法（如图 9-8a 所示），另一种是基于本地专用 2FA 的实现方法（如图 9-8b 所示）。

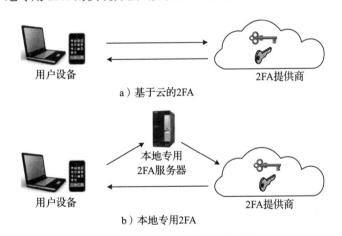

a）基于云的2FA

b）本地专用2FA

图 9-8　2FA 两种实现方法示意图

需要注意的是，第一层的身份信息是用户名、密码，它由用户个人持有；第二层是手机接收到的一次性密码，它一般由 2FA 服务提供商的集中式中央数据库提供，中央数据库一旦被盗，势必会造成大量用户数据的泄露。如何利用区块链的去中心化技术来改造 2FA 的问题引起了研究者的兴趣。基于区块链的 2FA 结构如图 9-9 所示。

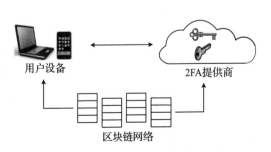

图 9-9　基于区块链的 2FA 结构示意图

利用区块链，可以确保敏感信息不是只集中存放在中央数据库中，区块链中的每一个节点都保留着用户的身份认证信息，这些信息既不能够修改也不允许删除。用户设备将通过区块链网络由第三方 2FA 提供商来认证区块链每个节点用户信息，并激活 2FA 系统生成第二层密码。利用以太坊区块链来组建时，可以用智能合约对应用程序进行编程。认证过程分为四步。

第一步，用户使用第一层认证信息（用户名、密码）访问 Web 服务器。

第二步，Web 服务器应用程序与基于以太坊的身份认证数据库通信，生成对应该用户此次访问的一次性密码（OTP）。

第三步，身份认证数据库将 OTP 传送给用户。

第四步，用户使用第二层的 OTP 登录网络应用程序，确认合法身份，获得对 Web 应用程序的访问权限。

用户、Web 应用程序与基于以太坊的认证存储库之间的交互过程如图 9-10 所示。

从软件结构角度看，基于区块链的 2FA 系统由区块链客户端、智能合约与 Web 服务器三部分组成，其相互关系如图 9-11 所示。

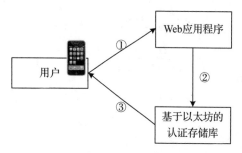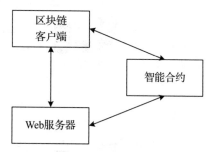

图 9-10　认证的交互过程　　　图 9-11　基于区块链的 2FA 系统组成与相互关系

9.4.3　区块链与隐私保护

利用区块链技术保护隐私一直是研究重点。有的研究利用区块链保护电子邮件、即时通信，以及社交网络上交换的隐私信息。有的研究利用区块链来保护用户的元数据。在通信过程中，用户不必用电子邮件或其他方法进行身份认证。由于元数据随机分布在整个账本中，因此不存在单一的身份信息采集点，也就不可能因攻击者攻破某个采集点而泄露身份信息。有的研究尝试使用区块链技术创建一个安全且外来攻击无法渗透的消息服务。随着基于区块链的安全通信技术的发展，隐私保护能力将得到进一步增强。区块链可为 AIoT 提供一个安全、高效和透明的多方信任环境，网络中的所有参与者必须通过达成共识的方式来共同批准交易，人们可以信任通过区块链保护的交易数据，同时也可以保护所有参与方的隐私。

有的研究关注将区块链技术改造成安全和执法部门的信息跟踪工具，通常称为"区块链侦探"。这种工具可以跟踪可疑或非法的金融活动，最终目标是将假名、加密地址与真正的犯罪实施者相匹配。目前，这类研究已从单一的比特币区块链的审查，扩大到更多种类的加密货币上。该工具提供对比特币区块链上任何交易的深入分析，包括高级映射和分组工具，以及对某项交易违法概率的量化评估。

区块链技术可以被用于追踪数十亿台接入 AIoT 的设备，可以消除单点设备故障，为系统运行提供一个更加具有弹性的环境。区块链使用的加密算法使得设备之间的数据交互变得更加安全。区块链可以确保智能设备上的记录不可被更改，这就为智能设备的自主运行而无须中心化授权成为可能。

区块链技术为解决 AIoT 安全问题带来了新的研究思路。以区块链技术为基础的去中心化的应用架构思路，可以降低因单点故障而导致整个网络无法使用的几率，提高了系统的可扩展性与健壮性。随着区块链技术日趋成熟与 AIoT 安全需求的进一步增长，利用区块链在 AIoT 用户、设备、资产与服务中建立具备信任体系的应用，将成为设备制造商与服务供应商下一个关注的热点。

参考文献

[1]　武传坤 . 物联网安全技术 [M]. 北京：科学出版社，2020.

[2]　冯登国，李昊，洪澄，等 . 大数据安全与隐私保护 [M]. 北京：清华大学出版社，2018.

[3]　徐鹏，林璟锵，金海，等 . 云数据安全 [M]. 北京：机械工业出版社，2018.

[4]　杨保华，陈昌 . 区块链：原理、设计与应用 [M].2 版 . 北京：机械工业出版社，2020.

[5]　罗素，杜伦 . 物联网安全：第 2 版 [M]. 戴超，冷门，张兴超，等译 . 北京：机械工业出版社，2020.

[6]　BHATTACHARJEE S. 工业物联网安全 [M]. 马金鑫，崔宝江，李伟，等译 . 北京：机械工业出版社，2019.

[7]　DHANJANI N. 物联网设备安全 [M]. 林林，陈煜，龚娅君，译 . 北京：机械工业出版社，2017.

[8]　KOTT A，WANG C，ERBACHER R F. 网络空间安全防御与态势感知 [M]. 黄晟，安天研究院，译 . 机械工业出版社，2019.

[9]　STALLINGS W. 密码编码学与网络安全：原理与实践：第七版 [M]. 王后珍，李莉，杜瑞颖，等译 . 北京：电子工业出版社，2017.

[10]　彭安妮，周威，贾岩，等 . 物联网操作系统安全研究综述 [J]. 通信学报，2018，39（3）：22-34.

[11]　王雅哲，张城毅，霍冬冬，等 . IoT 智能设备安全威胁及防护技术综述 [J]. 信息安全学报，2018，3（1）：48-67.

[12]　史慧洋，刘玲，张玉清 . 物链网综述：区块链在物联网中的应用 [J]. 信息安全学报，2019，4（5）：76-91.

[13]　张佳乐，赵彦超，陈兵，等 . 边缘计算数据安全与隐私保护研究综述 [J]. 通信学报，2018，39（3）：1-21.

深入理解网络三部曲

从系统观的视角审视计算机网络技术的发展过程，梳理计算机发展与计算模式的演变，凝练计算机网络中的"变"与"不变"，深刻诠释互联网"开放""互联""共享"、移动互联网"移动""社交""群智"、物联网"泛在""融合""智慧"之特征。

深入理解互联网

作者：吴功宜 吴英 ISBN：978-7-111-65832-0

深入理解移动互联网

作者：吴功宜 吴英 ISBN：978-7-111-73226-6

深入理解物联网

作者：吴功宜 吴英 ISBN：978-7-111-73786-5